电子信息类新工科系列教材

高频电子线路实验与课程设计

主　编　杨霓清

副主编　翟　超

山东大学出版社

内容简介

本教材以教育部高等学校电子信息科学与电气信息类基础课程教学指导分委员会制定的《电子信息科学与电气信息类平台课程教学基本要求(汇编)》中的"'电子线路(Ⅱ)'课程教学基本要求"(实验教学部分)为依据,采用验证性实验和设计性实验相结合的方式,使单元实验电路尽量符合实际的通信系统,力求使学生在做完"高频电子线路"的单元实验后,能够设计调幅和调频通信机的整机,从而建立起整机的概念。在结构上,本教材具有以下两个特点:一是引入了软件 Multisim 仿真,实验内容做到了虚拟仿真与硬件实验相结合;二是一改过去在实验讲义中有详细的实验方法和步骤的做法,让学生通过实验电路、实验要求和利用仿真软件 Multisim 的仿真结果自拟实验步骤、测试方法和测试表格,这样有利于提高学生独立分析和解决问题的能力。

本教材可以作为通信工程、电子信息工程等专业的本科生教材,也可作为高职高专的教材和有关工程技术人员的参考书。

图书在版编目(CIP)数据

高频电子线路实验与课程设计/杨霓清主编.—济南:山东大学出版社,2020.9
ISBN 978-7-5607-6512-9

Ⅰ.①高… Ⅱ.①杨… Ⅲ.①高频-电子电路-高等学校-教学参考资料 Ⅳ.①TN710.6

中国版本图书馆 CIP 数据核字(2019)第 289638 号

责任编辑 宋亚卿
封面设计 孙 骞 刘芳蕾

出版发行 山东大学出版社
社 址 山东省济南市山大南路 20 号
邮政编码 250100
发行热线 (0531)88363008
经 销 新华书店
印 刷 济南华林彩印有限公司
规 格 787 毫米×1092 毫米 1/16
17.5 印张 404 千字
版 次 2020 年 9 月第 1 版
印 次 2020 年 9 月第 1 次印刷
定 价 45.00 元

总　序

为主动应对新一轮科技革命与产业变革，支撑服务创新驱动发展以及“中国制造2025”等一系列国家战略，自2017年2月以来，教育部积极推进新工科建设，先后形成了“复旦共识”“天大行动”和“北京指南”，并发布了《关于开展新工科研究与实践的通知》《关于推荐新工科研究与实践项目的通知》。当前，“新工科”已经成为高等教育领域关注的热点。“新工科”的目标之一是提高人才培养的质量，使工程人才更具创新能力。电子信息类专业应该以培养工程技术型人才为目的，结合信息与通信工程、电子科学与技术、光学工程三个主干学科，使学生掌握信号的获取与处理、通信设备、信息系统等方面的专业知识，经过电子信息类工程实践的基本训练，具备设计、开发、应用和操作的基本能力。

目前，许多高校都在倡导新工科建设，尝试对课程进行教学改革。对专业课程来说，譬如高频电子线路、低频模拟电路、电子线路课程设计等必须进行新工科课程改革，以突出知识和技能的培养。新工科教育教学改革要切实以学生为本，回归教育本质，踏实做好专业基础教育和专业技能教育，加强工程实践技能培养，切实提高人才培养质量，培养社会需要的人才。

提高教学质量，专业建设是龙头，课程建设是关键。新工科课程建设是一项长期的工作，它不是片面的课程内容的重构，必须以人才培养模式的创新为中心，以教师团队建设、教学方法改革、实践课程培育、实习实训项目开发等一系列条件为支撑。近年来，山东大学信息科学与工程学院以课程建设为着力点，以校企合作、产学研结合为突破口，实施了新工科课程改革战略，在教材建设方面尤其加大了力度。学院教学指导委员会决定从课程改革和教材建设相结合方面进行探索，组织富有经验的教师编写适应新时期课程教学需求的专业教材。该系列教材既注重专业技能的提高，又兼顾理论的提升，力求满足电子信息类专业的学生需求，为学生的就业和继续深造打下坚实的基础。

通过各编写人员和主审们的辛勤劳动，本系列教材即将陆续面世。希望这套教材能服务专业需求，并进一步推动电子信息类专业的教学与课程改革。也希望业内专家和同仁对本套教材提出建设性和指导性意见，以便在后续教学和教材修订工作中持续改进。

本系列教材在编写过程中得到了行业专家的支持，山东大学出版社对教材的出版给予了大力支持和帮助，在此一并致谢。

山东大学信息科学与工程学院教学指导委员会

2020年8月于青岛

前　言

"高频电子线路"是本科电子信息类专业重要的技术基础课,是一门理论性、工程性与实践性很强的课程,其内容丰富,应用广泛,与之相关的新技术、新器件发展迅速。考虑到应用型人才培养的特点,本教材以模拟通信系统为主要研究对象,围绕发送、接收设备中所涉及的高频电子线路的各功能模块进行实验教学,目的是使学生掌握通信系统的基本组成、单元电路的工作原理、静动态分析以及通信系统的设计、调试方法。

本教材是参照教育部高等学校电子信息科学与电气信息类基础课程教学指导分委员会制定的《电子信息科学与电气信息类平台课程教学基本要求(汇编)》中的"'电子线路(Ⅱ)'课程教学基本要求"(实验教学部分),总结多年实验教学经验,吸取国内外同类教材之特长,并考虑到教学改革的需要编写而成的。

在实验内容的安排上,本教材在保留一些最基本的验证性实验的基础上,加大了设计性、综合性实验的比例,以充分体现重视个性发展、因材施教的特点;同时,通过基本仿真技能训练、实验操作、课程设计等不同层次的实验,逐渐使学生对"高频电子线路"所涉及的专业知识、专业技能、专业素养等得到深化和提高。

本教材中涉及的基本仿真技能训练的内容主要是对EDA(电子设备自动化)工具使用方法的学习和训练。实验内容包括利用Multisim进行电路的设计和仿真,将设计结果用实际的元器件搭建成电路进行验证、测试、调试和分析。在具体做法上,采用仿真与实际电路实验相结合的方法,先用Multisim进行仿真实验,随后在电路上观察、分析实际情况与虚拟分析间的区别,提高学生的电路调试能力。通过这样的过程,学生可以逐步解决之前在学习中留下的问题,同时熟悉现代电子电路从开发到应用的完整过程中所需经历的基本步骤及所使用的工具与方法。实验内容从简单的验证性实验逐步过渡到具有适当复杂性和综合性的设计制作,如*LC*正弦波振荡器的设计、高频功率放大器的设计、简易话筒调频发射机的设计、简易调频接收机的设计、小功率调幅发射机的设计、超外差调幅接收机的设计等。

本教材通过与Multisim软件相结合,为电子类专业学生学习相关电工电子类课程提供了较为合适的虚拟电子实验环境,可降低实验成本,提高教学质量。在教学方法上,本教材一改过去在实验指导书中有详细的实验方法和步骤的做法,让学生通过实验电路的预习和虚拟仿真结果,自拟实验步骤和测试方法。这样可以使理论知识在虚拟和现实的电路中得到验证和运用。在这样的学习过程中,学生不仅知其然,更知其所以然,不但加深了对理论知识的认识，而且进一步锻炼了实践能力。

本教材中选编的每个实验均安排了实验原理、仿真分析和思考题，这样做有利于学生通过自学，深入领会实验目的、实验任务并自行完成实验任务。在内容的编排上，本教材依据"'电子线路(Ⅱ)'课程教学基本要求"，将实验仪器与设备的使用放在第二章讲述，这有利于学生查找常用设备的原理和使用方法。同时，将验证性实验放在了第四章，内容包括各种类型的高频小信号放大器，各种类型的正弦波振荡器，各种类型的频谱搬移电路、频率调制和鉴频电路以及锁相环的应用等。学生基于这一章的单元实验，可以完成调幅、调频通信机的综合实验。第五章是课程设计的内容，包括 *LC* 正弦波振荡器的设计、简易话筒调频发射机的设计、简易调频接收机的设计、高频功率放大器的设计、小功率调幅发射机的设计、超外差调幅接收机的设计等。为了激发学生的创新意识，在课程设计性实验项目的选题上，本教材综合考虑选题的实用性和趣味性以及方案选择的多样性。本教材提供的实验内容较多，各学校可以根据自身的学时多少进行筛选。

本教材由山东大学杨霓清主编并统稿，杨霓清、翟超共同编写。在编写过程中，作者从所列参考文献中吸取了宝贵的经验，在此谨向各参考文献的著、编、译者表示衷心的感谢，同时感谢山东大学出版社对本教材的出版所给予的支持和帮助。

山东大学信息科学与工程学院的领导、老师对本教材的出版给予了许多关怀和支持，作者在此也一并表示感谢。

本教材可作为高等学校电子信息工程、通信工程及其他电子类相近专业的教学用书和参考书，也可供有关工程技术人员参考。

作者深知，"高频电子线路"所涉及的范围极广，新知识很多，我们对这一领域的学习和研究还很浅，水平有限，书中难免有疏漏、错误和不妥之处，恳请广大读者不吝指正。

编　者

2019 年 12 月

目　录

第一章 电子线路实验和课程设计基础

电子线路包括低频电子线路、高频电子线路和数字电路，是高等学校电子信息工程、通信工程及其他电子类相近专业重要的技术基础课，是理论性、工程性与实践性很强的课程。本课程的学习任务是使学生获得电子技术方面的基本理论、基本知识和基本技能，培养学生分析问题和解决问题的能力。为了培养高素质的专业技术人才，在进行理论教学的同时，必须十分重视和加强各种形式的实践教学环节。

1.1 电子线路实验概述

众所周知，科学和技术的发展离不开实验，实验是促进科技发展的重要手段。我国著名科学家张文裕在《著名物理实验及其在物理学发展中的作用》一书的序言中，精辟论述了科学实验的重要地位。他说："科学实验是科学理论的源泉，是自然科学的根本，也是工程技术的基础。""基础研究、应用研究、开发研究和生产四个方面如果结合得好，工业生产就发达，经济建设和国防建设势必会繁荣兴旺。要把上述四个环节紧密贯穿在一起，必须有一条红线，这条红线就是科学实验。"①

1.1.1 电子线路实验简介

1. 实验目的

电子技术是自然科学理论与生产实践经验相结合的产物。在实际工作中，依据理论知识和实践经验，分析和设计电子电路的性能指标，测试和制作电子系统的整机装置，均离不开实验室。从一只小小的电子管到"神舟七号"载人飞船，实验室是科学技术发展的孵化器。

作为学习、研究电子线路不可缺少的教学环节，电子线路实验是一门渗透工程特点的实践课程。通过电子线路实验，学生可以置身实验室，直接使用电子元器件，连接电子电路，操作电子测试仪器，理解和巩固理论知识，学习实验知识，积累实验经验，增长实验技

① 郭奕玲、沙振舜：《著名物理实验及其在物理学发展中的作用》，山东教育出版社1985年版，张文裕序第1～2页。

能，为进一步学习、应用、研发电子应用技术打下较厚实的基础。

2. 电子线路实验分类

电子线路实验按性质可分为验证性实验、训练性实验、综合性实验、设计性实验和研究性实验五大类。

验证性（也称为“基础性”）实验和训练性实验主要针对的是电子线路学科范围内的内容，目的是为理论验证和实际技能的培养奠定基础。这类实验就是使学生学习实验方法，掌握实验知识，摸索实验技巧。它除了可以使学生巩固加深某些重要的基础理论外，还可以帮助学生认识现象，掌握基本实验知识、实验方法和实验技能。

通过这类实验可以达到的目的是：通过连接线路实现电路预定的应用功能，依据实验结果，证明理论知识的正确性及其适用的条件，从而加深对理论知识的理解。要通过实际操作，锻炼动手能力，包括仪器使用、故障排除、数据整理、结论总结等各方面的实验技术能力。

综合性实验泛指应用性实验，实验内容侧重于某些理论知识的综合应用，其目的是培养学生综合运用所学理论的能力和解决较复杂的实际问题的能力。

设计性实验的内容为多个理论知识点的综合应用，其目的在于培养学生综合运用所学理论知识解决较复杂的实际工程问题的能力，以及不断进取、开拓创新的意识。显然，能够完成设计性实验的前提，是基本掌握了与之相关的电子线路基础理论知识和实验手段。

设计性实验对于学生来说既有综合性又有探索性。它主要侧重于某些理论知识的灵活运用。例如，完成特定功能电子电路的设计、安装和调试等。这类实验要求学生在教师的指导下独立进行查阅资料、设计方案与组织实验等工作，并写出报告，对于提高学生的素质和科学实验能力非常有益。

研究性实验也指创意性、探索性实验。此类实验从选题、方案论证，到安装、调试，均由学生独立完成。在实验的全过程中，学生将接受从查找资料到验收答辩全方位的训练。实验选题通常是电子系统级的设计，所需知识往往涉及较多的相关课程。此类实验有助于培养学生的自学能力、科学作风、工程素质、创新能力、团队精神、职业修养、创业精神，这些都是我们培养人才的努力方向。

总之，电子线路实验应突出基础技能、设计性综合应用能力、创新能力和计算机应用能力的培养，以适应高科技信息时代的要求。

3. 实验教学要求

电子线路实验不是测试数据、计算结果的简单操作，而是正确使用仪器与设备、记录测试数据、观察实验现象、排除实验故障、分析实验结果、兑现工程技术指标的工程技术训练。教育部高等学校电子信息科学与电气信息类基础课程教学指导分委员会制定的《电子信息科学与电气信息类平台课程教学基本要求（汇编）》中的电子线路（Ⅰ、Ⅱ）课程“教学基本要求”中，对在电子技术实验教学中应体现的能力培养目标，提出了明确的要求。

（1）了解示波器、电子电压表、晶体管特性图示仪、信号发生器、频率计和扫频仪等常用电子仪器的基本工作原理，掌握正确的使用方法。

（2）掌握电子线路的基本测试技术，包括电子元器件的参数、放大电路的静态和动态参数、信号的周期和频率、信号的幅度和功率等主要参数的测试。

（3）能够正确记录和处理实验数据，进行误差分析，并写出符合要求的实验报告。

(4)能够通过手册和互联网查询电子器件性能参数和应用资料,能够正确选用常用集成电路和其他电子元器件。

(5)掌握基本实验电路的装配、调试和故障排除方法。

(6)初步学会使用EDA工具对电子电路进行仿真分析和辅助设计以及用Multisim分析、设计电子电路的基本方法,并能够实现小系统的设计、组装和调试。

4. 仿真技术

目前采用的实验技术有实际测试和仿真分析两种。

随着电子技术、计算机技术的飞速发展,仿真分析取代了以定量估算和搭接硬件电路为基础的传统实验方法,它代表着当今电子分析与调试技术的最新发展方向,已成为现代电子电路设计中必不可少的工具与手段。

仿真分析是运用数学工具,通过运行计算机软件,完成对电路特性的分析与调试,也称为"计算机仿真技术"或"软件实验",它的特点是不必构造具体的物理电路,也无须使用实际的测试仪器,就可以确定电路的工作性能。仿真软件提供了许多常用的虚拟仪器、仪表,用户可通过这些仪表观察电路的运行状态和过程,分析电路的仿真结果。这些仪器、仪表外观逼真,设置、使用和读数过程与实际的测量仪表相差无几,使用它们就像置身于实验室中。人们形象地称仿真软件为"电子工作平台"或"虚拟实验室"。

仿真软件一般具有三大特点:含有丰富的元器件数据库,且其物理结构和模型参数可随意更改;备有常用的测试仪器、仪表,且不会因操作不当而引发损坏;具有多达十余种的电路性能指标分析功能,且能即时完成测试数据的整理、曲线的绘制等工作。在这样的虚拟环境中进行实验,不需要真实电路环境的介入,不必顾忌仪器设备短缺和时间环境的限制,能够极大地提高实验效率,激发学生对实验的兴趣。因此,在进行实际电路搭建和性能测试前,可以借助仿真软件对所设计的电路做反复的更改、调整、测试,从而获得最佳的电路指标和拟定最合理的实测方案。

熟练掌握一些电路仿真软件的使用方法,已成为当今电子电路分析和设计人员必须具备的基本技能之一。常用的仿真分析软件有Pspice、Multisim、MATLAB等。

1.1.2　电子线路实验的一般要求

尽管电子线路各个实验的目的和内容不同,但为了顺利完成实验任务,确保人身、设备安全,培养严谨、踏实、实事求是的科学作风和爱护国家财产的优良品质,充分发挥学生的主观能动作用,促使其独立思考、独立完成实验并有所创造,我们对实验前、实验中和实验后分别提出如下基本要求:

1. 实验前的要求

为避免盲目性,参加实验者应对实验内容进行预习,掌握有关电路的基本原理(设计性实验则要完成设计任务),拟出实验方法和步骤,设计实验表格,对思考题作出解答,初步估算(或分析)实验结果(包括参数和波形),最后作出预习报告。

2. 实验中的要求

(1)参加实验者要自觉遵守实验室规则。

(2)根据实验内容选择实验所需的仪器设备和装置。

使用仪器设备前,应熟悉其性能、操作方法及注意事项。实验时应规范操作,并注意安全用电。

(3)按实验方案连接实验电路和测试电路。电路接线完成后,要依照接线图认真检查,确认无误后方可通电。注意电源与地线间不得短接、反接。初次实验,应经教师审查同意后才能通电。

实验过程中一旦发现异常现象(如器件烫手、冒烟、发出异味、触电等),应立即关断电源,保护现场,报告教师。待查清原因,排除故障,经教师允许后,再继续进行实验。

实验过程中需改接线路时,应先关断电源,然后进行操作。给计算机连接外设(如可编程器件的下载电缆)前,应使计算机和相关实验装置断电。

(4)要仔细观察和认真记录实验条件、实验现象,包括实验数据、波形和电路运行状态等。发生故障后应独立思考,耐心排除,并记录排除故障的过程和方法。

实验过程中不顺利不一定是坏事,分析故障的过程常常可以帮助我们增强独立工作的能力。相反,“一帆风顺”也不一定收获大。做好实验的意思是独立解决实验中所遇到的问题,把实验做成功。

(5)爱护公物,注意保持实验室整洁文明的环境。室内禁止打闹、喧哗、吃食物、喝饮料、吸烟、吐痰、扔纸屑、乱写乱画等不文明行为。

(6)服从教师的管理,未经允许不得做与本实验无关的事情(包括其他实验),不得动用与本实验无关的设备,不得随意将设备带出室外。

(7)实验结束时,应将记录送指导教师审阅签字。经教师同意后方可拆除线路,清理现场。同时,应及时拉闸断电,整理仪器设备,填写设备完好登记表。

实验规则应人人遵守,相互监督。

3. 实验后的要求

实验后要求学生认真写好实验报告。

1.1.3　电子线路实验报告的内容与要求

实验报告是对实验全过程的陈述和总结。编写电子线路实验报告,是学习撰写科技报告、科技论文的基础。撰写实验报告,要求语言通顺,字迹清晰,原理简要,数据准确,物理单位规范,图表齐全,曲线平滑,结论明了。通过编写实验报告,能够找寻理论知识与客观实际的结合点,提高对理论知识的认识与理解,训练科技总结报告的写作能力,从而进一步体验实事求是、注重实践的认知规律,培养尊重科学、崇尚文明的科学理念,锻炼严谨认真、一丝不苟的工程素养。

电子线路实验报告分为预习报告和总结报告两部分。

1. 预习报告的内容

预习报告用于描述实验前的准备情况,避免实验中的盲目性。实验前的准备情况如何,直接影响实验的进度、质量甚至成败。因此,预习是实验顺利进行的前提和保证。在完成预习报告前,不得进行实验。

预习实验应做的工作如下:

1）实验目的

实验目的也是实验的主题。无目的的实验只能是盲目的实验，是资源的浪费。

2）实验原理

实验原理是实验的理论依据。通过理论陈述、公式计算，能够对实验结果有一个符合逻辑的、科学的估计。陈述实验原理要求概念清楚，简明扼要。对于设计性实验，还要提出多个设计方案，绘制设计原理图，经过论证选择其一作为首选的实验方案。从这个意义上讲，预习报告也可称作"设计报告"。

3）仿真分析

对被实验电路进行必要的计算机仿真分析，并回答相关的思考题，有助于明确实验任务和要求，及时调整实验方案，并对实验结果做到心中有数，以便在实物实验中有的放矢，少走弯路，提高效率，节省资源。

4）测试方案

无论是验证性实验还是设计性实验，均应依照仿真结果绘制实验电路图（也称"布线图"），拟定测试方案和步骤，针对被测试对象选择合适的测试仪表和工具，准备实验数据记录表格，制定最佳的测试方案。测试方案决定着理论分析与实验结果间的差异程度，甚至关系着实验结论的正确与否。

2. 总结报告的内容

总结报告用于概括实验的整个过程和结果，是实验工作的最后一个环节。总结报告必须真实可靠，提倡实事求是，不得有半点虚假。一份好的总结报告必是理论与实践相结合的产物，最终能使作者乃至读者在理论知识、动手能力、创新思维上受到启迪。

总结报告通常包含以下内容：

1）实验条件

列出实验条件，包括何时与何人共同完成什么实验，当时的环境条件，使用的仪器名称及编号等。

2）实验原始记录

实验原始记录包含选用的EDA工具，程序设计流程和清单，测试所得的原始数据和信号波形等，是对实验结果进行分析、研究的主要依据，须经指导教师签字认可。

3）实验结果整理

应选用适当的方法对原始记录的测试数据、信号波形进行认真整理和处理，并列出表格或用坐标纸画出曲线，写明计算公式。然后对测试结果进行理论分析，作出简明扼要的结论，找出产生误差的原因，提出减少实验误差的措施。对与预习结果相差较大的原始数据要分析原因，必要时应对实验电路和测试方法提出改进方案。

4）故障分析

如果实验中出现了故障，要说明现象，并报告查找原因的过程和排除故障的方法、措施，总结从中吸取的教训。

5）思考题

按要求有针对性地回答思考题是对实验过程的补充和总结，有助于对实验任务的深入理解。

6)实验结论

实验结论包括是否完成了实验任务、达到了实验目的,是否验证了经验性调试方法、计算公式、技术指标,是否体验到了理论与实际的异同之处,以及所获得的应用性乃至理论性研发成果、实践能力和综合素质的提高。应根据以上内容写出对本次实验的心得体会,以及改进实验的建议。

3. 实验报告的要求

要将预习报告和总结报告装订在一起,在封面上注明课程名称、实验名称、实验者姓名、班级、学号、实验设备编号、预习报告完成日期、实验完成日期、实验报告完成日期。

实验报告应文理通顺,书写简洁,符号标准,图表齐全,讨论深入,结论简明。

1.2　综合设计的基础知识

电子线路综合设计包括选择课题,电子电路设计、组装和调试以及编写总结报告等教学环节。下面分别介绍综合设计环节的有关知识。

1.2.1　电子线路综合设计的方法

设计一个电子电路系统时,首先必须明确系统的设计任务,根据任务进行方案选择,然后对方案中的各部分进行单元电路的设计、参数计算和器件选择,最后将各部分连接在一起,画出一个符合设计要求的完整的系统电路图。

1. 明确系统的设计任务

这一步的工作要求是对系统的设计任务进行具体分析,充分了解系统的性能、指标、内容及要求,以便明确系统应完成的任务。

2. 方案选择

这一步的工作要求是把系统要完成的任务分配给若干个单元电路,并画出一个能表示各单元功能的整机原理框图。

方案选择的重要任务是根据掌握的知识和资料,针对系统提出的任务、要求和条件,完成系统的功能设计。在这个过程中,要敢于探索,勇于创新,力争做到设计方案合理、可靠、经济、功能齐全、技术先进,并且要不断地对方案进行可行性和优缺点的分析,最后设计出一个完整框图。框图必须正确反映系统应完成的任务和各组成部分的功能,清楚表示系统的基本组成和相互关系。

3. 单元电路的设计、参数计算和器件选择

这一步的工作要求是根据系统的指标和功能框图,明确各部分的任务,进行各单元电路的设计、参数计算和器件选择。

1)单元电路的设计

单元电路是整机的一部分,只有把各单元电路设计好才能提高整体设计水平。

每个单元电路设计前都需明确本单元电路的任务,详细拟定出本单元电路的性能指标,以及与前后级之间的关系,分析电路的组成形式。具体设计时,可以模仿成熟的先进的电路,也可以进行创新或改进,但都必须保证满足性能要求。而且,不仅单元电路本身要设计合理,各单元电路间也要相互配合,要注意各部分的输入信号、输出信号和控制信号的关系。

2)参数计算

为保证单元电路达到功能指标要求,就需要用电子技术知识对参数进行计算。例如,放大电路中各电阻值、放大倍数的计算,振荡器中电阻、电容、振荡频率等参数的计算。只有很好地理解电路的工作原理,正确利用计算公式,才能保证计算出的参数满足要求。

进行参数计算时,同一个电路可能有几组数据,要注意选择一组能完成电路设计要求的功能、在实践中真正可行的参数。

计算电路参数时应注意下列问题:

(1)元器件的工作电流、电压、频率和功耗等参数应能满足电路指标的要求。

(2)元器件的极限参数必须留有足够的裕量,一般应大于额定值的1.5倍。

(3)电阻和电容的参数应选计算值附近的标称值。

3)器件选择

(1)阻容元件的选择:电阻和电容的种类很多,正确选择电阻和电容很重要。不同的电路对电阻和电容的性能要求也不同,有些电路对电容的漏电要求很严,还有些电路对电阻、电容的性能和容量要求很高。例如,滤波电路中常用大容量(100～3000 μF)铝电解电容,为滤掉高频通常还需并联小容量(0.01～0.1 μF)瓷片电容。设计时要根据电路的要求选择性能和参数合适的阻容元件,并要注意功耗、容量、频率和耐压范围是否满足要求。

(2)分立元件的选择:分立元件包括二极管、晶体三极管、场效应管、光电二(三)极管、晶闸管等,应根据其用途分别进行选择。选择的器件种类不同,注意事项也不同。例如,选择晶体三极管时,首先要注意是选择NPN型管还是PNP型管,是高频管还是低频管,是大功率管还是小功率管,并要注意管子的参数P_{CM}、I_{CM}、V_{CEO}、I_{CBO}、β、f_T和f_β是否满足电路设计指标的要求,高频工作时,要求$f_T=(5\sim10)f$,f为工作频率。

(3)集成电路的选择:由于集成电路可以实现很多单元电路甚至整机电路的功能,所以选用集成电路来设计单元电路和总体电路既方便又灵活。它不仅可使系统体积缩小,而且性能可靠,便于调试及运用,在设计电路时颇受欢迎。

集成电路有模拟集成电路和数字集成电路两种。国内外已生产出大量集成电路,其器件的型号、原理、功能、特征可查阅有关手册。

选择的集成电路不仅要在功能和特性上实现设计方案,而且要满足功耗、电压、速度、价格等多方面的要求。

4. 电路图的绘制

为详细表示设计的整机电路及各单元电路的连接关系,设计时需绘制完整的电路图。

电路图通常是在系统框图、单元电路设计、参数计算和器件选择的基础上绘制的,它是组装、调试和维修的依据。绘制电路图时要注意以下几点:

(1)布局合理,排列均匀,图面清晰,便于看图,有利于对图的理解和阅读。有时一个总电路由几部分组成,绘图时应尽量把总电路画在一张图纸上。如果电路比较复杂,需绘制几张图,则应把主电路画在同一张图纸上,而把一些比较独立或次要的部分画在另外的图纸上,并在图的断口两端做上标记,标出信号从一张图到另一张图的引出点和引入点,以此说明各图纸在电路连线之间的关系。

为了强调并便于看清各单元电路的功能关系,每一个功能单元电路的元件应集中布置在一起,并尽量按工作顺序排列。

(2)注意信号的流向。绘制时一般从输入端或信号源画起,由左至右或由上至下按信号的流向依次画出各单元电路,而反馈通路的信号流向则与此相反。

(3)图形符号要标准,图中应加适当的标志。图形符号表示器件的项目或概念。电路图中的中、大规模集成电路器件一般用方框表示,在方框中标出它的型号,在方框的边线两侧标出每根线的功能、名称和管脚号。除中、大规模器件外,其余元器件符号应当标准化。

(4)连接线应为直线,并且交叉和折弯应尽量少。通常连接线可以水平布置或垂直布置,一般不画斜线,互相连通的交叉处用实心圆点表示。根据需要,可以在连接线上加注信号名或其他标记,表示其功能或去向。有的连线可用符号表示,例如器件的电源一般标电源电压的数值,地线用接地符号(⊥)表示。

设计的电路是否能满足设计要求,还必须通过组装、调试进行验证。

1.2.2　电子电路的组装

电子电路设计好后,便可进行组装。

电子技术基础课程设计中组装电路通常采用焊接和实验箱上插接两种方式。焊接组装可提高学生的焊接技术,但器件可重复利用率低。在实验箱上组装,元器件便于插接且电路便于调试,并可提高器件的重复利用率。下面介绍在实验箱上用插接方式组装电路的方法。

1. 集成电路的装插

插接集成电路时首先应认清方向,不要倒插,所有集成电路的插入方向应保持一致,注意管脚不能弯曲。

2. 元器件的装插

根据电路图的各部分功能,确定元器件在实验箱的插接板上的位置,并按信号的流向将元器件按顺序连接,以便于调试。

3. 导线的选用和连接

导线直径应和插接板的插孔直径相一致,过粗会损坏插孔,过细则会与插孔接触不良。

为方便检查电路,导线可以根据不同用途选用不同颜色。一般习惯是正电源用红线,负电源用蓝线,地线用黑线,信号线用其他颜色的线。

连接用的导线要求紧贴在插接板上,避免接触不良。连接不允许跨在集成电路上,一般从集成电路周围通过。尽量做到横平竖直,这样便于查线和更换器件,但高频电路部分的连线应尽量短。

组装电路时注意,电路之间要共地。正确的组装方法和合理的布局,不仅使电路整齐美观，而且能提高电路工作的可靠性，便于检查和排除故障。

1.2.3　总结报告

编写综合设计的总结报告是对学生写科技论文和科研总结报告能力的训练。通过写报告，学生不仅可以把设计、组装、调试的内容进行全面总结，而且可以把实践内容上升到理论高度。总结报告应包括以下内容：

(1)课题名称。

(2)内容摘要。

(3)设计内容及要求。

(4)系统方案、系统框图。

(5)单元电路的设计、参数计算和器件选择。

(6)完整的电路图和电路的工作原理。

(7)组装、调试的内容。包括：

①使用的主要仪器和仪表。

②调试电路的方法和技巧。

③测试的数据和波形，以及与计算结果的比较分析。

④调试中出现的故障、原因及排除方法。

(8)设计电路的特点和方案的优缺点，课题的核心及实用价值，改进意见和展望。

(9)系统需要的元器件清单。

(10)参考文献。

(11)收获、体会。

第二章　常用高频电子线路实验仪器

2.1　数字示波器

示波器是电子测量中用途十分广泛的仪器。它能把肉眼看不见的电信号变换成看得见的图像,便于人们研究各种电现象的变化过程。示波器利用狭窄的、由高速电子组成的电子束,打在涂有荧光物质的屏面上,就可产生细小的光点。在被测信号的作用下,电子束就好像一支笔的笔尖,可以在屏面上描绘出被测信号的瞬时值的变化曲线。示波器可以用来观察和测量随时间变化的电信号图形,它能直接显示电信号的波形,测量电信号的幅度、频率、时间和相位等,且具有灵敏度高、输入阻抗大和过载能力强等优点。示波器是一种综合性强的电信号测试仪器,是一种用途广泛的测量仪器。

1. 示波器的主要特点

(1)能观察各种不同信号幅度随时间变化的波形曲线,还可以测试各种不同的电量,如电压、电流、频率、相位差、调幅指数等;

(2)测量灵敏度高,过载能力强;

(3)输入阻抗高。

2. 示波器的分类

示波器按照用途和特点可以分为:

(1)通用示波器:它是根据波形显示基本原理构成的示波器。

(2)取样示波器:它是先将高频信号变为波形与原信号相似的低频信号,再应用基本原理显示波形的示波器。与通用示波器相比,取样示波器具有频带极宽的优点。

(3)记忆示波器和存储示波器:这两种示波器均有存储信息的功能,前者采用记忆示波管来存储信息,后者采用数字存储器来存储信息。

(4)专用示波器:它是为满足特殊需要而使用的示波器,如电视示波器、高压示波器等。

(5)智能示波器:这种示波器内采用了微处理器,具有自动操作、数字化处理、存储及显示等功能。它是当前发展起来的新型示波器,也是示波器发展的方向。

电子设备可以划分为两类:模拟设备和数字设备。模拟设备的电压变化连续,而数字设备处理的是代表电压采样的离散二元码。例如,传统的电唱机是模拟设备,而CD播放器属于数字设备。同样,示波器也分为模拟和数字两种类型。模拟和数字示波器都能够胜任大多数的应用。但是,对于一些特定应用,由于两者具备的特性不同,每种类型都有适合和不适合的地方。我们这里讨论的是通用数字示波器。

2.1.1　电子示波器的简单工作原理

1. 电子示波器的组成及简单工作原理

电子示波器一般由示波管、X轴偏转系统、Y轴偏转系统、锯齿波发生器、电源等几部分组成,如图2.1.1所示。

在示波器原理框图中,示波管颈部左端为发射电子的阴极和若干阳极,它们产生向右高速运动的一束电子流,打在荧光屏的荧光涂层上,显示出光斑。利用“亮度”及“聚焦”旋钮可调节阴阳各极之间的电压,使电子束强度适中,断面收敛,在荧光屏上打出明晰的光斑。

锯齿波发生器产生周期锯齿波电压——时基信号,它的周期或频率用“扫描频率粗调”及“扫描频率细调”旋钮控制。锯齿波电压经X轴放大器放大后送到示波管的一对X轴偏转板上,使电子束形成水平扫描。在锯齿波电压上升期间,偏转板间的电场使光斑由荧光屏左边向右边匀速运动,扫出一条清晰的X轴线(即时间轴),到了右边的终点后,锯齿波电压急速降到零,光斑立即回到右边的起点,并开始第二次扫描。利用“X增益”旋钮,可改变X轴线的长度。利用“X位移”旋钮,可使X轴线向左或向右移动。

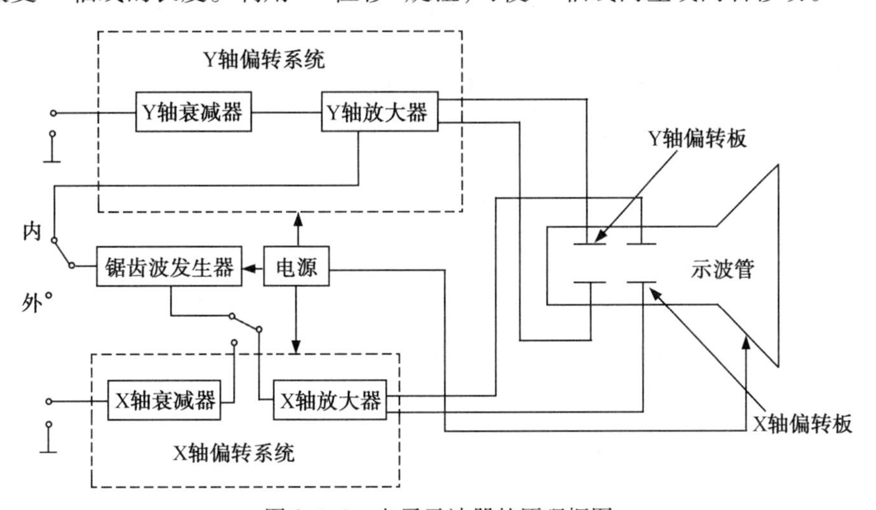

图2.1.1　电子示波器的原理框图

把要显示波形的信号电压接到Y轴输入端口,并根据电压的大小,调节“Y衰减”旋钮,经Y轴放大器放大后送到阴极射线管的一对Y轴偏转板上,使光斑随着Y轴信号电压瞬时值的大小、正负而上下运动。利用“Y增益”旋钮可以控制光斑垂直运动的幅度。

2. Y通道的组成及工作原理

1)Y通道的组成

通用示波器的Y通道(示波器的垂直系统)由输入电路和前、后置放大电路以及延迟线等组成,如图 2.1.2 所示。Y 通道是被测信号的主要通道,要求通带、增益及输入阻抗等指标尽量高些。

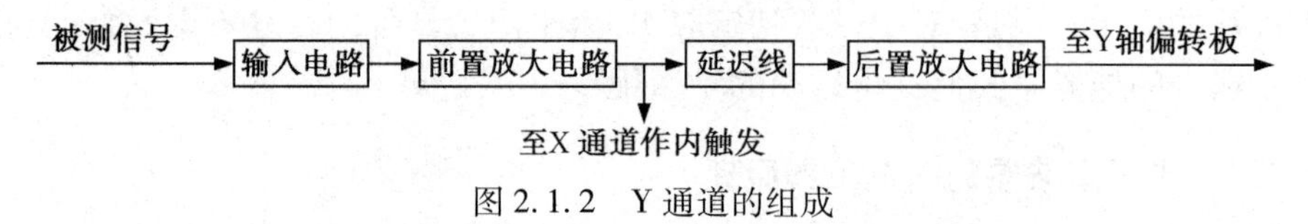

图 2.1.2　Y 通道的组成

2)输入电路

Y 通道的输入电路如图 2.1.3 所示,它由探头、耦合方式选择开关 K、步进衰减电路(衰减器)和阻抗变换倒相电路等组成。

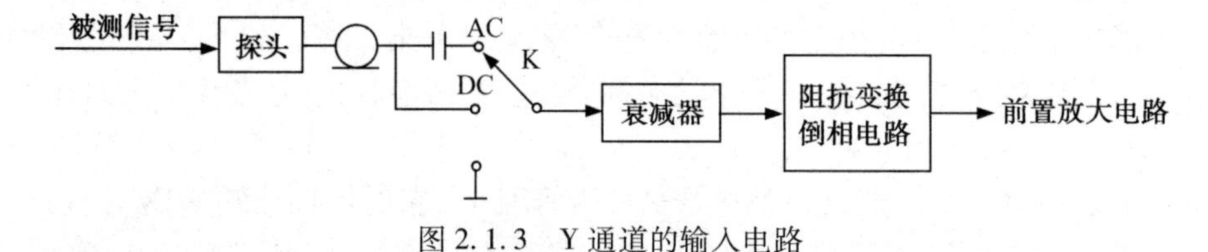

图 2.1.3　Y 通道的输入电路

(1)步进衰减电路:通常示波器面板上的"Y 轴灵敏度粗调"旋钮就是一个步进衰减器,它的作用是在测量幅度较大的信号时先衰减再输入,使荧光屏上的波形不至于因过大而产生失真。

(2)探头:用于直接探测被测信号,提高示波器的输入阻抗,减少波形失真,展宽示波器的使用频带等。

图 2.1.4 所示为一无源探头。它由 RC 元件组成,经电缆与示波器 Y 轴输入端相接后,又构成了衰减电路。图中 R_i、C_i 分别为示波器的输入电阻和电容。探头的衰减比由电阻决定,一般为 1 : 10。

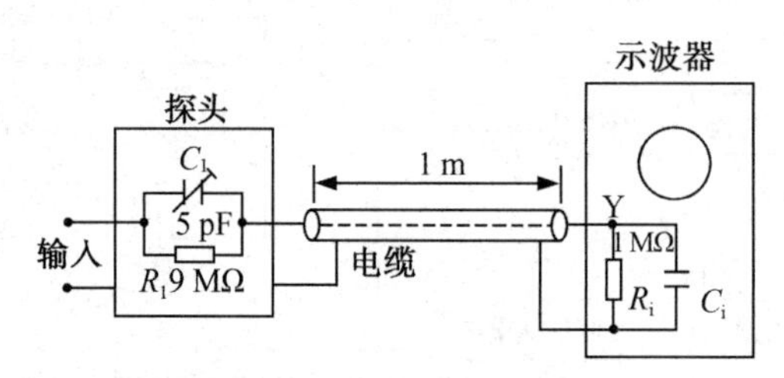

图 2.1.4　无源探头线路

调整探头内的电容 C_1 使 $R_1C_1=R_iC_i$,可以得到最佳补偿。当探头输入一标准方波信号时,调整 C_1,在荧光屏上观察到的不同补偿时的波形如图 2.1.5 所示。显然,图 2.1.5(a)最理想。

(3)耦合方式与阻抗变换倒相电路:图 2.1.3 中,开关 K 的作用是对耦合方式进行选择。

当开关 K 置于"AC"位置时,被测信号(v_y)的直流成分被电容隔离,荧光屏上显示的是交流成分;当开关 K 置于"DC"位置时,输入信号的所有成分都被显示在荧光屏上;当开关 K 置于“⊥”位置时，可将荧光屏上的水平亮线作为零电平基准线，以便测量直流电压。

阻抗变换倒相电路一般由两级差动放大电路组成。在示波器中采用这种电路，可将 Y 通道的下限频率扩展到直流，同时可以克服直流放大器中零漂的影响。

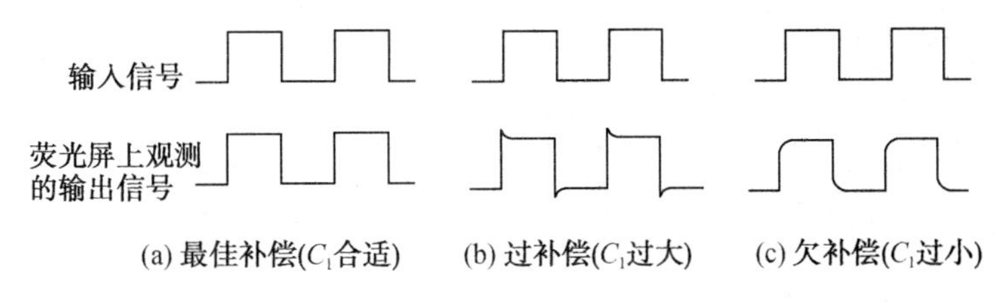

图 2.1.5　调整 C_1 在荧光屏上观察到的不同补偿时的波形

3）延迟线

当采用内触发时，扫描电压是由 Y 通道被测信号启动扫描发生器后产生的。因为扫描电路须有一定的触发电平(V_F)值才能启动，这样从接收触发信号到开始扫描就有一段延迟时间(t_{d1})，因而造成开始扫描时间滞后于被测信号的起始时间，如图 2.1.6 所示。若考虑触发信号启动扫描电路经 X 轴放大器至水平偏转板，这个时间滞后还要大些。

这样，若不采用延迟措施，在荧光屏上显示的 v_y 波形就缺少起始部分(图 2.1.6 中的 OA 段)。如用被测信号去触发扫描电路，同时又将 v_y 延迟后再送 Y 轴偏转板，就可以解决此矛盾。因此，设置延迟线的作用是将信号 v_y 在荧光屏上出现的时刻延迟到扫描开始时刻以后，从而保证荧光屏上显示被测信号的全过程。

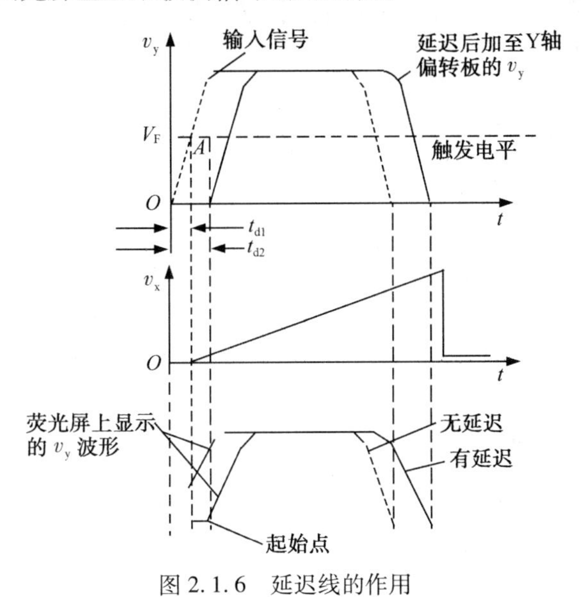

图 2.1.6　延迟线的作用

3. X 通道的组成及其主要功能

X 通道包括触发输入放大及整形电路、扫描电路及 X 轴放大电路等，它的主要任务是控制、形成和放大锯齿波电压，使荧光屏上稳定而准确地显示出被测信号的波形。其一般组成框图如图 2.1.7 所示。

在触发扫描时,扫描信号的产生受触发信号控制,只有触发信号到来,才产生扫描电压输出,所以扫描电压与被观测电压是同步的。

连续扫描的工作情况与触发扫描不同,不论有无触发脉冲到来,连续扫描始终都有扫描电压输出。为使扫描电压与被观测电压同步,扫描电压发生器输入端仍需要输入触发信号来控制。

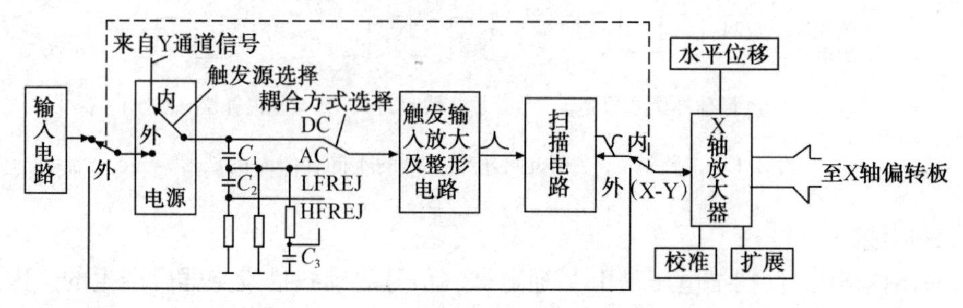

图 2.1.7　X 通道的一般组成框图

图 2.1.7 中 X 轴放大器的作用是:使 X 轴信号放大到能使电子束在水平方向得到满偏转。当观测时间函数信号(即 Y-T 工作方式)时,X 轴放大器的输入开关置"内",X 轴信号为锯齿波扫描电压;而当要显示 X-Y 图形(即采用 X-Y 工作方式)时,则开关置"外",X 轴信号为示波器的外接信号电压。

若调整 X 轴放大器的放大倍数为通常的 A 倍,则意味着荧光屏上同样的水平距离所代表的时间缩小到原来的 $1/A$,通常称之为"扫描扩展"。

4. 波形显示原理

1)电子束在 v_x 与 v_y 作用下的运动

电子束在荧光屏上的位置取决于同时加在垂直和水平偏转板上的电压。

(1)当示波管两对偏转板上不加任何信号($v_x = v_y = 0$)时,则光点出现在荧光屏的中心位置,不产生任何偏转。

(2)当在垂直偏转板上加的电压 $v_y = V_m \sin \omega t$,而在水平偏转板上加的电压 $v_x = 0$ 时,则光点仅在垂直方向随 v_y 变化而偏转。光点的轨迹为一垂直线,其长度正比于 v_y 的峰-峰值($2V_m$),如图 2.1.8 所示。反之,当 $v_x = V_m \sin \omega t$, $v_y = 0$ 时,则荧光屏上显示一条水平线。

(3)当 $v_y = v_x = V_m \sin \omega t$ 时,则电子束同时受两对偏转板电场力的作用,光点沿 X 轴、Y 轴的合成方向运动,其轨迹为一条斜线,如图 2.1.9 所示。

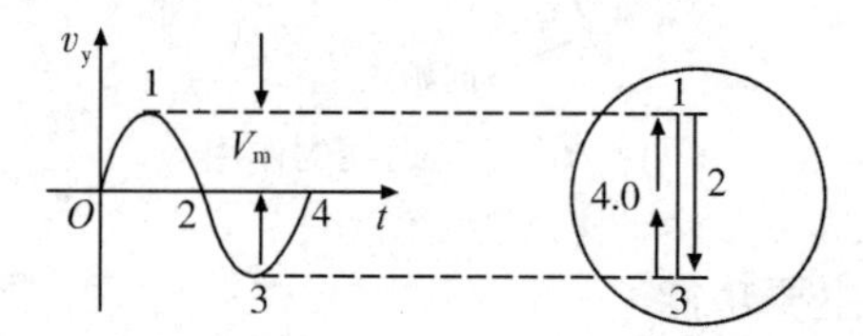

图 2.1.8　$v_y = V_m \sin \omega t, v_x = 0$ 时荧光屏上电子的运动轨迹

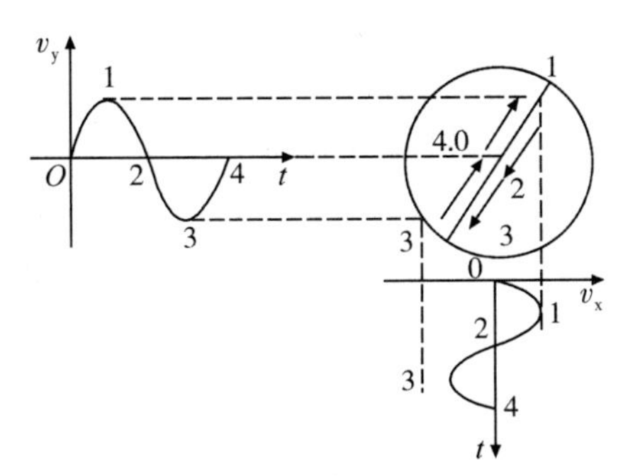

图 2.1.9　$v_y = v_x = V_m \sin \omega t$ 时荧光屏上电子的运动轨迹

(4)当 $v_y = V_m \sin \omega t$，而在 X 轴偏转板上加上一个与 v_y 周期相同($T_x = T_y$)的理想锯齿波电压 v_x 时，则在荧光屏上真实地显示 v_y 的波形，如图 2.1.10 所示。

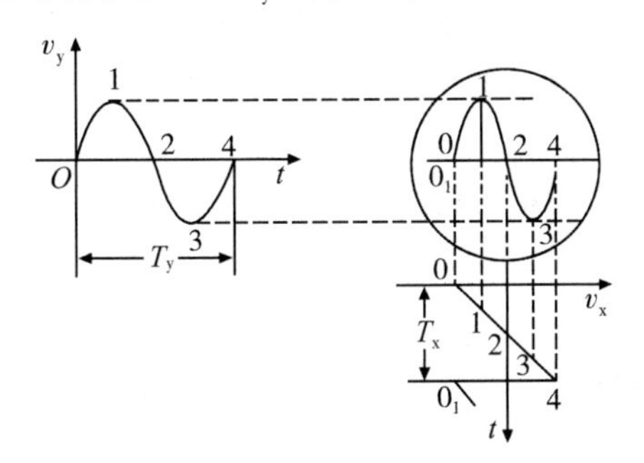

图 2.1.10　$v_y = V_m \sin \omega t, v_x$ 为与 v_y 周期相同($T_x = T_y$)的理想锯齿波电压时荧光屏上电子的运动轨迹

由图 2.1.10 可见，在 X 轴偏转板上加上理想的锯齿波电压 v_x，其正程(从 0 点到 4 点)则为零，这样荧光屏的 X 轴就转换成了时间轴。因此，当 $v_y = 0$，仅在 X 轴偏转板上加上理想的锯齿波电压时，将在荧光屏上显示一条水平线(这个过程称为“扫描”)；而当 $v_y = V_m \sin \omega t, v_x = Kt$ 时，则有

$$v_y = V_m \sin \omega t / K$$

荧光屏上亮点的轨迹正好是一条与 v_y 相同的正弦曲线。

2)同步的概念

前面讨论的是 $T_x = T_y$ 的情况。如果 $T_x = 2T_y$，则可以在荧光屏上观察到两个周期的信号电压波形，如图 2.1.11 所示。如果波形重复出现，而且完全重叠，就可以看到一个稳定的图像。

例如：把 50 Hz 的正弦电压接到 Y 轴输入端，锯齿波的扫描频率也调到 50 Hz，在示波器荧光屏上就显示出一个完整的正弦波。如果锯齿波的扫描频率为 25 Hz，则光点从左向右完成行程时，输入的电压已经经历了两个周期的正弦变化，荧光屏上将扫描出两个正弦波。调节“扫描频率”旋钮可选择显示的波形数目；调节“X 增益”和“Y 增益”旋钮可控制波形的宽度与高度；调节“X 位移”和“Y 位移”旋钮可使图形上下左右移动位置。

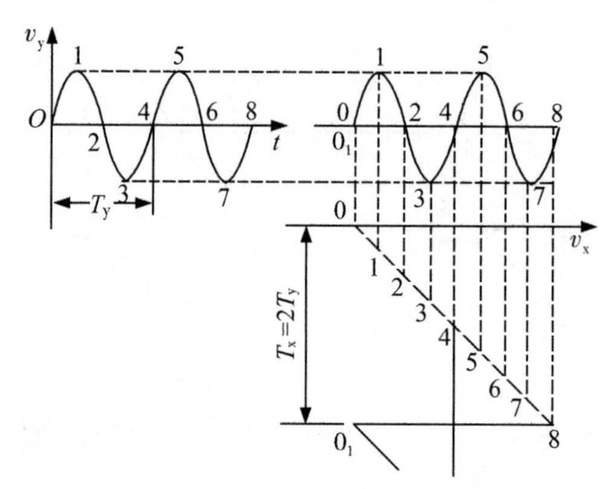

图 2.1.11　$T_x=2T_y$ 时荧光屏上显示的波形

当 T_x 不为 T_y 的整数倍时,荧光屏显示的波形如何呢?例如:在 $T_x=7T_y/8$ 时,荧光屏上显示的波形好像向右跑动一样,如图 2.1.12 所示;当 $T_x=9T_y/8$ 时,则波形向左跑动,显然,这种显示不利于观测。

由此可见,为了在荧光屏上获得稳定的图像,T_x(包括正程与回程)与 T_y 必须成整数倍关系,即 $T_x=nT_y$(n 为正整数),以保证每次扫描的起始点都对应信号电压 v_y 的相同相位点,这种过程称为"同步"。

在示波器中,通常利用被测信号 v_y(或用与 v_y 相关的其他信号)去控制扫描电压发生器的振荡周期,以迫使 $T_x=nT_y$。

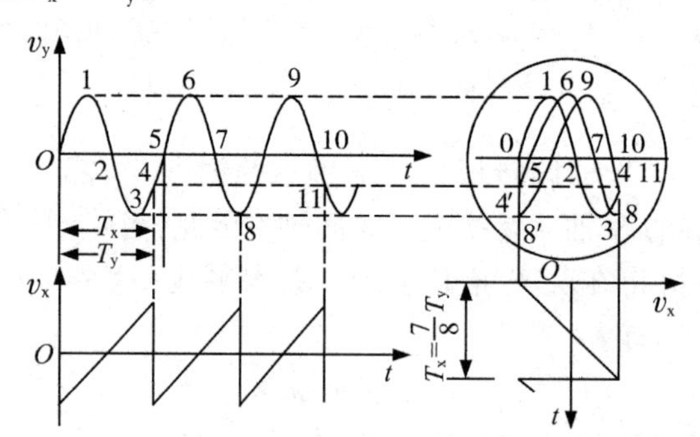

图 2.1.12　当 $T_x=7T_y/8$ 时荧光屏上显示的波形

3)连续扫描与触发扫描

(1)连续扫描:连续扫描的扫描电压为周期性锯齿波电压,其特点是即使没有外加信号,在荧光屏上也能显示一条时基线。前面介绍的扫描即为连续扫描。

(2)触发扫描:触发扫描的特点是,只有在外加输入信号(称为"触发信号")的作用下,扫描发生器才工作,荧光屏上才有时基线;无触发信号,荧光屏上只显示一个亮点。

触发扫描不仅可用于观察连续信号波形,而且适用于观测脉冲信号波形,特别是持续时间与重复周期比(t_p/T_y)很小的脉冲波。例如,观测一个脉宽 $t_p=10\ \mu s$、周期 $T_y=500\ \mu s$ 的窄脉冲信号,若采用连续扫描,则可有以下两种处理方法:

①使扫描电压周期 T_x 等于被测信号周期 T_y。设时基线长度 $X=10$ cm,则脉冲波形

在水平方向所占宽度 $X_1=10$ cm，$t_p/T_y=0.2$，即图像被“挤成”一条竖线，难以看清被测波形细节，如图 2.1.13(a)所示。

②使扫描电压周期 T_x 等于被测信号 v_y 的脉宽 t_p，如图 2.1.13(b)所示。这时波形虽可以展开，但荧光屏上的脉冲部分暗淡，而图像底部横线却非常明亮（被测信号 v_y 原无此横线）。

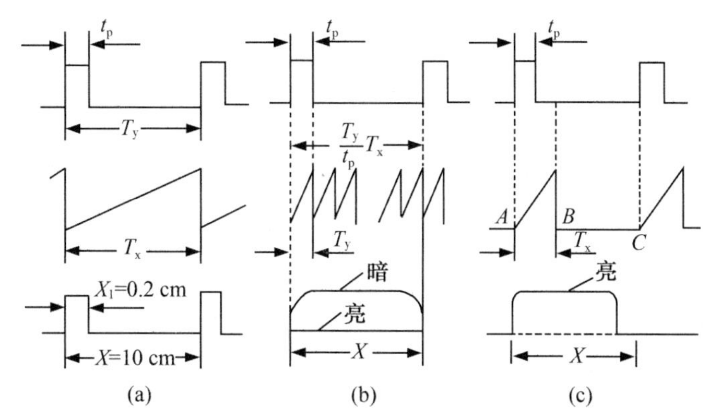

图 2.1.13　用连续扫描和触发扫描观测窄脉冲波形的比较

上述说明，用连续扫描来显示窄脉冲波形是不合适的。采用图 2.1.13(c)所示的触发扫描，便能有效地解决上述问题。该图中只有 AB 段有扫描，而 BC 段停扫。取扫描周期 T_x 等于或稍大于被测信号脉宽 t_p，既可以将波形展开，又没有底部横线。同时，如采取在扫描期间给示波管栅极施加一个与扫描电压 v_x 底部同宽的正脉冲增加辉度的措施，则可解决波形加亮的问题。

5. 示波器在电压、相位、时间和频率测量中的应用

利用示波器可以进行电压、相位、时间、频率以及其他物理量的测量。

1）电压测量

用示波器不仅可以测量正弦波电压，而且可以测量各种波形的电压幅值、瞬时值。更有实际意义的是，示波器还可以测量脉冲电压波形的上冲量、平顶降落等。因此，与普通电压表比较，电子示波器具有独特的优点。但是，由于视差和示波器固有误差等因素的影响，利用示波器进行测量也存在准确度不高的缺点。

（1）直流电压的测量：要测量直流电压，所用示波器的 Y 通道应当采用直接耦合放大器，如果示波器的下限频率不是零，则不能用于测量直流电压。

进行测量前，必须校准示波器的 Y 轴灵敏度，并将其微调旋钮旋至“校准”位置。测量方法如下：

①将垂直输入耦合选择开关置于“⊥”位置，采用自动触发扫描，使荧光屏上显示一条扫描基准线，然后根据被测电压的极性，调节“垂直位移”旋钮，使扫描基准线处于某特定基准位置（作 0 V 电压线）。

②将输入耦合选择开关置于“DC”位置。

③将被测信号经衰减探头（或直接）接入示波器 Y 轴输入端，再调节“Y 轴灵敏度”(V/div)旋钮，使扫描线有较大的偏移量，如图 2.1.14 所示。

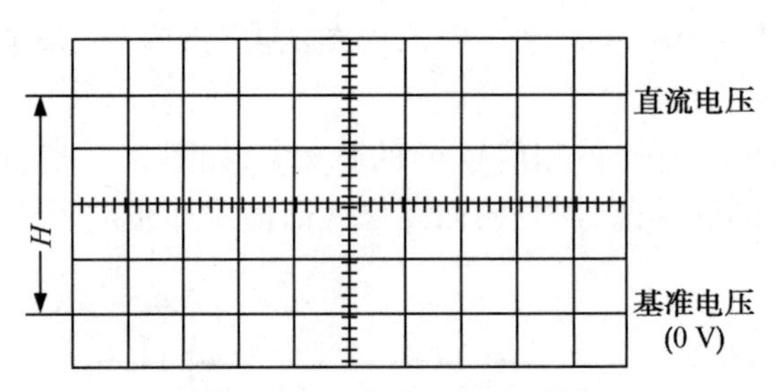

图 2. 1. 14　直流电压的测量

设荧光屏显示直流电压的坐标刻度为 H(div),示波器的"Y 轴灵敏度"旋钮所指挡级为$S_y=0.2$ V/div,Y 轴探头衰减系数 $K=10$(即用了 10 : 1 衰减探极),则被测直流电压为

$$V_x=HS_yK=H\times 0.2\times 10=2H(\text{V})\text{(正电压)}$$

(2)交流电压的测量:一般是直接测量交流电压的峰-峰值 V_{xmpp}。其测量方法是:将垂直输入耦合选择开关置于"AC"位置,根据被测信号的幅度和频率选择适当的"VOLTS/DIV"旋钮和"TIME/DIV"旋钮的挡级,将被测信号通过衰减探头接入示波器 Y 轴输入端,然后调节触发电平,使波形稳定,如图 2. 1. 15 所示。

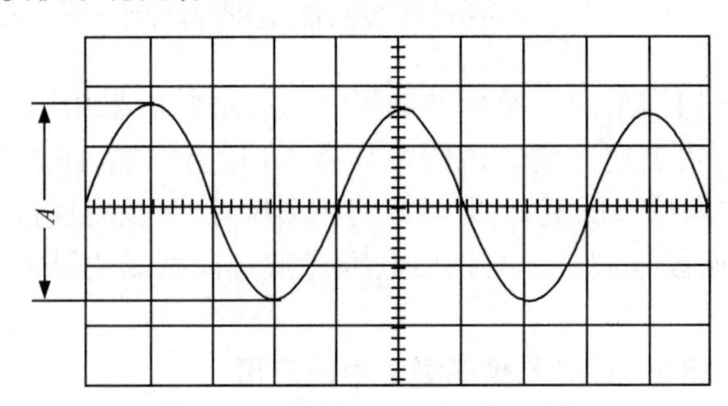

图 2. 1. 15　交流电压峰-峰值 V_{xmpp} 的测量

设荧光屏上显示的信号波形峰-峰值的坐标刻度为 A(div),示波器的"Y 轴灵敏度"旋钮所指挡级为 $S_y=0.2$ V/div,Y 轴探头衰减系数 $K=10$,则被测信号电压的峰-峰值为

$$V_{xmpp}=AS_yK=A\times 0.2\times 10=2A(\text{V})$$

对于正弦信号来说,峰-峰值 V_{xmpp} 与有效值 V_x 的关系为

$$V_x=\frac{V_{xmpp}}{2\sqrt{2}}=\frac{1}{\sqrt{2}}A(\text{V})$$

(3)电压瞬时值的测量:设要测量的是含有直流分量的被测信号的某特定点 x 的电压瞬时值 v_x(见图 2. 1. 16),则首先将垂直输入耦合选择开关置于"⊥"位置,调整扫描基准线位置,确定基准电平(0 V);然后将垂直输入耦合选择开关置于"DC"位置,选择适当的"VOLTS/DIV"旋钮和"TIME/DIV"旋钮的挡级,将被测信号通过探头接入 Y 轴输入端,使荧光屏上显示一个或几个周期的稳定波形,如图 2. 1. 16 所示。由图可算得 x 点的电压瞬时值为

$$v_x=BS_yK$$

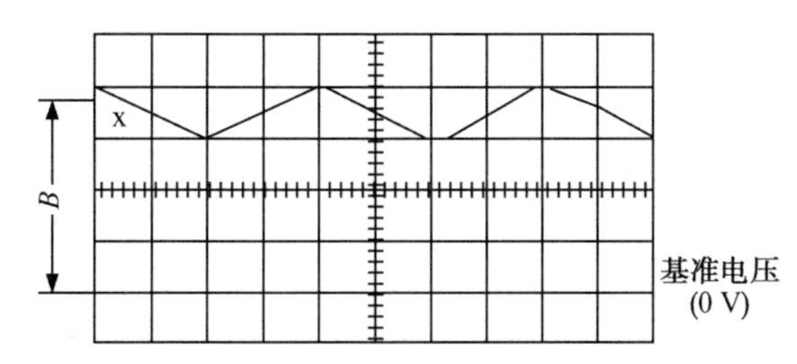

图 2.1.16　电压瞬时值的测量

前面讨论的方法实际上都是直接测量法。直接测量法只有在示波器面板上标明了“Y 轴灵敏度”(而且经校准)后才能进行。用示波器测量电压还可以采用另一种方法——比较法。用比较法进行测量也很简单。

①首先按直接测量法在荧光屏上显示被测电压 v_x 的波形,调整“Y 轴灵敏度”(或“Y 轴增益”)旋钮,使波形的峰-峰值达到适当的数值,如图 2.1.17 中的锯齿波所示。

②将 v_x 换成比较信号(或称“标准信号”,一般用示波器的 1 kHz 方波信号作标准),保持“Y 轴灵敏度”(或“Y 轴增益”)旋钮挡级不变,调节扫描时间“TIME/DIV”旋钮的挡级,使标准信号波形在荧光屏上稳定地显示,如图 2.1.17 中的方波所示。设标准信号电压的峰-峰值为 V_{pp},则被测电压的峰-峰值 V_{xpp} 为

$$V_{xpp}=\frac{H_1}{H_2}V_{pp}$$

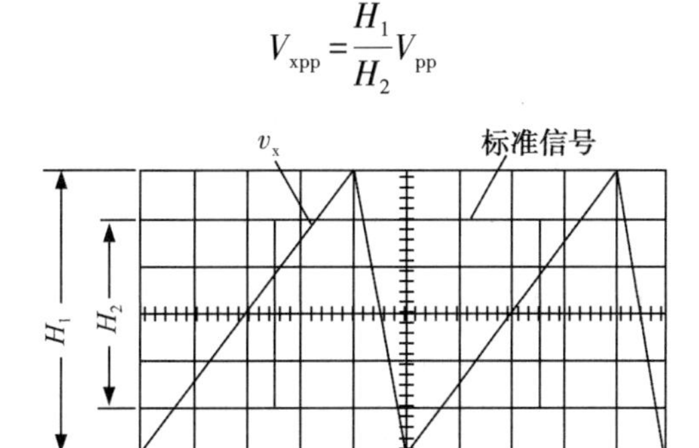

图 2.1.17　用比较法测量电压

2)相位测量

测量相位,通常是指对两个同频率的信号之间相位差的测量。在电子技术中,主要测量 RC 网络、LC 网络、放大器相频特性,以及依靠信号相位传递信息的电子线路。

测量相位的方法有多种,这里主要介绍采用双踪示波器测量两个同频信号相位的方法——李沙育图形法(椭圆法)。

李沙育图形法测相位差是示波器作为图形显示仪的用法,将两个频率相同而相位差为 φ 的正弦波电压信号分别加到示波器的 Y 轴和 X 轴输入端(例如,$v_y=V_{ym}\sin(\omega t+\varphi)$,$v_x=V_{xm}\sin\omega t$),荧光屏上将显示出如图 2.1.18(a)所示的图形。

根据 X 轴(或 Y 轴)正方向上截距 X_1(或 Y_1)与幅值 X_m(或 Y_m)之比,可求出 Y 轴上所加信号与 X 轴上所加信号之间的相位差 φ 为

$$\varphi=\arcsin\left(\pm\frac{Y_1}{Y_m}\right)=\arcsin\left(\pm\frac{X_1}{X_m}\right)$$

两信号在不同相位差时所构成的图形如图 2.1.18(b)所示。此法只能测相位差的绝对值,至于超前与滞后的关系,应根据电路的工作原理进行判断。

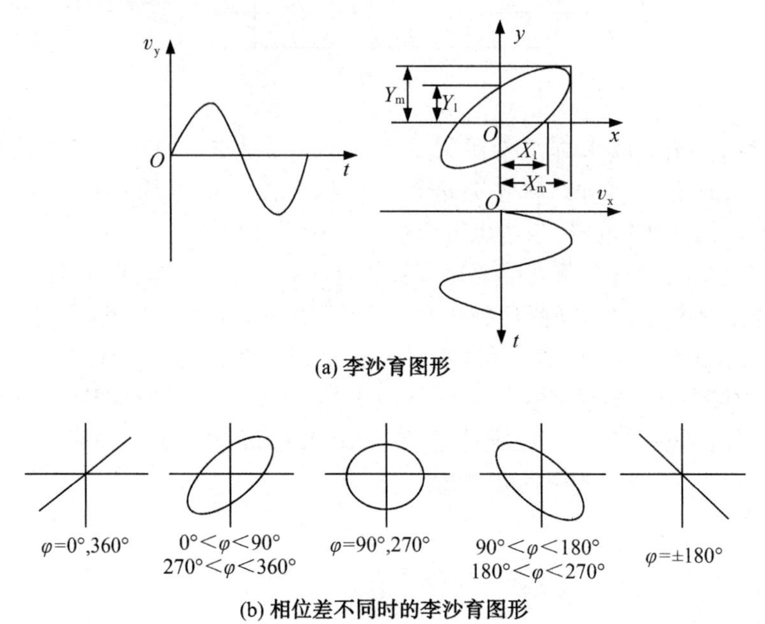

(a) 李沙育图形

(b) 相位差不同时的李沙育图形

图 2.1.18　用李沙育图形法测量相位差

3)时间测量

我们常遇到周期、脉冲上升时间、脉宽及下降时间等的测量,这里介绍用通用示波器对周期、脉冲上升时间及时间间隔的测量。

(1)测量周期:测量前,应对示波器的扫描速度进行校准。在未接入被测信号时,先将"扫描微调"旋钮置于"校准"位置,再用示波器本身的校准信号对扫描速度进行校准。

然后接入被测信号,将图形移至荧光屏中心,调节"Y 轴灵敏度"和"X 轴扫描速度"旋钮,使波形的高度和宽度合适,如图 2.1.19(a)所示。设扫描时间为 $t/\text{div}=10\ \text{ms/div}$,扩展倍数 $K=5$,则信号的周期为

$$T=X(\text{div})\cdot(t/\text{div})\div K=1\times10\div5=2(\text{ms})$$

其中 X 表示信号一个周期在水平轴上所占的格数。

为了减少读数误差,也可采用图 2.1.19(b)所示的多周期法进行测量。设 N 为周期个数,则被测信号的周期为

$$T=X(\text{div})\cdot(t/\text{div})\div K\div N$$

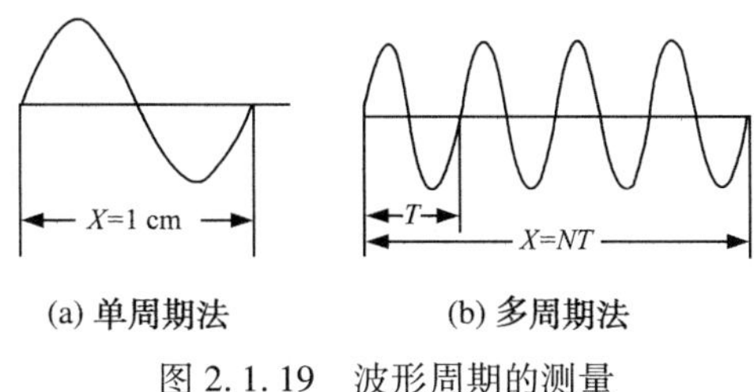

图 2.1.19　波形周期的测量

(2)脉冲前沿时间与脉冲宽度的测量：调节“Y 轴灵敏度”旋钮，使脉冲幅度达到荧光屏满刻度，同时调节“扫描速度”旋钮使脉冲前沿展开些(如使上升沿占几个格)，然后根据荧光屏的坐标刻度上显示的波形位置，读被测信号波形在垂直幅度 V_{ym} 的 10%与 90%两位置间的时间间隔距离 X，如图 2.1.20 所示。若 t/div 的标称值为 0.1 μs/div，$X=2.0$ div，扩展倍数 $K=5$，则荧光屏上读测的上升时间为

$$t_r=X\cdot(t/\text{div})\div K=2.0\ \text{div}\times 0.1\ \mu\text{s/div}\div 5=0.04\ \mu\text{s}$$

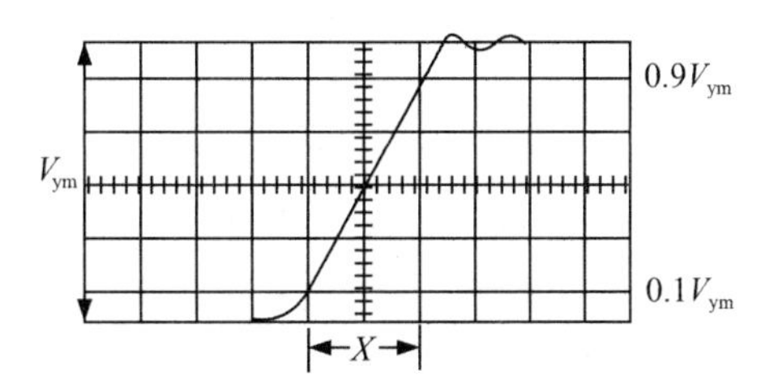

图 2.1.20　脉冲上升沿时间的测量

因为示波器存在输入电容，所以荧光屏上显示的上升时间比信号的实际上升时间要大些。若考虑示波器本身固有的上升时间 t_{r0}，则信号的实际上升时间为

$$t_{rx}=\sqrt{t_r^2-t_{r0}^2}$$

如果 $t_r\gg t_{r0}$，则 $t_{rx}=t_r$。

另外，对于没有波形失真的电路，一般来说，频带宽度和上升时间之间存在着下列关系：

$$BW_{0.7}\cdot t_r=0.35$$

式中，$BW_{0.7}$ 为频带宽度(Hz)；t_r 为上升时间(s)。

脉冲宽度是指脉冲前、后沿与 0.5V_{ym} 线两个交点间的时间，假设 t_p 在示波器荧光屏上对应的长度为 X(div)，由图 2.1.21 有

$$t_p=X(\text{div})\cdot(t/\text{div})\div K$$

4）频率测量

对于周期性信号的频率测量，在无专门的频率测量仪器的情况下，利用示波器进行测量是一种简单而又灵活的方法。可以用测周期法确定频率，也可以用李沙育图形测频法测量频率。

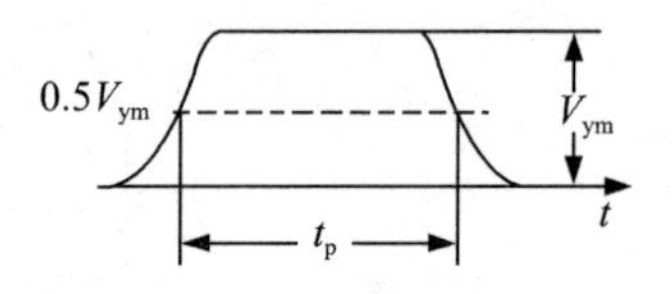

图 2.1.21　脉冲宽度的测量

由于信号的频率为周期的倒数，因此，用测周期的方法确定频率非常简单，即先测出信号周期，再换算为频率即可。

利用李沙育图形测频法测量频率较前一种方法复杂，这里不再赘述。

2.1.2　数字示波器的组成和简单工作原理

与模拟示波器不同，数字示波器通过模数转换器（ADC）把被测电压转换为数字信息。

它捕获的是波形的一系列样值，并对样值进行存储，存储限度是判断累计的样值是否能描绘出波形为止。随后，数字示波器重构波形。数字示波器分为数字存储示波器（DSO）、数字荧光示波器（DPO）和数字采样示波器。由于采用高速的数字信号处理技术，在示波器的显示范围内，可以稳定、明亮和清晰地显示任何频率的波形。对重复的信号而言，数字示波器的带宽是指示波器的前端部件的模拟带宽，一般称为“3 dB 点”。对于单脉冲和瞬态事件，如脉冲波和阶跃波，带宽局限于示波器采样率之内。

1. 数字存储示波器

常用的数字示波器是数字存储示波器。它的显示部分更多的是基于光栅屏幕而不是荧光。

数字存储示波器便于用户捕获和显示那些可能只发生一次的事件（通常称为“瞬态现象”）。以数字形式表示波形信息，实际上存储的是二进制序列。这样，利用示波器本身或外部计算机，可方便地进行分析、存档、打印和其他处理。波形没有必要是连续的，即使信号已经消失，仍能够显示出来。与模拟示波器不同的是，数字存储示波器能够持久地保留信号，可以扩展波形处理方式。然而，数字存储示波器没有实时的亮度级，因此，它不能表示实际信号中不同的亮度等级。数字存储示波器的一些子系统与模拟示波器相似，但数字存储示波器包含更多的数据处理子系统，因此它能够收集显示整个波形的数据。从捕获信号到在屏幕上显示波形，数字存储示波器采用串行处理的体系结构。

2. 数字荧光示波器

数字荧光示波器为示波器系列增加了一种新的类型。数字荧光示波器的体系结构使之能提供独特的捕获和显示能力，加速重构信号。数字存储示波器使用串行处理的体系结构来捕获、显示和分析信号。相对而言，数字荧光示波器为完成这些功能采用的是并行的体系结构。数字荧光示波器采用 ASIC（专用集成电路）硬件构架捕获波形图像，提供高速率的波形采集率，信号的可视化程度很高。它增加了证明数字系统中的瞬态事件的可能性。

3. 数字采样示波器

当测量高频信号时，示波器也许不能在一次扫描中采集足够的样值。如果需要正确采集频率远远高于示波器采样频率的信号，那么数字采样示波器是一个不错的选择。这种示波器采集测量信号的能力要比其他类型的数字示波器高一个数量级。在测量重复信号时,它能达到的带宽及高速定时都十倍于其他示波器。连续等效时间采样示波器能达到 50 GHz 的带宽。与数字存储示波器和数字荧光示波器的体系结构不同,在数字采样示波器的体系结构中,置换了衰减器/放大器与采样桥的位置,在衰减或放大之前对输入信号进行采样。由于采样门电路的作用,经过采样桥以后的信号的频率已经变低,因此可以采用低带宽放大器,其结果是使整个仪器的带宽得到增加。

然而,采样示波器带宽的增加带来的负面影响是动态范围的限制。由于在采样门电路之前没有衰减器/放大器,所以不能对输入信号进行缩放。所有时刻的输入信号都不能超过采样桥的动态范围。因此,大多数采样示波器的动态范围都限制在 1 V 的峰-峰值,而数字存储示波器和数字荧光示波器却能够处理 50～100 V 的输入。

2.1.3　泰克数字存储示波器简介

1. TDS220/TDS210 型数字存储示波器

TDS220/TDS210 是一种小巧、轻便、便携式的双通道数字示波器。

1)主要特点

(1)60 MHz 带宽,带 20 MHz 可选带宽限制。

(2)每个波道都具有 1 GS/s 的采样率和 2500 点记录长度。

(3)光标具有读出功能和五项自动测定功能。

(4)高分辨率、高对比度的液晶显示。

(5)具有波形和设置的储存/调出功能。

(6)具有自动设定功能,可提供快速设置。

(7)具有波形平均值和峰值检测功能。

(8)具有数字实时采样功能。

(9)双时基。

(10)具有视频触发功能。

(11)具有不同的持续显示时间。

(12)具有 RS-232、GP1B 和 Centronlcs 通信端口(增装扩展模块)。

(13)配备 10 种语言的用户接口,由用户自选。

2)面板结构及说明

TDS220 型数字存储示波器的前面板结构如图 2.1.22 所示。按功能可分为显示区、垂直控制区、水平控制区、触发区、功能区 5 个部分。另外,还有 5 个菜单按钮、3 个输入连接端口。下面将分别介绍各部分的控制钮以及屏幕上显示的信息。

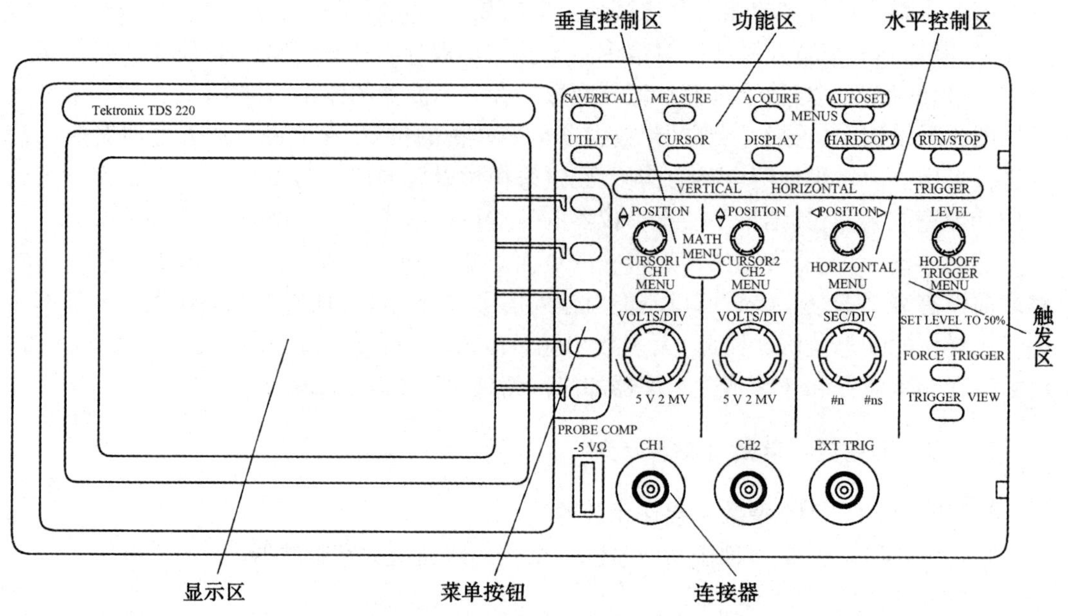

图 2. 1. 22　TDS220 型数字存储示波器的前面板结构示意图

(1)显示区:显示屏幕为液晶显示屏。显示图像中除了波形外,还有许多有关波形和仪器控制设定值的细节,如图 2. 1. 23 所示。

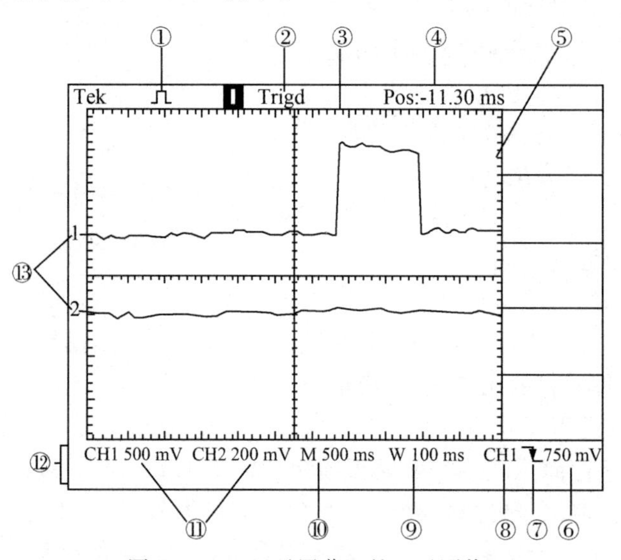

图 2. 1. 23　显示屏幕上的显示图像

下面分别对显示区的各部分进行介绍。

①图标。不同的图标表示不同的获取状态:⎽⎾⎺⏋⎽为平均值状态;⌒⌒为取样状态;⌒⌒为峰值检测状态。

②触发状态:触发状态表示是否具有充足的触发信源或获取是否已停止。

③指针表示水平触发位置,也就是示波器的水平位置。

④触发位置显示：表示中心方格图与触发位置之间的（时间）偏差，以屏幕中心等于零为基准。

⑤指针表示触发位准（即触发点）。

⑥读数表示触发位准的电平值。

⑦触发斜率显示：↗为上升沿，↘为下降沿。

⑧触发信号源显示。

⑨读数表示视窗时基设定值。

⑩读数表示主时基设定值。

⑪读数表示通道1和通道2的垂直标尺（V/div）。

⑫控制钮设定值的显示。

⑬屏幕上的指针表示所显示的波形的接地基准点。如果没有指针，就说明没有显示通道。

（2）垂直控制区：垂直控制区的控制钮如图2.1.24（a）所示。使用垂直控制钮，可以控制显示波形，调节垂直标尺和位置，以及设定输入参数。

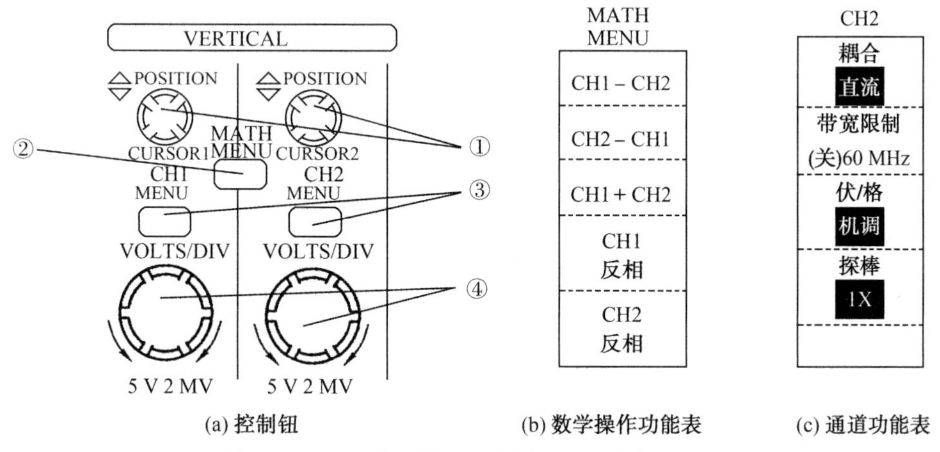

(a) 控制钮　(b) 数学操作功能表　(c) 通道功能表

图2.1.24　垂直控制区的控制钮及功能表示意图

下面分别对各控制钮进行介绍。

①CURSOR1（或2）POSITION（光标位置）：调节光标或信号波形在垂直方向上的位置。

②MATH MENU（数学菜单）：按MATH MENU键，将显示波形的数学操作功能表[加减/反相，如图2.1.24（b）所示]。再按此键，则关闭数学值显示。注意：每个波形只允许一项数学值操作。

③CH1 MENU和CH2 MENU（通道1和通道2功能表）。按CH2（或CH1）MENU键，将显示通道输入垂直控制的功能表，如图2.1.24（c）所示。功能表中显示的功能如下：

a. 耦合：被测信号的输入耦合方式。耦合方式分为直流、交流、接地三种。直流耦合：将通过输入信号中的交、直流分量，适用于观察各种变化缓慢的信号；交流耦合：将隔断输入信号中的直流分量，使显示的信号波形位置不受直流电平的影响；接地耦合：表明输入信号与内部电路断开,用于显示 0 V 基准电平。

b. 带宽限制:分为 20 MHz 和 60 MHz 两挡。限制带宽可以减少显示的噪声。

c. 伏/格:用以选择垂直分辨度。垂直分辨度分粗调与微调两种。粗调是通过“VOLTS/DIV”旋钮上的挡级 1~5 限定分辨度的范围;微调则在粗调设置范围内进一步细分,以改善分辨度。

d. 探棒:用以选择探棒的衰减系数。探棒衰减系数有 1×、10×、100×、1000×四挡。测量时,可根据被测信号的幅值选取其中的一个值,以保证垂直标尺的读数准确。

e. 波形显示的接通和关闭:要使显示的波形消失,可按 CH1(或 CH2)MENU 键,将显示 CH1(或 CH2)垂直功能表。再按一次 MENU 键,则波形消失。在波形关闭后,仍可使用输入通道作为触发信号或进行数学值显示。

④VOLTS/DIV(伏/格):垂直刻度的选择旋钮。调节范围为 2 mV/div~5 V/div。测量时,应根据被测信号的电压幅度选择合适的位置,以利观察。

(3)水平控制区:水平控制区的控制钮如图 2.1.25(a)所示。水平控制钮可用来改变时基、水平位置,控制波形的水平放大。

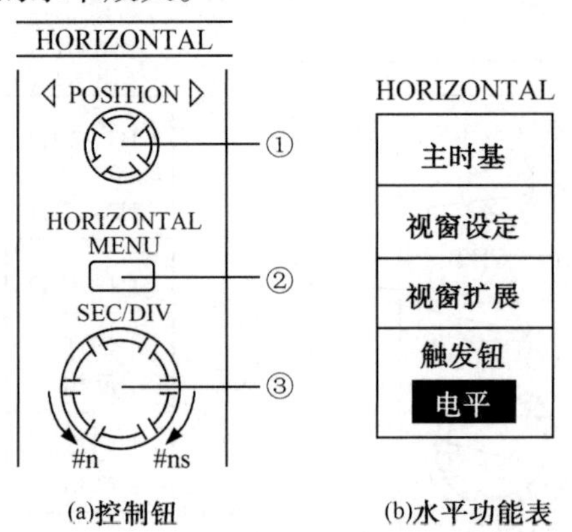

图 2.1.25　水平控制区的控制钮及功能表示意图

下面分别对各控制钮进行介绍。

①POSITION(位置):水平位置调整。用以调整屏幕上所有光标或信号波形在水平方向上的位置。

②HORIZONTAL MENU(水平功能菜单):按此键,将显示水平功能表,如图 2.1.25(b)所示。功能表中显示的功能如下:

a. 主时基:设定水平主时基用以显示波形。

b. 视窗设定:视窗指两个光标之间所确定的区域,如图 2.1.26(a)所示。

如果需要进行视窗区域的调节,可用“POSITION”(位置)控制旋钮调节光标的左右位置,用“SEC/DIV”(秒/刻度)控制旋钮来扩大或缩小视窗区域。

c. 视窗扩展:放大视窗区域中的一段波形,以便观测此段波形的图像细节(放大至屏幕宽度),如图 2.1.26(b)所示。

d. 触发钮:用于调节触发电平(V)和释抑时间(s)两种控制值,并能显示释抑值。触发电平或释抑时间的调节可使用触发控制旋钮“LEVEL”来进行(见“LEVEL”旋钮的说明)。

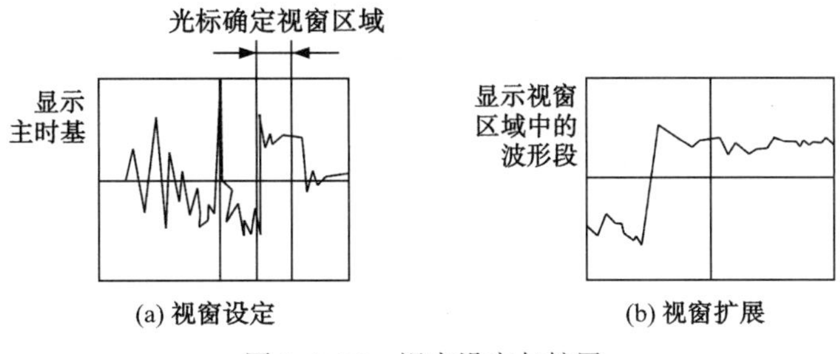

图 2.1.26 视窗设定与扩展

③SEC/DIV(秒/刻度):此旋钮可用来扩大或缩小视窗区域。

(4)触发控制区:触发控制区的控制钮如图 2.1.27(a)所示。下面分别介绍各控制钮的功能。

①LEVEL(位准)和 HOLDOFF(闭锁):这个控制旋钮具有双重作用:一个是触发位准(LEVEL)控制,另一个是触发闭锁(HOLDOFF)控制。用于触发位准控制时,调节此旋钮,可以改变触发电平值,应将触发电平设在小于信号的振幅范围以内,以便进行获取(出现图标:Trigd)。用于闭锁(释抑)控制时,它将设定接受下一个触发事件的时间,调节此旋钮,可以显示释抑时间。注意:在释抑期间不能识别触发。

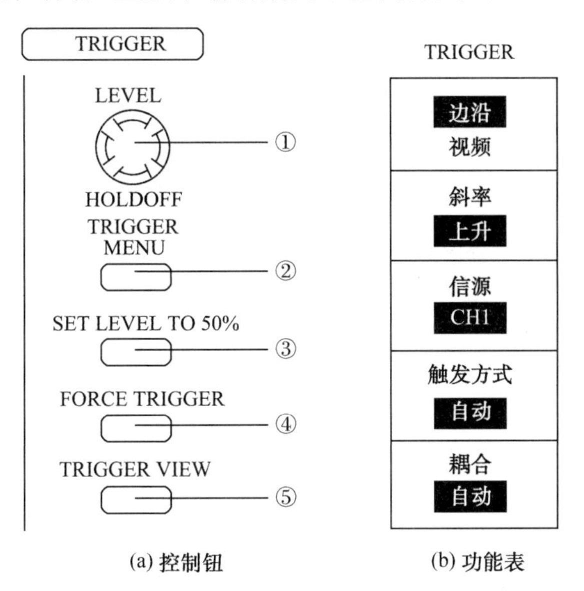

图 2.1.27 触发控制区的控制钮及功能表示意图

②TRIGGER MENU(触发功能菜单):按此键,将显示触发功能表,如图 2.1.27(b)所示。功能表中显示的触发功能如下:

a. 触发类型:分边沿触发与视频触发两种。边沿触发方式是对输入信号的上升或下降边沿进行触发。

b. 斜率:触发极性选择。可选择在信号上升沿(⌠)或下降沿(⌡)进行触发。

c. 信源:触发信号选择。触发信号源有 CH1、CH2(内触发)、EXT(外触发输入)、

EXT/5(外触发输入信号衰减 5 倍)与市电触发五种。

d. 触发方式:触发方式有正常、自动、单次触发三种。"正常"触发状态只执行有效触发。"自动"触发状态允许在缺少有效触发时,获取功能自由运行。"自动"触发状态允许没有触发的扫描波形设定在 100 mV/div 或更慢的时基上。"单次"触发状态只对一个事件进行单次获取。单次获取顺序的内容取决于获取状态,如表 2. 1. 1 所示。

表 2. 1. 1　单次获取顺序的内容与获取状态的对应关系

获取状态	单次获取顺序
取样或峰值检测	得到一次获取后,获取顺序即告完成
平均值	达到指定的获取次数(4、16、64、128)后,获取顺序即告完成

③SET LEVEL TO 5%(中点设定):触发位准设定在信号位准的中点。

④FORCE TRIGGER(强行触发):不管是否有足够的触发信号,都会自动启动获取。

⑤TRIGGER VIEW(触发视图):按下触发视图按键后,显示触发波形,取代通道波形。

(5)功能区:功能区的功能键一共有 9 个。这 9 个功能键的名称以及它们所显示的功能表的内容如图 2. 1. 28 所示。下面分别介绍各个功能键的操作要点。

①AUTOSET(自动设定):自动设定功能用于自动调节仪器的各项控制值,以产生可使用的输入信号显示。调节或设定的控制值为:获取状态(取样);垂直耦合,直流(如选择 GND 的话);垂直"伏/格"(已调节);带宽(满);水平位置(居中);水平"秒/刻度"(已调节);触发类型(边沿);触发信源(显示最低数字通道);触发耦合(调节到直流,噪声抑制或高频抑制);触发斜率(上升);触发闭锁(最低);触发位准(中点设定);显示格式(YT);触发状态(自动)。

②ACQUIRE(获取):获取功能用于设定获取参数,而获取参数与不同的获取状态有关。获取状态分为取样、峰值检测与平均值三种。当选择不同的获取状态时,波形显示将有所区别,如表 2. 1. 2 所示。

③MEASURE(测定):MEASURE 键用于自动测定被测波形的参数,自动测定的参数有频率、周期、平均值、峰-峰值、均方根值 5 项,但在同一时间内最多只能显示 4 项被测值。

进行测定操作时,首先在测定功能表中选取信源,确定每一位置上想要测定的输入波道 CH1 或 CH2;然后在测定功能表中选取类型,进一步选择每一位置上要显示的被测定参数,以此确定功能表的结构。

在测定时要注意,必须使被测波形处于开启(显示)状态,否则不能进行测定;在基准波形或数学值波形上,或在使用 XY 状态或扫描状态时,也都不能进行自动测定。

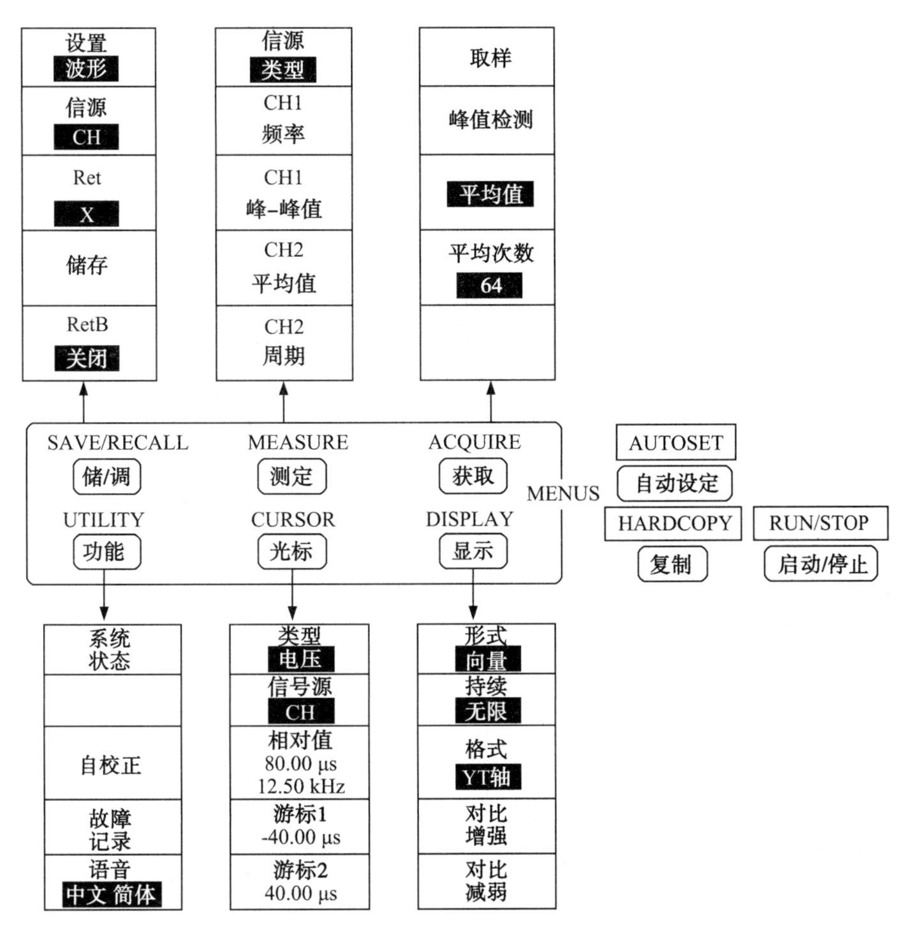

图 2.1.28　功能钮及其显示的功能表示意图

表 2.1.2　不同的获取状态所显示的波形

	取样状态	峰值检测状态	平均值状态
波形			
设定值	在每一获取间隔中取 1 个点，共取 2500 个点	在每个取样间隔中取 2 个点（最高、最低）	在取样状态下获取数值（次数分别为 4、16、64、128），然后求平均值得到波形

续表

	取样状态	峰值检测状态	平均值状态
	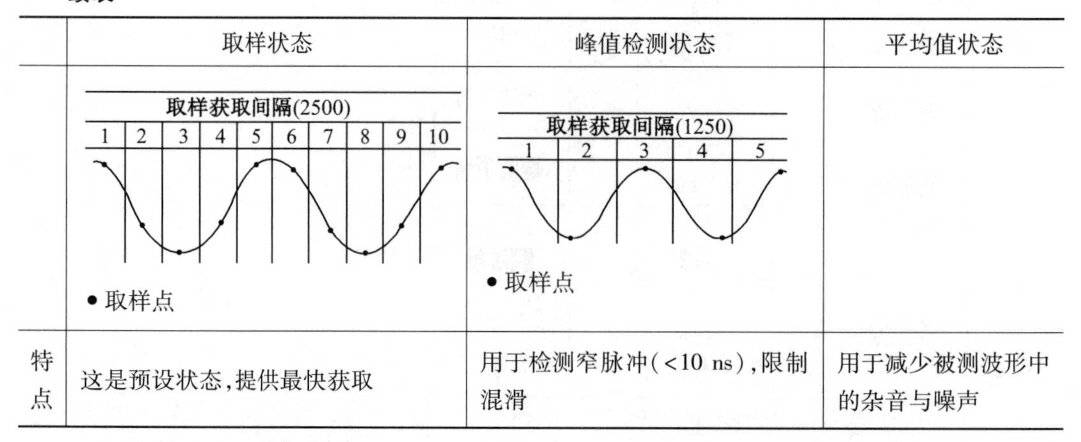		
特点	这是预设状态，提供最快获取	用于检测窄脉冲(<10 ns)，限制混滑	用于减少被测波形中的杂音与噪声

④DISPLAY(显示)：DISPLAY 键用于选择波形的显示方式及改变波形的显示外观。按此键出现的功能表中的功能如下：

a. 形式，即显示方式。显示方式分为矢量与光点两种：设定为光点显示方式时，只显示取样点；若设定为矢量显示方式，将显示出连续波形(矢量填补取样点之间的空间)。

b. 持续：指设定显示的取样点保留显示的时间。当使用此功能时，保留的旧数据以灰色显示，新数据则以黑色显示。设定值分 1 s、2 s、3 s、无限、关闭五种。当功能设定为"无限"时，记录点一直积累，直至控制值被改变为止。

c. 格式：显示格式分为 YT 与 XY 两种。YT 格式是示波器的常规显示格式，用来表示显示波形的电压(垂直标尺)随时间(水平标尺)变化而变化的相对关系；XY 格式用来逐点比较两个波形间的相对相位关系(水平轴线上显示通道 1，垂直轴线上显示通道 2)。在选择 XY 显示格式以后，使用取样获取状态，数据呈光点显示，采样率为 1 ns/s。另外，在选择 XY 显示格式以后，使用通道 1、通道 2 的"VOLTS/DIV"旋钮和"POSITION"旋钮同样可以改变水平与垂直标尺的设定值和位置。有些功能在 XY 显示格式中将不起作用，如基准波形或数学值波形、光标、自动设定(重新设定到 YT 显示格式)、时基控制、触发控制。

d. 对比增强(减弱)：增强(减弱)显示数据的对比度。

⑤CURSOR(光标)：所谓"光标"是用来测定两个波形之间的设置(电压或时间)的两个标记，如图 2.1.29 所示。

按 CURSOR 键，将出现测定光标和光标的功能表。功能表中显示的功能如下：

a. 类型：可选择电压或时间。电压用来测定两水平光标之间的电压值；时间用来测定两垂直光标之间的时间值或频率。

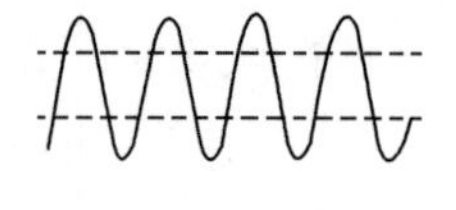

(a) 电压光标

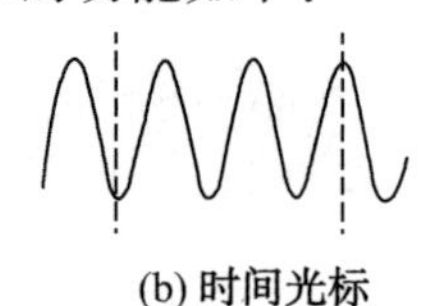

(b) 时间光标

图 2.1.29　光标

b. 信号源：光标所指的信号源，如通道 1、通道 2、Math(数学值)、RefA(基准 A)、RefB(基准 B)。

c. 相对值：表示两光标间的差值。

d. 游标 1：表示光标 1 的位置。

e. 游标 2：表示光标 2 的位置（时间以触发位置为基准，电压以接地点为基准）。

光标移动功能是通过使用“POSITION”旋钮移动光标 1、光标 2 和改变相对值来实现的。但要注意，只有在光标功能表显示时，光标才能移动。

⑥SAVE/RECALL（储存/调出）。SAVE/RECALL 键的作用有两个：一个是储存/调出仪器的设置（指仪器面板控制钮的设定数值），另一个是储存/调出波形。

若要储存设置，可先在 SAVE/RECALL 功能表中选取设置，出现用于储存或调出仪器设置的功能表后设置记忆。本仪器设置区共有 1～5 个内存位置，用来储存仪器当前的控制或设定值，可选择其中任意一个，按副菜单中的第 4 个键即可完成储存操作。要从设置区所选的内存位置上调出储存的仪器设定值，按副菜单中的第 5 个键即可调出。当调出设置时，仪器处于储存设置时的同一状态。在接通仪器时，所有设定值恢复到仪器关闭时所处的设定值上。

若要储存波形，先在 SAVE/RECALL 功能表中选取波形，出现用于储存或调出波形的功能表后，选择需要储存的信源波形（通道 1 或通道 2）；然后选择基准位置（RefA 或 RefB），以便储存或调出某一波形；最后把信源波形储存到所选择的基准位置。本仪器最多只能储存两个基准波形，这两个基准波形可以与当前获取波形同时显示（基准波形以灰色线条显示，当前获取波形以黑色实线条显示）。

⑦UTILITY（辅助功能）：按 UTILITY 按键，将显示辅助功能表。辅助功能表显示的内容随扩展模块的增加而改变（本仪器未安装任何扩展模块）。

a. 系统状态：水平系统、波形（垂直）系统与触发系统的参数设定值。

b. 自校正：当环境湿度变化范围达到或超过 5％时，可执行自校正程序，以提高示波器的精确度。

c. 故障记录：记录故障情况，将对仪器维修有利。

d. 语言：可选择操作系统的显示语言[英语、法语、德语、日语、意大利语、西班牙语、葡萄牙语、韩语、中文（简）、中文（繁）]。

⑧HARDCOPY（硬拷贝）：由于本仪器未安装扩展模块，因此不能启动打印操作。

⑨RUN/STOP（启动/停止）：启动或停止波形获取。当启动获取功能时，波形显示为活动状态；停止获取，则冻结波形显示。无论启动或停止，波形显示都可用垂直控制和水平控制功能来计数或定位。

2. 数字示波器的常用使用说明

1）简单测量单个信号

要查看电路中的某个信号，但却不了解该信号的幅值或频率；或希望快速显示该信号，并测量其频率、周期和峰-峰值：可使用 CH1 或 CH2。

要测量信号的频率、周期、峰-峰值，要遵循以下步骤进行操作：

（1）按下 MEASURE 键，以查看“测量”菜单。

（2）按下顶部选项键，显示 Measure1 Menu（测量 1 菜单）。

（3）按下“类型”键，选择“频率”。“值”读数将显示测量结果及更新信息。

（4）按下“返回”键。

(5)按下顶部第二个选项键,显示 Measure2 Menu(测量 2 菜单)。

(6)按下“类型”键,选择“周期”。“值”读数将显示测量结果及更新信息。

(7)按下“返回”键。

(8)按下中间的选项键,显示 Measure3 Menu(测量 3 菜单)。

(9)按下“类型”键,选择“峰-峰值”。“值”读数将显示测量结果及更新信息。

(10)按下“返回”键。

测量的单个信号示例如图 2.1.30 所示。

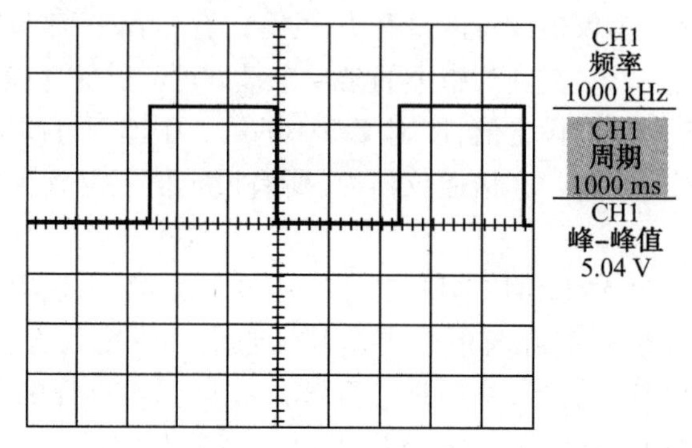

图 2.1.30　测量的单个信号示例

2)测量两个信号

如果正在测试某一放大器,并需要测量该放大器的增益,则需要一个信号发生器,此时需将信号发生器连接到放大器输入端。将示波器的两个通道 CH1、CH2 分别与放大器的输入端和输出端相连。测量两个信号的电平,并使用测量结果计算增益的大小。

要激活并显示连接到通道 1 和通道 2 的信号,并选择两个通道进行测量,应执行以下步骤:

(1)按下 AUTOSET 键。

(2)按下 MEASURE 键,以查看“测量”菜单。

(3)按下顶部选项键,显示 Measure1 Menu(测量 1 菜单)。

(4)按下“信源”键,选择“CH1”。

(5)按下“类型”键,选择“峰-峰值”。

(6)按下“返回”键。

(7)按下顶部第二个选项键,显示 Measure2 Menu(测量 2 菜单)。

(8)按下“信源”键,选择“CH2”。

(9)按下“类型”键,选择“峰-峰值”。

(10)按下“返回”键,读取两个通道的峰-峰值幅度。

要计算放大器的电压增益,可使用以下公式:

电压增益=输出幅度/输入幅度

电压增益(dB)= 20 log(电压增益)

测量的两个信号示例如图 2.1.31 所示。

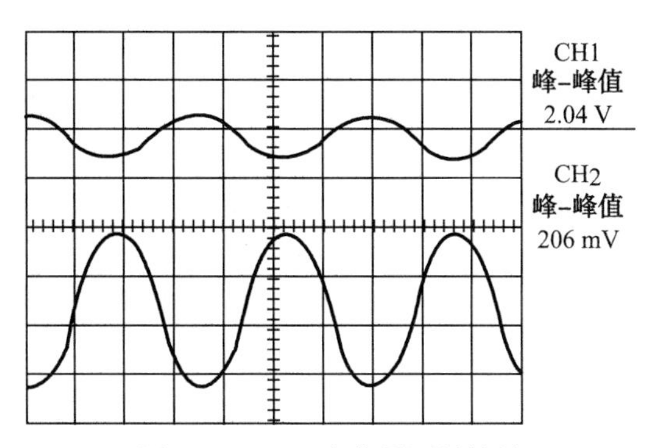

图 2.1.31　两个信号测量结果

3)光标测量

使用光标可快速对波形进行时间和振幅测量。如果需要测量振荡的频率和振幅,应执行以下步骤:

(1)按下 CURSOR 键,以查看“光标”菜单。

(2)按下“类型”键,选择“时间”。

(3)按下“信源”键,选择“CH1”。

(4)按下“光标 1”键。

(5)旋转多用途旋钮,将光标置于振荡的第一个波峰上。

(6)按下“光标 2”键。

(7)旋转多用途旋钮,将光标置于振荡的第二个波峰上。可在“光标”菜单中查看时间和频率 Δ(增量),测量所得的振荡频率。

(8)按下“类型”键,选择“幅度”。

(9)按下“光标 1”键。

(10)旋转多用途旋钮,将光标置于振荡的第一个波峰上。

(11)按下“光标 2”键。

(12)旋转多用途旋钮,将光标 2 置于振荡的最低点上。

在“光标”菜单中将显示振荡的振幅。同理,可以用光标测量脉冲宽度和信号上升时间等,如图 2.1.32 和图 2.1.33 所示。

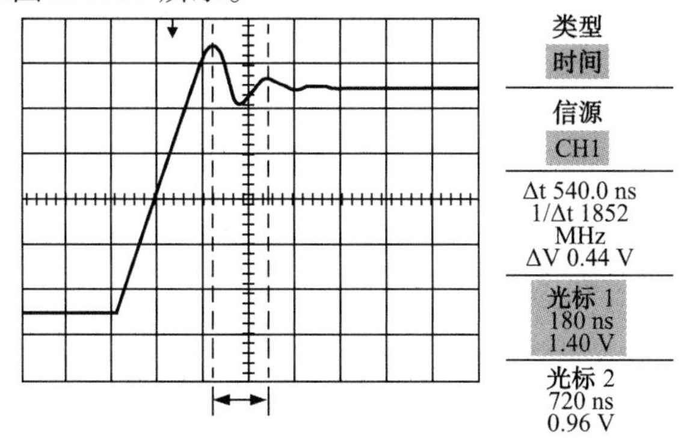

图 2.1.32　用光标测量时间、周期

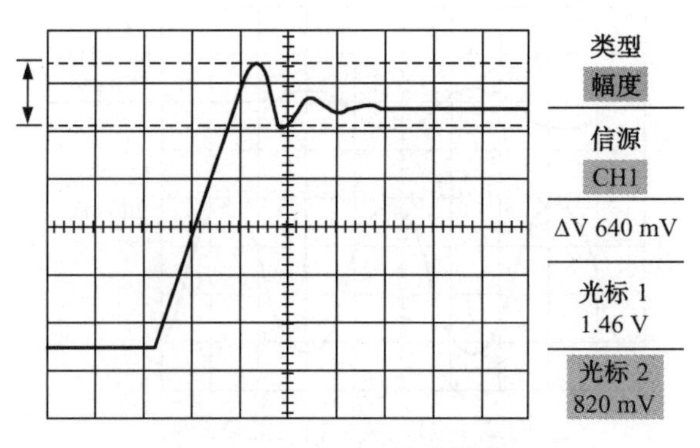

图 2.1.33 用光标测量幅值

2.1.4 鼎阳数字存储示波器面板说明

SDS1200 系列 2 通道通用示波器的面板如图 2.1.34 所示。其中,①为用户界面显示区;②为多功能旋钮;③为常用功能菜单;④为"运行"/"停止"键;⑤为"波形自动设置"键;⑥为触发控制区;⑦为水平控制区;⑧为垂直控制区;⑨为探头补偿信号输出端;⑩为模拟通道输入端;⑪为 USB 接口;⑫为菜单软键;⑬为菜单显示开关;⑭为"电源"键。

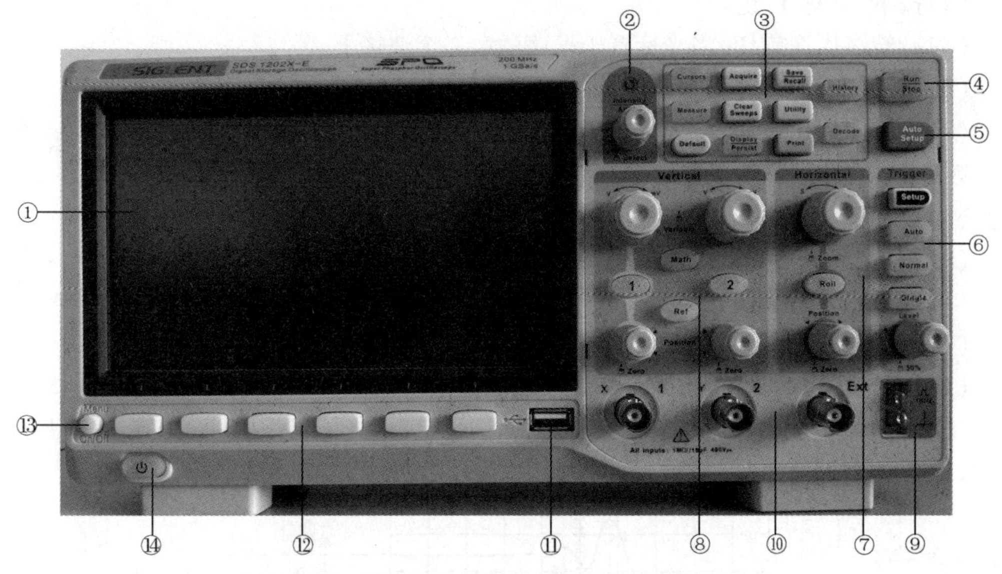

图 2.1.34 SDS1200 系列 2 通道通用示波器的面板

下面将分别对用户界面显示区、多功能旋钮、常用功能菜单、运行控制区、触发控制区、水平控制区和垂直控制区进行介绍。

1. 用户界面显示区

用户界面显示区如图 2.1.35 所示。其中:

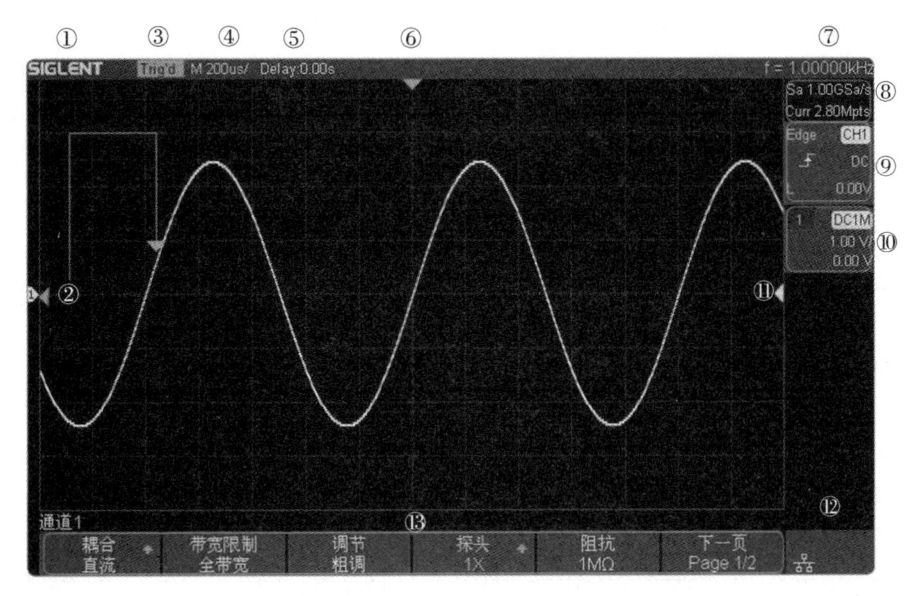

图 2.1.35　用户界面

(1)商家商标:SIGLENT 为该示波器生产公司的注册商标。

(2)通道标记/波形:不同通道用不同的颜色表示,通道标记和波形的颜色一致。

(3)运行状态:可能的状态包括 Arm(采集预触发数据)、Ready(等待触发)、Trig'd(已触发)、Stop(停止采样)、Auto(自动采集)。

(4)水平时基:表示屏幕水平轴上每格所代表的时间长度。使用“水平时基”旋钮可以修改该参数,可设置的范围为 1 ns～100 s。

(5)触发位移:使用“水平位置”旋钮可以调节该参数。旋钮向右旋转可以使得箭头(初始位置为屏幕正中间)向右移动,触发位移(初始为零)相应减小;向左旋转可以使得箭头向左移动,触发位移相应增大。按下该旋钮,触发位移自动恢复为零,箭头回到屏幕正中间。

(6)触发位置:显示屏幕中波形的触发位置。

(7)硬件频率计:显示当前触发通道波形信号的频率值。

(8)采样率和存储深度:显示示波器当前使用的采样率及存储深度。使用“水平时基”旋钮可以修改当前的采样率和存储深度。

(9)触发参数

①触发源CH1:显示当前选择的触发源。选择不同的触发源时标志不同,触发参数的颜色也会相应改变。

②触发耦合DC:显示当前触发的耦合方式。可选择的耦合方式有 DC、AC、LF Reject、HF Reject。

③触发电平值L 0.00V:显示当前的触发电平值。按下该旋钮可将电平值快速设置于波形中间。

④触发类型Edge:显示当前选择的触发类型及触发条件设置。选择不同的触发类型时标志也不同。

例如：![icon]表示在边沿触发的上升沿触发。

(10)通道设置

①通道耦合 DC：显示当前通道的耦合方式。可选择的耦合方式有 DC、AC 和 GND。

②电压挡位 1.00 V：表示当前通道的电压挡位。使用“垂直挡位”旋钮可以改变该参数，可设置为 500 μV/div。

③带宽限制 B：若通道带宽限制开启，则显示 B 标志。

④输入阻抗 1 M：显示当前通道的输入阻抗(1 MΩ)。

(11)触发电平位置：显示当前触发通道的触发电平在屏幕上的位置。按下该旋钮可使触发电平恢复至波形中心。

(12)接口连接标识。

(13)菜单：显示示波器当前所选功能的菜单，按下对应菜单软键即可进行相应设置。

2. 多功能旋钮

多功能旋钮如图 2.1.36 所示。其功能如下：

要调节波形亮度(可调范围为 0%～100%)/网格亮度(可调范围为 0%～100%)/透明度(可调范围为 20%～80%)，需先按 Display Persist 键，选定波形亮度/网格亮度/透明度，然后旋转多功能旋钮进行调节。

进行菜单操作时，按下某菜单软键后，若旋钮上方的指示灯被点亮，此时旋转该旋钮可选择该菜单下的任一选项，按下该旋钮则选中该选项，指示灯熄灭。另外，该旋钮还可用于修改参数值、输入文件名等。

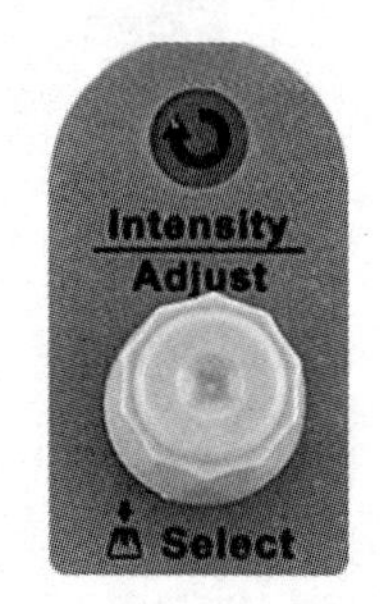

图 2.1.36　多功能旋钮

3. 常用功能菜单

常用功能菜单如图 2.1.37 所示。其中部分控制钮的功能如下：

Cursors：按下该键进入“光标测量”菜单。示波器提供了电压和时间两种光标测量类型。

Display Persist：按下该键快速开启余辉功能，同时进入“显示设置”菜单。可设置波形显示类型、色温、余辉、网格类型、波形亮度、网格亮度、透明度等参数。透明度指屏幕弹出信息框的透明程度。例如，可使用多功能旋钮对开启光标模式后弹出的信息框的透明度进行调节。

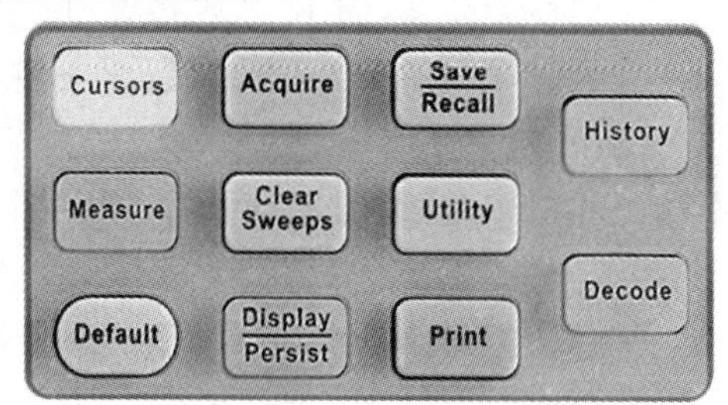

图 2.1.37　常用功能菜单

History：按下该键快速进入“历史波形”菜单。历史波形模式最大可录制 80000 帧波形。

Utility：按下该键进入“系统辅助功能设置”菜单，设置系统相关功能和参数，如接口、声音、语言等。此外，它还支持一些高级功能，如通过/失败(Pass/Fail)测试、打印设置、自校正和固件升级等。

Measure：按下该键进入“测量”菜单，可设置各项测量参数和统计功能，还可设置门限测量和全部测量。可选择并同时显示最多四种测量参数，统计功能则统计当前显示的测量参数的当前值、平均值、最小值、最大值、标准差和统计次数。全部测量可同时显示所有电压参数和时间参数。

:按下该键进入"采样设置"菜单。可设置波形的获取方式(普通/峰值检测/平均值/增强分辨率)、内插方式(Sinx/x 和线性插值)、采集模式(快采和慢采)和存储深度。

:按下该键进入文件存储/调出界面。可存储/调出的文件类型包括设置文件、波形文件、图像文件和 CSV(逗号分隔值)文件。

:按下该键,设备将恢复默认设置状态。在文件存储/调出菜单下,用户可自定义系统默认设置。

:解码功能键。按下该键开启"解码功能"菜单。SDS1200 系列提供两条串行总线对模拟通道输入的信号进行常用协议解码,包括 IIC、SPI、UART/RS232、CAN、LIN。

4. 运行控制区

运行控制区如图 2.1.38 所示。其中各控制钮的功能如下:

:按下该键执行波形自动设置功能。示波器将根据输入信号自动调整垂直电压挡位、水平时基挡位以及触发方式,使波形以最佳方式显示。

:按下该键可将示波器的运行状态设置为运行或停止。运行状态下,该键下的黄灯被点亮;停止状态下,该键下的红灯被点亮。

图 2.1.38　运行控制区

5. 触发控制区

触发控制区如图 2.1.39 所示。其中各控制钮的功能如下:

:按下该键可打开触发设置菜单。该示波器提供了边沿、斜率、脉宽、高清视频、窗口、间隔、超时、欠幅、码型以及串行触发(IIC/SPI/UART/RS232/CAN/LIN)等丰富的触发类型。

(1)高清视频触发:SDS200 系列支持 NTSC(美国国家电视标准委员会)、PAL(相位交替线)制式,模拟视频信号和 HDTV(高清晰度电视)(720P/1080P/1080i)数字高清视频信号触发,同时可对视频信号的行数和场数进行自定义设置。

(2)间隔触发:从输入信号的上升沿(下降沿)通过触发电平开始到相邻的上升沿(下降沿)通过触发电平结束,若这段时间间隔(ΔT)与当前所设定的时间值满足条件限制(<=,>=,[--.--],--][--),则触发。

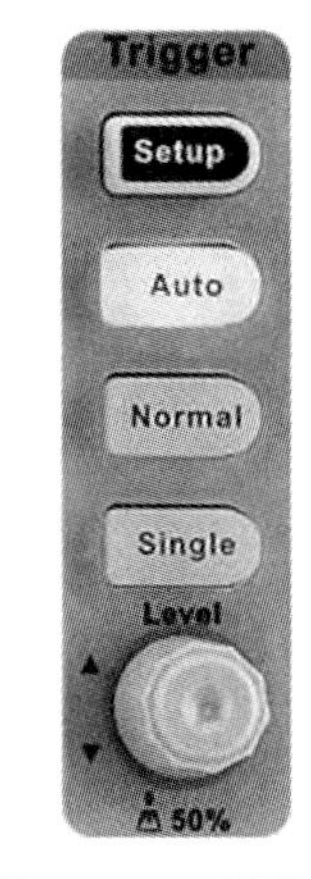

图 2.1.39　触发控制区

(3)欠幅触发:欠幅触发包括正向脉冲欠幅触发和负向脉冲欠幅触发,如图 2.1.40 所示。前者触发跨过低电平而未跨过高电平的正向脉冲,后者触发跨过高电平而未跨过低电平的负向脉冲。

(4)码型触发:码型触发方式通过查找特定的码型而识别触发条件。此码型为通道的逻辑组合(与/或/与非/或非)。每个通道的逻辑值可以是 1(高)、0(低)、Invalid(无效)。

(5)IIC(集成电路)总线触发:在将示波器设置为捕获 IIC 信号后,可在开始/结束条件、重新启动、无应答、EEPROM(带电可擦可编程只读存储器)数据读取时触发,或在具有特定的设备地址和数据值的读/写帧上触发。设置 IIC 触发时,需指定串行时钟线(SCL)和串行数据线(SDA)的数据源(可在解码功能菜单中进行设置)。

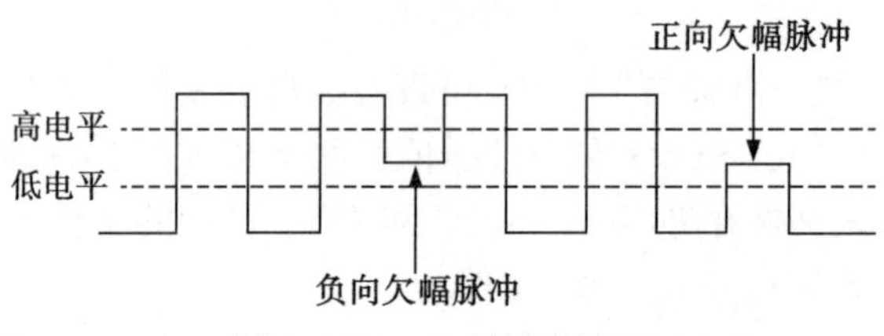

图 2.1.40　欠幅触发波形

(6)SPI(串行外设接口)总线触发:将示波器串行触发通道设置为 SPI 信号类型后,可以指定 MISO(从机输出主机输入)或者 MOSI(主机输出从机输入)上的任意数据触发,数据长度可为 4～32 位。

(7)UART(通用异步收发传输器)/RS232(异步传输标准接口)总线触发:将示波器串行触发通道设置为 UART/RS232 信号类型后,可以指定发射端口(RX)或者接收端口(TX)上的开始信号、结束信号、错误信号或者任意数据触发,数据长度可为 5～8 位。

(8)CAN(控制器局域网络)总线触发:将示波器串行触发通道设置为 CAN 信号类型后,可以指定在 CAN-H 或者 CAN-L 上帧的开始条件、远程帧 ID、数据帧 ID、数据帧 ID+任意数据(支持两个字节)或帧错误上触发。

(9)LIN(局域互联网络)总线触发:将示波器串行触发通道设置为 LIN 信号类型后,可以指定在 LIN 信号的开始信号、帧 ID、帧 ID+数据或帧错误上触发。

:按下该键切换触发模式为 Auto(自动)模式。

:按下该键切换触发模式为 Normal(正常)模式。

:按下该键切换触发模式为 Single(单次)模式。

(Level):修改触发电平。顺时针旋转旋钮增大触发电平值,逆时针旋转旋钮则减小触发电平值。在修改过程中,触发电平线会上下移动,同时屏幕右侧状态栏中的触发电平值相应变化。按下该旋钮可快速将触发电平设置为波形的中心位置。

6. 水平控制区

水平控制区如图 2.1.41 所示。其中各控制钮的功能如下:

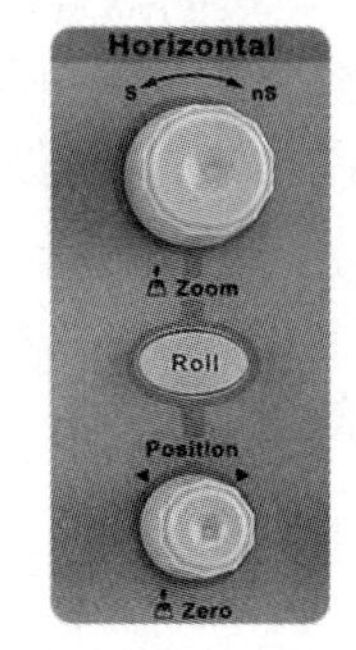

图 2.1.41　水平控制区

:按下该键可快速进入滚动模式。滚动模式的时基为 50 ms/div～100 s/div。

(水平位置):修改触发位移。旋转该旋钮时,触发点相对于屏幕中心左右移动。在修改过程中,所有通道的波形同时左右移动,屏幕上方的触发位移信息也会相应变化。按下该旋钮可将触发位移恢复为零。

(水平时基):修改水平时基挡位。顺时针旋转减小时基,逆时针旋转增大时基。在修改过程中,所有通道波形被扩展或压缩,同时屏幕上方的时基信息也相应变化。按下该旋钮可快速开启 Zoom 功能。

7. 垂直控制区

垂直控制区如图 2.1.42 所示。其中各控制钮的功能如下：

1 2:模拟通道控制键。每个通道标签用不同颜色标识，且屏幕中的波形颜色和输入通道连接器的标签颜色相对应。按下该键可打开相应通道及其菜单。

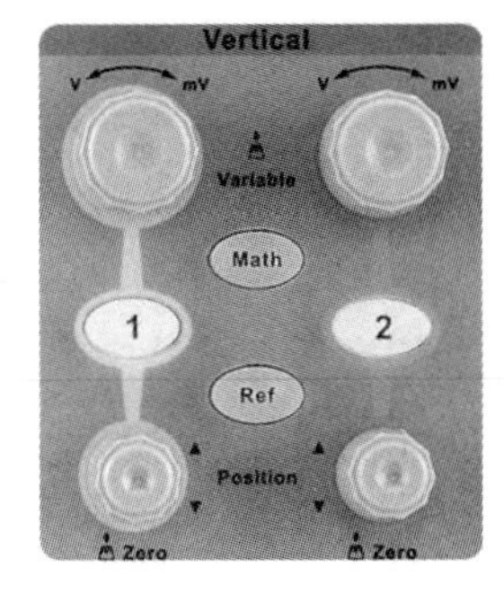

图 2.1.42　垂直控制区

Math:数学运算功能键。按下该键打开“数学运算”菜单，可进行加、减、乘、除、FFT（快速傅里叶变换）、微分、积分、平方根等运算。使用多功能旋钮可以设置 Math 波形的垂直刻度和位置。

Ref:参考波形功能键。按下该键打开“参考波形”菜单，存储参考波形，并将实测波形与参考波形相比较，以判断电路故障。使用多功能旋钮可以设置 Ref 波形的垂直刻度和位置。

（垂直位置）：修改对应通道波形的垂直位移。顺时针旋转旋钮增大位移，逆时针旋转旋钮减小位移。在修改过程中，波形会上下移动，同时屏幕下方弹出的位移信息会相应变化。按下该旋钮可将垂直位移恢复至零。

（垂直挡位）：修改当前通道的电压挡位。顺时针旋转旋钮减小挡位，逆时针旋转旋钮增大挡位。在修改过程中，波形视觉上的幅度会增大或减小，同时屏幕右方的电压挡位信息会相应变化。按下该旋钮可快速切换电压挡位的调节模式为“粗调”或“细调”。

2.1.5　示波器的主要技术特性

示波器的技术特性是正确选用示波器的依据，下面介绍其中主要的几项。

1. 带宽

带宽是示波器的一个最重要的特性，因为它决定了示波器能够显示的信号范围。所需要的带宽主要是由预计将要遇到的信号上升时间决定的。由于示波器将要显示的可能并不仅限于正弦波，所以信号还将包含基本频率之外的谐波。如果不能保证恰当的示波器带宽，示波器便会显示圆化的边沿，而不是原来所期望的清晰、快速的边沿，这无疑将会影响测量的精度。信号带宽是决定示波器带宽的另一个因素，尽管它在重要程度上不及信号的上升时间。由于采用了现代化的数字技术，系统时钟信号通常都是示波器可能要显示的最高频率信号。如果信号的上升时间较慢（500 ps 或更慢），为了显示出正确的波形，示波器的带宽应比信号频率大 2～3 倍；如果信号的上升时间较快，那么信号频率对示波器带宽要求的影响就会较小。

2. 通道数

数字内容在现代设计中随处可见，传统的 2 通道型和 4 通道型示波器并不是总能提供用户所需要的通道数。因此，必须对当前的工作任务进行分析，准确地预测出所需的通道数。

3. 采样速率

通常，示波器的采样速率至少应为模拟带宽的2.5倍。然而在理想情况下，采样速率应为模拟带宽的3倍或更大。为了获得更高的采样速率，很多示波器厂商常常为示波器交织多个实时模数转换器。在一般情况下，交织不会产生信号重构问题，但是不精确的交织可能造成波形失真。因此在购买示波器时，应选择那些采用高精度交织的厂商。

4. 存储器深度

在示波器中，模数转换器将输入波形转换成数字信号，然后将得到的数据存储到示波器的高速存储器中。将要显示的时间乘以要维持的采样速率，就能计算出所需要的存储器深度。如果希望能够在一段较长的时间内以高分辨率在各点之间进行考察，那就需要深存储器。

5. 触发能力

边沿触发是通用示波器用户使用最多的一项功能。然而在某些应用中，示波器的其他触发能力也是非常有用的。许多示波器都配有SPI、CAN、USB、IIC、FlexRay和LIN这样一些标准的串行触发协议。这些先进的触发选件在日常调试工作中能够节省大量时间。毛刺触发则使用户能够在正向毛刺或负向毛刺、大于或小于规定宽度的脉冲上进行触发，以捕获偶发事件。此外，目前市面上的许多示波器还提供了电视(TV)、高清晰度电视(HDTV)和视频应用的触发能力。

2.2　信号发生器

2.2.1　概　述

信号发生器是电子电路中常用的测量仪器之一，用来作为电子电路测量中的信号源。根据测量要求不同，信号源大致可分为三大类：正弦信号发生器、函数(波形)信号发生器和脉冲信号发生器。正弦信号发生器具有波形不受线性电路或系统影响的独特优点。因此，正弦信号发生器在线性系统中具有特殊的意义。

1. 信号发生器的种类

1)按正弦信号频段进行分类

(1)超低频信号发生器(0.001～1000 Hz)。

(2)低频信号发生器(1 Hz～1 MHz)。

(3)视频信号发生器(20 Hz～10 MHz)。

(4)高频信号发生器(30 kHz～30 MHz)。

(5)超高频信号发生器(4～300 MHz)。

2)按性能分类

按性能分类,信号发生器可分为一般信号发生器和标准信号发生器(要求提供的信号有准确的频率和电压,具有良好的波形和适当的调制)两种。

3)按输出波形分类

按输出波形分类,信号发生器可分为正弦信号发生器、脉冲信号发生器、函数信号发生器和噪声信号发生器等。

2. 信号发生器的主要质量指标

下面以正弦信号发生器为例:

1)频率指标

(1)有效频率范围:指信号源各项指标都能得到保证时的输出频率范围。在这一范围内,频率要连续可调。

(2)频率准确度:指信号源频率实际值对其频率标称值的相对偏差。普通信号源的频率准确度一般为±1%~±5%,而标准信号源的频率准确度一般为0.1%~1%。

(3)频率稳定度:指在一定的时间间隔内,信号源频率准确度的变化情况。由于使用要求的不同,各种信号源频率的稳定度也不一样。一般信号源的频率稳定度应比所要求的信号源频率准确度高1~2个数量级。由频率可变的*LC*或*RC*正弦波振荡器作为主振的信号源,其频率稳定度一般只能做到10^{-4}量级左右。而目前在信号源中广泛采用的锁相频率合成技术,则可把信号源的频率稳定度提高2~3个量级。

2)输出指标

(1)输出电平范围:表征信号源所能提供的最小和最大输出电平的可调范围。一般标准高频信号发生器的输出电压为0.1 μV~1 V。

(2)输出稳定度:有两个含义,一是指输出对时间的稳定度;二是指在有效频率范围内调节频率时,输出电平的变化情况。

(3)输出阻抗:信号源的输出阻抗视类型不同而异,低频信号发生器一般有输出阻抗匹配变压器,可有几种不同的输出阻抗,常见的有50 Ω、75 Ω、150 Ω、600 Ω和5 kΩ等。高频和超高频信号发生器一般为50 Ω或75 Ω不平衡输出。

3)调制指标

(1)调制频率:很多信号发生器含有内部调制信号生成模块,内部调制信号的频率一般是固定的(有400 Hz和1000 Hz两种),也可以从外部输入调制信号。

(2)寄生调制:信号发生器工作在未调制状态时,输出正弦波中有残余的调幅调频或调幅时有残余的调频、调频时有残余的调幅,这些统称为“寄生调制”。作为信号源,这些寄生调制应尽可能小。

(3)非线性失真:一般信号发生器的非线性失真应小于1%,某些测量系统则要求优于0.1%。

2.2.2　EE1641B/EE1642B/EE1643B型信号发生器/计数器

该系列信号发生器/计数器是一类精密的测试仪器,具有连续信号、扫描信号、函数信号、脉冲信号等多种输出信号和外部测频功能,是工程师及电子实验室、生产线及教学、科研等场所需配备的较理想设备。

1. 主要特点

(1)采用大规模单片集成精密函数信号发生器电路,使得该机具有很高的可靠性及优良的性价比。

(2)采用单片微机电路进行整周期频率测量和智能化管理,使用户可以直观、准确地了解到输出信号的频率幅度(低频时亦是如此),因此极大地方便了用户。

(3)采用精密电流源电路,使输出信号在整个频带内均具有相当高的精度,同时多种电流源的使用,使仪器不仅可以输出正弦波、三角波、方波等基本波形,还可以输出锯齿波、脉冲波等多种非对称波形,且对各种波形均可以实现扫描功能。

(4)整机采用大规模集成电路设计,优选设计电路,元件降额使用,以保证仪器的高可靠性,平均无故障时间高达数千小时。

该系列仪器的技术参数可参阅相关仪器手册。

以下内容以 EE1641B 型信号发生器/计数器为例进行介绍。

2. 工作原理

如图 2.2.1 所示,EE1641B 型信号发生器/计数器的整机电路由两片单片机进行管理,其主要功能有:①控制函数信号发生器产生的频率;②控制输出信号的波形;③测量输出的频率或外部输入的频率并显示;④测量输出信号的幅度并显示。

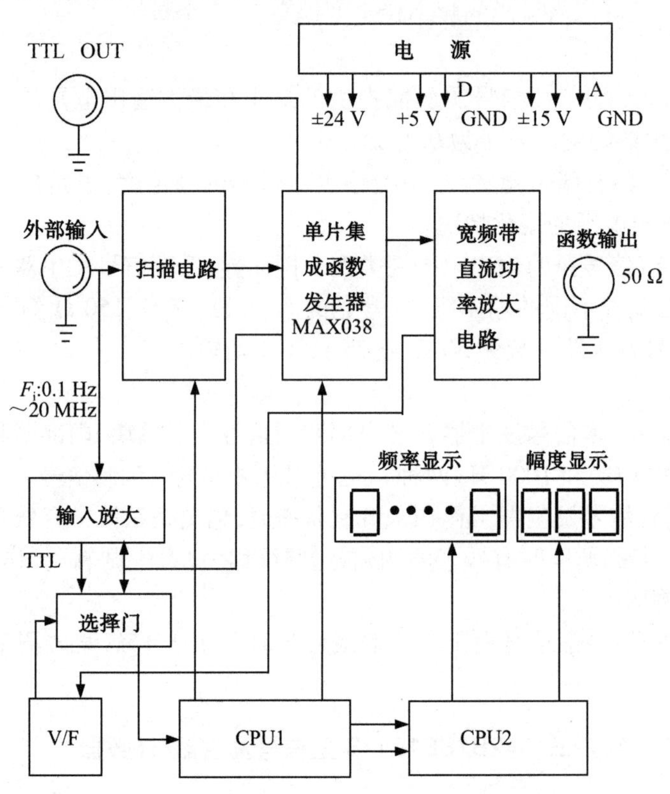

图 2.2.1 EE1641B 型信号发生器/计数器的整机框图

函数信号由专用的集成电路产生,该电路集成度大、线路简单、精度高并易于与微机接口,使得整机指标得到了可靠保证。

扫描电路由多运算放大器组成,以满足扫描宽度、扫描速度的需要。宽带直流功率放大电路的选用,保证输出信号的带负载能力以及输出信号的直流电平偏移均可受面板电位器控制。

整机电源采用线性电路,以保证输出波形的纯净性,具有过压、过流、过热保护功能。

3. 面板结构

EE1641B 型信号发生器/计数器的前面板布局如图 2.2.2 所示。其中各部分的名称和作用如下:

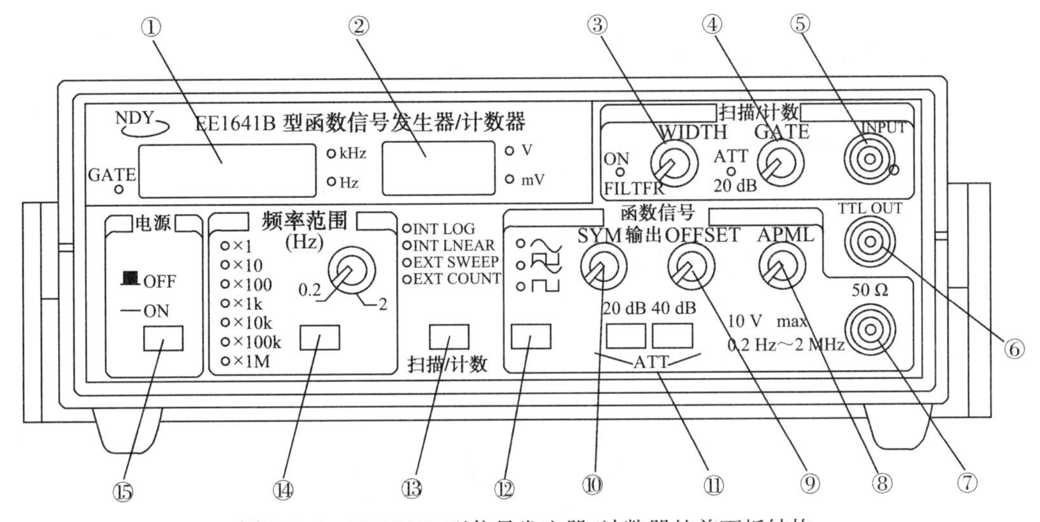

图 2.2.2 EE1641B 型信号发生器/计数器的前面板结构

①频率显示窗口:显示输出信号的频率或外测频信号的频率。

②幅度显示窗口:显示函数输出信号的幅度(50 Ω 负载时的峰-峰值,或选 1 MΩ 时的峰-峰值)。

③扫描宽度调节旋钮:此旋钮可用于调节扫频输出信号的频率范围。在外测频时,旋钮逆时针旋到绿灯亮,为外输入测量信号经过衰减“20 dB”进入测量系统。

④扫描速率调节旋钮:调节此旋钮可以改变内扫描的时间长短。在外测频时,旋钮逆时针旋到底(绿灯亮),为外输入测量信号经过低通开关进入测量系统。

⑤外部输入插座:当“扫描/计数”键⑬选择“外扫描”或“外计数”状态时,外扫描控制信号或外测频信号由此输入。

⑥TTL(晶体管-晶体管逻辑)信号输出端:输出标准的 TTL 幅度的脉冲信号,输出阻抗为 600 Ω。

⑦函数信号输出端:输出多种波形受控的函数信号,输出幅度为 20 Vpp(1 MΩ 负载)或 10 Vpp(50 Ω 负载)。

⑧函数信号输出幅度调节旋钮:调节范围为 20 dB。

⑨函数信号输出直流电平预置调节旋钮:调节范围为−5～+5 V(50 Ω 负载),当旋钮

处于“关”位置时(逆时针旋到底),则为零电平。

⑩输出波形对称性调节旋钮:调节此旋钮可改变输出信号的对称性。当旋钮处于“关”位置时(逆时针旋到底),则输出对称信号。

⑪函数信号输出幅度衰减开关:“20 dB”“40 dB”键均不按下,则输出信号不经衰减,直接输出到插座口;若“20 dB”“40 dB”键分别被按下,则可选择 20 dB 或 40 dB 衰减。

⑫函数输出波形选择键:可选择正弦波、三角波、脉冲波输出。

⑬“扫描/计数”键:可选择多种扫描方式和外测频方式。

⑭频率范围选择旋钮:调节此旋钮可改变输出频率的 1 个倍频程。

⑮整机电源开关:此键被按下时,机内电源接通,整机工作;此键释放为关掉整机电源。

4. 使用说明

1)测量、试验前的准备工作

先检查市电电压,确认市电电压在 220 V±22 V 的范围内,方可将电源线插头插入本仪器后的面板电源线插座内。

2)自校检查

(1)在使用本仪器进行测试工作前,可对其进行自校检查,以确定仪器工作正常与否。

(2)自校检查程序如图 2.2.3 所示。

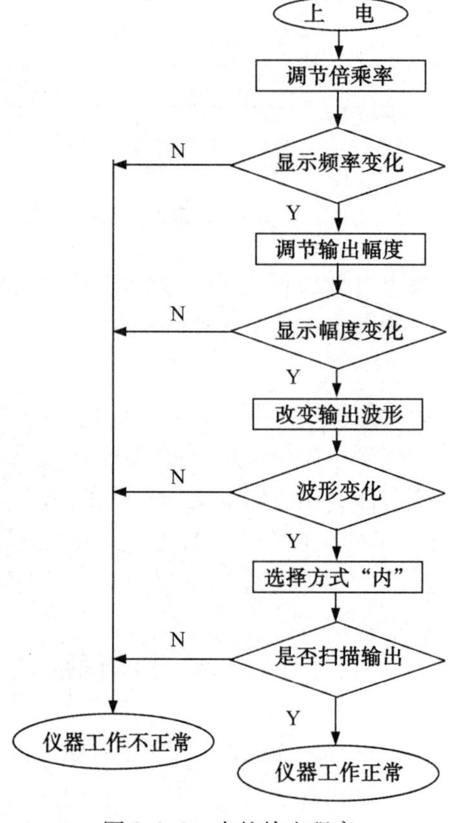

图 2.2.3　自校检查程序

3)函数信号输出

(1)50 Ω 主函数信号输出

①以终端连接 50 Ω 匹配器的测试电缆,由函数信号输出端⑦输出函数信号。

②由频率范围选择旋钮⑭选定输出函数信号的频段,由频率调节器调整输出信号频率,直到达到所需的工作频率值。

③由函数输出波形选择键⑫选定输出函数的波形,分别获得正弦波、三角波、脉冲波。

④由函数信号输出幅度衰减开关⑪和函数信号输出幅度调节旋钮⑧选定和调节输出信号的幅度。

⑤由函数信号输出直流电平预置调节旋钮⑨选定输出信号所携带的直流电平。

⑥输出波形对称性调节旋钮⑩可改变输出脉冲信号的空度比。输出波形为三角波时,可以调变为锯齿波;输出波形为正弦波时,可以调变为正半周与负半周分别为不同角频率的正弦波形,且可移相 180°。

(2)TTL 脉冲信号输出

①除信号电平为标准 TTL 电平外,其重复频率、调控操作均与函数信号输出一致。

②利用测试电缆(终端不加 50 Ω 匹配器)由 TTL 信号输出端⑥输出 TTL 脉冲信号。

(3)内扫描扫频信号输出

①通过“扫描/计数”键⑬,设定“内扫描”方式。

②分别调节扫描宽度调节旋钮③和扫描速率调节旋钮④获得所需的扫描信号输出。

③函数信号输出端⑦、TTL 信号输出端⑥输出相应的内扫描扫频信号。

(4)外扫描调频信号输出

①通过“扫描/计数”键⑬,设定“外扫描”方式。

②由外部输入插座⑤输入相应的控制信号,即可得到相应的受控扫描信号。

(5)外测频功能检查

通过“扫描/计数”键⑬,设定“外计数”方式。

用本机提供的测试电缆将函数信号引入外部输入插座⑤,观察显示频率,应与内测量时相同。

2.2.3 SG-4162AD 型高频信号发生器/计数器简介

1. 概述

SG-4162AD 型既可用作射频信号发生器,也可用作频率计数器。其 6 位 LED 显示屏可以显示内部产生的信号或者外部输入信号的频率。SG-4162AD 型用作射频信号发生器时,可以产生频率范围为 100 kHz ~ 150 MHz、幅度可调节的正弦波和方波。SG-4162AD 型用作频率计数器时,其测量范围为 10 Hz～150 MHz。

由于数字频率计的灵敏度很高,当没有输入信号时,显示屏上有时会随机显示噪声的频率。在 HF(高频)或 VF(甚高频)模式中,将一根同轴电缆和输入端相连,可以消除随机噪声的影响。

仪器使用前的准备工作如下:

(1)将电源开关关闭。

(2)将 AC(交流电)插头插好。

(3)将 RF(射频)的输出连到输出端。

(4)将用作频率调节的“FREQ. RANGE”开关打开,旋转频率刻度盘旋钮,选择所需要的频率。

(5)输出端导线的长度应尽量短,以防止噪声干扰。长的屏蔽电缆会降低高频信号,尤其是方波信号的输出响应。

相关技术指标可参阅具体的仪器说明,这里不再赘述。

2. 控制面板和终端功能

SG-4162AD 型高频信号发生器/计数器的控制面板如图 2.2.4 所示。其中各部分的名称和作用如下:

①电源开关。

②监视器显示:对于射频信号发生器的输出信号频率和频率计数器的输入信号频率,LED 的显示精度最大不超过计数值的 6 位尾数。单位时间内计数值的显示次数由选通时间决定。显示屏上的闪烁点指出频率的单位是 MHz 或 kHz,同时也指出选通时间。如果溢出指示灯亮,表明信号最重要的一个或多个特征没有被显示出来,需要将选通时间调整为 0.1 s。

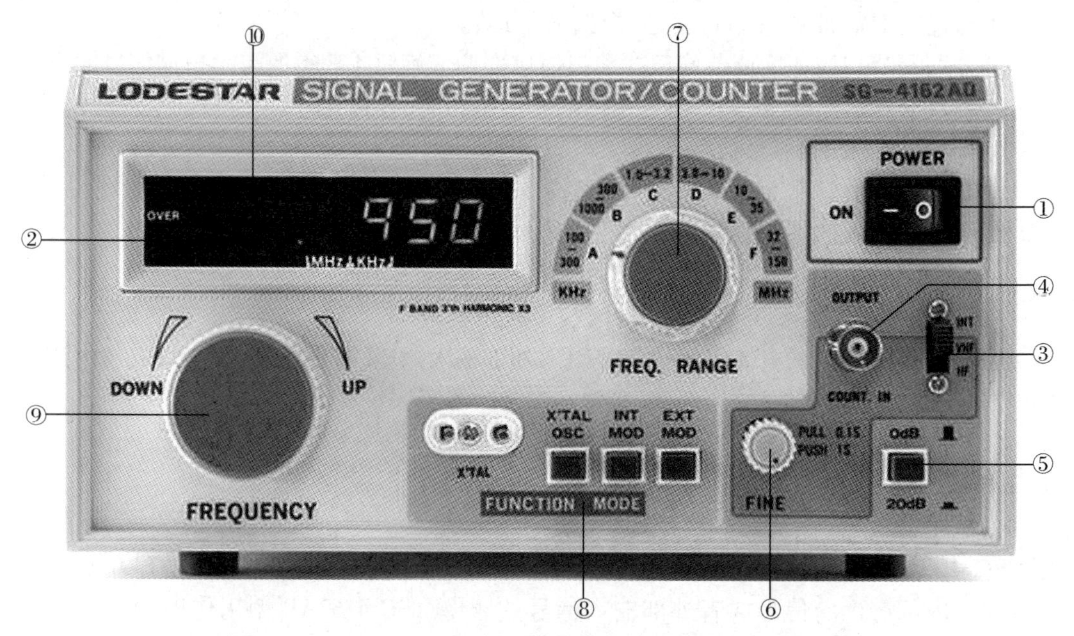

图 2.2.4　SG-4162AD 型高频信号发生器/计数器的控制面板

③“INT/VHF/HF”开关:选择“INT”即可用作射频信号发生器,选择“VHF”即可用作频率范围为 10～150 MHz 的频率计数器,选择“HF”即可用作频率范围为 10 Hz～10 MHz 的频率计数器。

④“OUTPUT/COUNT. IN”端口:当“INT/VHF/HF”开关选择“INT”时,“OUTPUT/COUNT. IN”端口用来输出射频信号;当“INT/VHF/HF”开关选择“VHF”或“HF”时,从

“OUTPUT/COUNT. IN”端口输入信号，实现频率计数的功能。

⑤“ATTENUATOR”开关：对信号发生器的输出进行-20 dB 衰减。

⑥“FINE”旋钮。这个旋钮有两个作用：左右旋转旋钮可以对信号发生器的输出信号的电压进行精确调整；拉出或按下旋钮可以改变频率计数器的选通时间。

⑦频率范围波段

A. 100～300 kHz；

B. 300～1000 kHz；

C. 1～3.2 MHz；

D. 3～10 MHz；

E. 10～35 MHz；

F. 32～150 MHz。

⑧作用模式

EXT MOD——将载波和外部信号进行调制；

INT MOD——将内部 1 kHz 信号用于外部测试电路的调制；

X'TAL OSC——根据选用的晶体决定晶体振荡器的输出频率；

X'TAL——晶体插座，用于插入 1～15 MHz 的 HC-6/U 型石英晶体。

⑨频率刻度盘：在频率范围波段内设置输出信号的频率。

⑩频率显示区：用来输出数字频率。

⑪MOD IN/OUT 插孔：位于仪器的后面，用于调制信号的输入或内部 1 kHz 振荡器的输出。

3. 射频信号发生器和频率计数器的使用说明

1）射频信号发生器的使用过程

（1）准备工作

①将电源开关关闭。

②将 AC 插头插好。

③将 RF 的输出连到输出端。

④将“FINE”旋钮调到中间位置并按下。

⑤将“ATTENUATOR”开关关闭。

（2）使用过程说明

①将电源开关打开。

②将“INT/VHF/HF”开关调到“INT”位置。

③连线：将射频线和测试电路的输入端相连。红端代表高电平，黑端和机壳相连代表零电平。

对于接收天线的射频输入，串接一个 50～200 Ω，1/4 W 的电阻。振子天线检查设备时，在探头和天线之间连接一个线圈。在检查 RF 和 IF 放大电路时，应通过一个 1～5 pF 的小电容连接，以防止自激效应。

注意：当和输入电路直接相连时，应确保不处于高直流电压；否则应根据频率的大小选用 0.05 pF～100 μF 的隔直电容相连。

④调制载波、内部信号源:在“INT MOD”处按下模式开关,通过调整接收器,可以在扬声器中听见语音音调。当对内部电路进行定标时,应通过一个音频伏特计和扬声器端相连,一个具有合适功率的等效电阻用来代替移动线圈。建议将射频信号保持得尽可能低,防止晶体管或电子管中的电流过载。过高的输入电压会导致晶体管或电子管老化,并可能出现两个谐振点,这会使用户很难进行正确的定标和校准。

⑤调制载波、外部信号源:在“EXT MOD”处按下模式开关,将外部音频发生器和仪器后部“MOD IN/OUT”插孔的“EXT/INT MOD”端相连。频率不超过 15 kHz 的信号可用于和 3 MHz 以上的射频信号进行调制。音频信号的输入电压不能超过 2 V,以防止调制失真。

⑥非调制载波:在“EXT MOD”处按下模式开关,必须确保仪器后部的“MOD IN/OUT”插孔上没有任何连接物。射频信号可用于测试具有差拍振荡器的接收机和不需要调制信号的电路。除此之外,射频信号还可用于扫频源来选择所需频率。

⑦石英振荡器输出:在“X' TAL”处按下模式开关,在“X' TAL”插座中插入一个 FT-243 型晶体。按下衰减开关,将输出信号衰减 20 dB,把“F”处的频率开关调整为 100 kHz,并将“FINE”旋钮调至最小。输出信号的处理方法和非调制载波的处理方法一样,但输出电平不能调整。

⑧射频信号输出,1 kHz。在“INT MOD”处按下模式开关,把“F”处的频率开关调整为 100 MHz。用导线将输出端和电路相连,使用一个 100 kΩ～1 MΩ 的外部分压计来降低电压。

⑨振荡器频率校准:若要将射频振荡器的频率校准到较高精度,可使用内部晶体振荡器的谐波和一个外部的全波段接收机。后者常用于频率转换单元。

(3)频率校准的步骤

①在“X' TAL OSC”处按下模式开关。

②插入标准频率(最好是 1 MHz 的整数倍)晶体。对于点频率检测,举例来说,如果信号频率是 10.7 MHz,则使用 10.7 MHz 的晶体。

③按下衰减开关,调整“FINE”旋钮。

④将射频输出端和接收器输入端相连,可以直接连接,也可以通过一个小耦合电容和振子天线相连。

⑤在下面的例子中,使用的是 1 MHz 的晶体:先将接收器调到 5 MHz 或 1 MHz 的 5 次谐波,然后根据刻度盘的指示将振荡器小心地调整到零差拍。对于 1 MHz 频率以外的其他信号,可采取相同的步骤,即设置振荡器——调整接收器——根据刻度盘的指示调高速振荡器。在实际使用中,可利用 10 次谐波甚至更高。然而,必须谨慎地选择合适的谐波,尤其是使用频率相对较低的晶体来产生高频射频信号时。

注意:使用具有零差拍振荡器的接收器时,测量可以被简化。当稳定的差拍的声音最清晰时,则达到了零差拍的条件。

2)频率计数器的使用过程

(1)将电源开关打开。

(2)将"INT/VHF/HF"开关调到"HF"位置时,频率测量范围为 10 Hz～10 MHz;将"INT/VHF/HF"开关调到"VHF"位置时,频率测量范围为 10～150 MHz。

(3)连接测量信号的输出到"OUTPUT/COUNT. IN"端作为频率计数器的输入。

(4)用户可以调整频率计数器的显示。拉出"FINE"旋钮,将选通时间设为 0. 1 s;按下"FINE"旋钮,将选通时间设为 1 s。应确保测试的信号电压在给定的范围内,如果电压太高或太低,必须使用一个分压装置或增益器。

(5)操作的具体方法请参考"控制面板和终端功能"小节的②③④⑥。

2.2.4 TFG6900A 系列函数/任意波形发生器

1. 概述

TFG6900A 系列函数/任意波形发生器采用直接数字合成(DDS)技术、大规模集成电路、软核嵌入式系统,具有优异的技术指标和强大的功能特性,使操作者能够快速地完成各种测量工作。大屏幕彩色液晶显示界面可以显示出波形图和多种工作参数,简单易用的键盘和旋钮更便于仪器的操作。其主要特性如下:

(1)双通道输出:具有 A、B 两个独立的输出通道,两通道特性相同。

(2)双通道操作:两通道频率、幅度和偏移可联动输入,两通道输出可叠加。

(3)波形特性:具有 5 种标准波形、5 种用户波形和 50 种内置任意波形。

(4)波形编辑:可使用键盘编辑或计算机波形编辑软件下载用户波形。

(5)频率特性:频率精度为 50 μHz,分辨率为 1 μHz。

(6)幅度偏移特性:幅度和偏移精度为 1%,分辨率为 0. 2 mV。

(7)方波、锯齿波:可以设置精确的方波占空比和锯齿波对称度。

(8)脉冲波:可以设置精确的脉冲宽度。

(9)相位特性:可设置两路输出信号的相位和极性。

(10)调制特性:可输出 FM(频率调制)、AM(幅度调制)、PM(相位调制)、PWM(脉冲宽度调制)、FSK(频移键控)、BPSK(二进制相移键控)、SUM(载波加调制)调制信号。

(11)频率扫描:可输出线性或对数频率扫描信号、频率列表扫描信号。

(12)猝发特性:可输出设置周期数的猝发信号和门控输出信号。

(13)存储特性:可存储或调出 5 组仪器工作状态参数、5 个用户任意波形。

(14)同步输出:各种功能具有相应的同步信号输出。

(15)外部调制:在调制功能时可使用外部调制信号。

(16)外部触发:FSK、BPSK、扫描和猝发功能可使用外部触发信号。

(17)外部时钟:具有外部时钟输入和内部时钟输出。

(18)计数器功能:可测量外部信号的频率、周期、脉宽、占空比和周期数。

(19)计算功能:可以选用频率值或周期值、幅度峰-峰值、有效值或功率电平值(dBm)。

(20)操作方式:全部按键操作、彩色液晶显示屏、键盘设置或旋钮调节。

(21)通信接口:配置 RS232 接口、USB 设备接口、U 盘存储器接口。

(22)高可靠性。

2. 原理概述

1)原理框图

信号从数模转换器出来以后,分成 A、B 两个相同的通道,图 2.2.5 中只画出了其中一个通道的框图。

2)工作原理

(1)数字合成:要产生一个电压信号,传统的模拟信号源是采用电子元器件以各种不同的方式组成的振荡器,其频率精度和稳定度都不高,而且工艺复杂、分辨率低,频率设置和实现计算机程控也不方便。直接数字合成技术是一种数字化的信号产生方法,它没有振荡器元件,而是用数字合成方法产生一连串数据流,再经过数模转换器产生一个预先设置的模拟信号。

例如,要合成一个正弦波信号,首先将函数 $y=\sin x$ 进行数字量化,然后以 x 为地址,以 y 为量化数据,依次存入波形存储器。直接数字合成使用了相位累加技术来控制波形存储器的地址,在每一个采样时钟周期中,都把一个相位增量累加到相位累加器的当前结果上,通过改变相位增量即可以改变直接数字合成的输出频率值。根据相位累加器输出的地址,由波形存储器取出波形量化数据,经过数模转换器和运算放大器转换成模拟电压。由于波形数据是间断的取样数据,所以直接数字合成发生器输出的是一个阶梯正弦波形,必须经过低通滤波器将波形中所含的高次谐波滤除掉,输出才为连续的正弦波形。

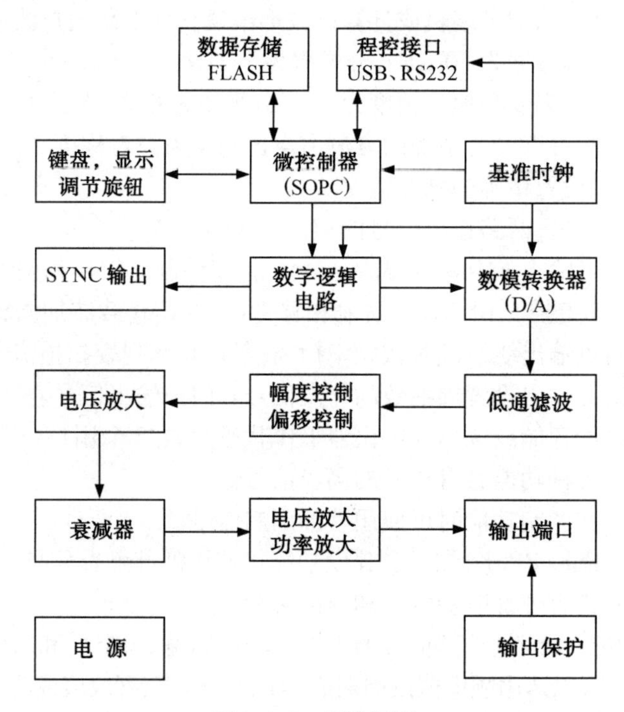

图 2.2.5　通道框图

(2)工作原理:仪器内部有一个高分辨率的数模转换器,使用高精度的基准电压源,为幅度和偏移控制提供可设置的参考电压,因而保证了输出幅度和直流偏移的精度和稳定性。经过幅度和偏移控制的信号再经过电压放大、衰减器和功率放大,最后由输出端口输出。

在软核控制器控制键盘和显示部分,当有键被按下时,控制器识别出被按键的编码,然后转去执行该键的命令程序;显示电路将仪器的工作状态和各种参数显示出来。

面板上的旋钮可以用来改变光标指示位的数字,每旋转一定的角度可以产生一个触发脉冲,控制器能够判断出旋钮是左转还是右转;如果是左转,则使光标指示位的数字减1,如果是右转,则加1,并且连续进位或借位。

3. 控制面板说明

TFG6900A系列函数/任意波形发生器的前、后控制面板分别如图2.2.6(a)(b)所示。

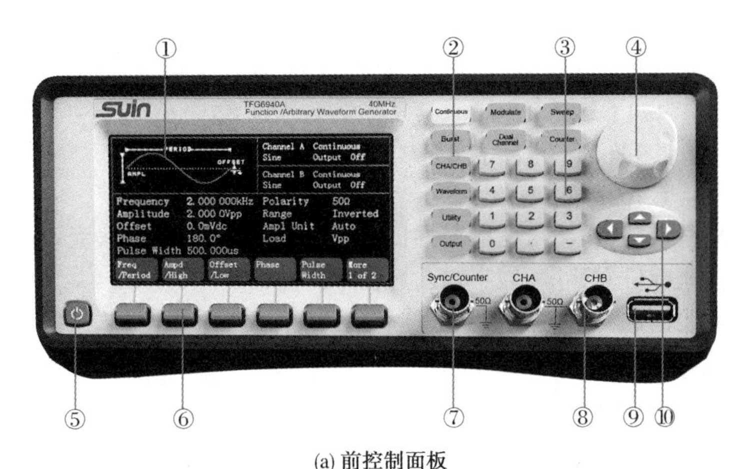

(a) 前控制面板

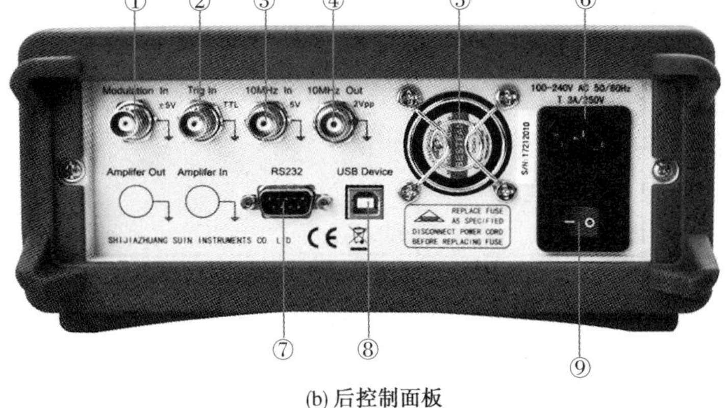

(b) 后控制面板

图2.2.6　TFG6900A系列函数/任意波形发生器的前、后控制面板

1)前控制面板

前控制面板各部分的名称如下：

①为显示屏；②为功能键；③为数字键；④为调节旋钮；⑤为电源按键；⑥为菜单软键；⑦为同步输出/计数输入端；⑧为 CHA、CHB 输出端；⑨为 U 盘插座；⑩为方向键。

2)后控制面板各键功能

后控制面板各部分的名称如下：

①为外调制输入端；②为外触发输入端；③为外时钟输入端；④为内时钟输出端；⑤为排风扇；⑥为电源插座；⑦为 RS232 接口；⑧为 USB 接口；⑨为电源总开关。

4. 键盘

1)键盘说明

本仪器共有 32 个按键,26 个按键有固定的含义,用符号【 】表示。其中 10 个大按键用作功能选择,小键盘上的 12 个键用作数据输入,2 个箭头键【<】【>】用于左右移动旋钮调节的光标,2 个箭头键【∧】【∨】用作频率和幅度的步进操作。显示屏的下方还有 6 个空白键,称为“操作软键”,用符号〖 〗表示,其含义随着操作菜单的不同而变化。具体的键盘按键和空白键说明如下：

【0】【1】【2】【3】【4】【5】【6】【7】【8】【9】键:数字输入键。

【.】键:小数点输入键。

【-】键:负号输入键,在输入数据允许负值时输入负号,其他时候无效。

【<】键:白色光标位左移键,数字输入过程中的退格删除键。

【>】键:白色光标位右移键。

【∧】键:频率和幅度步进增加键。

【∨】键:频率和幅度步进减少键。

【Continuous】键:选择连续模式。

【Modulate】键:选择调制模式。

【Sweep】键:选择扫描模式。

【Burst】键:选择猝发模式。

【Dual Channel】键:选择双通道操作模式。

【Counter】键:选择计数器模式。

【CHA/CHB】键:通道选择键。

【Waveform】键:波形选择键。

【Utility】键:通用设置键。

【Output】键:输出端口开关键。

〖　〗空白键:操作软键,用于菜单和单位选择。

2)显示说明

仪器的显示屏分为四个部分:左上部显示 A 通道的输出波形示意图和输出模式、波形和负载设置,右上部显示 B 通道的输出波形示意图和输出模式、波形和负载设置,中部显示频率、幅度、偏移等工作参数,下部显示操作菜单和数据单位。

5. 数据输入

1)键盘输入

如果一项参数被选中，则参数值会变为绿色，使用数字键、小数点键和负号键可以输入数据。在输入过程中如果有错，在按单位键之前，可以按【<】键退格删除。数据输入完成以后，必须按单位键结束，输入数据才能生效。如果输入数字后又不想让其生效，可以按“单位”菜单中的〖Cancel〗软键，本次数据输入操作即被取消。

2)旋钮调节

在实际应用中，有时需要对信号进行连续调节，这时可以使用数字调节旋钮。当一项参数被选中后，除了参数值会变为绿色外，还有一个数字会变为白色，称作“光标位”。按移位键【<】或【>】，可以使光标位左右移动。面板上的旋钮为数字调节旋钮，向右转动旋钮，可使光标位的数字连续加1，并能向高位进位；向左转动旋钮，可使光标指示位的数字连续减1，并能向高位借位。使用旋钮输入数据时，数字改变后即刻生效，不用再按单位键。光标位向左移动，可以对数据进行粗调；向右移动，则可以进行细调。

3)步进输入

如果需要一组等间隔的数据，可以使用步进键输入。在“连续输出”模式菜单中，按〖电平限制/步进〗软键，如果选中 Step Freq 参数，可以设置频率步进值；如果选中 Step Ampl 参数，可以设置幅度步进值。步进值设置之后，当选中频率或幅度参数时，每按一次【∧】键，可以使频率或幅度增加一个步进值；每按一次【∨】键，可使频率或幅度减少一个步进值。而且数据改变后即刻生效，不用再按单位键。

4)输入方式选择

对于已知的数据，使用数字键输入最为方便，而且不管数据变化多大都能一次到位，没有中间过渡性数据产生。对已经输入的数据进行局部修改，或者需要输入连续变化的数据进行观测时，使用调节旋钮最为方便。

对于一系列等间隔数据的输入，则使用步进键更加快速准确。操作者可以根据不同的应用要求灵活选择。

6. 基本操作

1)通道选择

按【CHA/CHB】键可以循环选择两个通道。被选中的通道，其通道名称、工作模式、输出波形和负载设置的字符变为绿色显示。使用菜单可以设置该通道的波形和参数，按【Output】键可以循环开通或关闭该通道的输出信号。

2)波形选择

按【Waveform】键，显示出“波形”菜单，按〖第 x 页〗软键，可以循环显示出15页60种波形。按菜单软键选中一种波形，波形名称会随之改变，在“连续”模式下，可以显示出波形示意图。按〖返回〗软键，恢复到当前菜单。

3)占空比设置

如果选择了方波，要将方波占空比设置为20%，可按下列步骤操作：

(1)按〖占空比〗软键，占空比参数变为绿色显示。

(2)先按数字键【2】【0】输入参数值，再按〖%〗软键，绿色参数显示为20%。

(3)仪器按照新设置的占空比参数输出方波,也可以使用旋钮和【<】【>】键连续调节输出波形的占空比。

4)频率设置

如果要将频率设置为 2.5 kHz,可按下列步骤操作:

(1)按〖频率/周期〗软键,频率参数变为绿色显示。

(2)先按数字键【2】+小数点键【.】+数字键【5】输入参数值,再按〖kHz〗软键,绿色参数显示为 2.500000 kHz。

(3)仪器按照设置的频率参数输出波形,也可以使用旋钮和【<】【>】键连续调节输出波形的频率。

5)幅度设置

如果要将幅度设置为 1.6 Vrms,可按下列步骤操作:

(1)按〖幅度/高电平〗软键,幅度参数变为绿色显示。

(2)先按数字键【1】+小数点键【.】+数字键【6】输入参数值,再按〖Vrms〗软键,绿色参数显示为 1.6000 Vrms。

(3)仪器按照设置的幅度参数输出波形,也可以使用旋钮和【<】【>】键连续调节输出波形的幅度。

6)偏移设置

如果要将直流偏移设置为-25 mVdc,可按下列步骤操作:

(1)按〖偏移/低电平〗软键,偏移参数变为绿色显示。

(2)先按负号键【-】+数字键【2】【5】输入参数值,再按〖mVdc〗软键,绿色参数显示为-25.0 mVdc。

(3)仪器按照设置的偏移参数输出波形的直流偏移,也可以使用旋钮和【<】【>】键连续调节输出波形的直流偏移。

7)幅度调制

如果要输出一个幅度调制波形,载波频率为 10 kHz,调制深度为 80%,调制频率为 10 Hz,调制波形为三角波,可按下列步骤操作:

(1)按【Modulate】键,默认选择频率调制模式;按〖调制类型〗软键,显示出"调制类型"菜单;按〖幅度调制〗软键,工作模式显示为 AM Modulation,波形示意图显示为调幅波形,同时显示出 AM 菜单。

(2)按〖频率〗软键,频率参数变为绿色显示。先按数字键【1】【0】,再按〖kHz〗软键,将载波频率设置为 10.00000 kHz。

(3)按〖调制深度〗软键,调制深度参数变为绿色显示。先按数字键【8】【0】,再按〖%〗软键,将调制深度设置为 80%。

(4)按〖调制频率〗软键,调制频率参数变为绿色显示。先按数字键【1】【0】,再按〖Hz〗软键,将调制频率设置为 10.00000 Hz。

(5)按〖调制波形〗软键,调制波形参数变为绿色显示。先按【Waveform】键,再按〖锯齿波〗软键,将调制波形设置为锯齿波。按〖返回〗软键,返回到"幅度调制"菜单。

(6)仪器按照设置的调制参数输出一个调幅波形,也可以使用旋钮和【<】【>】键连续调节各调制参数。

8)叠加调制

如果要在输出波形上叠加噪声波,叠加幅度为10%,可按下列步骤操作:

(1)按【Modulate】键,默认选择频率调制模式;按〖调制类型〗软键,显示出“调制类型”菜单;按〖叠加调制〗软键,工作模式显示为Sum Modulation,波形示意图显示为叠加波形,同时显示出“叠加调制”菜单。

(2)按〖叠加幅度〗软键,叠加幅度参数变为绿色显示。先按数字键【1】【0】,再按〖%〗软键,将叠加幅度设置为10%。

(3)按〖调制波形〗软键,调制波形参数变为绿色显示。先按【Waveform】键,再按〖噪声波〗软键,将调制波形设置为噪声波。按〖返回〗软键,返回到“叠加调制”菜单。

(4)仪器按照设置的调制参数输出一个叠加波形,也可以使用旋钮和【<】【>】键连续调节叠加噪声的幅度。

9)频移键控

如果要输出一个频移键控波形,跳变频率为100 Hz,键控速率为10 Hz,可按下列步骤操作:

(1)按【Modulate】键,默认选择频率调制模式;按〖调制类型〗软键,显示出“调制类型”菜单;按〖频移键控〗软键,工作模式显示为FSK Modulation,波形示意图显示为频移键控波形,同时显示出“频移键控”菜单。

(2)按〖跳变频率〗软键,跳变频率变为绿色显示。先按数字键【1】【0】【0】,再按〖Hz〗软键,将跳变频率设置为100.0000 Hz。

(3)按〖键控速率〗软键,键控速率参数变为绿色显示。先按数字键【1】【0】,再按〖Hz〗软键,将键控速率设置为10.00000 Hz。

(4)仪器按照设置的调制参数输出一个频移键控波形,也可以使用旋钮和【<】【>】键连续调节跳变频率和键控速率。

10)频率扫描

如果要输出一个频率扫描波形,扫描周期为5 s,对数扫描,可按下列步骤操作:

(1)按【Sweep】键进入扫描模式,工作模式显示为Frequency Sweep,并显示出频率扫描波形示意图,同时显示出“频率扫描”菜单。

(2)按〖扫描时间〗软键,扫描时间参数变为绿色显示。先按数字键【5】,再按〖s〗软键,将扫描时间设置为5.000 s。

(3)按〖扫描模式〗软键,扫描模式变为绿色显示。将扫描模式选择为对数扫描。

(4)仪器按照设置的扫描时间参数输出扫描波形。

11)猝发输出

如果要输出一个猝发波形,猝发周期为10 ms,猝发计数5个周期,连续或手动单次触发,可按下列步骤操作:

(1)按【Burst】键进入猝发模式,工作模式显示为Burst,并显示出猝发波形示意图,同时显示出“猝发”菜单。

(2)按〖猝发模式〗软键,猝发模式参数变为绿色显示。将猝发模式选择为触发模式

(Triggered)。

(3)按〖猝发周期〗软键,猝发周期参数变为绿色显示。先按数字键【1】【0】,再按〖ms〗软键,将猝发周期设置为 10.000 ms。

(4)按〖猝发计数〗软键,猝发计数参数变为绿色显示。先按数字键【5】,再按〖Ok〗软键,将猝发计数设置为 5。

(5)仪器按照设置的猝发周期和猝发计数参数连续输出猝发波形。

(6)按〖触发源〗软键,触发源参数变为绿色显示。将触发源选择为外部源(External),猝发输出停止。

(7)按〖手动触发〗软键,每按一次,仪器猝发输出 5 个周期波形。

12)频率耦合

如果要使两个通道的频率相耦合(联动),可按下列步骤操作:

(1)按【Dual Channel】键选择双通道操作模式,显示出"双通道"菜单。

(2)按〖频率耦合〗软键,频率耦合参数变为绿色显示。将频率耦合选择为 On。

(3)按【Continuous】键选择连续工作模式,改变 A 通道的频率值,B 通道的频率值也随着变化,两个通道输出信号的频率联动变化。

13)存储和调出

如果要将仪器的工作状态存储起来,可按下列步骤操作:

(1)按【Utility】键,显示出"通用操作"菜单。

(2)按〖状态存储〗软键,存储参数变为绿色显示。按〖用户状态 0〗软键,将当前的工作状态参数存储到相应的存储区,存储完成后显示 Stored。

(3)按〖状态调出〗软键,调出参数变为绿色显示。按〖用户状态 0〗软键,将相应存储区的工作状态参数调出,并按照调出的工作状态参数进行工作。

14)计数器

如果要测量一个外部信号的频率,可按下列步骤操作:

(1)按【Counter】键,进入计数器工作模式,显示出波形示意图,同时显示出"计数器"菜单。

(2)在仪器前面板的"Sync/Counter"端口输入被测信号。

(3)按〖频率测量〗软键,频率参数变为绿色显示。仪器测量并显示出被测信号的频率值。

(4)如果输入信号为方波,按〖占空比〗软键,仪器测量并显示出被测信号的占空比值。

7. 主要功能使用说明

1)性能概述

(1)工作模式。仪器具有六种工作模式:按【Continuous】键,选择连续输出模式;按【Modulate】键,选择调制输出模式;按【Sweep】键,选择扫描输出模式;按【Burst】键,选择猝发输出模式;按【Dual Channel】键,选择双通道操作模式;按【Counter】键,选择计数器模式。

通道 A 的工作模式有四种:连续输出、调制输出、扫描输出、猝发输出。其中,调制输出模式包含七种调制类型:频率调制、幅度调制、相位调制、脉宽调制、叠加调制、频移键控、相移键控。扫描输出模式包含两种扫描类型:频率扫描、列表扫描。

通道B的输出模式有两种:连续输出、双通道操作。其中双通道操作模式包含三种类型:频率耦合、幅度耦合、波形组合。

计数器模式与通道A和通道B没有关系,只是一种附加的功能,使本机成为同时具有信号源和计数器功能的二合一仪器。

(2)通用特性:仪器具有四种通用操作特性,按【Utility】键,显示出“通用操作”菜单后,再按相应的软键,可以选择四种通用操作特性。

下面将对仪器的各种性能进行详细叙述。

2)连续输出

按【Continuous】键,选择连续输出模式,显示出Continuous,并显示出连续波形示意图和“连续模式”菜单。

连续输出是指输出信号是稳态连续的,信号的波形、频率和幅度都不随时间变化,信号的相位是随时间线性变化的。

(1)通道选择:按【CHA/CHB】键,可以循环选择通道A和通道B。

屏幕上方显示通道名称、工作模式、输出波形和负载设置,被选中的通道显示为绿色字符,未被选中的通道显示为白色字符。如果选择了调制输出、扫描输出或猝发输出,则仪器自动选择为通道A。

(2)参数选择:屏幕中间显示工作状态参数,通道A和通道B用不同的颜色加以区别。按菜单软键可以选中一项参数,被选中的参数以绿色显示,其中光标位的数字以白色显示。

(3)菜单选择:屏幕下方显示工作菜单,按菜单软键可以选中一个菜单项,被选中的菜单项用特殊颜色加以区别。最右边的一个菜单软键用来翻页,可以循环显示多页菜单的内容。

(4)波形选择:仪器具有60种波形,如表2.2.1所示。

表2.2.1　仪器具有的60种波形

序号	波形	名称	序号	波形	名称
00	正弦波	Sine	30	正三角波	Pos Triangle
01	方波	Square	31	正升锯齿波	Ros Rise Ramp
02	锯齿波	Ramp	32	正降锯齿波	Pos Fall Ramp
03	脉冲波	Pulse	33	梯形波	Trapezia
04	噪声波	Noise	34	升阶梯波	Rise Stair
05	用户波形0	User 0	35	降阶梯波	Fall Stair
06	用户波形1	User 1	36	尖顶塔波	Spiry
07	用户波形2	User 2	37	正弦全波	All Sine
08	用户波形3	User 3	38	正弦半波	Half Sine

续表

序号	波形	名称	序号	波形	名称
09	用户波形 4	User 4	39	幅度切割	Ampl Cut
10	伪随机码	PRBS	40	相位切割	Phase Cut
11	指数升函数	Exponent Rise	41	附加脉冲	Add Pulse
12	指数降函数	Exponent Fall	42	附加噪声	Add Noise
13	对数升函数	Logarithm Rise	43	二次谐波	BiHarmonic
14	正切函数	Tangent	44	三次谐波	TriHarmonic
15	sinc 函数	Sin(x)/x	45	频率调制	FM
16	半圆函数	Semicircle	46	幅度调制	AM
17	高斯函数	Gaussian	47	脉宽调制	PWM
18	心电图波	Cardiac	48	频移键控	FSK
19	振动波形	Quake	49	相移键控	BPSK
20	平方函数	Square	50	幅度增加	Ampl Increase
21	立方函数	Cube	51	幅度减少	Ampl Decrease
22	平方根函数	Square Root	52	猝发波形	Burst
23	倒数函数	1/x	53	低通滤波	Low Pass
24	余切函数	Cotangent	54	高通滤波	High Pass
25	$x/(x^2+1)$	$x/(x^2+1)$	55	带通滤波	Band Pass
26	直流波形	DC	56	陷阱滤波	Band Pit
27	正脉冲波	Pos Pulse	57	任意波 1	Arb 1
28	负脉冲波	Neg Pulse	58	任意波 2	Arb 2
29	正负脉冲	Pos-Neg Pulse	59	正负半圆	Pos-Neg Circle

表中,00～04 号是最常用的 5 种标准波形;05～09 号是 5 种用户波形,可以存储用户自己编辑的任意波形;10～59 号是 40 种内置波形,在一些特殊的应用场合可以选择使用。

按【Waveform】键,显示出“波形”菜单,使用翻页软键,可以循环显示出 60 种波形。选中一种波形后,波形名称和波形示意图也会随之改变。按〖返回〗软键,可以返回到当前菜单。

波形示意图只是一种简单的模拟图形,分辨率很低,失真也较大。仪器输出的真实波形,需要使用示波器从输出端口进行观察和测试。

在连续输出、调制输出、频率扫描和猝发输出时,都可以进行波形选择。在调制输出时,如果当前选中了调制波形参数 Shape,则波形选择的是调制波形,否则波形选择的是载波波形。

(5)占空比设置:占空比表示方波高电平部分所占用的时间与周期的比值。如果选择了方波,在“连续模式”菜单中,按〖占空比〗软键,选中 Duty Cyc 参数,可以设置方波的占空比值。当方波频率变化时,占空比保持不变。但是当方波频率较高时,占空比的设置会受到边沿时间的限制,见下式规定:

$$50\ \text{ns} \leqslant (\text{占空比} \times \text{周期}) \leqslant (\text{周期} - 50\ \text{ns})$$

(6)对称度设置:锯齿波对称度表示锯齿波的上升部分所占用的时间与周期的比值。如果选择了锯齿波,在“连续模式”菜单中,按〖对称度〗软键,选中 Symmetry 参数,可以设置锯齿波对称度值。当锯齿波频率变化时,对称度保持不变。当对称度为 100%时,称为“升锯齿波”;当对称度为 0%时,称为“降锯齿波”;当对称度为 50%时,称为“三角波”。

(7)脉冲宽度设置:脉冲宽度表示脉冲波从上升沿的中点到下降沿的中点所占用的时间。如果选择了脉冲波,在“连续模式”菜单中,按〖脉冲宽度〗软键,选中 Width 参数,可以设置脉冲宽度值。当脉冲波频率变化时,脉冲宽度保持不变。但是当脉冲波频率较高时,脉冲宽度的设置会受到边沿时间的限制,见下式规定:

$$50\ \text{ns} \leqslant \text{脉冲宽度} \leqslant (\text{周期} - 50\ \text{ns})$$

(8)频率设置:正弦波最高输出频率与仪器型号有关,方波和脉冲波受边沿时间的影响,其他波形受通道带宽的影响,对最高频率都作了限制。当波形改变时,如果当前频率超过了波形的最高频率限制,则仪器自动修改频率值,将频率限制到当前波形允许的最高频率值。除正弦波以外,随着频率的升高,波形的失真程度会逐渐加大。在实际应用中,用户可根据对波形的失真程度的要求,对最高频率加以限制。所有波形的最低频率都是 1 μHz。

在“连续模式”菜单中,按〖频率/周期〗软键,如果选中了 Frequency 参数,可以设置频率值;如果选中了 Period 参数,可以设置周期值。仪器可以使用频率设置,也可以使用周期设置,但是在仪器的内部都使用频率合成的方式,只是在数据输入和显示时进行了换算。由于受频率低端分辨率的限制,在周期很长时,只能输出一些间隔的频率点,所设置的周期值与实际输出的周期值可能有些差异。

(9)幅度设置:幅度设置有幅度设置和电平设置两种方式。如果采用幅度设置,在幅度变化时,信号的高电平和低电平同时变化,而信号的直流偏移保持不变。如果采用电平设置,在高电平变化时,信号的低电平保持不变;在低电平变化时,信号的高电平保持不变。无论是高电平变化还是低电平变化,信号的直流偏移都随着变化。信号的幅度值(V_{pp})、高电平值(V_{High})、低电平值(V_{Low})、直流偏移值(V_{Offset})之间有如下关系:

$$V_{pp} = V_{High} - V_{Low}, \quad V_{High} = V_{Offset} + V_{pp}/2, \quad V_{Low} = V_{Offset} - V_{pp}/2$$

在“连续模式”菜单中,按〖幅度/高电平〗软键,如果选中了 Amplitude 参数,可以设置幅度值;如果选中了 High Levl 参数,可以设置高电平值。按〖偏移/低电平〗软键,如果选中了 Low Level 参数,可以设置低电平值。

(10)幅度限制:按〖电平限制/步进〗软键,如果选中了 Limit High 参数,可以设置幅度高电平的限制值;如果选中了 Limit Low 参数,可以设置幅度低电平的限制值。电平限制功能是一种安全措施，如果使用中发生了误操作，仪器的输出电压不会超过限制值，从而保护用户设备不会因为过压而损坏。

如果高电平的限制值设置为+10 Vdc，低电平的限制值设置为-10 Vdc，则电平限制功能不起作用。另外，幅度设置还会受到直流偏移的限制，幅度值 V_{pp} 应符合下式的规定：

$$V_{pp} \leqslant 2\times(V_{\text{Limit High}}-V_{\text{Offset}}), \quad V_{pp} \leqslant 2\times(V_{\text{Offset}}-V_{\text{Limit Low}})$$

不仅如此，当频率较高时，最大幅度值还会受到频率的限制。如果幅度设置超出了上述规定，仪器将修改设置值，使其限制在允许的最大幅度值范围内。

由于通道带宽的影响，当频率较高时输出幅度会减小，为此需要进行幅度平坦度补偿。但在频率扫描时，为提高扫描速度，没有进行幅度补偿，因此扫描到较高频率时幅度会有所下降。

对于任意波形，在波形显示图中，如果波形曲线的峰-峰值没有达到垂直满幅度，则实际输出幅度与幅度显示值是不符合的。

（11）幅度格式：幅度值有峰-峰值（Vpp）、有效值（Vrms）、功率电平值（dBm）三种格式。所有波形都可以使用峰-峰值。对于正弦波、方波、锯齿波和脉冲波，还可以使用有效值。如果外接负载设置为非高阻状态（非 High Z），还可以使用功率电平值。

在“连续模式”菜单中，按〖幅度单位〗软键，如果当前波形和负载条件是允许的，则幅度参数可以循环显示三种不同单位的幅度值。

幅度有效值与峰-峰值的关系与波形有关，如表 2.2.2 所示。

表 2.2.2　幅度有效值、峰-峰值与波形的对应关系

波形	峰-峰值	有效值
正弦波	2.828 Vpp	1 Vrms
方波、脉冲波	2 Vpp	1 Vrms
锯齿波	3.46 Vpp	1 Vrms

幅度功率电平值与有效值、峰-峰值的关系与波形和负载有关，可由下式表示：

$$\text{幅度功率电平值(dBm)} = 10\times\log10(P/0.001)$$

式中 P=有效值（Vrms）的平方/负载电阻值（Ω）。

当波形为正弦波，外接负载设置为 50 Ω 时，则幅度功率电平值与峰-峰值、有效值的对应关系如表 2.2.3 所示。

表 2.2.3　幅度功率电平值与峰-峰值、有效值的对应关系

峰-峰值	有效值	功率电平值
10.0000 Vpp	3.5356 Vrms	23.98 dBm
6.3246 Vpp	2.2361 Vrms	20.00 dBm

续表

峰-峰值	有效值	功率电平值
2.8284 Vpp	1.0000 Vrms	13.01 dBm
2.0000 Vpp	707.1m Vrms	10.00 dBm
1.4142 Vpp	500.0m Vrms	6.99 dBm
632.5m Vpp	223.6m Vrms	0.00 dBm
282.9m Vpp	100.0m Vrms	-6.99 dBm
200.0m Vpp	70.7m Vrms	-10.00 dBm
10.0m Vpp	3.5m Vrms	-36.02 dBm

(12)偏移设置:在“连续模式”菜单中,按〖偏移/低电平〗软键,如果选中了 Offset 参数,可以设置直流偏移值。直流偏移设置会受到幅度和幅度电平的限制,应符合下式规定:

$$V_{\text{Limit Low}}+V_{\text{pp}}/2\leqslant V_{\text{Offset}}\leqslant V_{\text{Limi High}}-V_{\text{pp}}/2$$

如果偏移设置超出了规定,仪器将修改设置值,将其限制在允许的偏移值范围内。

对输出信号进行直流偏移调整时,使用调节旋钮要比使用数字键方便得多。按照一般习惯,不管当前的直流偏移是正值还是负值,向右转动旋钮直流电平上升,向左转动旋钮直流电平下降,经过零点时,偏移值的正负号能够自动变化。

如果将幅度设置为 0.2 mVpp,高电平的限制值设置为+10 Vdc,低电平的限制值设置为-10 Vdc,那么偏移值可在-10 V～+10 V 的范围内任意设置,仪器就变成了一台直流电压源,可以输出直流电压信号。

(13)相位设置:在“连续模式”菜单中,按〖输出相位/对齐〗软键,选中 Phase 参数,可以设置输出相位值。输出相位表示输出端口的信号相对于本通道同步信号的相位差,输出端口信号的相位超前于同步信号。

按〖输出相位/对齐〗软键,选中 Align 参数,可以使通道 A 与通道 B 的同步信号相位对齐,此时可以由通道 A 和通道 B 的相位设置值计算出两个通道的相位差。

(14)极性设置:在“连续模式”菜单中,按〖输出极性〗软键,如果选中了 Normal,输出信号的极性为正向;如果选中了 Inverted,输出信号的极性为反向。

对于标准波形,正向极性表示输出波形从零相位起始,电压呈上升状态;反向极性表示输出波形从零相位起始,电压呈下降状态。对于任意波形,正向极性表示输出波形与波形显示图相同,反向极性表示输出波形与波形显示图相反。例如,当波形选择为正脉冲波时,当设置为反向极性时输出为负脉冲波。

波形极性设置对直流偏移电压没有影响,对 Sync 同步输出信号也没有影响。

(15)幅度量程:仪器配置有 0～50 dB 衰减器,步进为 10 dB。在“连续模式”菜单中,按〖幅度量程〗软键,如果选中了 Auto,则幅度量程使用自动衰减方式。仪器根据幅度设置值的大小,自动配置衰减器的状态,选择最合适的幅度量程,以便保持最准确的输出幅度和最高的信噪比。但是在幅度变化时,由于衰减器的切换,会在某些特定电压处使输出波形遭到瞬时的破坏并产生毛刺。

按〖幅度量程〗软键,如果选中了 Hold,则幅度量程使用保持方式。仪器将衰减器固定保持在当前状态,使其不再随着幅度设置值的大小变化,这样可以防止输出波形遭到瞬时的破坏,避免产生毛刺。但在幅度设置值超出当前量程范围时,幅度准确度、波形保真度可能会受到负面的影响。

直流偏移输出也同样会受到幅度量程设置的影响。

(16)外接负载:仪器的输出阻抗固定为 50 Ω,外接负载上的实际电压值为负载阻抗与 50 Ω 的分压比。外接负载越大,则分压比越接近于 1,负载上的实际电压值与幅度或偏移的显示值误差越小。当外接负载大于 10 kΩ 时,误差将小于 0.5%。如果外接负载较小,则负载上的实际电压值与显示值是不符合的。

当外接负载较小时,为了使负载上的实际电压值与显示值相符合,应该进行外接负载设置。在"连续模式"菜单中,按〖外接负载〗软键,如果选中了 High Z,则仪器的外接负载必须为高阻(>10 kΩ);如果选中了××Ω,可以设置外接负载值,外接负载的设置范围为 1 Ω~10 kΩ。当外接负载设置值和实际外接负载值相等时,则负载上的实际电压值与显示值是相符合的。

必须注意的是,大多数外接负载并不是纯电阻性的,电感性阻抗和电容性阻抗会随着频率而变化,当频率较高时这种变化是不可忽略的。如果不能确切地知道外接负载的实际阻抗,可以逐步改变"Load"的设置值,使负载上的实际电压与设置值相符合,这时"Load"的设置值也就等于外接负载的实际阻抗。

(17)输出保护:仪器具有 50 Ω 输出电阻,输出端瞬间短路不会造成损坏;还具有防倒灌措施,当输出端不慎接入比较大的反灌电压时,保护电路会立刻使输出关闭,同时显示出报警信息"输出端口×超载,自动关闭"并有声音报警。操作者必须对端口负载进行检查,在故障排除以后,才能按【Output】键开启输出。虽然仪器具有一定程度的保护措施,但保护功能并不是万无一失的。而且如果反灌电压过高,在保护电路动作之前的瞬间,就可能已经造成了仪器的损坏。所以,输出端口长时间短路或者存在反灌电压的情况仍然是必须禁止的。

(18)数据超限:频率、幅度等参数都有各自的数据允许范围,当设置的数据超出范围时,仪器会自动修改设置值,或者修改与设置参数相关的其他参数值;同时显示出报警信息"数据超出范围,限制到允许值"并有声音报警。设置的数据超出范围,虽然不会对仪器造成损坏,但是仪器的输出结果可能与操作者的预期不一致,也必须报警,以引起操作者的注意,以便重新设置合适的数据。

3)频率调制

按【Modulate】键,选择调制工作模式,默认选择频率调制,工作模式显示为 FM Modulation,同时显示出频率调制的波形示意图和"频率调制"菜单。

(1)载波设置:首先设置载波的波形、频率、幅度和偏移。在频率调制模式中,载波的频率是随着调制波形的瞬时电压而变化的,载波的波形可以使用波形表中的大多数波形,但是有些波形可能是不合适的。

(2)频率偏差:按〖频率偏差〗软键,选中 Freq Dev 参数,可以设置频率偏差值。频率偏差表示在频率调制过程中,调制波形达到满幅度时载波频率的变化量。在调制波的正满度值,输出频率等于载波频率加上频率偏差;在调制波的负满度值,输出频率等于载波频率减去频率偏差。因此,频率偏差设置须符合两个条件:

(载波频率-频率偏差)>0，　(载波频率+频率偏差)<仪器频率上限

(3)调制频率:按〖调制频率〗软键,选中 FM Freq 参数,可以设置调制频率值。调制频率一般远低于载波频率。

(4)调制波形:按〖调制波形〗软键,选中 Shape 参数,可以设置调制波形。按【Waveform】键,显示出“波形”菜单,按“波形”菜单中的软键可以设置调制波形。调制波形可以使用波形表中的大多数波形,但是有些波形可能是不合适的。波形选择完成后返回“调制”菜单。

(5)调制源:按〖调制源〗软键,如果选中了 Internal,仪器使用内部调制源,调制频率和调制波形的设置是有效的;如果选中了 External,则使用外部调制源,调制频率和调制波形的设置被忽略。从仪器后面板的“Modulation In”端口输入调制信号,当外部调制信号满幅度为±5 V 时,频率偏差的显示与实际频率偏差相符合,否则频率偏差的显示是不正确的。

4)幅度调制

按【Modulate】键,默认选择频率调制模式。按〖调制类型〗软键,显示出“调制类型”菜单。按〖幅度调制〗软键,工作模式显示为 AM Modulation,同时显示出幅度调制的波形示意图和“幅度调制”菜单。

(1)载波设置:首先设置载波的波形、频率、幅度和偏移。在幅度调制模式中,载波的幅度是随着调制波形的瞬时电压而变化的,载波波形可以使用波形表中的大多数波形,但是有些波形可能是不合适的。

(2)调制深度:按〖调制深度〗软键,选中 AM Depth 参数,可以设置调制深度值。调制深度表示在幅度调制过程中,调制波形达到满幅度时载波幅度变化量相对于幅度设置值的百分比。调制载波包络的最大幅度(A_{max})、最小幅度(A_{min})、幅度设置值(A)、调制深度(M)之间的关系由下式表示:

$$A_{max}=(1+M)\times A/2.2,\quad A_{min}=(1-M)\times A/2.2$$

由以上两式可以导出调制深度为

$$M=(A_{max}-A_{min})\times 1.1/A$$

如果调制深度为 120%,则 $A_{max}=A$,$A_{min}=-0.09A$。如果调制深度为 100%,则 $A_{max}=0.909A$,$A_{min}=0$。如果调制深度为 50%,则 $A_{max}=0.682A$,$A_{min}=0.227A$。如果调制深度为 0%,则 $A_{max}=0.455A$,$A_{min}=0.455A$。也就是说,当调制深度为 0 时,载波幅度大约是幅度设置值的一半。

(3)调制频率:按〖调制频率〗软键,选中 AM Freq 参数,可以设置调制频率值。调制频率一般远低于载波频率。

(4) 调制波形：按〖调制波形〗软键，选中 Shape 参数，可以设置调制波形。按【Waveform】键，显示出“波形”菜单，按“波形”菜单中的软键可以设置调制波形。调制波形可以使用波形表中的大多数波形，但是有些波形可能是不合适的。波形选择完成后返回“调制”菜单。

(5) 调制源：按〖调制源〗软键，如果选中了 Internal，仪器使用内部调制源，调制频率和调制波形的设置是有效的；如果选中了 External，则使用外部调制源，调制频率和调制波形的设置被忽略。从仪器后面板上的“Modulation In”端口输入调制信号，当外部调制信号满幅度为±5 V 时，调制深度的显示与实际调制深度相符合，否则调制深度的显示是不正确的。

5) 相位调制

按【Modulate】键，默认选择频率调制模式。按〖调制类型〗软键，显示出“调制类型”菜单。按〖相位调制〗软键，工作模式显示为 PM Modulation，同时显示出相位调制的波形示意图和“相位调制”菜单。

(1) 载波设置：首先设置载波的波形、频率、幅度和偏移。在相位调制中，载波的相位是随着调制波形的瞬时电压而变化的，载波波形可以使用波形表中的大多数波形，但是有些波形可能是不合适的。

(2) 相位偏差：按〖相位偏差〗软键，选中 Phase Dev 参数，可以设置相位偏差值。相位偏差表示在相位调制过程中，调制波形达到满幅度时载波相位的变化量。在调制波的正满度值，输出信号的相位增加一个相位偏差；在调制波的负满度值，输出信号的相位减少一个相位偏差。

(3) 调制频率：按〖调制频率〗软键，选中 PM Freq 参数，可以设置调制频率值。调制频率一般远低于载波频率。

(4) 调制波形：按〖调制波形〗软键，选中 Shape 参数，可以设置调制波形。按【Waveform】键，显示出“波形”菜单，按“波形”菜单中的软键可以设置调制波形。调制波形可以使用波形表中的大多数波形，但是有些波形可能是不合适的。波形选择完成后返回“调制”菜单。

(5) 调制源：按〖调制源〗软键，如果选中了 Internal，仪器使用内部调制源，调制频率和调制波形的设置是有效的；如果选中了 External，则使用外部调制源，调制频率和调制波形的设置被忽略。从仪器后面板“Modulation In”端口输入调制信号，当外部调制信号满幅度为±5V 时，相位偏差的显示与实际相位偏差相符合，否则相位偏差的显示是不正确的。

6) 叠加调制

按【Modulate】键，默认选择频率调制模式。按〖调制类型〗软键，显示出“调制类型”菜单。按〖叠加调制〗软键，工作模式显示为 Sum Modulation，同时显示出叠加调制的波形示意图和“叠加调制”菜单。

(1) 载波设置：首先设置载波的波形、频率、幅度和偏移。在叠加调制中，输出波形的瞬时电压等于载波波形和调制波形的电压之和。载波波形可以使用波形表中的大多数波形，但是有些波形可能是不合适的。

（2）叠加幅度：按〖叠加幅度〗软键，选中 Sum Ampl 参数，可以设置叠加幅度值。叠加幅度表示在叠加调制过程中，叠加到载波信号上的调制波形的幅度大小，用载波幅度设置值的百分比来表示。当叠加幅度设置为 100％时，调制波形幅度等于载波幅度设置值的一半；当叠加幅度设置为 0％时，调制波形幅度等于 0，此时的载波幅度也等于载波幅度设置值的一半。

（3）调制频率：按〖调制频率〗软键，选中 Sum Freq 参数，可以设置调制频率值。和其他调制类型不同，调制频率可以远高于载波频率值。

（4）调制波形：按〖调制波形〗软键，选中 Shape 参数，可以设置调制波形。按【Waveform】键，显示出"波形"菜单，按"波形"菜单中的软键可以设置调制波形。调制波形可以使用波形表中的大多数波形，但是有些波形可能是不合适的。波形选择完成后返回"调制"菜单。

（5）调制源：按〖调制源〗软键，如果选中了 Internal，仪器使用内部调制源，调制频率和调制波形的设置是有效的；如果选中了 External，则使用外部调制源，调制频率和调制波形的设置被忽略。从仪器后面板上的"Modulation In"端口输入调制信号，当外部调制信号满幅度为±5 V 时，叠加幅度的显示与实际叠加幅度相符合，否则叠加幅度的显示是不正确的。

7）频率扫描

按【Sweep】键，默认进入频率扫描模式，工作模式显示为 Frequency Sweep，同时显示出频率扫描的波形示意图和"频率扫描"菜单。

（1）扫描信号设置：首先设置扫描信号的波形、幅度和偏移。在频率扫描模式中，输出频率按照设置的扫描时间从始点频率到终点频率变化。扫描可以在整个频率范围内进行。扫描过程中，输出信号的相位是连续的。频率扫描可以使用波形表中的大多数波形，但是有些波形可能是不合适的。

频率线性扫描和锯齿波频率调制相类似，不同的是频率扫描不使用调制波形，而是按照一定的时间间隔连续输出一系列离散的频率点。

（2）始点、终点频率：按〖始点频率〗软键，选中 Stat Freq 参数，可以设置始点频率值；按〖终点频率〗软键，选中 Stop Freq 参数，可以设置终点频率值。如果终点频率值大于始点频率值，则频率从低到高正向扫描，扫描从始点频率开始逐步增加，直到终点频率值；如果终点频率值小于始点频率值，则频率从高到低反向扫描，扫描从始点频率开始逐步减少，直到终点频率值。

（3）标志频率：按〖标志频率〗软键，选中 Mark Freq 参数，可以设置标志频率值，当扫描通过标志频率点时，同步输出信号会有一个跳变。标志频率必须设置在始点频率和终点频率之间。如果超出了范围，仪器自动将标志频率设置为扫描区间的中点。

（4）扫描模式：按〖扫描模式〗软键，如果选中 linear，为线性扫描模式；如果选中 Logarithm，则为对数扫描模式。

在线性扫描模式下，频率步进量是固定的。当扫描范围较宽时，固定的频率步进量会带来不利的影响，导致在频率的高端扫描分辨率较高，频率变化较慢，扫描很细致；频率的低端扫描分辨率较低，频率变化很快，扫描很粗糙。因此，线性扫描模式适合于扫描频率范围较窄的场合。

在对数扫描模式下,频率步进量不是固定的,而是按对数关系变化。在频率的高端,频率步进量较大;在频率的低端,频率步进量较小。在较宽的频率扫描范围内,频率的变化是相对均匀的。对数扫描模式适合于扫描频率范围较宽的场合。

(5)扫描时间:按〖扫描时间〗软键,选中 Swep Time 参数,可以设置扫描时间值。扫描时间指从始点频率扫描到达终点频率时所用的时间。扫描过程中每个频率点持续的时间是固定不变的,所以扫描时间越长,扫描频率点数就越多,频率步进量就越小,扫描就越精细;扫描时间越短,扫描频率点数就越少,频率步进量就越大,扫描就越粗糙。

(6)保持时间:按〖保持时间〗软键,选中 Hold Time 参数,可以设置保持时间值。保持时间指扫描到达终点频率以后,保持在终点频率所停留的时间。

(7)返回时间:按〖返回时间〗软键,选中 Retn Time 参数,可以设置返回时间值。返回时间指从终点频率反向扫描到达始点频率所用的时间。不管扫描模式设置为线性还是对数,在返回扫描时,都使用线性扫描模式。

(8)触发源:按〖触发源〗软键,如果选中了 Immediate,仪器使用内部触发源,触发扫描过程连续反复运行;如果选中了 External,仪器使用外部触发源。一个扫描过程(扫描、保持、返回)完成以后,便停止在始点频率等待触发。

每按一次〖手动触发〗软键,触发扫描过程就运行一次。也可以从后面板“Trig In”端口输入 TTL 电平的触发信号。每一个触发信号的上升沿,触发扫描过程运行一次。当然,触发信号的周期应该大于一个扫描过程的总时间(总时间=扫描时间+保持时间+返回时间)。

8)双通道操作

按【Dual Channel】键,工作模式显示为 Dual Channel Operation,同时显示出双通道操作的关系式和“双通道”菜单。

(1)操作模式:双通道操作包含参数耦合和波形组合两种模式,其中参数耦合又包含频率耦合和幅度耦合。使用参数耦合的方法,可以生成两个同步变化的信号,例如差分信号、倍频或差频信号。使用波形组合的方法,可以产生复杂的特殊波形,能够很好地模拟现实世界中的真实信号。

如果开通了参数耦合或波形组合,通道 B 即进入双通道操作模式,工作模式显示为 Dual Channel;否则,两个通道可以独立操作。

(2)频率耦合:按〖频率耦合〗软键,如果选中了 On,两个通道的频率耦合开通,只要设置通道 A 的频率值,则通道 B 的频率值会自动跟随改变,但设置通道 B 的频率值,通道 A 的频率值不变。

按〖频率比〗软键,选中 Freq Ratio 参数,可以设置两个通道的频率比值。按〖频率差〗软键,选中 Freq Diff 参数,可以设置两个通道的频率差值。两通道的频率耦合关系如下式:

通道 B 频率=通道 A 频率×频率比+频率差

按〖频率耦合〗软键,如果选中了 Off,两个通道的频率耦合断开,两个通道的频率参数可以独立设置。

(3)幅度耦合:按〖幅度耦合〗软键,如果选中了On,两个通道的幅度耦合开通,只要设置通道A的幅度值或偏移值,则通道B的幅度值或偏移值会自动跟随改变,但设置通道B的幅度值或偏移值,通道A的幅度值或偏移值不变。

按〖幅度差〗软键,选中Ampl Diff参数,可以设置两个通道的幅度差值。

按〖偏移差〗软键,选中Offs Diff参数,可以设置两个通道的偏移差值。两通道的幅度耦合关系如下式:

通道B幅度=通道A幅度+幅度差

通道B偏移=通道A偏移+偏移差

按〖幅度耦合〗软键,如果选中了Off,两个通道的幅度耦合断开,两个通道的幅度和偏移参数可以独立设置。

(4)波形组合:在波形组合中,两个通道的波形都可以使用波形表中的大多数波形,但是有些波形可能是不合适的。

波形组合与叠加调制相类似,不同的是:叠加调制使用调制波形;波形组合使用通道A的波形,而通道A不仅可以使用连续波形,还可以使用调制波形、扫描波形或猝发波形,因此,波形组合可以产生更加复杂的波形。

按〖波形组合〗软键,如果选中了On,两个通道的波形组合开通,通道A的波形可以和通道B的波形叠加组合在一起,组合后的波形从通道B的端口输出。

按〖组合幅度〗软键,选中Comb Ampl参数,可以设置组合幅度值。组合幅度表示叠加到通道B波形上的通道A波形的幅度大小,用通道B幅度设置值的百分比来表示。当组合幅度设置为100%时,通道A波形的幅度等于通道B幅度设置值的一半;当组合幅度设置为0%时,通道A波形的幅度等于0,此时通道B波形的幅度等于幅度设置值的一半。两通道的波形组合关系如下式:

组合波形=通道A波形×组合幅度+通道B波形

按〖波形组合〗软键,如果选中了Off,两通道的波形组合断开,两个通道的波形可以独立设置。

(5)波形组合举例:利用波形组合的方法,可以生成一些特殊的波形。例如,要在通道B波形的每个周期上叠加两个窄脉冲,可按下列步骤操作:

①将通道A选择为连续模式,波形设置为方波,占空比设置为10%,频率设置为10 kHz。

②将通道A选择为猝发模式,猝发周期设置为1 ms,猝发计数设置为2。

③按【Dual Channel】键选择双通道操作模式,设置组合幅度为50%。

④按〖波形组合〗软键,将波形组合选择为On。

⑤将通道B选择为连续模式,波形设置为正弦波,频率设置为1 kHz。

⑥此时通道B即可以输出一个正弦波形,每个周期上叠加有两个窄脉冲。

9) 任意波形

按【Utility】键,显示出“通用”菜单。按〖波形编辑〗软键,选择任意波形编辑工作模式,显示出波形编辑窗口和“波形编辑”菜单。

(1) 波形编辑窗口:可以通过仪器的波形编辑窗口,用键盘编辑一些简单的波形。波形编辑窗口的水平坐标表示波形的相位,其数值范围是 0～4095,对应实际输出波形相位的 0°～360°。波形编辑窗口的垂直坐标表示波形的幅度,其数值范围是 0～16383,对应实际输出波形电压的 -10～10 V。按【Waveform】键,可以从 60 种波形中任选一种波形(如正弦波),然后返回。所选波形就会在波形编辑窗口中显示出来,然后可以对该波形进行编辑和修改。

(2) 波形编辑光标:在波形编辑窗口中有一条垂直光标线和一条水平光标线。按〖水平坐标 Hor_x Value〗软键,选中 X Value 参数,设置水平坐标值,可以改变垂直光标线的坐标位置 X;按〖垂直坐标 Ver_y Value〗软键,选中 Y Value 参数,设置垂直坐标值,可以改变水平光标线的坐标位置 Y。两光标线的十字交叉点即为当前光标点的坐标位置。如果改变了水平坐标值,仪器会自动读出当前波形上与之相对应的垂直坐标值,光标的十字交叉点会沿着当前波形的轨迹移动。

(3) 水平缩放和平移:由于波形编辑窗口水平分辨率的限制,不能显示出波形的细节部分。按〖水平缩放 Hor_x Zoom〗软键,选中 Hor Zoom 参数,可以设置水平缩放比,将波形进行水平放大,水平缩放比越大,对波形细节部分的分辨率就越高。但是由于波形编辑窗口大小的限制,只有当水平缩放比为 1 时,才能在波形编辑窗口中显示出波形的全貌,波形经过水平放大以后,在波形编辑窗口中便只能显示出波形的局部图形。按〖水平移动 Hor_x Shift〗软键,选中 Hor Shift 参数,可以设置水平移动值,水平移动值也就是编辑窗口左边界的水平坐标值。通过合理地设置水平缩放值和水平移动值,便可以对波形的任意部分进行放大和显示,以便对波形的细节部分进行编辑和修改。

(4) 线段的始点和终点:对波形的编辑和修改采用画矢量线段的方法,当一个波形点的坐标位置确定之后,按一次〖矢量始点 Vector Start〗软键,绿色光标线变为白色,白色光标线的十字交叉点就定义为矢量线段的起始点。然后再设置下一个波形点的坐标位置,将绿色光标线的十字交叉点定义为矢量线段的终止点。按一次〖矢量终点 Vector End〗软键,仪器自动在矢量线段的始点和终点之间画一条直线,然后擦除光标线,一条矢量线段的绘制就完成了。

(5) 创建任意波形:按〖创建波形 Create New〗软键,将波形编辑窗口中当前的波形删除,然后用上述方法在波形编辑窗口中绘制矢量线段,并将前一条矢量线段的终点定义为后一条矢量线段的始点,使这些矢量线段首尾相连,就可以组合成一个任意波形。例如,要创建一个三角波,操作步骤如下:

①设置水平坐标为 0,垂直坐标为 0。按〖矢量始点〗软键。

②设置水平坐标为 2048,垂直坐标为 16383。按〖矢量终点〗软键。

③按〖矢量始点〗软键。

④设置水平坐标为 4095,垂直坐标为 0。按〖矢量终点〗软键。

需要注意的是,一个矢量线段的终点坐标位置必须在始点坐标位置的右边,也就是矢

量终点的 X 坐标值必须大于始点的 X 坐标值。另外，如果实际输出波形需要周期连续，水平坐标为 0 和水平坐标为 4095 的两个波形点，其垂直坐标值应该相等。

（6）修改任意波形。如果要对一个波形进行修改，例如，要在正弦波上添加一个很窄的脉冲，操作步骤如下：

①按【Waveform】键，选择正弦波，然后返回。

②设置水平坐标为 2048，垂直坐标为 15000。按〖矢量始点〗软键。

③设置水平坐标为 2050，垂直坐标为 15000。按〖矢量终点〗软键。

④按〖水平缩放〗软键，设置缩放比为 18.5。按〖水平移动〗软键，设置水平移动值为 2000，即可以清楚地看到所添加的窄脉冲的细节。

（7）任意波形下载：使用键盘编辑一个任意波形，可以随意修改，即编即用，但是只适合编辑比较简单的波形；对于比较复杂的波形，使用键盘编辑要花费大量的时间。最好通过波形编辑软件在计算机屏幕上编辑一个任意波形，然后再将波形数据下载到仪器中。操作步骤如下：

①将随机光盘中的波形编辑软件装入计算机中，使用 USB 连接电缆将仪器与计算机连接起来。

②打开计算机波形编辑软件，编辑一个任意波形。

③将任意波形数据下载到仪器中，仪器自动进入波形编辑工作模式，在波形编辑窗口中会显示出计算机下载的任意波形。

（8）用户波形存储：无论是使用键盘创建或编辑修改任意波形，还是使用波形编辑软件将任意波形下载到仪器中，仪器的编辑窗口中显示的任意波形都暂时存储在易失性存储器中，关断电源就丢失了。如果想长期保存波形，必须进行存储。

按〖波形存储〗软键，选中 Arb Store 参数，可以将当前的任意波形存储到指定的非易失性存储区，关断电源也不会丢失。存储一个新的任意波形，会将相同存储位置的原有波形数据覆盖掉。为了防止无意中的存储操作使原有数据遭到破坏，仪器在存储之前会发出询问："存储将会覆盖原有数据，确定？"如果不想存储，可以按〖取消〗软键取消存储操作。

按〖波形存储〗软键以后，操作菜单中会显示出 5 个存储区：〖0#用户 0〗〖1#用户 0〗〖2#用户 0〗〖3#用户 0〗〖4#用户 4〗。按其中一个菜单软键，可以将当前的任意波形数据存储到相应的存储区。存储完成以后，存储参数会显示出 Stored。

（9）用户波形调出：和其他波形完全一样，按【Waveform】键，选择波形名称为"用户波形 0"～"用户波形 4"，即可以调出所选择的用户波形。

（10）存储器：如果仪器前面板上的 USB 插座中没有插入 U 盘存储器，Memory 参数显示为 Internal，存储与调出操作都使用仪器内部的存储器。如果在仪器前面板上的 USB 插座中插入了 U 盘存储器，则 Memory 参数显示为 External，仪器使用 U 盘存储器。在进行存储操作时，仪器自动在 U 盘中创建一个名为"USER_X.CSV"的文件（$X=0\sim4$），然后将当前的任意波形数据存储到该文件中；在进行调出操作时，如果 U 盘中有一个名为"USER_X.CSV"的文件（$X=0\sim4$），则将该文件的数据调出到仪器中。

使用 U 盘存储器存储和调出任意波形，存储和调出操作都使用 CSV 数据格式。CSV

数据格式是一种纯文本格式，它使仪器能够很方便地和电子表格或数据库软件进行数据交换。例如，可以将仪器中的任意波形数据导出到 Excel 软件中进行编辑和修改，也可以在 Excel 软件中创建任意波形，然后将波形数据导入到仪器中，生成并输出任意波形信号。

10）通用操作

按【Utility】键，显示出通用操作窗口和“通用操作”菜单。

（1）状态存储：仪器在使用中可以设置各种工作参数，例如波形、频率、幅度等，统称为“工作状态参数”。仪器内部有 5 个非易失性存储区，可以存储 5 组工作状态参数。

按〖状态存储〗软键，选中 Store 参数，可以将当前的工作状态参数存储到指定的非易失性存储区，关断电源也不会丢失。存储一组新的工作状态参数，会将相同存储区的原有工作状态参数覆盖掉。为了防止无意中的存储操作使原有数据遭到破坏，仪器在存储之前会发出询问：“存储将会覆盖原有数据，确定？”如果不想存储，可以按〖取消〗软键，取消存储操作。

按〖状态存储〗软键以后，操作菜单中会显示出 5 个存储区：〖默认状态〗〖开机状态〗〖用户状态 0〗〖用户状态 1〗〖用户状态 2〗。按其中一个菜单软键，可以将当前的工作状态参数存储到相应的存储区。存储完成以后，存储参数会显示出 Stored。

〖默认状态〗存储区存储了仪器出厂时的默认工作状态参数，为了保护默认工作状态参数不被破坏，〖默认状态〗存储区不能进行存储操作。

〖开机状态〗存储区存储了仪器上电时的工作状态参数，用户可以把自己常用的工作状态参数存储在〖开机状态〗存储区，开通电源时自动调出。

〖用户状态 0〗〖用户状态 1〗〖用户状态 2〗存储区可以分别存储 3 组个性化的工作状态参数，供用户自己使用。

（2）状态调出：按〖状态调出〗软键，选中 Recall 参数，可以从非易失性存储区中调出工作状态参数。按〖状态调出〗软键以后，操作菜单显示出和存储时相同的 5 个存储区。按其中一个菜单软键，可以从相应的存储区中调出工作状态参数。工作状态参数调出以后，显示界面转换到连续工作模式，仪器使用新的工作状态参数进行工作。

（3）存储器：如果仪器前面板上的 USB 插座中没有插入 U 盘存储器，Memory 参数显示为 Internal，存储与调出操作都使用仪器内部的存储器；如果在仪器前面板上的 USB 插座中插入了 U 盘存储器，则 Memory 参数显示为 External，仪器使用 U 盘存储器。在进行存储操作时，仪器自动在 U 盘中创建一个名为“STATEX. BIN”的文件（$X=1\sim4$），然后将工作状态参数存储到该文件中；在进行调出操作时，如果 U 盘中有一个名为“STATEX. BIN”的文件（$X=1\sim4$），则将该文件的数据调出到仪器中；使用 U 盘存储器能够使更多的操作者保存和使用自己个性化的工作状态参数。存储和调出操作都使用二进制数据格式。

（4）语言选择：按〖语言选择〗软键，如果选中了 Chinese，则使用中文，如果选中了 English，则使用英文。“中文”和“英文”选项只限于操作菜单和提示信息，其他部分始终使用英文显示。如果选中了一种语言，仪器会一直使用这种语言，系统复位或关断电源再重新开机时都不会改变，除非重新进行语言选择。

11）系统设置

按【Utility】键，显示出通用操作窗口和“通用操作”菜单。按〖系统设置〗软键，显示出系统设置窗口和“系统设置”菜单。

（1）显示模式：按〖显示模式〗软键，如果选中了 Single CH，则使用单通道显示模式。参数显示区只显示一个通道的参数，可以同时显示出该通道的10种参数。如果要查看两个通道的参数，只能使用通道键轮流查看。

如果选中了 Dual CH，则使用双通道显示模式。参数显示区划分成左右两个部分，可以同时显示出两个通道的参数，但是每个通道的参数最多只能显示5种。如果要查看全部参数，只能使用翻页键轮流查看。

（2）光标模式：按〖光标模式〗软键，如果选中了 Auto，则光标移位使用自动模式。当光标位于参数的最左位，向右转动旋钮使数字产生进位时，光标自动左移1位；向左转动旋钮使数字产生借位时，光标自动右移1位。在光标自动模式下，可以使用旋钮在很大的范围内连续调节参数值，不必频繁移动光标，非常方便。如果光标没有位于参数的最左位，则光标移位和手动模式一样。

如果选中了 Manual，则光标移位使用手动模式，不管光标的位置如何，都需要手动移位。如果参数允许使用正、负数值，使用手动模式比较方便。

（3）开机状态：按〖开机状态〗软键，如果选中了 User Def，开通电源时仪器会自动调出1#存储区的工作状态参数。用户可以将自己常用的工作状态参数存储在1#存储区，每次开通电源时的工作状态都是相同的。

如果选中了 Last，每次键盘操作之后3 s，仪器都将当时的工作状态参数存储到1#存储区，开通电源时自动调出1#存储区的工作状态参数，也就是自动恢复到最后一次操作时的工作状态。每次开通电源时仪器的工作状态都是不同的。

（4）屏幕保护：按〖屏幕保护 Screen Protect〗软键，选中 Scrn pro 参数，可以设置屏幕保护时间。屏幕保护时间设置完成以后，每次面板键盘的操作，都会重新启动屏幕保护定时。如果停止了面板键盘的操作，达到屏幕保护时间之后，屏幕显示会自动关闭。这样可以减少能源的消耗和屏幕的老化，延长仪器的使用寿命。当进入屏幕保护以后，按任意键都可以恢复屏幕显示。

（5）蜂鸣器：按下前面板上的任一个按键，蜂鸣器都会发出一个较短的响声，表示按键有效。转动旋钮时，也会发出一个较短的响声。如果不需要声音提示，可以将蜂鸣器的响声关闭。按〖蜂鸣器〗软键，如果选中了 On，则蜂鸣器开通；如果选中了 Off，则蜂鸣器关闭。操作错误或输入数据超过允许值时，蜂鸣器会发出一较长的报警响声，报警响声不会被关闭。

（6）波特率：按〖波特率〗软键，选中 Baud Rate 参数，可以设置 RS232 通信传输时的波特率。按〖波特率〗软键以后，“操作”菜单中会显示出6个可选值：〖19200〗〖14400〗〖9600〗〖7200〗〖4800〗〖2400〗。按其中一个菜单软键，可以选择一种波特率。当波特率选定以后，和本机通信的其他设备也应该设置为相同的波特率，这样二者才能实现正常通信。

12)计数器

按【Counter】键,选择计数器工作模式,显示出 Counter Operation,并显示出计数器波形示意图和“计数器”菜单。

将外部被测信号连接到前面板上的“Sync/Counter”端口,可以测量出被测信号的频率、周期、脉冲宽度、占空比和周期数。

(1)连续信号:对于连续信号,可以测量信号的频率、周期、脉冲宽度和占空比。

按〖频率测量〗软键,选中 Frequency 参数,可以测量信号的频率值。

按〖周期测量〗软键,选中 Period 参数,可以测量信号的周期值。

按〖脉宽测量〗软键,选中 Width 参数,可以测量信号的脉冲宽度值。

按〖占空比〗软键,选中 Duty Cyc 参数,可以测量信号的占空比。

(2)断续信号:对于断续信号,如猝发信号,不能测量频率、周期、脉冲宽度和占空比,只能测量信号的周期数。

按〖计数测量〗软键,如果选中了 On,计数闸门打开,首先将计数值清零,然后开始累加计数;如果选中了 Off,计数闸门关闭,计数停止。为了使测量准确,应该在信号停止期间打开计数闸门。对于连续信号,计数测量没有意义。

如果选中了计数测量,闸门时间的设置会被忽略。

(3)闸门时间:按〖闸门时间〗软键,选中 Gate Time 参数,可以设置闸门时间值。闸门时间指对被测信号的采样时间。闸门时间越长,采样数据就越多,测量结果就越稳定,测量分辨率也越高,但是对信号的快速变化反映也越迟钝;闸门时间越短,对信号变化的跟踪就越好,但是会降低测量分辨率。一般来说,闸门时间应该大于被测信号的周期。

(4)触发电平:按〖触发电平〗软键,选中 Trig levl 参数,可以设置触发电平值。如果使用交流耦合,触发电平值应该设置为 0;如果使用直流耦合,应该调整触发电平值。当被测信号的幅度较大时,调整触发电平的影响不大;但是当被测信号的幅度很小,或者频率很高时,则需要仔细调整触发电平值,这样才能得到较好的测量结果。

(5)灵敏度:按〖灵敏度〗软键,选中 Sensitive 参数,可以设置触发灵敏度值,数值越大,灵敏度越高。当被测信号的幅度较大时,调整灵敏度的影响不大;但是当被测信号的幅度很小,并且信号中含有噪声时,则需要仔细调整灵敏度值,这样才能得到较好的测量结果。一般来说,如果频率测量值小于被测信号的标准频率值,应该适当提高灵敏度;如果频率测量值大于被测信号的标准频率值,应该适当降低灵敏度。

(6)耦合方式:按〖耦合方式〗软键,如果选中了 AC,则使用交流耦合;如果选中了 DC,则使用直流耦合。当被测信号的频率较高,并且信号中含有直流偏移时,应该使用交流耦合,将触发电平设置为 0;当被测信号的频率小于 1 Hz,或者幅度小于 100 mVpp 时,应该使用直流耦合,并适当调整触发电平,才能得到较好的测量结果。

(7)低通滤波:按〖低通滤波〗软键,如果选中了 On,则低通滤波器开通;如果选中了 Off,则低通滤波器关闭。当被测信号的频率较低并且信号中含有高频噪声时,频率测量值会大于被测信号的标准频率值,这时应该开通低通滤波器,将高频噪声过滤掉,以得到正确的测量结果;但是当被测信号的频率较高并且幅度较小时,低通滤波器会衰减高频信号,频率测量值会小于被测信号的标准频率值,甚至得不到测量结果,这时应该关闭低通滤波器。低通滤波器的上限频率约为 50 kHz。

13）输出端口

仪器有四个输出端口："CHA""CHB""Sync""10MHz Out"。输出端口的信号严格禁止用作输入信号，否则可能会导致仪器的损坏。

（1）信号输出端口"CHA"：位于前面板上，通道 A 的信号从该端口输出，如果当前通道选择为 Channel A，按【Output】键，可以循环开通或关闭"CHA"输出端口的信号。当输出端口上方的指示灯亮时，输出端口为开通状态；当输出端口上方的指示灯灭时，输出端口为关闭状态。

（2）信号输出端口"CHB"：位于前面板上，通道 B 的信号从该端口输出，端口特性与"CHA"端口相同。

（3）同步输出端口"Sync"：位于前面板上，是一个双向端口。按【Utility】键，显示出"通用"菜单，按〖同步输出〗软键，如果选中了 On，同步输出端口开通，端口上方的指示灯变为绿色。该端口用作输出端口，输出同步信号。

同步输出信号是一个 TTL 电平的脉冲波信号，高电平大于 3 V，低电平小于 0.3 V。在不同的工作模式下，同步信号的特性也有所不同，具体如下：

①在连续输出模式下，如果当前通道选择为"CHA"，同步信号的频率与"CHA"端口信号的频率相同，同步信号的相位滞后于"CHA"端口信号的相位，二者的相位差可由通道 A 的相位参数设置。

如果当前通道选择为"CHB"，同步信号的频率与"CHB"端口信号的频率相同，同步信号的相位滞后于"CHB"端口信号的相位，二者的相位差可由通道 B 的相位参数设置。

②在 FM、AM、PM、PWM 和 SUM 调制模式下，同步信号的占空比为 50%，同步信号的频率等于调制波的频率，同步信号的相位以调制波的相位为参考。

③在 FSK 调制模式下，同步信号的占空比为 50%，同步信号的频率等于跳变速率。当输出载波频率时，同步信号为低电平；当输出跳变频率时，同步信号为高电平。

④在 BPSK 调制模式下，同步信号的占空比为 50%，同步信号的频率等于跳变速率。当输出载波相位时，同步信号为低电平；当输出跳变相位时，同步信号为高电平。

⑤在频率扫描模式下，同步信号的周期等于扫描过程的总时间，同步信号的上升沿对应起始频率点，同步信号的下降沿对应标志频率点。

⑥在列表扫描模式下，同步信号的占空比为 50%，同步信号的周期等于扫描过程的总时间，同步信号的上升沿对应始点序号。

⑦在猝发输出模式下，同步信号的周期等于猝发周期，同步信号的上升沿对应猝发信号的起始点，同步信号的下降沿对应猝发信号的结束点。在猝发信号持续期间，同步信号为高电平；在猝发信号停止期间，同步信号为低电平。

⑧在 FSK 调制、BPSK 调制、频率扫描、列表扫描、猝发输出模式下，如果使用外部触发或手动触发，则同步信号的频率由触发信号确定。

（4）时钟输出端口"10 MHz Out"：位于后面板上，输出 10 MHz 的内部时钟信号，可用作其他设备的时钟，使其他设备与本仪器同步。

14)输入端口

仪器有四个输入端口,分别是“Modulation In”“Trig In”“Counter”“10 MHz In”。输入端口只能用来接收外部输入的信号,没有信号输出。

(1)调制输入端口“Modulation In”:位于后面板上,在 FM、AM、PM、PWM、SUM 调制模式下,输入外部调制信号。

(2)触发输入端口“Trig In”:位于后面板上,在 FSK 调制、BPSK 调制、频率扫描、列表扫描、猝发输出模式下,输入外部触发信号。

(3)计数输入端口“Counter”:位于前面板上,是一个双向端口。按【Utility】键,显示出“通用”菜单,按〖同步输出〗软键,如果选中了 Off,同步输出端口关闭,端口上方的指示灯变为黄色。该端口用作输入端口,输入计数器的被测信号。

(4)时钟输入端口“10 MHz In”:位于后面板上,可输入外部时钟信号,使本仪器与其他设备同步。另外,也可以使用更高精度的频率基准作为仪器的时钟。

2.3　交流毫伏表

2.3.1　概　述

交流毫伏表又称“电子电压表”,主要用于测量各种高频、低频信号电压,是电子测量中使用最广泛的仪器之一。

通常根据测量结果的显示方式及测量原理不同,将交流毫伏表分为两大类:模拟式电压表(AVM)和数字式电压表(DVM)。

模拟式电压表是指针式的,多用磁电式电流表作为指示器,并在表盘上刻以电压刻度。数字式电压表首先将模拟量经模数(A/D)转换器变成数字量,然后用电子计数器计数,并以十进制数字显示被测电压值。

需要说明的是:模拟式电压表的核心是检波器,其表针刻度一般是正弦波的有效值,所以一般模拟式交流电压表只能用于测量正弦波电压,而对于非正弦波或失真的正弦波用模拟式交流电压表测量时,其指示值是没有意义的。

2.3.2　DA-16D 型毫伏表

DA-16D 型毫伏表是一种放大-检波式电子电压表,它具有如下优点:灵敏度高、输入阻抗高、稳定性高、频带宽、测量电压范围广等,且在测量电压范围内增加了 100 V 挡,从而弥补了 DA-16 型等无 100 V 挡级的缺陷;在电路中采用了大信号检波,使仪器有良好的线性;由于前置电路采用两个串接的低噪声晶体管组成共发射极输出电路,从而获得了低噪声电平及高输入电阻;同时,使用负反馈,有效地提高了仪器的频率响应、指示线性与温度稳定性,使噪声对测量精度的影响很小,故在使用中不需调零。

该仪器的频带宽为 10 Hz～2 MHz,采用二级分压,故测量电压范围广,为 100 μV～300 V,使用方便,是工厂、学校、科研单位不可缺少的测试设备。

1. 工作原理

DA-16D 型毫伏表的组成框图如图 2.3.1 所示。

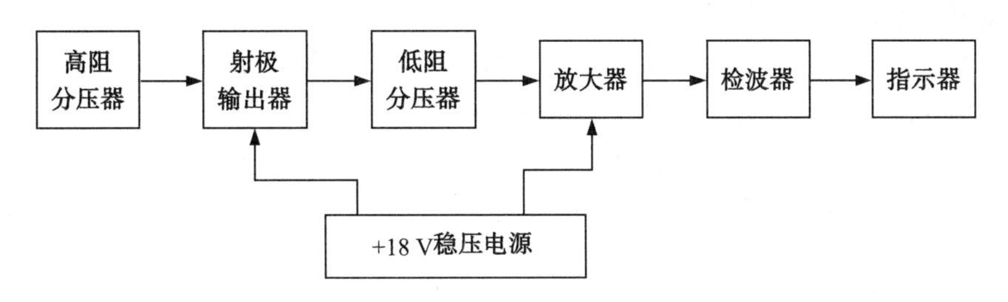

图 2.3.1　DA-16D 型毫伏表的组成框图

1) 射极输出器

毫伏表输入阻抗以高为佳,输入阻抗高、输出阻抗低是射极跟随器的特点,输入端电路使用两个晶体管串接,使输入阻抗更高。由于高阻分压器的频率响应不易做好,故在射极跟随器输出端连接低阻分压器,对 0.3 V 以下的信号进行分压。为避免输出失真及烧坏晶体管,在射极跟随器前需要对信号进行衰减,并加有保护电路。

2) 放大器

放大器由 5 个三极管组成,电压增益为 60 dB 左右。第一级采用射极跟随器,以减小对前级低阻分压器的影响。放大器有反馈式线性补偿,有效地克服了非线性及温度的影响,改善了电压表的频率响应特性。

3) 检波器

由于放大器采用了以恒流源为负载的复合放大电路,因此有很大的开环增益,又由于引入了深度负反馈,因此具有良好的检波线性。

4) 稳压电源

稳压电源由二极管桥式整流电路及三端稳压器 7818 等组成,输出+18 V 直流电压。该稳压器稳定性好,纹波小,完全可满足整个电路的要求。

2. 使用方法

1) 说明

(1) 该仪器的电源电压为 220 V±22 V。

(2) 被测电压应为纯正的正弦波,若电压波形有过大的失真,会引起读数不准。

(3) 测量前,将电压表调至适当的挡级,以免过载太大烧坏晶体管。

(4) 测量精度以电压表表面垂直放置测试台为准。

(5) 所测交流电压中的直流分量不得大于 300 V。

(6) 用本电压表测量市电时,相线接输入端,中线接地,不应接反。测量 36 V 以上的电压时,要注意机壳带电(为安全,一般不主张测量市电)。

(7) 在 1 V 高灵敏度挡级时,零位少许(一小格之内)上升正常,不影响测量使用。

2) 交流电压的测量

(1) 在接通仪器电源之前,先观察指针是否在零位上,如果不在零位上应调到零位。

(2) 将量程开关预置于 300 V 挡上。

(3)接通电源,数秒钟内表针有摆动,然后稳定。

(4)输入被测量信号,将量程开关逆时针转动,便可按挡级表针的位置读出被测电压值。

3. 主要技术指标

(1)测量电压范围:10 μV～300 V。量程分 12 挡:1 mV、3 mV、10 mV、30 mV、100 mV、300 mV、1 V、3 V、10 V、30 V、100 V、300 V。

(2)测量电平范围:-80～+52 dB(0 dB=0.775 V)。

(3)被测电压频率范围:10 Hz～2 MHz。

(4)固有误差:小于 3%。

(5)工作误差:小于 5%。

(6)频率响应误差:10 Hz～2 MHz,误差为±0.1 kHz;100 Hz～1 MHz,误差为±0.05 kHz。

(7)①输入阻抗:1 kHz 时输入电阻为 2 MΩ。

②输入电容:1 mV～0.3 V 各挡约 50 pF(包括接线电容在内),1～300 V 各挡约 40 pF。

(8)工作温度:0～40 ℃。

(9)外形尺寸:220 mm×150 mm×100 mm。

(10)质量:2.5 kg(净)。

(11)功率:3 W。

(12)电源电压:220 V±22 V;电源频率:50 Hz±2.5 Hz。

2.3.3　DA-1 型超高频毫伏表

1. 组成框图与工作原理简介

DA-1 型超高频毫伏表的组成框图如图 2.3.2 所示。DA-1 型超高频毫伏表属于调制式工作方式的电压表,被测交流电压经检波器检波后变成直流,再通过斩波器将直流变成交流,然后通过交流放大器进行交流放大,最后经检波器变换成与输入成正比的直流信号推动微安表指针偏转。

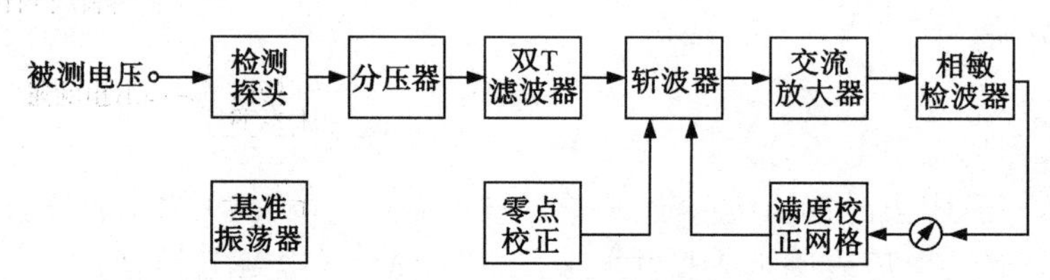

图 2.3.2　DA-1 型超高频毫伏表的组成框图

2. 主要技术指标

(1)交流电压测量范围:0.3 mV～3 V。量程分 8 挡。

(2)频率测量范围:10 kHz～1000 MHz。

(3)基本误差:在正常条件下,当测量频率范围为 100 kHz 以内的交流电压时,经过内部校准测量误差;1 mV 挡≤±15%,3 mV 挡≤±5%,其他各挡≤±3%(还有频率响应、温度、电源电压的附加误差)。

(4)输入阻抗和容抗:$R_i \geq 10\ k\Omega$,$C_i<2.5\ pF$。

(5)被测处的直流电压:小于 40 V。

3. 仪器面板及功能

仪器面板如图 2.3.3 所示。各部分的功能如下:

(1)调零校正旋钮:每一量程各自进行调零,并校正至满刻度。将探测器放在校正插孔内稍拔出,调节零位旋钮即可调零;将探测器再往里插,调节校正旋钮可使指针到满刻度。

(2)量程开关分 0.3 mV、1 mV、3 mV、10 mV、30 mV、300 mV、1 V、3 V 等 8 挡。

(3)表面指示:表盘有 8 条刻度线,选用不同的量程时,可根据该量程的刻度线读出被测值。

(4)探测器的探针直接接到被测点上。50 Hz 以下的电压测量,用环形片状接地片,长短探针随意选用;高于 300 MHz 时用短探针,建议用 T 形连接头。

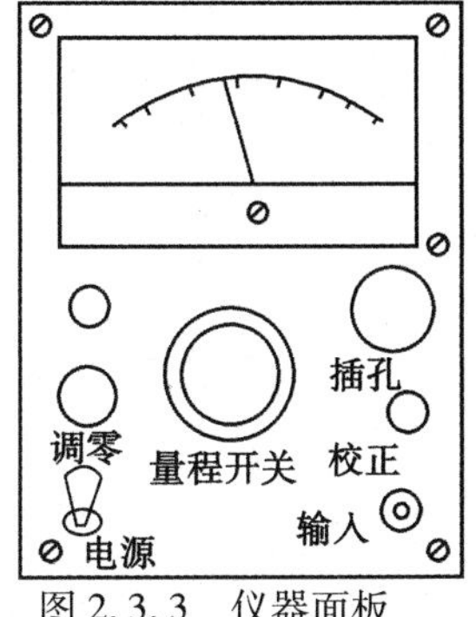

图 2.3.3　仪器面板

4. 使用方法

(1)预热 30 min。

(2)使用前进行校零及校满度。

(3)根据不同的频率选择不同的接地方式。

(4)根据被测电压的大小选择合适的量程。若被测交流电压大于 3 V,则使用附加分压器,把量程开关置于相应挡,经过校正后,将分压器套入探测器即可进行测量。

5. 使用注意事项

(1)被测处直流电压不得超过 40 V。

(2)当使用 3 V 挡测量电压或探针触到较高电压(包括手触)后,再测 3 mV 以下的电压时,须等待 1~2 min,以便仪器复零。

2.4　BT-3 型频率特性测试仪(扫频仪)

2.4.1　频率特性测试仪的工作原理

频率特性测试仪,俗称“扫频仪”(国产型号有 BT-3、BT-2、BT-C、BT-5 等)。它是一种用示波器直接显示被测设备的频率响应曲线或滤波器的幅频特性的直观测试设备,被广泛地应用于调试宽频带放大器,短波通信机和雷达接收机的中频放大器,电视差转机、电视接收机图像和伴音通道,调频广播发射机、接收机的高频放大器、中频放大器以及滤波器等有源和无源四端网络。

若扫频信号发生器的频率能自动地从 f_1 到 f_n 重复扫频,且输出幅度不变,该信号通过被测设备后,被测设备在不同频率上的幅度就不同。若利用检波器把被测设备输出的扫频信号的包络检出来,并送到示波器显示出来,就能直接看到被测设备的频率特性曲线，如图 2.4.1 所示。这就是扫频仪测量频率特性的原理。

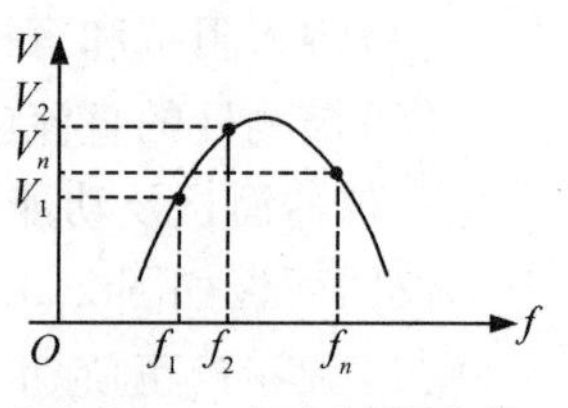

图 2.4.1　频率特性曲线

根据上述原理，扫频仪主要包括三部分，如图 2.4.2 所示。

1. **扫描信号发生器**

它的核心仍然是 *LC* 正弦波振荡器，其电路设法用调制信号控制振荡电路中的电容器或电感线圈，使电容量或电感量变化，从而使振荡频率受调制信号的控制而变化，但其幅度不变。

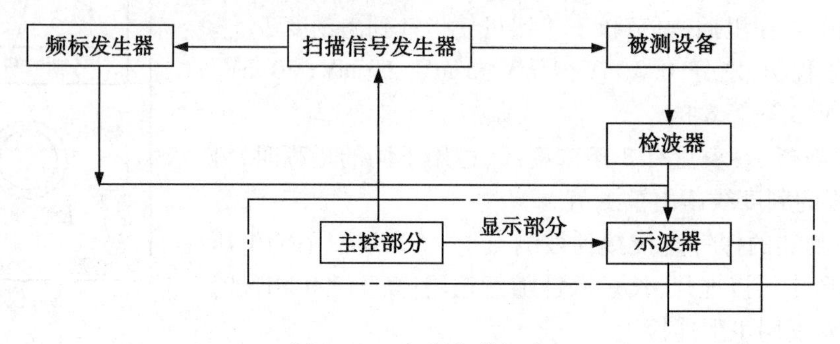

图 2.4.2　扫频仪的组成

用调制信号控制电容量的变化是由变容二极管实现的，而用调制信号控制电感量的变化通常是通过磁调制来实现的。其原理是用调制电流改变线圈磁芯的磁导率（μ），使线圈的电感量也作相应的变化，由此而实现扫频。BT-3 型扫频仪采用的就是这种方法。

2. **频标发生器**

它能在显示的频率特性曲线上打上频率标志，可以使操作者直接读取曲线上各点所对应的频率。

通常，频标振荡器是 1 MHz 和 10 MHz 的晶体振荡器，经谐波发生器产生丰富的谐波分量，再与扫频信号差拍后，经滤波器得到菱形频标信号，再加到垂直放大器上，由示波管显示出来。

3. **显示部分**

显示部分包括示波器和主控部分。主控部分的作用是使示波器的水平扫描与扫描振荡器的扫频完全同步。

2.4.2　BT-3 型频率特性测试仪

1. **主要技术指标**

（1）中心频率：在 1～300 MHz 之间分三个波段。

Ⅰ：1～75 MHz；

Ⅱ：75～150 MHz；

Ⅲ：150～300 MHz。

（2）扫频频偏：最小频偏小于±0.5％，最大频偏大于±7.5％。

（3）输出扫频信号的寄生调幅指数：在最大频偏内小于±7.5％。

（4）输出扫频信号的调频非线性系数：在最大频偏内小于 20％。

(5)输出扫频信号电压:不小于 0.1 V(有效值)。

(6)频标信号:有 1 MHz、10 MHz 和外接三种。

(7)扫频信号输出阻抗:75 Ω。

(8)扫频信号输出衰减:粗衰减(0～60 dB)分 7 挡,细衰减(0～10 dB)分 7 挡。

2. 使用说明

BT-3 型扫频仪的面板如图 2.4.3 所示。

1)仪器的检查

(1)调节仪器的“电源辉度”和“聚焦”旋钮,使扫描基线足够亮和细。

(2)将“频标选择”旋钮旋向 1 MHz 或 10 MHz,此时扫描基线上呈现频标信号;调节“频标幅度”旋钮,可改变频标的幅度。

(3)将“频率偏移”旋钮旋到最大,荧光屏上呈现的频标数应在-7.5～+7.5 MHz 的范围内。

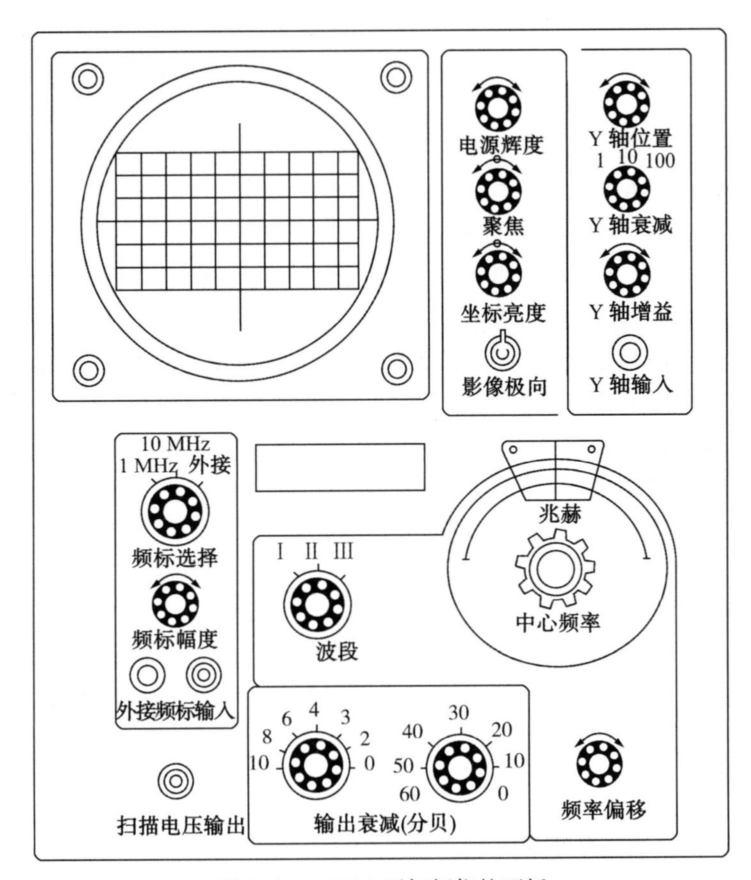

图 2.4.3　BT-3 型扫频仪的面板

(4)将检波探测器的探针插入仪器输出端,并接好地线。每一波段都在荧光屏上出现方框,将“频标选择”旋钮旋至 10 MHz 处,转动“中心频率”旋钮,检查每一波段的范围是否符合要求。

(5)在输出插孔内插入匹配输出电缆,用超高频毫伏表检查仪器的输出电压是否大于 100 mV。

2）测试频率特性

（1）仪器正常工作后，将输出电缆的一端接扫频电压输出插座，另一端接被测设备的输入端，根据被测设备选定某一频段，并适当调节频标增益，用检波探测器将被测设备的输出电压检波送至 Y 轴输入端，在荧光屏上可见到被测设备的频率特性曲线，频标叠加在曲线上。

（2）如果被测设备带有检波器，则不用检波探测器，而用输入电缆直接接入仪器的 Y 轴输入端。

（3）当需要某些非 1 MHz 的频标时，可以将“频标选择”旋钮旋向“外接”，从“外接”频标接线柱上加入所需的频标信号。

（4）测试时，输出电缆和检波探测器的接地线应尽量短一些，检波探测器的探针上不应加接导线。

3）频标定值法

（1）将检波探测器与仪器的扫频输出插座用带 75 Ω 负载的 75 Ω 电缆连接好，屏幕上应出现方块。

（2）将“频标选择”旋钮旋向 10 MHz，波段开关置“Ⅰ”，中心频率度盘在起始位置附近时，屏幕中心线上应出现零拍，反时针旋转中心频率度盘，通过屏幕中心线的频标数应多于 7.5 个。

（3）将波段开关置“Ⅱ”，中心频率度盘从起始位置逆时针旋转时，第一个经过屏幕中心的频标应为 70 MHz，然后依此数记，第二波段最高中心频率应大于 150 MHz。

（4）欲得第三波段的某一频率，只需在第二波段找出第三波段所需频率的 1/2 频率处，然后将波段开关扳向“Ⅲ”即可。

4）放大器增益的测试

（1）把扫频仪输出电缆与检波探头短接。

（2）调节扫频仪的“输出衰减”旋钮至 0 dB。

（3）调节“Y 轴增益”旋钮，使荧光屏上显示的图形占纵坐标的 5 格（也可以是其他数目）。

（4）保持“Y 轴增益”旋钮不变，把扫频仪的输出接至放大器的输入端，输入接放大器的输出端，这时荧光屏上将显示放大器的频率特性曲线。再调节扫频仪的“输出衰减”旋钮，使荧光屏上显示的放大器曲线也占 5 格，这时“输出衰减”旋钮所指向的分贝数就是放大器的增益。

2.4.3　SA1000 系列数字频率特性测试仪

1. 原理概述

SA1000 系列数字频率特性测试仪的工作原理如图 2.4.4 所示。

1）直接数字合成（DDS）工作原理

要产生一个信号，传统的模拟信号源是采用电子元器件以各种不同的方式组成的振荡器，其频率精度和稳定度都不高，而且工艺复杂，分辨率低，频率设置和实现计算机程控也不方便。直接数字合成技术是最新发展起来的一种信号产生方法,它不同于直接采用振荡器产生波形信号的方式,而是以高精度频率源为基准,用数字合成的方法产生一连串带有波形信息的数据流,再经过数模转换器产生一个预先设定的模拟信号。

例如,要合成一个正弦波信号,首先将函数 $y=\sin x$ 进行数字量化,然后以 x 为地址,y 为量化数据,依次存入波形存储器。直接数字合成使用了相位累加技术来控制波形存储器的地址,在每一个采样时钟周期中,都把一个相位增量累加到相位累加器的当前结果上,通过改变相位增量即可以改变直接数字合成的输出频率值。根据相位累加器输出的地址,由波形存储器取出波形量化数据,经过数模转换器和运算放大器转换成模拟电压。由于波形数据是间断的取样数据,所以直接数字合成发生器输出的是一个阶梯正弦波形,必须经过低通滤波器将波形中所含的高次谐波滤掉,输出的才为连续的正弦波。数模转换器内部带有高精度的基准电压源,因而保证了输出波形具有很高的幅度精度和幅度稳定性。

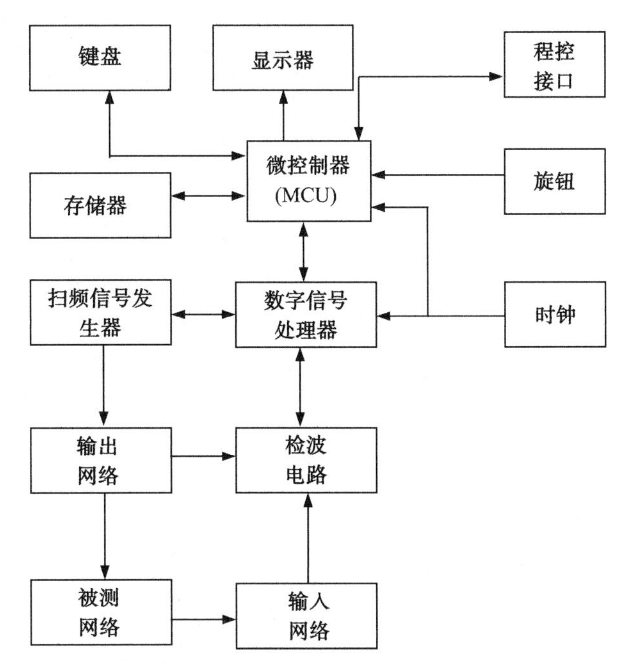

图 2.4.4　SA1000 系列数字频率特性测试仪的工作原理

2)操作控制工作原理

微处理器通过接口电路控制键盘及显示部分,当有键被按下时,微处理器识别出被按键的编码,然后转去执行该键的命令程序;显示电路将仪器的工作状态、各种参数以及被测网络的特性曲线显示出来。

面板上的旋钮可以用来改变光标指示位的数字,每旋转 15°可以产生一个脉冲。微处理器能够判断出旋钮是逆时针旋转还是顺时针旋转:如果是逆时针旋转,则使光标指示位的数字减 1;如果是顺时针旋转则加 1,并且连续进位或借位。

3)电路工作原理

该仪器的电路主要分两部分:以 MCU(微控制器)为核心的接口电路,主要完成控制命令的接收、特性曲线的显示和测试数据的输出；以 DSP(数字信号处理器)为核心的测试电路，主要完成扫频信号的产生、扫频信号输出幅度的控制、输入信号幅度的控制和特性参数的产生。

MCU 将接收的控制命令传递给 DSP，直接数字合成电路在 DSP 的控制下产生等幅扫频信号，经输出网络输出到被测网络，被测网络的响应信号通过输入网络处理后送检波电路，DSP 将检波电路测得的数据处理后送 MCU，显示电路在 MCU 的控制下显示特性曲线。

2. 前、后面板和用户界面

SA1000 系列数字频率特性测试仪的前、后面板分别如图 2.4.5(a)(b)所示，各部分的具体功能如下：

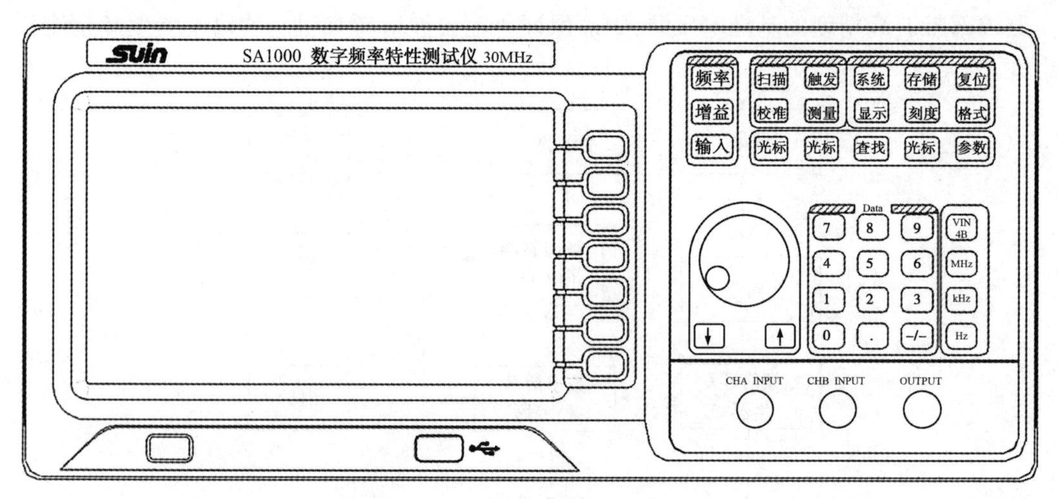

(a) 前面板

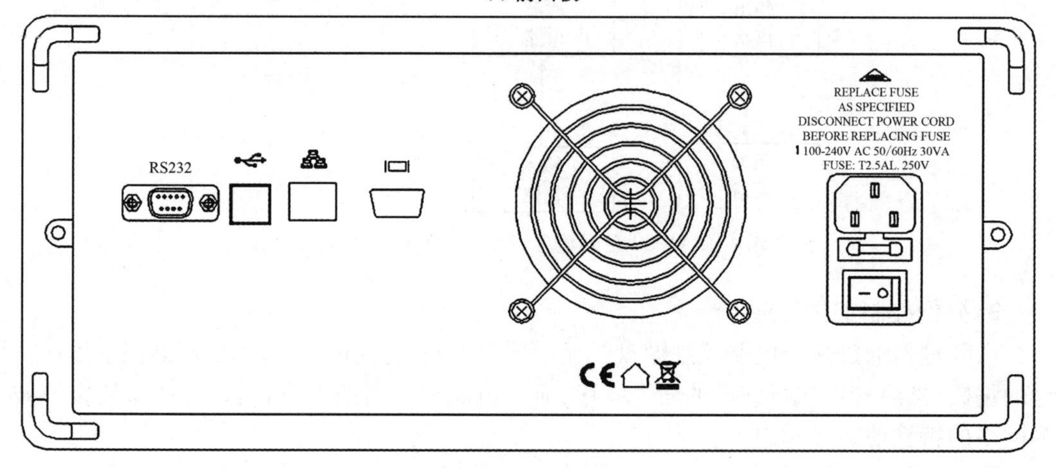

(b) 后面板

图 2.4.5　SA1000 系列数字频率特性测试仪的前、后面板

1) 键盘

键盘上共有 34 个按键，按功能分为四个区：数字区、功能区、菜单区、调节区。

(1)数字区:数字区包括【0】【1】【2】【3】【4】【5】【6】【7】【8】【9】【.】【-/←】【dB】【MHz】【kHz】【Hz】16个按键,用来输入频率值、增益值、相位值、倍数等。【dB】【Hz】两个单位键除了“dB”“Hz”两种单位功能外,还复合有其他的单位功能。在【dB】单位键上复合有“V”“N”两种单位功能,在【Hz】单位键上复合有“°”“min”两种单位功能。

(2)功能区:功能区包括【频率】【增益】【输入】【测量】【扫描】【校准】【触发】【显示】【刻度】【格式】【光标】【光标->】【查找】【系统】【存储】15个功能键,用来选择主菜单。另外,还有【复位】键,用来实现复位功能。

(3)菜单区:菜单区包括5个软键,在不同的菜单下有不同的功能。软键以〖〗表示,如〖起始频率〗,以区别其他按键。

(4)调节区:调节区只有【光标】【参数】2个按键。按下【光标】键后,手轮调节的对象是光标,此时光标灯亮;按下【参数】键后,手轮调节的对象是输入的参数,此时参数灯亮。当主菜单处于“光标”菜单时,按下【参数】键后,手轮调节的对象仍是光标;当处于其他功能时,手轮调节的对象就是参数。

2)显示屏

显示屏分4个区,即主显示区、菜单显示区、测量结果显示区、扫描状态显示区,如图2.4.6所示。

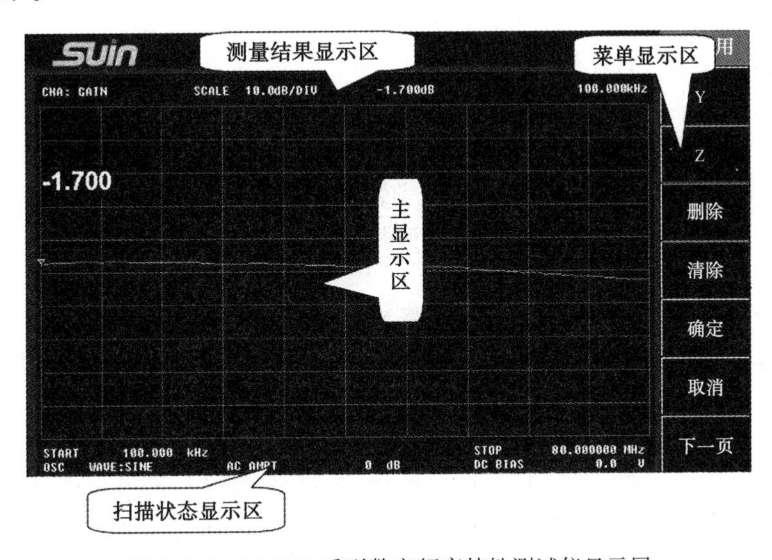

图2.4.6　SA1000系列数字频率特性测试仪显示屏

(1)主显示区显示被测网络的特性曲线,点阵为800×480,横轴和纵轴均有10个大格。

(2)菜单显示区显示仪器当前所处菜单,位于显示屏的右侧。

(3)测量结果显示区显示光标位置的频率、增益、相位值、刻度值,位于显示屏的顶部。

(4)扫描状态显示区显示当前的始点频率、终点频率或者是中心频率、跨度,以及输出波形、输出增益和输入偏移,位于显示屏的下部。

3）手轮

当按下某些功能键，需要设定数值或选择某项功能时，可通过转动手轮来实现。

4）输入、输出端口

仪器前面板上有3个输入、输出端口，分别是扫频信号输出（OUTPUT）端口、扫频信号输入（CHA INPUT）端口、其他信号输入（CHB INPUT）端口。CHA INPUT端口是频率特性测试仪的扫频信号输入端；CHB INPUT端口是频率特性测试仪的辅助输入端，有无此输入端视仪器功能而定。输入、输出端口采用BNC（尼尔-康塞曼卡口）端子。

3. 操作解释

1）高亮显示

菜单中的选项在正常显示时为蓝字，高亮显示时为白字，并且按键变为按下状态。若需高亮显示某一选项，则按此选项对应的菜单键。若此选项不能高亮显示，表示此选项不能调整。

2）选项的调整

当菜单中的某一选项处于高亮显示时，表明此选项可以调整。调整方法有三种：反复按压对应的子菜单键，调节手轮，用数字键输入数值。以上三种方法可能都有效，也可能只有一种方法有效，视菜单和调整选项的不同而异。

3）数值调节

频率值和增益值的调节有以下两种方法：

（1）用键盘输入：若要输入的始点频率为23.89 MHz，首先要将始点频率值高亮显示，然后顺序按下【2】【3】【.】【8】【9】【MHz】6个按键即可。

（2）用调节手轮来步进调整：调整数值前需先按【参数】键，若顺时针调节手轮，数值将增大，逆时针调节数值将减小，步进值视被调节对象不同而异。

4）菜单间的转换

菜单间的转换通过按功能区的菜单选择键实现。

5）特性曲线的显示位置

在测试中，当频率特性测试仪的输出信号较大时，会造成被测网络限幅失真等异常，因被测网络的特性未知，所以不能从特性曲线上观测到，这就需要测试者仔细调整特性曲线在显示区中的位置。调整输出增益可以控制频率特性测试仪的输出信号电平范围，调整输入增益可以控制频率特性测试仪检波电路的输入信号电平范围。调整输入增益和输出增益，使特性曲线的顶部距离显示区顶部10 dB较为合适。

4. 功能和操作详细介绍

1）功能菜单

（1）“频率”菜单：默认“频率”菜单可以设置始点频率、终点频率、中心频率、扫频带宽4种参数。按功能区的【频率】键进入“频率”菜单，显示屏上显示的“频率”菜单中的软键自上而下分别为〖起始频率〗〖终止频率〗〖中心频率〗〖跨度〗和〖频段选择〗。

〖起始频率〗软键用来设置仪器当前扫描的始点频率值（F_s），默认值为100 kHz。

〖终止频率〗软键用来设置仪器当前扫描的终点频率值（F_e），默认值为30 MHz。

〖中心频率〗软键用来设置仪器当前扫描的中心频率值（F_c），默认值为15.05 MHz。

〖跨度〗软键用来设置仪器当前扫描的扫频带宽值(F_b),默认值为29.9 MHz。

〖频段选择〗软键用来设置仪器当前扫描的频率范围,默认值为高频段。

当改变其中某一频率值时,仪器自动计算其他频率值并相应改变。例如:修改起始频率或终止频率时,仪器自动计算并修改中心频率和跨度;修改中心频率和跨度时,仪器自动计算并修改起始频率和终止频率。频率值在某一个频率段内可以任意更改,若超出范围,仪器会自动修改为当前范围内的值。具体范围是:起始频率不可低于当前频段最小频率,不可高于终止频率;终止频率不可低于起始频率,不可高于当前频段最高频率;中心频率不可低于起始频率,不可高于终止频率;跨度最低为0,最高为当前频率的跨度。频率计算公式为:终点值(F_e)= 中心值(F_c)+带宽值(F_b)/2,始点值(F_s)= 中心值(F_c)-带宽值(F_b)/2。当改变中心值后,计算出的始点值和终点值若超出仪器当前频段的最小或最大值,则自动计算在此中心频率下允许的最大带宽值,同时计算出此时的始点值和终点值;当改变带宽值后,计算出的始点值和终点值若超出仪器当前频段的最小或最大值,则自动计算在当前中心频率下允许的最大带宽值,同时计算出此时的始点值和终点值。

仪器将扫频范围分为两个频率段:第一个频率段为20 Hz～200 kHz,称为"低频段";第二个频率段为200 kHz～30 MHz,称为"高频段"。

(2)"增益"菜单:"增益"菜单分为两种,即"默认功能"菜单和"鉴频功能"菜单。

①默认功能下的"增益"菜单可以设置输出增益、输入增益,具体方法如下:

按【增益】键,仪器进入"增益"菜单,菜单中的软键自上而下分别为〖输出增益〗和〖输入增益〗。

〖输出增益〗软键用来设置仪器当前的输出增益值,默认为0 dB,调节范围为0～-80 dB,调节步进值为1 dB。调节"输出增益"旋钮可以调节仪器输出扫频信号的幅度,0 dB时输出幅度最大,-80 dB时输出幅度最小。用数字输入方式设置输出增益时,应注意符号"-"的输入,否则仪器认为输入数值无效。

〖输入增益〗软键用来设置仪器当前的输入增益值,默认为0 dB,有10 dB、0 dB、-10 dB、-20 dB、-30 dB五个挡位可选。调节"输入增益"旋钮可以调节仪器输入通道的增益,控制仪器对输入信号的放大和衰减。

②鉴频功能下的"增益"菜单可以设置输出增益、输入增益。当仪器设置为鉴频功能时,仪器的输入信号从CHB INPUT端口输入。按【增益】键,仪器进入"增益"菜单,菜单中的软键自上而下分别为〖输出增益〗和〖输入增益〗。

〖输出增益〗与仪器默认功能时的定义相同。

〖输入增益〗软键用来设置仪器鉴频通道的输入增益值,共分为3挡:*0.25、*1和*4。默认为*1挡,此时仪器能够正常测量的输入信号的范围为-1.5～+1.5 V;当输入增益设置为*0.25挡时,仪器能够正常测量的输入信号的范围为-3.5～+6.5 V;当输入增益设置为*4挡时,仪器能够正常测量的输入信号的范围为-0.3～+0.3 V。当仪器的输入信号超过-1.5～+1.5 V的范围时,可将输入增益设置为*0.25挡;当仪器的输入信号较小时,可将输入增益设置为*4挡,此时可获得较好的测量准确度。

当改变仪器鉴频通道的增益设置时,仪器内部会做计算处理,光标值显示区显示的电压值为输入信号的实际值,不需要做任何转换处理。

(3)"输入"菜单:"输入"菜单的功能是设置输入偏移和输入阻抗。输入偏移的设置只影响鉴频功能时的测量结果。

按【输入】键,仪器进入"输入"菜单,菜单中的软键自上而下分别为〖输入偏移〗和〖输入阻抗〗。

〖输入偏移〗软键用来设置仪器鉴频通道 CHB 的直流偏置电压值,默认为 0.0 V。在输入增益处于 * 1 挡时,此值的范围是-1.5～+1.5 V;在输入增益处于 * 4 挡时,此值的范围是-0.4～+0.4 V;在输入增益处于 * 0.25 挡时,此值的范围是-4～+4 V。

当仪器的输入信号中有较大的直流分量,使仪器得不到正确的测量结果时,需要设置仪器输入通道的直流偏置电平来抵消输入信号中的直流分量。

当输入信号中有正的直流分量时,将仪器输入通道的直流偏置电平设置为正值;反之,设置为负值。设置完直流偏置电平后,光标值显示区显示的电压值(V_s)是输入信号(V_i)和直流偏置电压(V_d)的差。因此,输入信号的电压应按照下式计算:

$$V_i = V_s + V_d$$

〖输入阻抗〗软键用来设置仪器当前的输入阻抗值。仪器的输入阻抗可在 50～500 kΩ 之间选择,默认为 50 Ω。

应根据被测网络的特性来确定仪器的输入阻抗。

(4)"扫描"菜单:"扫描"菜单用来设置扫描点数、扫描时间和扫描类型。按【扫描】键,仪器进入"扫描"菜单,菜单中的软键自上而下分别为〖扫描点数〗〖扫描时间〗和〖扫描类型〗。

〖扫描点数〗软键用来设置仪器的扫描点数,设置值的范围为 2～501。

〖扫描时间〗软键用来设置仪器的扫描速度。扫描时间倍数越大扫描速度越慢,倍数越小扫描速度越快,开机默认为 2 倍。

应根据被测网络的特性来设置扫描时间。当仪器设置的始点频率和终点频率较低时,请相应增大扫描时间倍数值。

〖扫描类型〗软键用来设置仪器的扫频方式,仪器默认的方式为"线性"。"线性"表示仪器的扫描频率按线性规律变化,"对数"则表示仪器的扫描频率按对数规律变化。

(5)"测量"菜单:"测量"菜单用来设置仪器的测量模式。按【测量】键,仪器进入"测量"菜单,菜单中的软键自上而下分别为〖CHAOSC〗〖鉴频〗和〖S 参数〗。当仪器具有鉴频功能和 S 参数测试功能时才会有〖鉴频功能〗和〖S 测试〗这两个选项。

〖CHA OSC〗软键设置仪器的测量模式为默认模式,CHA 输入。

〖鉴频〗软键设置仪器的测量模式为鉴频模式,CHB 输入。当打开鉴频功能时,仪器将自动关闭相频特性曲线。

(6)"校准"菜单:"校准"菜单用来设置仪器的校准和补偿。按【校准】键,仪器进入"校准"菜单,菜单中的软键自上而下分别为〖补偿〗和〖校准〗。因为仪器的扫频范围较宽,输入通道对不同频率输入信号的响应会不尽相同,补偿可以将这种不同抵消,将幅频、相频、鉴频特性曲线校准到零位。

〖补偿〗软键用来设置仪器测量时补偿的开关:打开表示测量值是经过补偿的值,是绝对测量值;关闭后测量值是相对值。

〖校准〗软键被按下后,仪器进行校准,校准时必须进行全频段扫描,即起始频率必须设置为当前频段的最小值,终止频率必须设置为当前频段的最大值,扫描点数必须设置为101。校准后校准数据自动保存,需要使用时,打开补偿即可。

在精确测量时打开补偿,修改输出幅度后需要重新校准。其他情况下一般不需要重新校准,只需要打开补偿。

补偿后仪器将幅频特性曲线和相频特性曲线都校准到零位。

(7)“触发”菜单:“触发”菜单用来设置仪器的触发状态。按【触发】键,仪器进入“触发”菜单,菜单中的软键自上而下分别为〖停住〗〖单次〗〖扫描次数〗和〖连续〗。

〖停住〗软键被按下后,仪器测量停止,停止后显示最后一次测量的曲线和数据。

〖单次〗软键用来设置仪器进行单次测量,完成后仪器停止测量,停止后显示本次测量的曲线和数据。

〖扫描次数〗软键用来设置仪器测量的次数,完成后仪器停止测量,停止后显示本次测量的曲线和数据。

〖连续〗软键用来设置仪器进行连续测量,测量时更新测量曲线和数据。

(8)“显示”菜单:“显示”菜单用来设置仪器的显示状态。按【显示】键,仪器进入“显示”菜单,菜单中的软键自上而下分别为〖增益〗〖相位〗〖增益相位〗〖更新参考〗和〖显示参考〗。

〖增益〗软键用来设置仪器当前显示的测量曲线和数据为增益。

〖相位〗软键用来设置仪器当前显示的测量曲线和数据为相位。

〖增益相位〗软键用来设置仪器当前显示的测量曲线和数据为增益和相位同时显示。

〖更新参考〗软键被按下后,把当前测量曲线记录为参考曲线。

〖显示参考〗软键被按下后,显示已经记录的参考曲线,以方便比较使用。参考曲线使用当前测量曲线所选择的刻度值。

(9)“刻度”菜单:“刻度”菜单用来设置显示区的 Y 轴刻度状态。按【刻度】键,仪器进入“刻度”菜单,菜单中的软键自上而下分别为〖自动刻度〗〖刻度值〗〖参考值〗〖参考位置〗〖光标->参考值〗〖相位刻度〗和〖相位参考值〗。

〖自动刻度〗软键被按下后,仪器自动计算刻度值和参考值,使曲线显示在适当位置。

〖刻度值〗软键用来设置主显示区的每格增益值。调节范围为 1 单位/div～1000 单位/div。改变每格增益值,幅频特性曲线会在 Y 轴方向上压缩伸展,但不会影响被测网络的幅频特性。

〖参考值〗软键用来设置当前参考位置表示的值。调节范围为-1000 单位～1000 单位。改变增益基准值,幅频特性曲线会在 Y 轴方向上移动,但不会影响被测网络的幅频特性。

〖参考位置〗软键用来设置当前参考位置,即以什么位置为基准,并将此位置设置为参考值。调节范围为 0～10,坐标图的最下边一格为 0,最上边一格为 10,默认在中间位置 5。

〖光标->参考值〗软键被按下后,将光标处的测量值设置为参考值,此时光标会移动到参考位置处。

〖相位刻度〗软键用来设置主显示区的每格相位值,此值的范围为 1°～360°。改变每格相位值,相频特性曲线会在 Y 轴方向上压缩伸展,但不会影响被测网络的相频特性。

〖相位参考值〗软键用来设置相频特性曲线的中间位置在 Y 轴上的位置,默认为 0°。此值的范围为-360°～+360°。

当调节增益基准或相位基准时,显示区的特性曲线会随之移动,但光标位置的频率、增益值、相位值不随之改变,也就是不会影响被测网络的幅频、相频特性。

(10)"格式"菜单:"格式"菜单用来设置仪器的格式状态。按【格式】键,仪器进入"格式"菜单,菜单中的软键自上而下分别为〖幅度单位〗和〖相位单位〗。

〖增益单位〗软键用来设置仪器当前显示的增益测量曲线的单位,可以选择 dB 和倍数。

〖相位单位〗软键用来设置仪器当前显示的相位测量曲线的单位,可以选择角度和弧度。

(11)"光标"菜单:"光标"菜单可以设置光标的状态、光标的移动等,并借此来准确测量特性曲线的频率、增益值、相位值。按【光标】键,仪器进入"光标"菜单,菜单中的软键自上而下分别为〖光标开关〗〖子光标〗〖清除子光标〗〖光标位置〗〖光标耦合〗和〖差值光标〗。

在精确测量时,光标是必不可少的工具,请务必清楚和掌握光标的使用方法。

〖光标开关〗软键用来设置光标的打开和关闭,此开关为光标的总开关,关闭后会关闭所有光标。

〖子光标〗软键用来设置子光标的打开,同时最多可打开 6 个子光标,其信息会显示在右侧。

〖清除子光标〗软键用来设置子光标的关闭,可分别关闭打开的 6 个子光标。

〖光标位置〗软键用来设置光标当前的位置,如果只显示幅频或者相频曲线,此功能没有效果;如果同时显示幅频和相频曲线,光标可以在两条曲线上切换。

〖光标耦合〗软键用来设置光标的设置状态,如果只显示幅频或者相频曲线,此功能没有效果;如果同时显示幅频和相频曲线,此功能打开表示光标移动时同时设置两条曲线上光标的位置,关闭后两条曲线上的位置分开设置。

〖差值光标〗软键用来设置光标值显示区显示的频率、增益、相位值为相对值,此时显示的测量值是两光标所在位置测量值之差。差值光标可以移动,参考光标不可以移动。

(12)"复位"菜单:按【复位】键,仪器将复位到默认状态或关机前的状态。

2)示例

(1)低通滤波器的测试:*RC* 低通滤波器如图 2.4.7 所示。当输入信号频率趋近于 0 Hz 时,电容容抗趋近于无穷大,电路增益趋近于 0 dB;当输入信号频率趋近于∞ Hz 时,电容容抗趋近于 0 Ω,电路增益趋近于-∞ dB。增益下降 3 dB 时的截止频率计算公式为

$$f_c=\frac{1}{2\pi RC}$$

计算得到理论值$f_c=159.1$ kHz,由于扫频仪最大的输入阻抗为 500 kΩ,因此测量得到的f_c会有偏差,比理论值小一些。因为电路是一阶低通滤波器,所以得到的曲线很平坦。

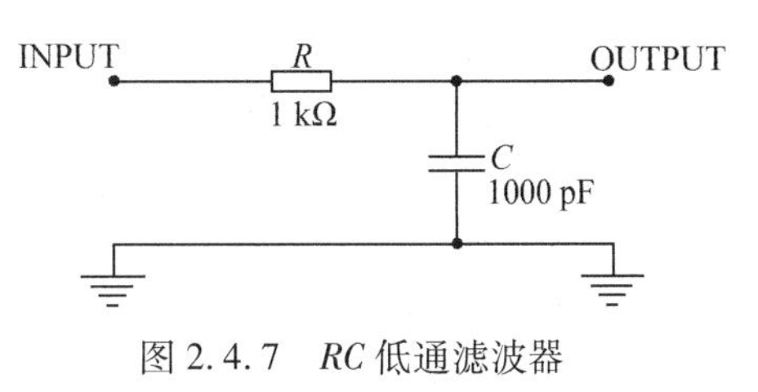

图 2.4.7　*RC* 低通滤波器

仪器开机后默认菜单为“频率”菜单,按功能区的【频率】键也可进入“频率”菜单,显示屏上“频率”菜单中的软键自上而下分别为〖起始频率〗〖终止频率〗〖中心频率〗〖跨度〗和〖频段〗。将仪器设置为高频段,起始频率为 10 kHz,终止频率为 1 MHz,输入阻抗为 500 kΩ,输出增益为-10 dB,自动刻度时显示屏如图 2.4.8 所示。

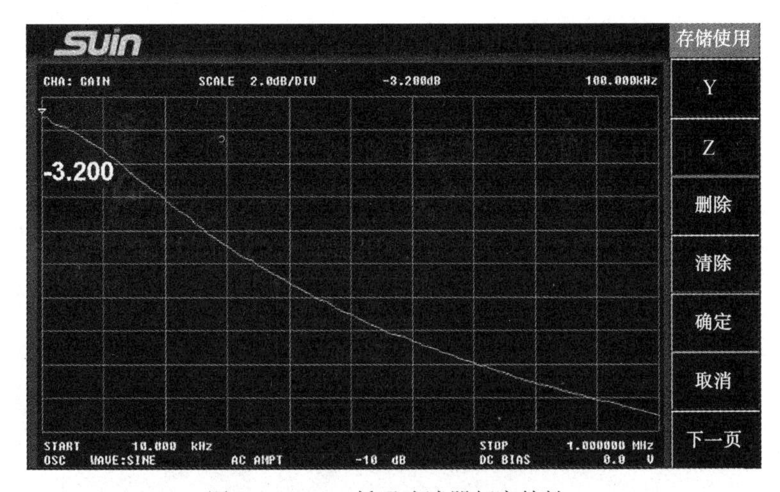

图 2.4.8　*RC* 低通滤波器频率特性 1

更改仪器上“刻度”菜单的设置,将参考值设置为 0 dB,刻度值设置为 5.0 dB/div,参考位置为 0,显示屏如图 2.4.9 所示。

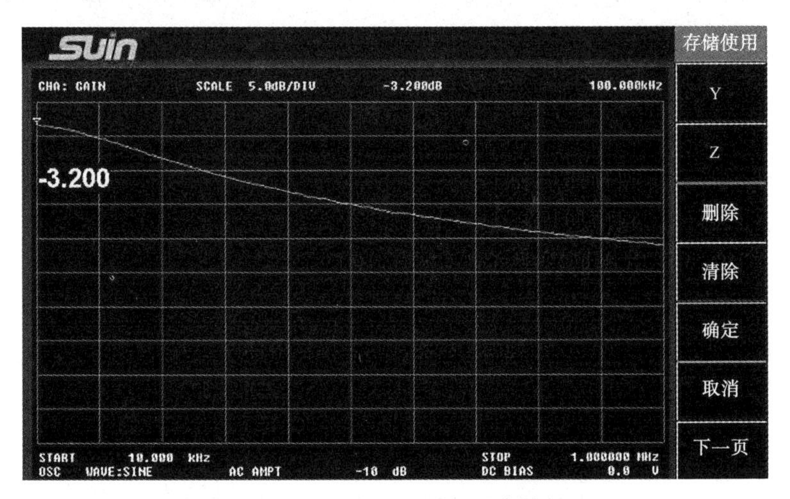

图 2.4.9　*RC* 低通滤波器频率特性 2

按下功能区的【光标】键进入“光标”菜单，转动手轮，显示曲线上的光标沿曲线移动；按下〖差值光标〗软键，光标显示为差值状态，转动手轮，将有一个光标随之移动。测量显示区显示的是这两个光标的差值。

（2）*LC* 串联谐振电路的测试：串联谐振电路如图 2.4.10 所示，此电路的谐振频率约为 19 kHz。将仪器的 OUTPUT 端连接谐振电路的 INPUT 端，将仪器的 CHA INPUT 端连接谐振电路的 OUTPUT 端。

设置中心频率为 19 kHz，带宽为 10 kHz，输出增益为-30 dB，输入阻抗为 500 kΩ，其余参数为开机默认参数，此时主显示区显示的谐振电路的幅频曲线如图 2.4.11 所示。

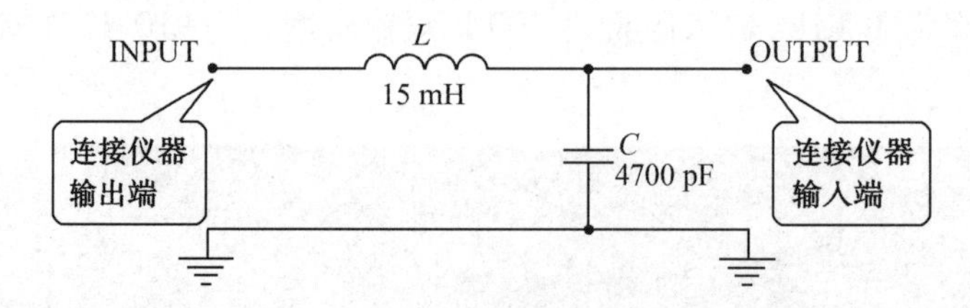

图 2.4.10　串联谐振电路

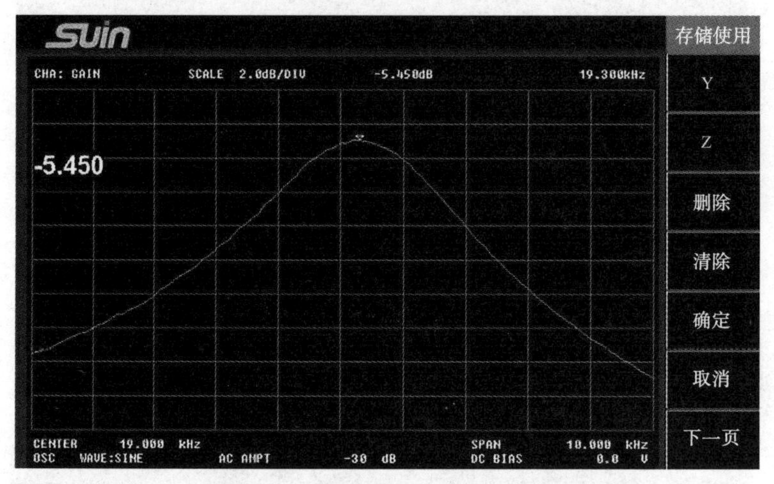

图 2.4.11　串联谐振电路的幅频曲线

确定网络增益的方法：连接测试电路，将光标定位于谐振点，读取此时的增益值 G_{gain1}，断开测试电路，将仪器输出、输入端短接，读出当前光标位置的增益值 G_{gain2}，谐振点的增益值 $G_{gain\_a}=G_{gain1}-G_{gain2}$。

3）鉴频特性的测量

从调频波中检出原来调制信号的过程称为“调频波的解调”，又叫“鉴频”。实现鉴频的电路称为“鉴频器”，也叫“频率检波器”。常用的鉴频电路有比例鉴频电路和相位鉴频电路，它们的工作原理相同，都是先把等幅的调频波变换成幅度按调制信号规律变化的调频调幅波，然后用振幅检波器把幅度的变化检出来，得到原来的调制信号。鉴频电路的主要指标有鉴频灵敏度、非线性失真、线性范围，这些指标都可以从鉴频特性曲线中得到，仪器可以直接测量鉴频电路的特性曲线。

仪器复位后，按功能区的【测量】键进入"系统"菜单，按〖鉴频〗软键打开鉴频功能，将仪器的 OUTPUT 端连接到被测的鉴频网络的输入端，将仪器的 CHB INPUT 端连接到被测鉴频网络的输出端，然后调节仪器的始点频率和终点频率，以适应鉴频网络。

(1)首先了解被测鉴频网络对输入信号幅度的要求，然后调节仪器的输出增益，使仪器的输出信号幅度适应被测鉴频网络，测得的鉴频特性曲线不应出现限幅的情况。

(2)如果被测鉴频网络的输出信号中有较大的直流成分，但是没有出现限幅的情况，则将鉴频网络输入信号断开，启动仪器校准功能。校准后鉴频特性曲线在显示区的零位，将扫描信号输入到被测鉴频网络，这时可以得到被测网络的鉴频特性曲线。

(3)如果被测鉴频网络输出信号中的直流成分太大，可通过设置仪器的直流偏置来抵消，或者将仪器的输入增益调整为 * 0.25 挡，再重复之前的步骤，即可得到被测网络的鉴频特性曲线。

2.5　电子测量仪器的选择

早期的电子测量仪器几乎都是模拟式的。近年来，数字式仪器、仪表得到了飞速发展，已被广泛应用于电子测量的各个领域。数字式仪器、仪表的突出优点是快速、准确、易于集成化，便于和计算机配合。现在已有一批智能化测量仪器被用于各个测量领域。

1. 怎样选择电子测量仪器

不同的测量仪器有不同的频段，即使功能相似的仪器，其工作原理与结构也常有很大的不同。而对于不同的使用目的，也常使用不同准确度的仪器。例如，作为计量工作标准的计量仪器常具有最高的精度，实验室中一般使用较精密的测量仪器进行定量测量，而生产和维修场合则常使用简易测试仪器进行测量。实际上，在选择一台电子仪器时，要考虑的因素远不止这些，通常包括：

(1)量程，即被测量的最大值和最小值各为多少，选择何种仪器更合适。

(2)准确度，即被测量允许的最大误差是多少，仪器的误差及分辨率是否满足要求。

(3)频率响应特性，即被测量的频率范围是多少，在此范围内仪器的频率响应曲线是否平直。

(4)仪器的输入阻抗在所有量程内是否满足要求，如果输入阻抗不是常数，其数值变化是否在允许的范围内。

(5)稳定性：两次校准之间容许的最大时间范围是多少，能否在长期无人管理下工作。

(6)环境：仪器的使用环境是否满足技术条件要求，供电电源是否合适。

(7)隔离和屏蔽：仪器的接地方式是否合适，工作环境的电磁场是否影响仪器的正常工作。

(8)可靠性：仪器的规定使用寿命是多少，维护是否方便。

当然，实际选择仪器时不一定要考虑上述全部项目。例如，测量音频放大器的幅频特性时，主要考虑测量仪器的频率范围和量程是否合适，测量误差是否在允许的范围内。我们可以根据实验室现有的仪器、仪表，挑选电子电压表(毫伏表)或示波器作为测量仪器。

使用时,要注意对仪器进行预热、调零和校准。为保证等精度测量,实验时应尽可能使用同一组仪器。

2. 使用电子测量仪器时的注意事项

使用电子测量仪器时,应注意以下几点:

(1)电子仪器的电源线、插头应完好无损。

(2)测试高压部分的部件时,应特别注意身体要与高压电绝缘,最好用一只手操作,并站在绝缘板上,以减少触电危险。万一发生触电事故,应立即切断总电源,并进行急救。

(3)实验时遇到有焦味、打火等现象时,要立即切断电源,并检查电路,排除故障。

(4)实验完毕应切断电源,以防止意外事故发生。

第三章　高频电子线路实验箱原理及使用说明

3.1　实验箱构成

高频电子线路实验箱为两层电路结构：下层为基板，提供直流电源；上层除了电源控制模块、低频和高频信号源、语音输入插孔、低频放大和低频功率放大模块、监听用喇叭模块外，还有实验用的 17 块实验模块。实验箱的实验区能够同时容纳 9 个实验模块，可以根据实现的不同功能选择不同的模块。

1. 实验模块介绍

各实验模块的电路功能如下：

1）模块 1：输入选择性回路

该模块为调频/调幅接收输入选择性转换电路，可以实现 4 MHz 和 10.7 MHz 信号的选择性输入，采用单调谐放大电路实现输入小信号的放大，通过调节相应的电位器实现三极管静态工作点及输出信号幅度的调整。

2）模块 2：高频小信号放大器

该模块包含两个放大电路：一是中心频率为 4 MHz 的单调谐和双调谐回路谐振放大电路；二是由单运放 OP37 构成的集成宽带放大器，可以作为 4 MHz 的高频小信号放大器或 465 kHz 的中频放大器。

3）模块 3：中心频率为 4 MHz 的集中选频放大器

该模块包含中心频率为 4 MHz 的集中选频放大器和自动增益控制电路，可以作为中心频率为 4 MHz 的等幅高频信号放大器或实现自动增益控制功能。

4）模块 4：中频（465 kHz）小信号放大器

该模块被用作混频后的高频小信号放大器。

5）模块 5：乘法器调幅电路

该模块是利用 MC1496 组成的模拟乘法器实现的调幅电路，可以产生中心频率为 4 MHz 的 AM（幅度调制）信号和 DSB（双边带调制）信号。

6)模块 6:*LC* 正弦波振荡器/频率调制器

该模块可以产生频率为 4 MHz 的等幅信号作为调幅发射机的载波信号,也可以作为频率调制器,产生中心频率为 4 MHz 的调频信号。

7)模块 7:晶体振荡器

该模块可以产生频率为 4.465 MHz 的正弦信号,作为调幅接收机中混频器的本地振荡信号。

8)模块 8:晶体三极管混频器/二极管环三极形混频器

该模块包含两种实验电路:一种是晶体三极管混频器,输入信号是中心频率为 4 MHz 的调幅信号和频率为 4.465 MHz 的本地振荡信号(由模块 7 产生),电路通过取差频得到中心频率为 465 kHz 的调幅信号;另一种是二极管环形混频器,用在调频接收机中,用来将 10.7 MHz 的高频调频信号变换为频率为 4 MHz 的另一高频调频信号。该混频器的本地振荡信号由高频信号发生器提供频率为 6.7 MHz 的高频信号。

9)模块 9:乘法器混频电路

该模块由 MC1496 组成的模拟乘法器实现混频功能,可以将中心频率为 4 MHz 的高频调幅信号变换为中心频率为 465 kHz 的中频调幅信号,此时的本地振荡信号由模块 7 提供,为 4.465 MHz 的等幅正弦信号;也可以将中心频率为 4 MHz 的第一高频调频信号变换为中心频率为 10.7 MHz 的第二高频调频信号,再由高频功率放大器(模块 11)放大,经天线发射出去,此时的本地振荡信号(6.7 MHz)由高频信号发生器提供。

10)模块 10:同步检波相位鉴频器/包络检波器

该模块通过开关切换能够实现同步检波或相位鉴频功能。当选择同步检波功能时,从两个入口分别输入频率为 465 kHz 的同步信号和频率为 465 kHz 的调幅信号,即可实现同步解调。当选择相位鉴频功能时,在输入端口输入载波频率为 4 MHz 的调频信号,电路即可实现乘积型相位鉴频。

该模块的另一种实验电路是包络检波器,可对中心频率为 465 kHz 的调幅信号实现检波功能。

11)模块 11:高频功率放大器/集电极调幅电路

该模块可以作为中心频率为 10.7 MHz 的高频功率放大器,也可以作为中心频率为 4 MHz 的集电极调幅电路。

12)模块 12:锁相环调频器

该模块是锁相环频率调制器,输出中心频率为 4 MHz 的调频信号。

13)模块 13:锁相环鉴频器

该模块利用锁相环实现鉴频功能,可以对中心频率为 4 MHz 的调频信号实现解调。

14)模块 15:宽带高频功率放大器

该电路由两级宽带高频功率放大电路组成,两级功率放大器都工作在甲类状态,其匹配网络采用了三个传输线变压器。前两个传输线变压器级联后作为第一级功率放大器的输出匹配网络,使第二级功率放大器的低输入阻抗与第一级功率放大器的高输出阻抗实现匹配。第三个传输线变压器使第二级功率放大器的高输出电阻与负载电阻实现匹配。

15)模块 16:低频 *RC* 正弦波振荡器/语音放大电路

该模块包含两种电路:一种能够产生频率为 500 Hz～1 kHz 的低频正弦信号,作为低频信号源;另一种是音乐芯片及其放大电路,放大后的音乐信号作为另一种低频信号源,以提高实验的趣味性。

16)模块 19:叠加型相位鉴频器/斜率鉴频器

该模块通过切换开关可以实现叠加型相位鉴频和斜率鉴频两种功能,在斜率鉴频时,要求输入信号是中心频率为 4 MHz 的调频波。

2. 需要的配套材料

1)实验箱中配件的表示

(1)中周(蓝):中心频率为 10.7 MHz。

(2)中周(白):中心频率为 465 kHz。

(3)中周(黑):中心频率为 4 MHz。

2)连接线

(1)信号源至实验板的 Q9 线或鳄鱼夹线。

(2)实验板至示波器的 Q9 线或鳄鱼夹线。

3. 实验内容

实验箱的实验内容非常丰富,单元实验包含了高频电子线路课程的大部分知识点,并有丰富的、有一定复杂性的综合实验。

具体包括:

(1)*LC* 并联谐振回路特性实验(模块 1)。

(2)小信号调谐(单、双调谐)放大器实验(模块 2、模块 4)。

(3)集成宽频带放大器实验(模块 2)。

(4)集中选频放大器和自动增益控制(AGC)实验(模块 3)。

(5)二极管双平衡混频器实验(模块 8)。

(6)模拟乘法器混频实验(模块 9)。

(7)三极管混频器实验(模块 8)。

(8)*LC* 三点式正弦波振荡器实验(模块 6)。

(9)晶体振荡器实验(模块 7)。

(10)非线性丙类功率放大器实验(模块 11)。

(11)宽带高频功率放大器实验(模块 15)。

(12)集电极调幅实验(模块 11)。

(13)模拟乘法器调幅(AM、DSB)实验(模块 5)。

(14)包络检波器实验(模块 10)。

(15)同步检波器实验(模块 10)。

(16)变容二极管调频实验(模块 6)。

(17)锁相环鉴频实验(模块 13)。

(18)锁相环调频实验(模块 12)。

(19)叠加型相位鉴频器和斜率鉴频器实验(模块 19)。

(20)低频 *RC* 文氏电桥振荡器实验(模块 16)。
(21)综合实验一(调幅通信机)。
(22)综合实验二(调频通信机)。

3.2　实验箱构成的综合实验方案方框图

1. 中心频率为 4 MHz 的调幅发射机(见图 3.2.1)

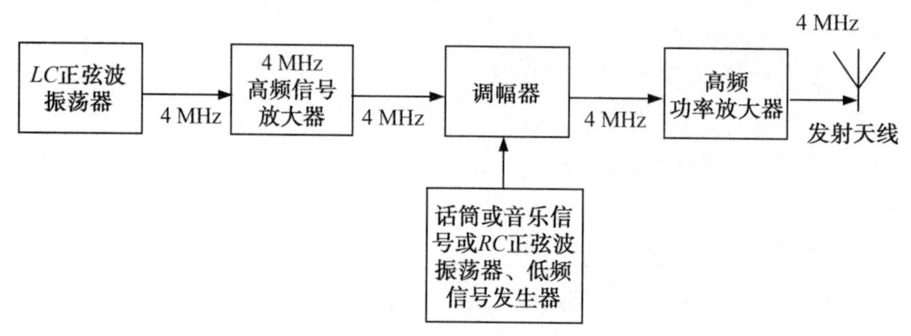

图 3.2.1　中心频率为 4 MHz 的调幅发射机方框图

可以利用的模块有模块 2、模块 3、模块 5、模块 6、模块 11、模块 16 和天线。

2. 中心频率为 4 MHz 的超外差调幅接收机(见图 3.2.2)

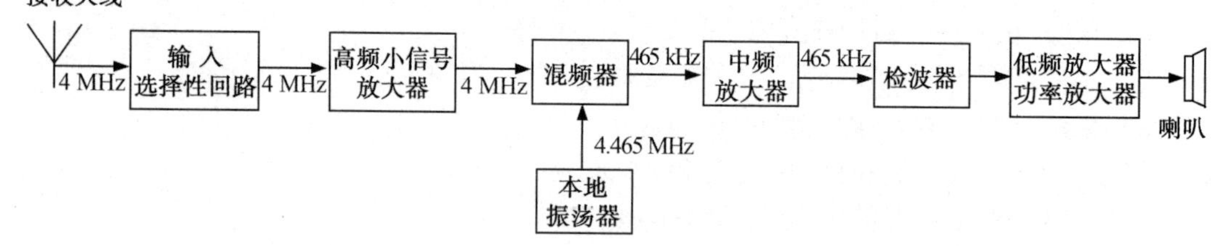

图 3.2.2　中心频率为 4 MHz 的超外差调幅接收机方框图

可以利用的模块有模块 1、模块 2、模块 3、模块 4、模块 7、模块 9、模块 10、模块 17、模块 18 和天线。

3. 中心频率为 10.7 MHz 的调频发射机(见图 3.2.3)

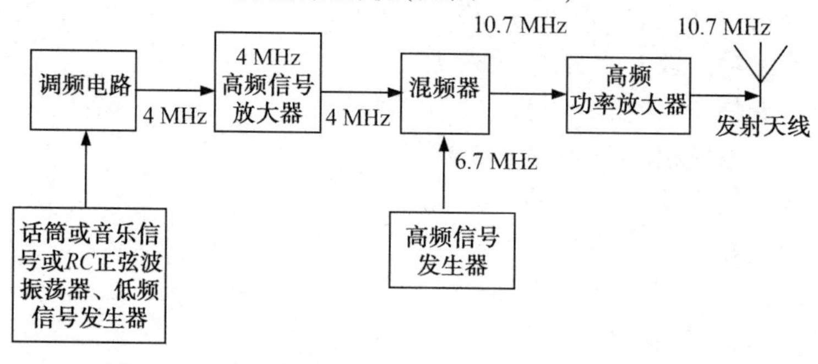

图 3.2.3　中心频率为 10.7 MHz 的调频发射机方框图

可以利用的模块有模块 2、模块 3、模块 6、模块 9、模块 11、模块 12、模块 16、高频信号发生器和天线。

4. **中心频率为 10.7 MHz 的调频接收机**(见图 3.2.4)

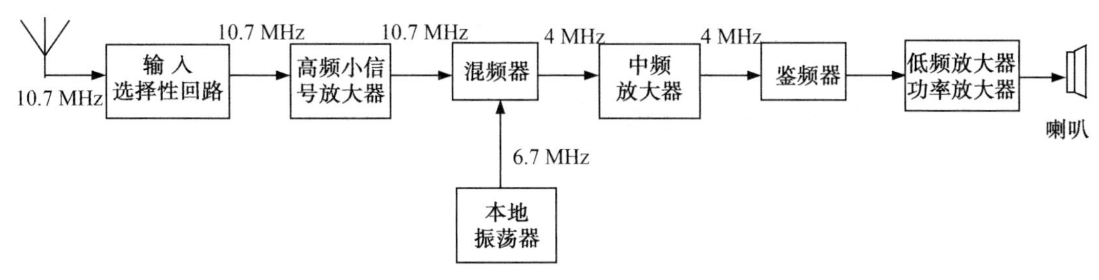

图 3.2.4　中心频率为 10.7 MHz 的调频接收机方框图

可以利用的模块有模块 1、模块 2、模块 3、模块 8、模块 10、模块 13、模块 19、高频信号发生器和天线。

3.3　实验注意事项

实验中应注意以下几点:

(1)本实验系统接通电源前请确保电源插座接地良好。

(2)每次安装实验模块之前应确保主机箱右侧的交流开关处于断开状态。

(3)安装实验模块时,将模板四角的螺孔和母板上的铜支柱对齐,然后用黑色接线柱固定。要确保四个接线柱拧紧,以免出现实验模块与电源或者地接触不良的现象。经仔细检查后方可通电实验。

(4)各实验模块上的开关均用短路帽实现,接线前要确定短路帽中有短路线。手调电位器为磨损件,请不要频繁旋转。

(5)请勿直接用手触摸芯片、电解电容等元件,以免造成损坏。

(6)在实验前应将各模块中的电位器调在中间位置,在实验过程中再根据实验要求进行调节。

(7)在关闭各模块电源之后方可进行连线。连线时,在保证接触良好的前提下,应尽量轻插轻放,检查无误后方可通电实验。拆线时若遇到连线与孔连接过紧的情况,应用手捏住线端的金属外壳轻轻摇晃,直至连线与孔松脱,切勿旋转或用蛮力强行拔出。

(8)按动开关或转动电位器时切勿用力过猛,以免造成元器件损坏。

第四章　高频电子线路实验

4.1　常用高频电子线路实验仪器的使用

1. 实验目的

常用的高频电子线路实验仪器主要有示波器、高频信号发生器、扫频仪等。正确使用这些仪器是做好高频电子实验和综合设计以及课程设计的基本要求。实验的目的是：

(1)了解常用储存式数字示波器、函数信号发生器、高频毫伏表、频率特性测试仪等仪器的工作原理、主要技术性能以及面板上各旋钮的功能。

(2)学会上述仪器的正确使用方法，特别是要学会用示波器、频率特性测试仪观察和测量电子线路的性能参数及其幅频特性。

(3)掌握仿真软件 Multisim 的使用方法。

2. 实验仪器与设备

数字双踪示波器、高频信号发生器、频率特性测试仪、高频毫伏表、实验模块 1——输入选择性回路。

3. 实验原理

1)并联谐振回路的阻抗特性

简单 LC 并联谐振回路是一个由有耗的空心线圈和电容组成的回路，如图 4.1.1 所示。其中 r 为 L 的损耗电阻，C 的损耗很小，可忽略。在电流源 $\dot{I}_S$ 的激励下，回路两端所得到的输出电压为 $\dot{V}$，由图知，回路的等效阻抗为

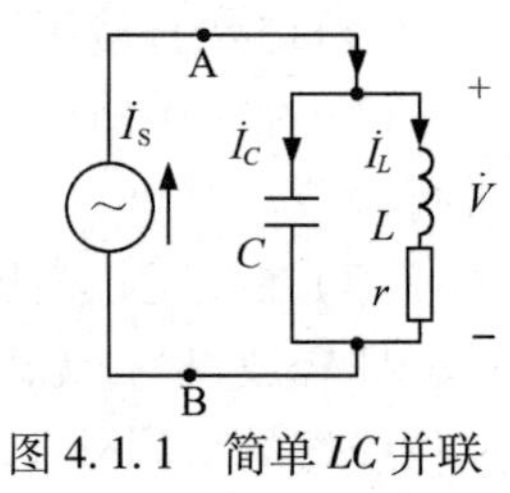

图 4.1.1　简单 LC 并联谐振回路

$$Z_p = \frac{\dot{V}}{\dot{I}_S} = (r + j\omega L) // \frac{1}{j\omega C} = \frac{(r + j\omega L)\dfrac{1}{j\omega C}}{r + j\omega L + \dfrac{1}{j\omega C}} \qquad (4.1.1)$$

实际电路中，回路损耗 r 很小，满足 $r \ll \omega L$，因此式(4.1.1)可进一步近似为

$$Z_p = \frac{1}{\frac{Cr}{L} + j\left(\omega C - \frac{1}{\omega L}\right)} = \frac{R_{e0}}{1 + jR_{e0}\left(\omega C - \frac{1}{\omega L}\right)} \tag{4.1.2}$$

或回路的等效导纳为

$$Y_p = \frac{1}{Z_p} = \frac{Cr}{L} + j\left(\omega C - \frac{1}{\omega L}\right) = g_{e0} + j\left(\omega C - \frac{1}{\omega L}\right) \tag{4.1.3}$$

其中，R_{e0} 称为回路的固有谐振电阻，$g_{e0} = \frac{1}{R_{e0}} = \frac{L}{Cr}$，则简单并联谐振回路可以等效为标准并联谐振回路，如图 4.1.2 所示。

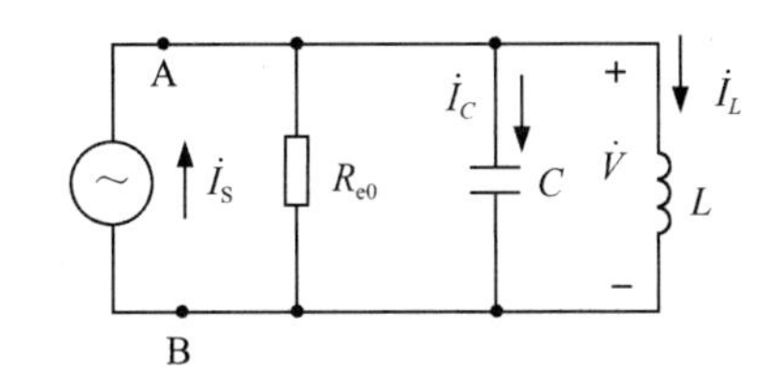

图 4.1.2　标准的 LC 并联谐振回路

由式(4.1.2)可知，回路阻抗值与输入信号角频率ω 有关，当信号源的角频率 ω 与回路的固有角频率 ω_0 相等，即 $\omega=\omega_0$ 时，电感的感抗与电容的容抗相等$\left(\omega C=\frac{1}{\omega L}\right)$，称并联回路对外加信号频率发生并联谐振。并联谐振回路在谐振时回路等效阻抗最大且为纯电阻 R_{e0}，即

$$Z_{pmax} = R_{e0} = \frac{L}{Cr} \tag{4.1.4}$$

回路谐振时的角频率定义为回路的并联谐振角频率 ω_0，或谐振频率 f_0，二者的关系为

$$\omega_0 = 2\pi \cdot f_0 = \frac{1}{\sqrt{LC}} \tag{4.1.5}$$

阻抗特性：回路谐振时，回路的感抗与容抗相等，互相抵消，回路阻抗最大。通常将回路谐振时的容抗或感抗称为回路的“特性阻抗”，用 ρ 表示，即

$$\rho = \omega_0 L = \frac{1}{\omega_0 C} = \sqrt{\frac{L}{C}} \tag{4.1.6}$$

品质因数：回路的品质因数(Q_0)描述了回路的储能与耗能之比，定义为

$$Q_0 = 2\pi\,\frac{\text{谐振时回路总的储能}}{\text{谐振时回路一周内的耗能}} = 2\pi\,\frac{CV^2}{TV^2/R_{e0}} = 2\pi\,\frac{CR_{e0}}{T} = \omega_0 CR_{e0}$$

对标准并联谐振回路，R_{e0} 可视为回路的损耗，又因为 $T = \frac{2\pi}{\omega_0}$，由式(4.1.6)，则品质因数还可表示为

$$Q_0 = \omega_0 CR_{e0} = \frac{R_{e0}}{\rho} = \frac{R_{e0}}{\omega_0 L} \tag{4.1.7}$$

利用式(4.1.4)和式(4.1.5),可将式(4.1.7)改写为

$$Q_0=\frac{\omega_0 L}{r}=\frac{1}{r\omega_0 C}=\frac{1}{r}\sqrt{\frac{L}{C}} \tag{4.1.8}$$

一个由有耗的空心线圈和电容组成的回路的 Q_0 值为几十到几百。

根据式(4.1.5)和式(4.1.8),可将式(4.1.2)改写为

$$Z_p=\frac{R_{e0}}{1+jQ_0\left(\frac{\omega}{\omega_0}-\frac{\omega_0}{\omega}\right)}$$

并联回路通常用于窄带系统,此时信号角频率 ω 与谐振角频率 ω_0 相差不大,故可以近似认为 $\omega+\omega_0\approx 2\omega_0$,$\omega\omega_0\approx\omega_0^2$。令 $\omega-\omega_0=\Delta\omega$,上式可进一步简化为

$$Z_p\approx\frac{R_{e0}}{1+jQ_0\frac{2\Delta\omega}{\omega_0}}=\frac{R_{e0}}{1+j\xi} \tag{4.1.9}$$

式中,$\xi=Q_0\left(\frac{\omega}{\omega_0}-\frac{\omega_0}{\omega}\right)=2Q_0\frac{\Delta\omega}{\omega_0}$,为广义失谐,回路谐振时 $\xi=0$。并联谐振回路阻抗的幅频特性 Z_p 和相频特性 φ_z 分别为

$$Z_p\approx\frac{R_{e0}}{\sqrt{1+\left(Q_0\frac{2\Delta\omega}{\omega_0}\right)^2}}=\frac{R_{e0}}{\sqrt{1+\xi^2}} \tag{4.1.10a}$$

$$\varphi_z=-\arctan\left(Q_0\frac{2\Delta\omega}{\omega_0}\right)=-\arctan\xi \tag{4.1.10b}$$

根据式(4.1.10a)及式(4.1.10b),可以画出并联谐振回路阻抗的幅频特性曲线和相频特性曲线,如图4.1.3所示。由图可以得出如下几点结论:

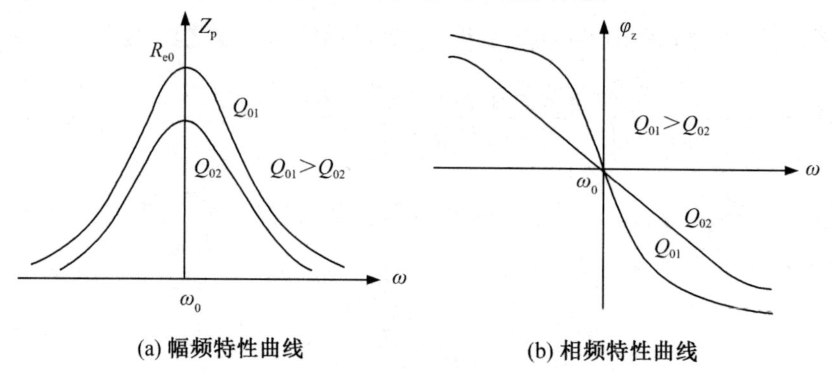

图4.1.3　并联谐振回路阻抗的频率特性曲线

(1) 回路谐振($\omega=\omega_0$)时，$\varphi(\omega_0)=0$，回路阻抗最大且为纯电阻 R_{e0}。将式(4.1.7)改写一下，可得到

$$R_{e0}=Q_0\omega_0L=Q_0\frac{1}{\omega_0C}=\frac{(\omega_0L)^2}{r}=\frac{1}{r(\omega_0C)^2} \tag{4.1.11}$$

该式表明，回路谐振时，并联谐振回路的谐振电阻等于电感支路的感抗或电容支路的容抗的 Q_0 倍。由于通常 $Q_0\gg1$，所以回路谐振时呈现很大的电阻。这是并联谐振回路极重要的特性。

(2) 回路失谐($\omega\neq\omega_0$)时，并联回路阻抗下降，相移值增大。当 $\omega<\omega_0$ 时，$\varphi(\omega)>0$，并联回路阻抗呈感性；当 $\omega>\omega_0$ 时，$\varphi(\omega)<0$，并联回路阻抗呈容性。

如果忽略简单并联谐振回路的损耗电阻 r，即 $R_{e0}=\infty$，由式(4.1.1)可以画出并联回路的电抗频率特性曲线，如图 4.1.4 所示。

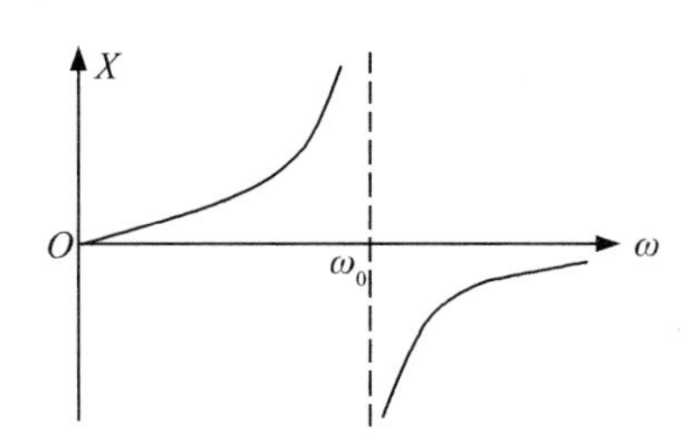

图 4.1.4　并联回路的电抗频率特性

2) 并联谐振回路的选频特性

输出电压随输入信号频率而变化的特性称为回路的“选频特性”。分析选频特性，也就是分析不同频率的输入信号通过回路的能力。

(1) 并联谐振回路的输出电压：图 4.1.2 所示的并联谐振回路的输出电压表达式为

$$\dot V=\dot I_S Z_p=\frac{\dot I_S R_{e0}}{1+jQ_0\left(\frac{\omega}{\omega_0}-\frac{\omega_0}{\omega}\right)}\approx\frac{\dot I_S R_{e0}}{1+jQ_0\frac{2\Delta\omega}{\omega_0}}=\frac{\dot V_0}{1+j\xi} \tag{4.1.12}$$

需要说明的是，由于 $\dot V(\omega)=\dot I_S Z_p$，当维持信号源电流 $\dot I_S$ 的幅值不变的情况下，由式(4.1.12)可以看出，当输入信号的频率变化时，输出电压的幅度和相位都将产生变化。下面具体分析回路的选频特性。

(2) 归一化选频特性：失谐频率（非谐振频率点）对应的输出电压与谐振时的输出电压之比称为谐振回路的“归一化选频特性”，可表示为

$$N(j\omega)=\frac{\dot V}{\dot V_0}=\frac{1}{1+jQ_0\frac{2\Delta\omega}{\omega_0}}=\frac{1}{1+j\xi} \tag{4.1.13}$$

由此得到的幅频特性为

$$N(\omega)=\frac{V(\omega)}{V_0(\omega_0)}=\frac{1}{\sqrt{1+\left(Q_0\frac{2\Delta\omega}{\omega_0}\right)^2}}=\frac{1}{\sqrt{1+\xi^2}} \tag{4.1.14a}$$

相频特性为

$$\varphi = -\arctan\left(Q_0 \frac{2\Delta\omega}{\omega_0}\right) = -\arctan \xi \qquad (4.1.14b)$$

显然,并联谐振回路的选频特性与其阻抗频率特性相似。或者说,并联谐振回路在激励电流源 $\dot{I}_S$ 的幅值不变的情况下,并联回路两端电压 $\dot{V}_0$ 的频率特性与回路阻抗 Z_p 的频率特性相似。由式(4.1.14a)及式(4.1.14b)画出的归一化选频特性曲线如图 4.1.5 所示。

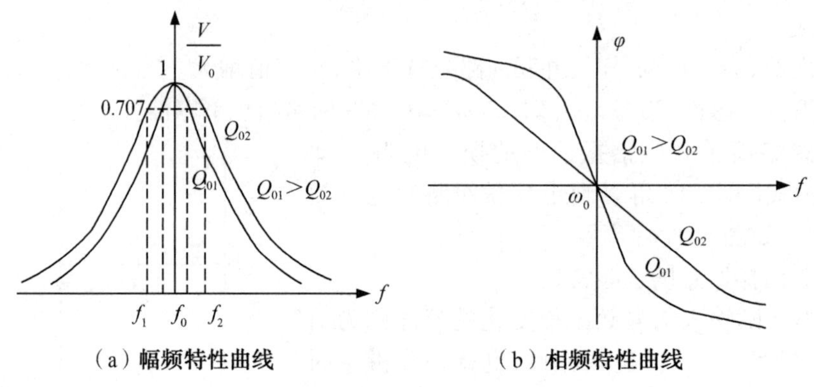

(a) **幅频特性曲线** (b) **相频特性曲线**

图 4.1.5 归一化选频特性曲线

由归一化选频特性曲线可得并联谐振回路的性能参数如下:

①通频带:令式(4.1.14a)等于$\frac{1}{\sqrt{2}}$,可以计算出回路的 3 dB 通频带[见图 4.1.5(a)]为

$$BW_{3\,\mathrm{dB}} = BW_{0.7} = f_2 - f_1 = \frac{f_0}{Q_0} \qquad (4.1.15)$$

式(4.1.15)说明,回路的 Q_0 值越小,通频带越宽。将式(4.1.15)改写为相对带宽的形式,即

$$\frac{BW_{0.7}}{f_0} = \frac{1}{Q_0}$$

可以看出,相对带宽$\frac{BW_{0.7}}{f_0}$与品质因数 Q_0 成反比,相对带宽越小,要求回路的 Q_0 值越高,故在中心频率很高时,窄带选频回路要求极高的 Q_0 值。

②选择性:选择性是指回路从含有各种不同频率信号的总和中选出有用信号,抑制干扰信号的能力。

谐振回路具有的谐振特性使它具有选择有用信号的能力,回路的 Q_0 值越高,曲线越尖锐,对无用信号的抑制能力越强,选择性越好,即对同一失谐频率, Q_0 值越大的回路输出电压越小。正常使用时,谐振回路的谐振频率应调谐在所需信号的中心频率上。

③矩形系数:由矩形系数的定义计算可得

$$K_{0.1} = \frac{BW_{0.1}}{BW_{0.7}} = 9.96 \qquad (4.1.16)$$

式(4.1.16)说明并联谐振回路的矩形系数较大,即它对宽的通频带和高的选择性这对矛盾不能兼顾。

需要说明的是,在实际应用中,通常外加电压的频率是固定不变的,这时要改变回路的电感或电容,使回路达到谐振。

4. Multisim 仿真

在 Multisim 电路窗口中,创建如图 4.1.6 所示的 *LC* 并联谐振回路,单击“仿真”按钮,观察输入、输出信号的波形,并记录。

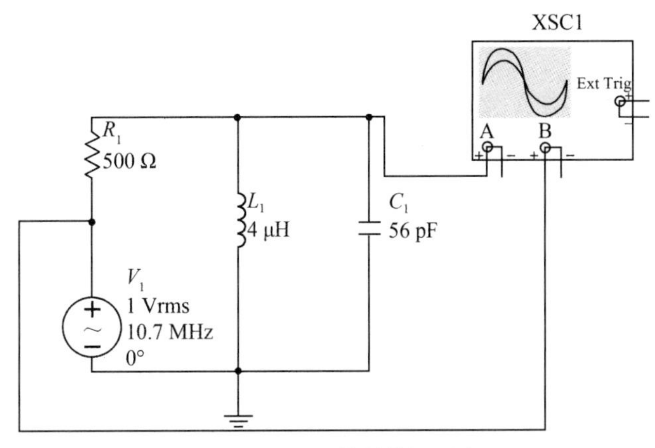

图 4.1.6　*LC* 并联谐振回路

用逐点法测量 *LC* 并联谐振回路的幅频特性,并计算通频带 $BW_{0.7}$。要求在 7～15 MHz 频率范围内改变输入信号频率,每隔 500 kHz 测量一次,并将测量结果填入表 4.1.1 中。根据表格中的数据画出幅频特性曲线,并求出 3 dB 带宽。

注意:测量时,应首先调节回路元件使输出为最大,即使回路处于谐振状态。

表 4.1.1　幅频特性测试数据　　　测试条件:V_{im}=________ V

f/MHz	7.2	7.7	8.2	8.7	9.2	9.7	10.2	10.7	11.2	11.7	12.2	12.7	13.2	13.7	14.2	14.7
V_m/ V																

用逐点法测量谐振放大器的幅频特性的方法是:在保持输入信号幅度不变的情况下,等间隔地改变输入信号频率,测量输出信号电压幅度。例如:第一次调节输入信号频率为 f_1,送入被测设备,用电压表测得被测设备的输出电压为 V_1(用示波器时应测量电压的峰-峰值);第二次调节输入信号频率为 f_2,用电压表测得被测设备的输出电压为 V_2……这样继续做下去,到第 n 次频率调节为 f_n,测得 V_n。然后以频率 f 为横坐标,电压 V 为纵坐标,把各次频率及对应测得的电压画到坐标中去,连接这些点可得到一条曲线,这条曲线就是被测电路的幅频特性曲线(见图 4.1.7)。由此曲线可以计算出放大器的增益、通频带和 Q_0 值。但是这种测法既费时又不准,而且不形象。

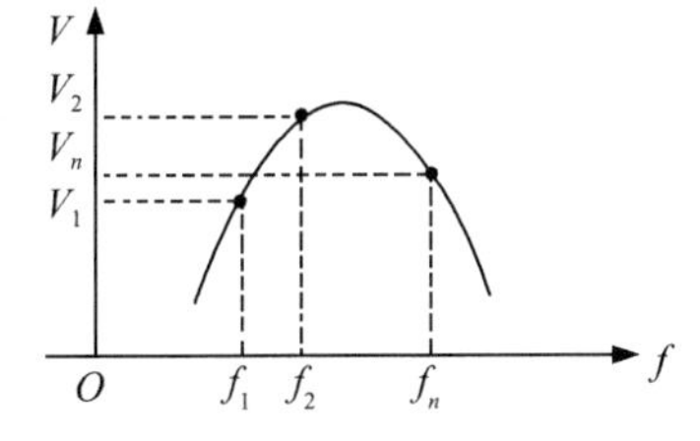

图 4.1.7　用逐点法测量幅频特性的原理

按照图 4. 1. 8 连接电路,用频率特性测试仪测试电路的幅频特性及 3 dB 带宽,并与逐点法所得结果比较。观察相频特性曲线,与理论分析结果比较。注意:频率特性测试仪的频率终了值为 1 GHz,频率初始值为 107 kHz。

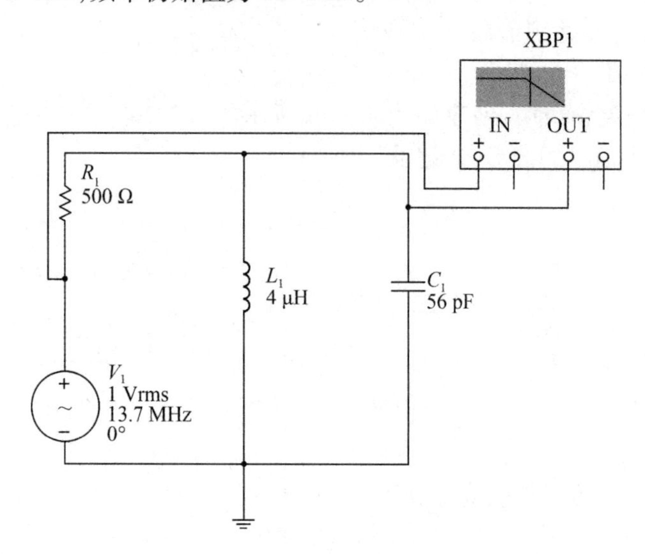

图 4. 1. 8 *LC* 并联谐振回路的选频特性分析

5. 实验任务

(1)熟悉数字式示波器的使用方法。

(2)熟悉高频信号发生器的使用方法。

(3)熟悉频率特性测试仪的使用方法。

(4)熟悉高频毫伏表的使用方法。

(5)参照图 4. 1. 9 所示的实验电路,熟悉模块 1 的电路布局,识别电路中的元器件及其作用、参数值,完成如下操作:

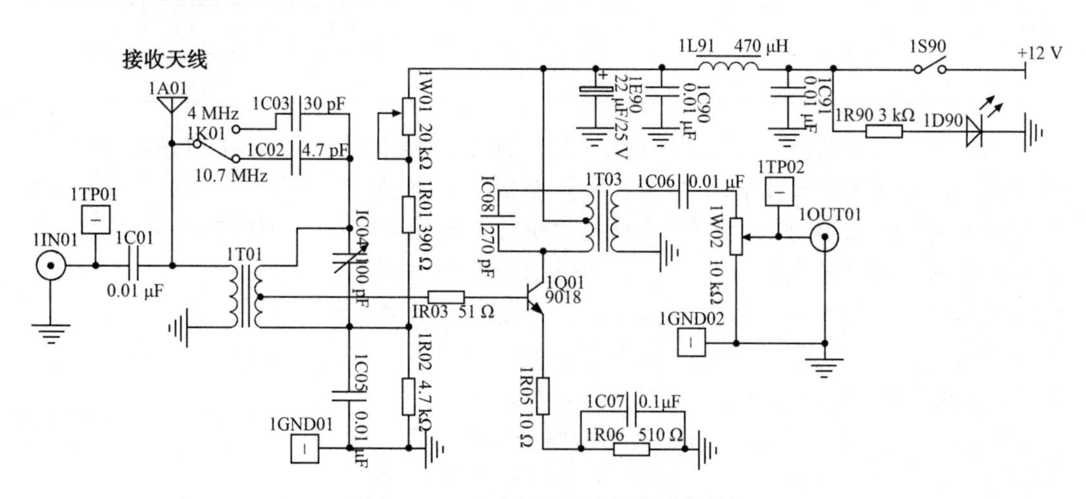

图 4. 1. 9 *LC* 选频回路选频特性的研究

①调电路的静态工作点，使电路工作在最佳状态，记录最佳工作点电流 I_{CQ}。

②用示波器观察输入、输出信号的波形，注意幅度和相位的变化。在 1IN01 端输入 10.7 MHz 或 4 MHz 的高频信号，调回路元件参数（微调电容 1C04 和中周 1T01、1T03），使回路谐振。

注意：回路谐振的标志是输出最大，失真最小。

③用逐点法测量 *LC* 并联谐振回路的幅频特性，将数据填入自行设计的表格内。

注意：频率选择点的范围应该大于 3 dB 带宽。

④用频率特性测试仪测量 *LC* 并联谐振回路的幅频特性和相频特性。

将上述结果与仿真结果进行比较，并分析误差产生的原因。

6. 预习要求

熟悉电路原理、电路测量方法与电路仿真方法。

7. 实验报告要求

(1) 画出用频率特性测试仪测试的 *LC* 并联谐振回路的幅频特性、相频特性曲线，测量出 3 dB 带宽。

(2) 画出用逐点法测量的 *LC* 并联谐振回路的幅频特性曲线，计算 3 dB 带宽，并与 (1) 中的结果进行比较。

8. 思考题

(1) 用示波器测量回路特性时，需要回路谐振。何种情况为谐振状态？

(2) 用频率特性测试仪测试有源网络的幅频特性时应注意什么？

(3) 如何用频率特性测试仪测量相频特性？

(4) 用逐点法测量电路的幅频特性时应注意什么？

4.2　高频小信号放大器实验

高频小信号放大器的作用是放大通信设备中的高频小信号，以便进一步变换或处理。所谓“小信号”，主要是强调放大器应工作在线性区。高频与低频小信号放大器的基本构成相同，都包括有源器件（晶体管、集成放大器等）和负载电路，但有源器件的性能及负载电路的形式有很大差异。高频小信号放大器多采用以各种选频网络作负载的谐振（频带）放大器，在某些场合，也采用宽频带放大器，宽频带放大器以无选频作用的宽带网络（如传输线变压器）作负载。

4.2.1　高频小信号谐振放大器

1. 实验目的

(1) 进一步理解高频小信号放大器与低频小信号放大器的不同。

(2) 熟悉电子元器件和高频电子线路实验系统。

(3) 掌握单调谐回路、双调谐回路高频小信号谐振放大器的电路组成、工作原理。

(4) 熟悉放大器静态工作点的测量方法。

(5)掌握用示波器测试小信号谐振放大器的基本性能的方法及谐振放大器的调试方法。

(6)学会用扫频仪测试小信号谐振放大器幅频特性的方法。

(7)熟悉放大器静态工作点和集电极负载对单调谐放大器幅频特性(包括电压增益、通频带、Q_0 值)的影响。

(8)掌握用 Multisim 分析、测试高频小信号放大器的基本性能的方法。

2. 实验仪器与设备

数字双踪示波器、高频毫伏表、频率特性测试仪、万用表、高频信号发生器和实验模块 2——高频小信号放大器。

3. 实验原理

高频小信号谐振放大器最典型的单元电路如图 4.2.1 所示,由 *LC* 单调谐回路作为负载,构成晶体管调谐放大器。晶体管基极为正偏,工作在甲类状态,负载回路调谐在输入信号频率 f_0 上。该放大电路能够对输入的高频小信号进行反相放大。*LC* 调谐回路的作用主要有两个：一是选频滤波,选择放大 $f=f_0$ 的工作信号频率,抑制其他频率的信号;二是提供晶体管集电极所需的负载电阻,同时进行阻抗匹配变换。

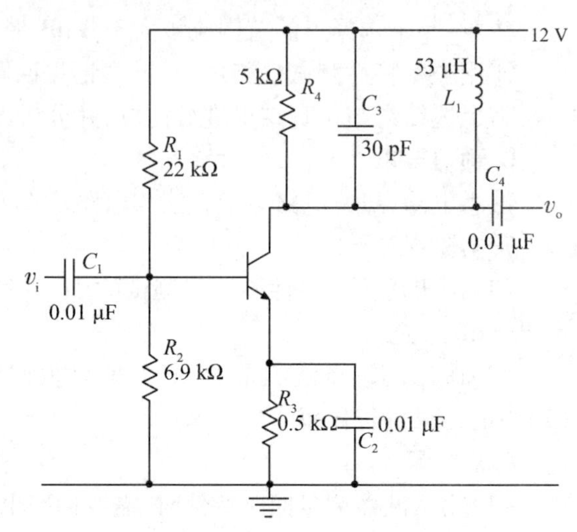

图 4.2.1　高频小信号谐振放大器最典型的单元电路

高频小信号频带放大器的主要性能指标有:

(1)中心频率 f_0:指放大器的工作频率。它是设计放大电路时选择有源器件、计算谐振回路元件参数的依据。

(2)增益:指放大器对有用信号的放大能力。通常表示为在中心频率上的电压增益和功率增益。

$$\text{电压增益}: A_{v0} = \frac{\dot{V}_o}{\dot{V}_i} \tag{4.2.1}$$

$$\text{功率增益}: A_{p0} = \frac{P_o}{P_i} \tag{4.2.2}$$

式中,$\dot{V}_o$、$\dot{V}_i$ 分别为放大器中心频率上的输出、输入电压;P_o、P_i 分别为放大器中心频率上的输出、输入功率。

增益通常用分贝表示为

$$A_{v0}(\text{dB}) = 20\lg \frac{\dot{V}_o}{\dot{V}_i} \tag{4.2.3}$$

$$A_{p0}(\mathrm{dB}) = 10\lg \frac{P_o}{P_i} \tag{4.2.4}$$

(3)通频带:指放大电路增益由最大值下降 3 dB 时所对应的频带宽度,用 $BW_{0.7}$ 表示。它相当于输入不变时,输出电压由最大值下降到 0.707 倍或功率下降到一半时对应的频带宽度,如图 4.2.2 所示。

(4)选择性:指放大器对通频带之外干扰信号的衰减能力。通常有两种表征方法:

①用矩形系数说明邻近波道选择性的好坏。设放大器的幅频特性如图 4.2.3 所示,则矩形系数 $K_{r0.1}$ 定义为

$$K_{r0.1} = \frac{2\Delta f_{0.1}}{2\Delta f_{0.7}} \tag{4.2.5}$$

式中,$2\Delta f_{0.7}$ 为相对电压增益(或相对电压输出幅度)下降到 0.7 时的频带宽度,即放大器的通频带 $BW_{0.7}$;$2\Delta f_{0.1}$ 为相对电压增益下降到 0.1 时的频带宽度。显然,理想矩形系数应为 1,实际矩形系数均大于 1。

②用抑制比来说明对带外某一特定干扰频率 f_n 信号抑制能力的大小,其定义为中心频率上功率增益 $A_p(f_0)$ 与特定干扰频率 f_n 上的功率增益 $A_p(f_n)$ 之比,公式为

$$d = \frac{A_p(f_0)}{A_p(f_n)} \tag{4.2.6}$$

用分贝表示则为

$$d(\mathrm{dB}) = 10\lg \frac{A_p(f_0)}{A_p(f_n)} \tag{4.2.7}$$

还有其他一些性能指标参数,如工作稳定性、噪声系数等,在此不再赘述。

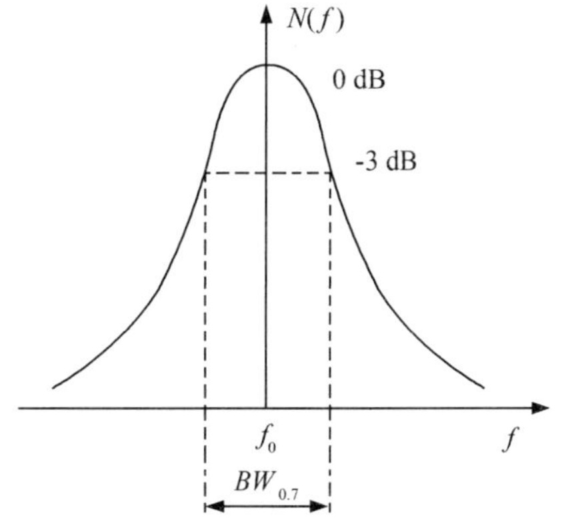

图 4.2.2　放大器的幅频特性及通频带

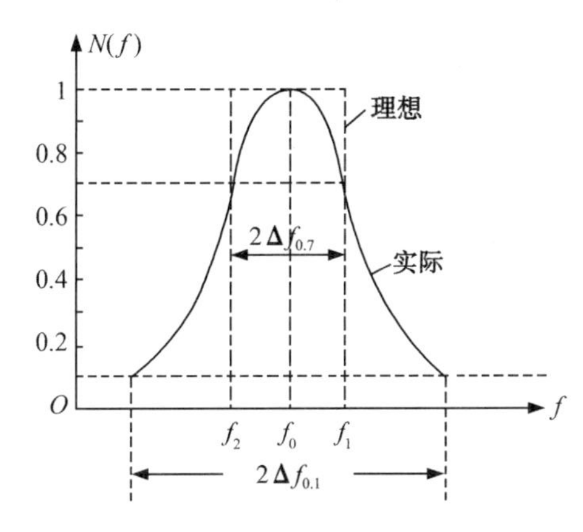

图 4.2.3　放大器的实际幅频特性与理想幅频特性的比较

4. Multisim **仿真**

1)单调谐回路放大器的性能分析

在 Multisim 电路窗口中,创建如图 4.2.4(a)所示的高频小信号放大电路,其中晶体管 Q_1 选用 2N2222A 晶体管。单击“仿真”按钮,就可以从示波器中观察到输入、输出信号的波形,如图 4.2.4(b)所示。

(1)利用 Simulate 菜单 Analyses 列表中的“DC Operating Point...”选项进行直流工作点分析,将结果填入表 4.2.1 中。

表 4.2.1 直流工作点测试数据 测试条件:$V_{CC}=12$ V

R_{B1}/kΩ	12	14	16	18	20	22	24	26
V_{BQ}/V								
V_{CQ}/V								
V_{EQ}/V								
I_{CQ}/mA								

(2)放大倍数的计算:利用虚拟示波器的测量波形,计算出该放大器的放大倍数。

(3)观察负载电阻对电路性能的影响(将 R_4 的值分别取为 10 kΩ、100 kΩ、∞)。

(4)利用虚拟仪器频率特性测试仪测量电路的频率特性,并求出通频带和矩形系数。注意:频率特性测试仪的频率终了值为 10 MHz,频率初始值为 1 MHz。

(5)高频小信号谐振放大器的选频作用分析:高频小信号谐振放大器的输入信号频率分别为 4 MHz 及其 2、3、8 次谐波的频率 8 MHz、12 MHz、32 MHz。用虚拟示波器观察输出信号的波形,并分析电路的选频滤波作用。

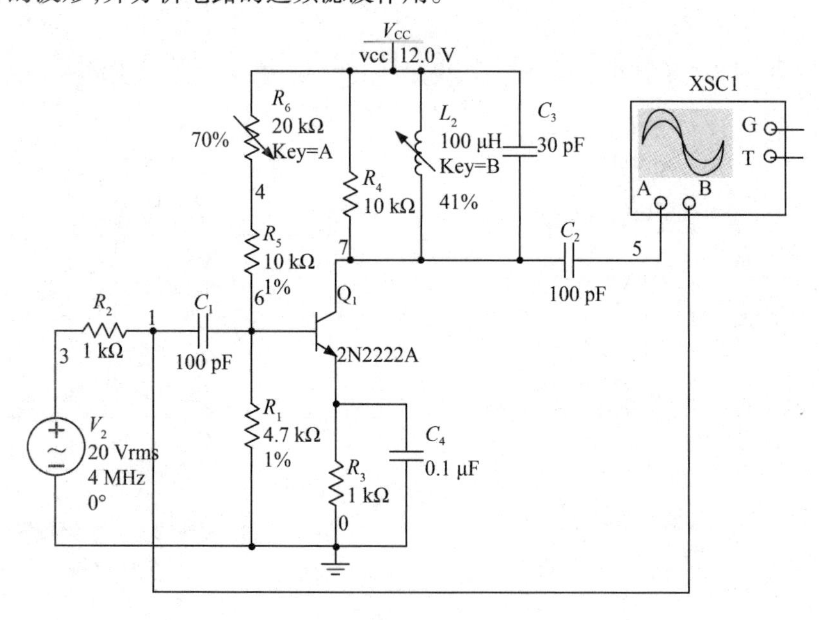

(a) 高频小信号放大电路

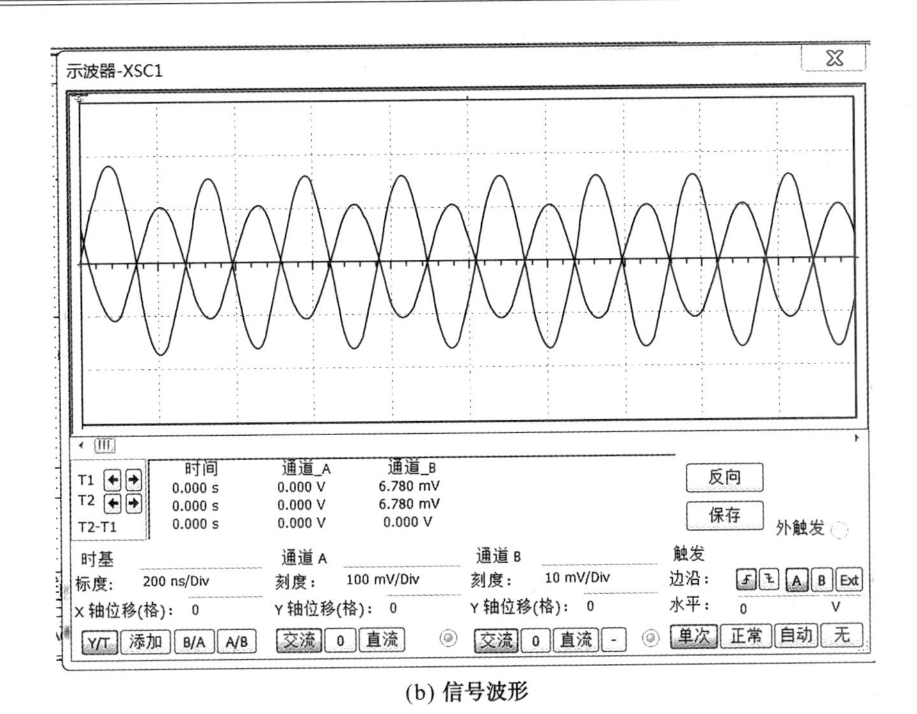

(b) 信号波形

图 4.2.4　高频小信号放大电路及其输入、输出信号的波形

2) 双调谐回路放大器的性能分析

单调谐回路放大器的矩形系数约为 9.95，远大于 1，滤波特性不理想。利用双调谐回路作为晶体管的负载，可以改善放大器的滤波特性，使矩形系数减小到 3.2。

在 Multisim 电路窗口中，创建如图 4.2.5 所示的双调谐高频小信号放大电路。单击“仿真”按钮，就可以从示波器中观察到输入、输出信号的波形，如图 4.2.6 所示。

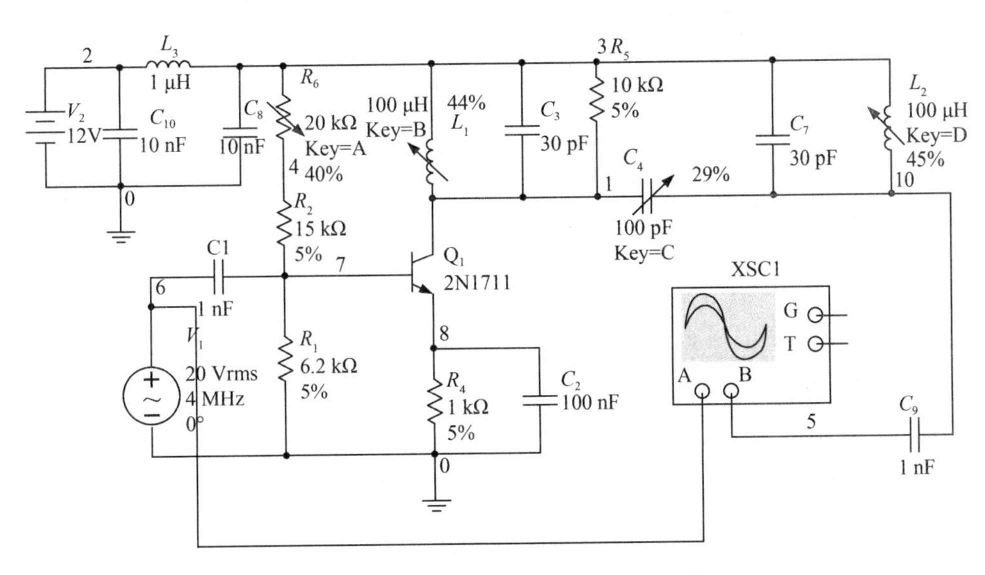

图 4.2.5　双调谐高频小信号放大电路

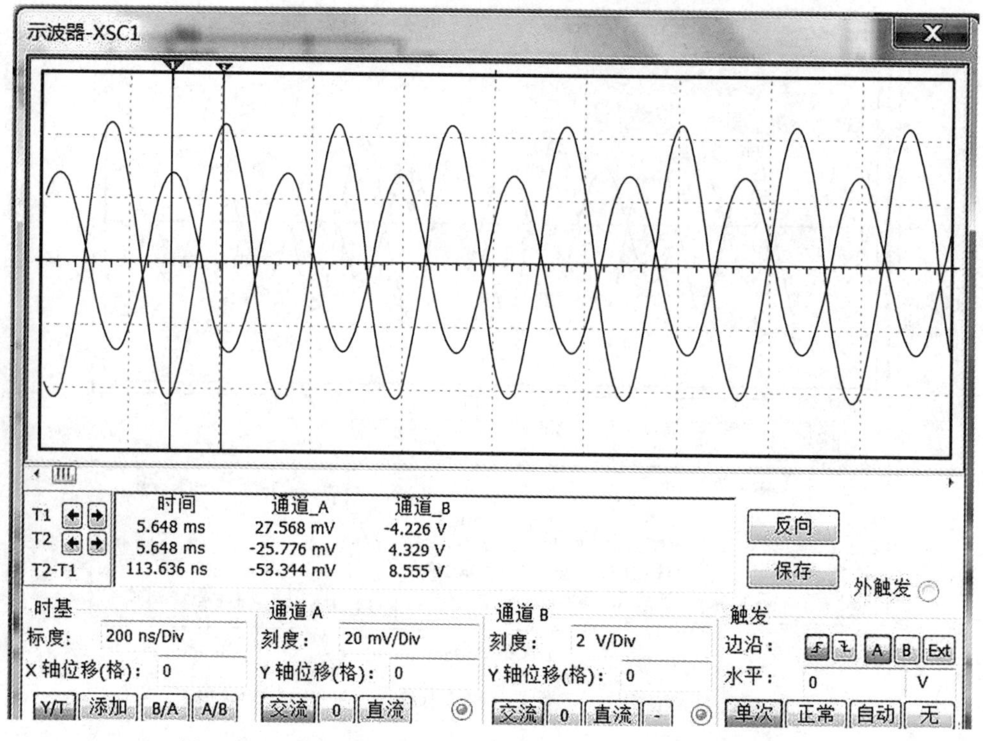

图 4.2.6　双调谐高频小信号放大电路的输入、输出信号波形

(1)放大倍数的计算:利用虚拟示波器的测量波形,计算出该放大器的放大倍数。

(2)利用虚拟仪器频率特性测试仪测量电路的频率特性,并求出通频带和矩形系数。

(3)高频小信号谐振放大器的选频作用分析:高频小信号谐振放大器的输入信号频率分别为 4 MHz 及其 2、3、8 次谐波的频率 8 MHz、12 MHz、32 MHz。用虚拟示波器观察输入、输出信号的波形并分析电路的选频滤波作用。

5. 实验任务

弄清图 4.2.7 所示的实验电路的工作原理。熟悉模块 2 的电路布局,识别电路中的元器件及其作用、参数值,完成如下操作:

(1)测量并调整单调谐回路谐振放大器(工作频率为 4 MHz)的静态工作点,将结果记录在自拟表格中(参见表 4.2.1)。

(2)观察单调谐回路谐振放大器(工作频率为 4 MHz)的输入、输出信号波形,注意幅度变化和相位关系。此时应调节回路元件至谐振状态,计算谐振电压放大倍数。

(3)用逐点法测量单调谐回路谐振放大器的幅频特性,并计算增益及通频带。要求在 3.9～4.1 MHz 频率范围内,每隔 20 kHz 测量一次。

(4)用频率特性测试仪直接观察幅频特性曲线和相频特性曲线,测量 3 dB 带宽。

应注意以下两点:扫频仪的连接,扫频仪的中心频率应在信号频率上。

测量方法及条件如下:

①将扫频仪的输出加到放大器输入端,把放大器的输出接到扫频仪输入端,此时扫频仪屏幕上将有膨起的曲线。

②显示的曲线为谐振放大器幅频特性曲线，由曲线可以得到放大器的中心频率及通频带。将所得到的结果与(3)中所得到的结果比较。

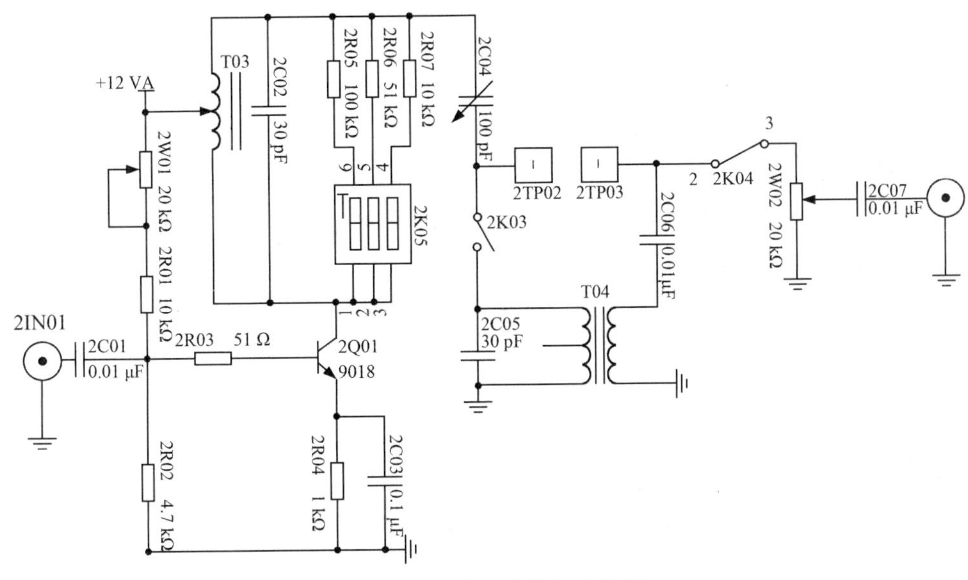

图 4.2.7 高频小信号放大器

(5)测量峰-峰值下降至 0.1 倍处的频率，计算调谐回路的矩形系数。

(6)讨论负载对放大器频率特性的影响：当输入信号电压 $V_i = 5$ mV，回路两端所接的阻尼电阻分别为∞(开路)、100 kΩ、51 kΩ、10 kΩ(分别由 2R05、2R06、2R07 控制)时，讨论放大器的频率特性(带宽、谐振增益)受阻尼电阻的影响。

(7)若放大器的输入信号是调幅指数为 30％的调幅信号，用示波器观察输出波形并测量输出信号的 M_a 值。

(8)用示波器观察耦合电容对双调谐回路放大器幅频特性的影响：调节电容 2C04，观察波形的变化过程，说明此电容的作用。

(9)采用频率特性测试仪测量双调谐回路放大器的幅频特性和相频特性，测量 3 dB 带宽，并与(4)中的结果进行比较。

(10)测量峰-峰值下降至 0.1 倍处的频率，计算调谐回路的矩形系数。

6. 预习要求

(1)预习有关小信号谐振放大器的工作原理和性能分析方面的内容。

(2)对照电路原理图，熟悉电路中各个元器件的位置、作用，弄懂电路原理。

(3)自拟实验步骤及实验所需的各种表格。

(4)完成 Multisim 仿真，记录仿真结果。

7. 实验报告要求

(1)画出测试电路的交流通路。

(2)整理数据，画出各相应的幅频特性曲线并计算增益、通频带及矩形系数。写出实验结论。

(3)对实验数据进行分析,说明集电极负载变化对放大器幅频特性及谐振增益的影响。写出实验结论。

(4)写出心得体会。

(5)回答思考题中提出的问题。

8. 思考题

(1)图 4.2.5 所示电路中电容 C_9 的作用是什么?

(2)用示波器观察输出信号的波形时,以何种特征作为回路谐振状态的标志?

(3)单调谐回路谐振放大器的电压增益与哪些因素有关?改变阻尼电阻的阻值时,放大器的增益、通频带如何变化?

(4)若要实现阻抗匹配,实验电路应如何连接?

4.2.2　中频放大器

1. 实验目的

(1)熟悉电子元器件和高频电子线路实验系统。

(2)了解中频放大器的作用、要求及工作原理。

(3)掌握中频放大器的调试和质量指标的测试方法。

2. 实验仪器与设备

数字双踪示波器、高频毫伏表、频率特性测试仪、万用表、高频信号发生器和实验模块 4——中频小信号放大器。

3. 实验原理

中频放大器位于混频器之后、检波器之前,是专门对固定中频信号进行放大的放大电路,如图 4.2.8 所示。中频放大器和高频放大器都是谐振放大器,它们有许多共同点。由于中频放大器的工作频率是固定的,而且频率一般都低于高频放大器,因而有其特殊之处:首先,中频放大器的工作频率较低,容易获得较大的稳定增益;其次,由于工作频率较低且频率固定,因而可采用较复杂的谐振回路或带通滤波器,将通带做得较窄,使谐振曲线接近于理想矩形。中频放大器通常分为单调谐中频放大器和双调谐中频放大器。本实验采用单调谐中频放大器。本实验采用两级中频放大器,而且都是共发射极放大,这样可获得较大的增益。图中,电位器 4W02 用来调整中频放大器的输出幅度。

4. 实验内容

熟悉图 4.2.8 所示电路的工作原理,熟悉模块 4 的结构及电路中各个元器件在实验板中的位置与作用。在放大器的输入端 4IN01 输入频率为 465 kHz 的中频信号,完成如下操作:

(1)用示波器观测中频放大器的输入、输出信号波形,并计算放大器的放大倍数。

(2)用逐点法测出中频放大器的幅频特性,并画出特性曲线,计算出中频放大器的通频带。

(3)用频率特性测试仪测量中频放大器的幅频特性,并与逐点法的结果进行比较。

(4)在上述状态下,将输入信号设置为调幅波,其载波频率为 465 kHz,幅度为 100 mV,调幅指数为 40%。用示波器观察中频放大器的输出信号波形是否为调幅波。

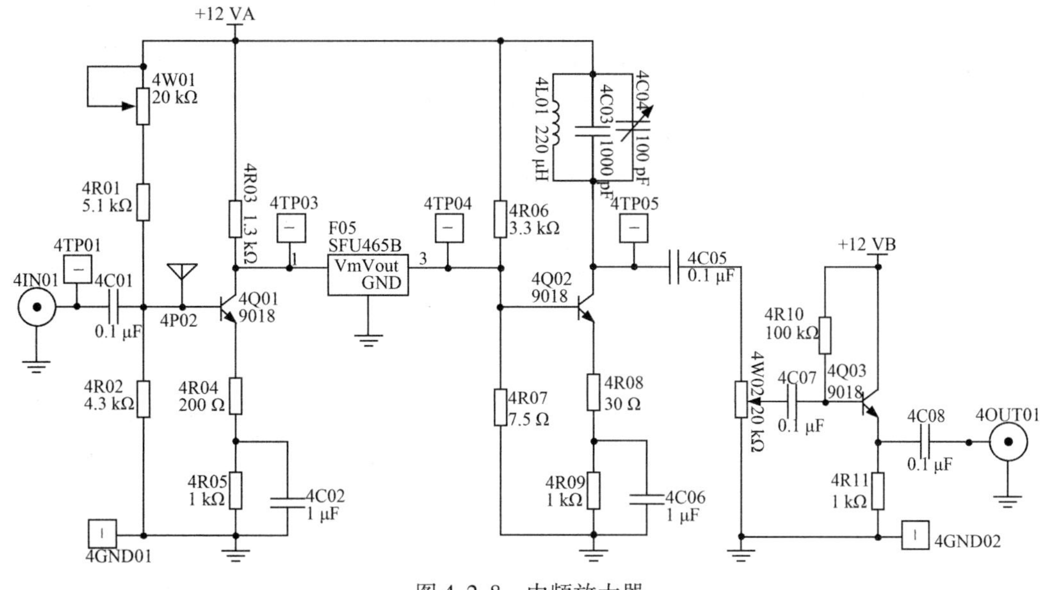

图 4.2.8　中频放大器

5. 注意事项

(1)中频谐振放大器应该有合适的静态工作点(本电路调 4W01 可以调节放大器的静态工作点)。

(2)中频谐振放大器属于小信号放大器,输入信号幅度不应太大,一般信号幅度不大于 100 mV。

(3)测量放大器的性能指标之前,应将放大器进行调谐,使之处于谐振状态。

(4)电位器 4W02 在电路中的作用:调整 4W02 可以使中频放大器的输出幅度最大且不失真,不自激。

6. 实验报告要求

(1)根据实验数据计算出中频放大器的放大倍数。

(2)根据实验数据绘制中频放大器的幅频特性曲线,并计算出通频带。

(3)写出心得体会。

4.2.3　高频集成放大器

1. 实验目的

(1)了解宽带高频集成放大器的电路组成、工作原理、特点及使用方法。

(2)掌握用 Multisim 分析、测试宽带高频放大器的基本性能的方法。

(3)进一步掌握用示波器测试高频放大器增益的方法。

(4)进一步掌握频率特性测试仪的使用方法。

2. 实验仪器与设备

数字双踪示波器、高频毫伏表、频率特性测试仪、万用表、高频信号发生器和实验模块 2——高频小信号放大器。

3. 实验原理

高频集成放大器通常以电阻或宽带高频变压器作负载,图 4. 2. 9(a)所示为由单运放 OP37 构成的简易宽带非选频的高频集成小信号放大器。图中 OP37 的引脚功能如图 4. 2. 9(b)所示,其增益带宽积可达 63 MHz。该电路的信号由引脚 2 输入,引脚 6 输出,电路的放大倍数为

$$A_v = \frac{V_o}{V_i} = -\frac{R_2}{R_1} = -\frac{20}{4.7} \approx -4.26 \qquad (4.2.8)$$

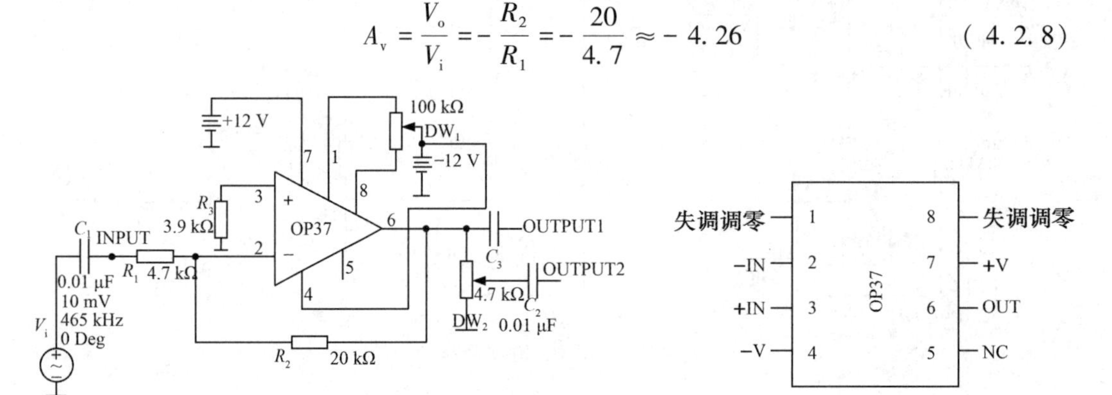

(a) 由单运放OP37构成的简易宽带高频小信号放大器　　(b) OP37的引脚功能

图 4. 2. 9　由单运放 OP37 构成的简易宽带高频小信号放大器

4. Multisim 仿真

在 Multisim 电路窗口中,创建如图 4. 2. 9(a)所示的宽带高频放大电路,将虚拟示波器的输入端 A、B 分别接 INPUT、OUTPUT 端。单击“仿真”按钮,就可以从示波器中观察到输入与输出信号的波形,如图 4. 2. 10 所示。

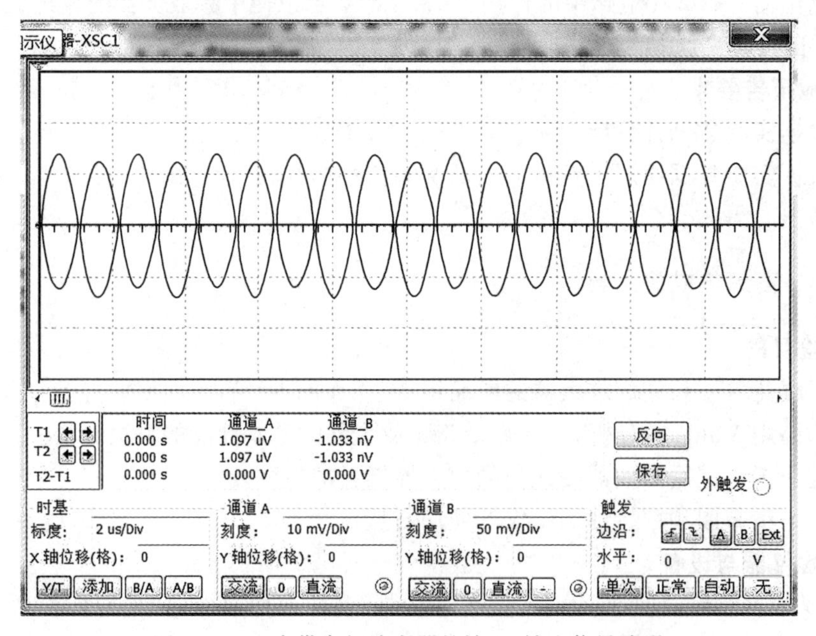

图 4. 2. 10　宽带高频放大器的输入、输出信号波形

(1)放大倍数的计算:利用虚拟示波器测量的输入、输出波形,计算出该放大器的放大倍数。

(2)利用虚拟仪器频率特性测试仪测量电路的幅频特性(注意:频率特性测试仪的频率终了值为 1 MHz,频率初始值为 100 kHz)。

(3)将频率特性测试仪的频率终了值设置为 10 MHz,重新测量幅频特性,将结果与(2)进行比较,说明产生变化的原因。

(4)宽带高频放大器的选频作用分析:令宽带高频放大器的输入信号频率分别为 465 kHz 及其 2、4、8 次谐波频率 930 kHz、1860 kHz、3720 kHz。用虚拟示波器观察输入、输出信号的波形并分析电路的选频滤波作用。

(5)思考以下问题:若令输入信号的频率为 5 MHz ,放大器能够实现的放大倍数与理论值有差别吗? 为什么?

5. 实验任务

参照图 4.2.9(a)所示的实验电路,熟悉模块 2 中的电路元器件及其位置、作用,完成如下操作:

(1)熟悉实验电路板的布局及电路中各个元器件的作用和位置,确定测试点。

(2)用示波器测量宽带高频放大器在工作频率(465 kHz)附近的电压增益。

(3)用频率特性测试仪观察放大器的幅频特性。

6. 预习要求

(1)估算测试电路的放大倍数。

(2)对照测试电路原理图,熟悉电路中各个元器件的位置、作用,弄懂电路原理。

(3)自拟实验步骤及实验所需的各种表格。

(4)完成 Multisim 仿真并记录仿真结果。

7. 实验报告要求

整理数据,画出相应的幅频特性曲线,并计算增益、通频带。

8. 思考题

图 4.2.9(a)所示电路中电容 C_2 或 C_3 的作用是什么?

4.2.4　集中选频高频小信号放大器

1. 实验目的

(1)了解自动增益控制(AGC)的工作原理,掌握放大器的增益控制范围的测量方法。

(2)了解集中选频高频小信号放大电路的组成、工作原理、特点及使用方法。

(3)了解陶瓷滤波器的选频特性及使用方法。

(4)进一步掌握用示波器测试集中选频高频小信号放大电路增益的方法。

2. 实验仪器与设备

数字双踪示波器、高频毫伏表、频率特性测试仪、万用表、高频信号发生器和实验模块 3——集中选频放大器。

3. 实验原理

图 4.2.11 所示为集成宽带放大器 MC1350 的内部电路,其具有以下特点:宽范围的

自动增益控制功能,自动增益控制范围为直流至 45 MHz;功率增益大,45 MHz 和 58 MHz 时达到 50 dB 的功率增益;可工作在 0～75 ℃的温度范围内;在整个 AGC 范围内输入和输出导纳几乎恒定;反向传输导纳低;12 V 的单极性电源。

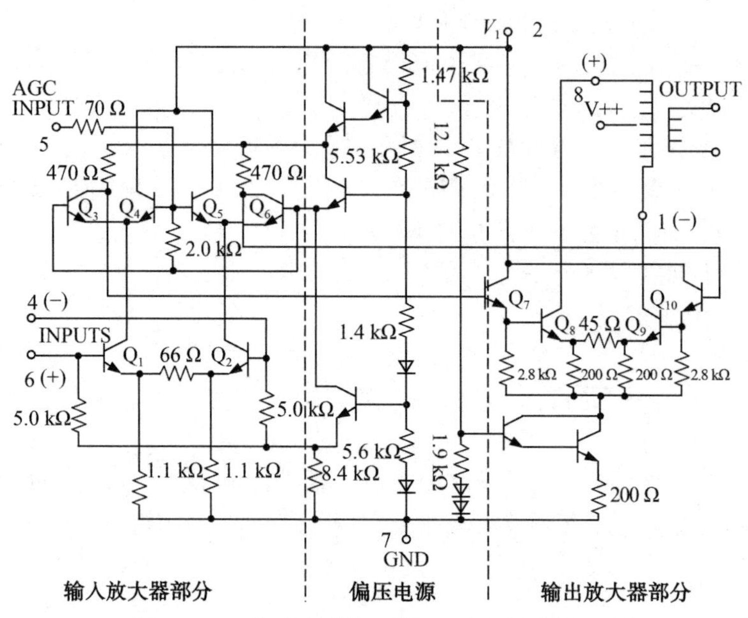

图 4.2.11　集成宽带放大器 MC1350 的内部电路

MC1350 单片集成放大器是双端输入、双端输出的全差动式电路,主要用于收音机和电视中的中频放大器。

电路内部结构:输入级为共射-共基差分对,Q_1 和 Q_2 组成共射差分对,Q_3 和 Q_6 组成共基差分对。Q_3 和 Q_6 的射极等效输入阻抗为 Q_1、Q_2 的集电极负载,Q_4、Q_5 的射极输入阻抗分别与 Q_3、Q_6 的射极输入阻抗并联,起着分流的作用。各个等效微变输入阻抗分别与该器件的偏流成反比。增益控制电压(直流电压)控制 Q_4、Q_5 的基极,以改变 Q_4、Q_5 分别和 Q_3、Q_6 的工作点电流的相对大小。当增益控制电压增大时,Q_4、Q_5 的工作点电流增大,射极等效输入阻抗下降,分流作用增大,放大器的增益减小。

由 MC1350 构成的小信号选频放大器及自动增益控制电路如图 4.2.12 所示。图中 3K01 为增益控制选择开关,用于对实验电路进行增益控制:开关的 1、3 端接通,则进行增益控制;开关的 1、2 端接通,则取消增益控制功能。电位器 3W03 为增益调节电位器,用来调节自动增益控制电路的增益。3F01 为陶瓷滤波器(中心频率为 4 MHz),选频放大器的输出信号通过耦合电容 3C03 连接到输出插孔 3OUT01。输出信号另一路通过检波二极管 3D01 进入自动增益控制反馈电路。3R06、3C05 为检波负载,构成一个简单的二极管包络检波器。运算放大器 3U03B 为直流放大器,其作用是提高控制灵敏度。检波负载的时间常数应远大于调制信号(音频)的一个周期,以便滤除调制信号,避免失真。这样,控制电压与载波幅度成正比。时间常数过大也不好,因为将导致无法快速跟踪信号在传播过程中的随机变化。

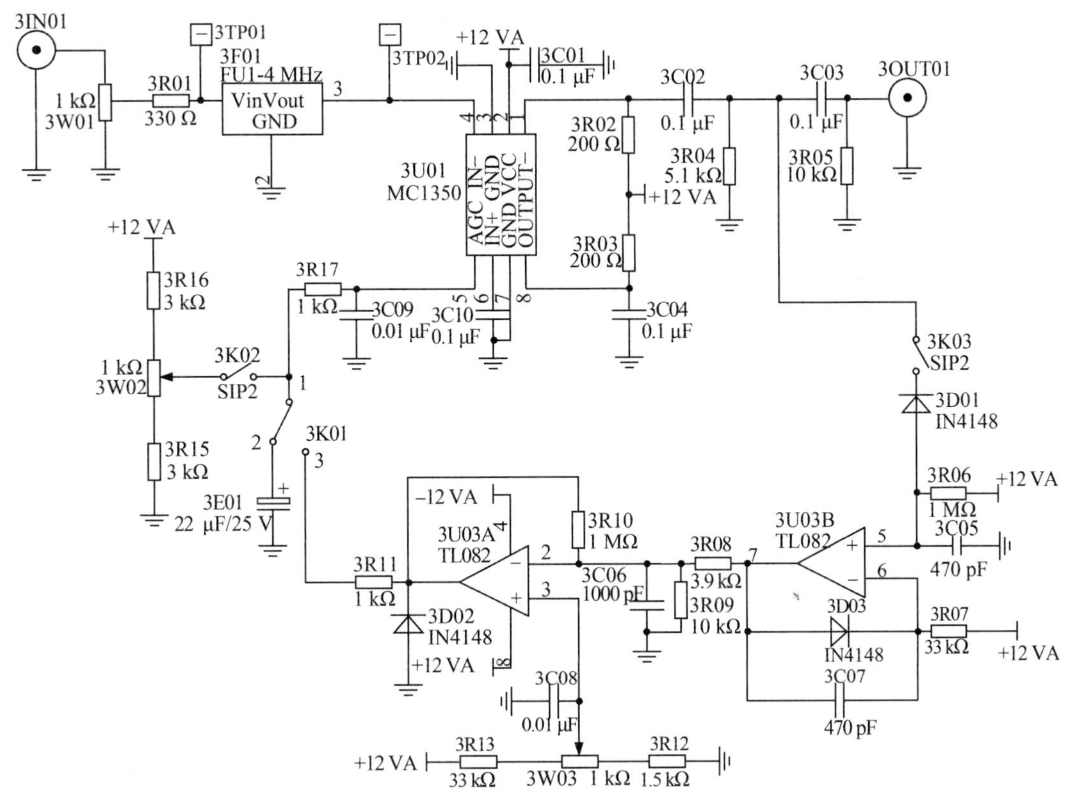

图 4.2.12　由 MC1350 构成的宽带放大器及自动增益控制电路

跨接于运算放大器 3U03B 的输出端与反相输入端的电容 3C07,其作用是进一步滤除控制信号中的调制频率分量。二极管 3D03 可对 3U03B 的输出控制电压进行限幅。

电位器 3W03 用来提供比较电压,反相运算放大器 3U03A 的 2、3 两端电位相等(虚短),等于 3W03 提供的比较电压。只有当 3U03B 输出的直流控制信号大于此比较电压时,3U03A 才能输出自动增益控制电压。

对接收机中自动增益控制的要求是在接收机输入端的信号超过某一值后,输出信号几乎不再随输入信号的增大而增大。根据这一要求,可以拟出实现自动增益控制的方框图,如图 4.2.13 所示。

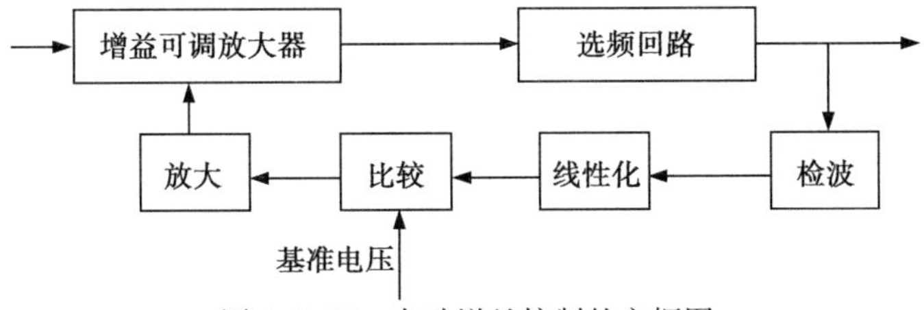

图 4.2.13　自动增益控制的方框图

图中,检波器将选频回路输出的高频信号变换为与高频载波幅度成比例的直流信号,经直流放大器放大后,和基准电压进行比较,将比较结果作为接收机输入端的电压。不超过所设定的电压值时,直流放大器的输出电压也较小,加到比较器上的电压低于基准电压,此时环路断开,自动增益控制电路不起控制作用。如果接收机输入端的电压超过了所设定的值,相应地直流放大器的输出电压也增大,这时,送到比较器中的电压就会超过基准电压。这样,自动增益控制电路开始起控制作用,即对主放大器的增益起控制作用。当主放大器(可控增益)的输出电压随接收机输入信号的增大而增大时,直流放大器的输出电压控制主放大器使其增益下降,其输出电压也下降,保持基本稳定。

自动增益控制电路的主要性能指标有:

(1)动态范围:对自动增益控制电路来说,其输出信号振幅的变化越小越好,同时在输出信号电平幅度维持不变时,输入信号振幅 V_{im} 的变化越大越好。在给定输出信号允许的变化范围内,允许输入信号振幅的变化越大,则表明自动增益控制电路的动态范围越大,性能越好。

定义:自动增益控制电路的动态增益范围 M_{AGC} 为

$$M_{AGC}=\frac{m_i}{m_o}=\frac{\dfrac{v_{immax}}{v_{immin}}}{\dfrac{v_{ommax}}{v_{ommin}}}=\frac{\dfrac{v_{ommin}}{v_{immin}}}{\dfrac{v_{ommax}}{v_{immax}}}=\frac{A_{1max}}{A_{1min}}$$

用分贝表示为

$$M_{AGC}(dB)=20\lg m_i-20\lg m_o=20\lg A_{1max}-20\lg A_{1min}$$

式中,$m_i=\dfrac{v_{immax}}{v_{immin}}$ 为自动增益控制电路允许的输入信号振幅最大值与最小值之比;$m_o=\dfrac{v_{ommax}}{v_{ommin}}$ 为自动增益控制电路限定的输出信号振幅最大值与最小值之比;A_{1max} 为输入信号振幅最小时可控增益放大器的增益,即最大增益;A_{1min} 为输入信号振幅最大时可控增益放大器的增益,即最小增益。

(2)响应时间:从可控增益放大器输入信号振幅变化到放大器增益改变所需的时间为自动增益控制电路的响应时间。响应时间过慢起不到自动增益控制效果,过快又会造成输出信号振幅出现起伏变化。所以要求自动增益控制电路的反应既要能跟得上输入信号振幅变化的速度,又不能过快。

(3)信号失真:要求自动增益控制电路所引起的失真应尽可能小。

4. 实验任务

(1)用示波器测量集中选频放大器在工作频率附近的电压增益 A_{v0}。

(2)当输入信号的频率变化时(保持输入幅度不变),用示波器测量输出信号波形的幅度变化情况(用逐点法),分析幅频特性。

(3)用频率特性测试仪测量放大器的幅频特性,并测量放大器的中心频率及其通频带。

(4)当输入为三角波信号时,观察并记录输入、输出信号的波形,分析产生变化的原因。

(5)测量自动增益控制的增益控制范围。

5. 实验步骤

(1)电压增益 A_{v0} 的测量:将开关 3K02 和 3K01 的 1、2 端接通,将 4 MHz 左右的高频小信号从 3IN01 端口输入($V_{pp}\approx 50$ mV,在 3TP01 处观测),调节 3W02,用示波器观测 3OUT01 端口的输出幅度,使输出幅度最大。用示波器分别观测输入和输出信号的幅度大小,则 A_{v0} 即为输出信号与输入信号幅度之比。

(2)测量放大器的通频带。对放大器通频带的测量方式有两种:

①用频率特性测试仪(即扫频仪)直接测量。

②用点频法来测量,即用高频信号源作扫频源,然后用示波器来测量各个频率信号的输出幅度,最终描绘出通频带特性曲线。具体方法如下:

调节信号源输出信号频率,以 20 kHz 挡步进,通过调节放大器输入信号的频率,使信号频率在 4 MHz 左右变化,并用示波器观测各频率点的输出信号幅度,就可以得到幅频特性曲线。

(3)当输入频率为 4 MHz 的三角波信号时,观察并记录输入、输出信号的波形,分析产生变化的原因。

(4)用示波器观察、测量开环时的动态增益范围(将开关 3K01 的 1、2 端接通)。设定输入信号幅度为 14～40 mV。动态增益范围可通过下式计算:

$$M_{开环}=\frac{A_{1max}(开环)}{A_{1min}(开环)}$$

(5)用示波器观察、测量闭环时的动态范围(将开关 3K01 的 1、3 端及开关 3K03 接通)。设定输入信号幅度为 8～12 mV。动态增益范围可通过下式计算:

$$M_{AGC}=\frac{A_{1max}}{A_{1min}}$$

6. 实验报告要求

(1)简要说明集中选频高频小信号放大器的工作原理,分析自动增益控制的工作原理。

(2)整理实验数据并画出幅频特性曲线,标出中心频率、通频带。

(3)计算集中选频高频小信号放大器的增益和通频带。

(4)测试自动增益控制主放大器的增益控制范围。

(5)比较没有自动增益控制和有自动增益控制两种情况下输出电压的变化范围。

(6)回答思考题中提出的问题。

7. 思考题

(1)该实验电路属于窄带放大器还是宽带放大器?其频带宽度主要取决于哪个元件?

(2)该电路主要应用在什么场合?陶瓷滤波器主要影响 FM 接收机的哪项技术指标?

4.3　高频功率放大器实验

高频功率放大器,按其工作频带的宽窄来划分,有窄带高频功率放大器和宽带高频功率放大器。窄带高频功率放大器通常以具有选频滤波作用的选频回路作为输出负载,故又称为"调谐功率放大器",其作用是提供足够强的以载频为中心的窄带信号功率,主要用于放大窄带已调信号或实现倍频,工作在乙类或丙类状态;宽带高频功率放大器的输出负载则是传输线变压器或其他宽带匹配电路,因此又称为"非调谐功率放大器",主要用在对某些载波信号频率要求变化范围大的短波、超短波电台的中间各级放大级,以免对不同载频 f_c 进行烦琐调谐,通常工作在甲类状态。

高频功率放大器是通信系统发送装置的重要组成部分。在发射机中,由振荡器产生的高频信号功率很小,因此在它的后面须经过一系列的放大——缓冲级、中间放大级、末级功率放大级,目的是获得足够高的功率,以馈送到天线上辐射出去。

4.3.1　窄带高频(谐振)功率放大器

1. 实验目的

(1)了解丙类高频功率放大器的组成、特点。

(2)进一步理解高频谐振功率放大器的工作原理以及负载阻抗、输入激励电压、电源电压等对高频谐振功率放大器工作状态及性能的影响。

(3)掌握高频谐振功率放大器的调谐、调整方法以及主要质量指标的测量方法。

(4)掌握高频谐振功率放大器的设计方法。

2. 实验仪器与设备

数字双踪示波器、高频毫伏表、万用表、高频信号发生器和实验模块 11——高频功率放大器。

3. 实验原理

高频功率放大器是发射机的重要组成部分,通常用在发射机末级和末前级,主要作用是对高频信号的功率进行放大,以高效率输出最大的高频功率,使其达到发射功率的要求。通常高频功率放大器工作在丙类状态,负载为 LC 谐振回路,以实现选频滤波和阻抗匹配。因此将这类放大器称为"谐振功率放大器"或"窄带高频功率放大器"。

1)谐振功率放大器的工作原理

放大器按照电流导通角 θ 的范围可分为甲类、乙类及丙类等不同类型。电流导通角 θ 越小,功率放大器的效率越高。丙类功率放大器的电流导通角 $\theta<90°$,效率可达 80%以上,通常作为发射机末级功率放大器,以获得较大的输出功率和较高的效率。为了不失真地放大信号,它的负载必须是 LC 谐振回路。

图 4.3.1 所示是一个谐振放大器的原理图,图中 V_{BB} 为基极直流偏置电压,V_{CC} 为集电极直流电源电压。由于丙类谐振功率放大器采用的是反向偏置,因此 V_{BB} 应为负值(NPN 型管),在静态时,管子处于截止状态。只有当激励电压 v_b 足够大,超过反偏电压

V_{BB} 及晶体管起始导通电压 $V_{BE(on)}$ 之和时，管子才导通。这样，管子只在一个周期的一小部分时间内导通。所以集电极电流 i_C 是周期性的余弦脉冲，波形如图 4.3.2 所示。显然，一个周期内集电极电流 i_C 只在 $-\theta\sim+\theta$ 时间内导通，2θ 是一个周期内的集电极电流导通角，为方便起见，后面将 θ 称为集电极电流导通角。

为了分析集电极电流与激励电压 v_b 的关系，最简单的办法是从图 4.3.2 所示的晶体管的转移特性曲线入手，工程上常采用折线近似进行处理。

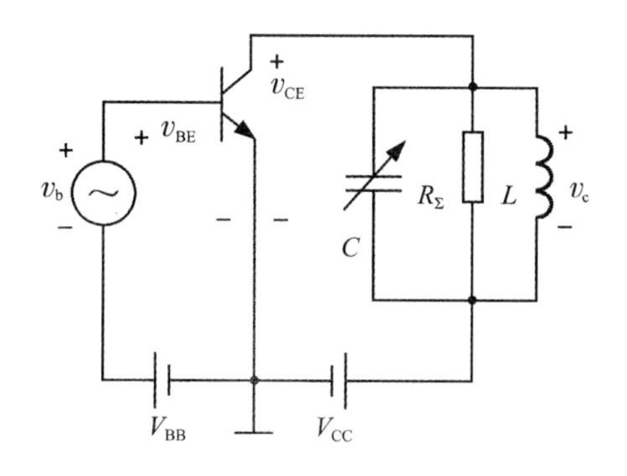

图 4.3.1　谐振放大器的原理图

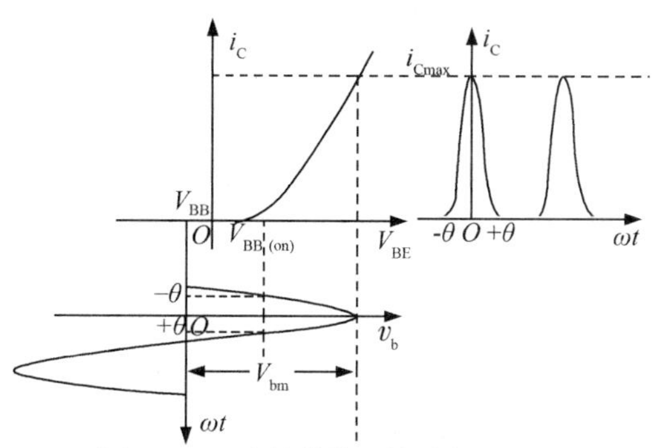

图 4.3.2　由晶体管的转移特性曲线得到的 i_C 与 v_b 的关系曲线

实际上，工作在丙类状态的晶体管各极电流 i_B、i_C、i_E 均为周期性的余弦脉冲，均可以展开为傅里叶级数式，其中 i_C 的傅里叶级数展开式为

$$i_C = I_{C0} + I_{c1m}\cos\omega t + I_{c2m}\cos 2\omega t + \cdots \qquad (4.3.1)$$

式中，I_{C0}，I_{c1m}，I_{c2m}，…，I_{cnm} 分别为集电极电流的直流分量、基波分量以及各高次谐波分量的振幅，与导通角之间的关系分别为

$$\begin{cases} I_{C0} = \dfrac{1}{2\pi}\displaystyle\int_{-\pi}^{\pi} i_C \mathrm{d}(\omega t) = i_{Cmax}\alpha_0(\theta) \\ I_{c1m} = \dfrac{1}{\pi}\displaystyle\int_{-\pi}^{\pi} i_C \cos\omega t \mathrm{d}(\omega t) = i_{Cmax}\alpha_1(\theta) \\ \cdots \\ I_{cnm} = \dfrac{1}{\pi}\displaystyle\int_{-\pi}^{\pi} i_C \cos n\omega t \mathrm{d}(\omega t) = i_{Cmax}\alpha_n(\theta) \end{cases} \qquad (4.3.2)$$

式中，$\alpha_0(\theta)$，$\alpha_1(\theta)$，…，$\alpha_n(\theta)$ 为余弦脉冲分解系数（见参考文献[4]附录二）。当 $\theta=120°$ 时，I_{c1m} 达到最大值，因此在 I_{c1m} 与负载阻抗为定值时，输出功率达到最大值，但这时放大器工作在甲、乙类状态，集电极效率太低，一般不用。如果单从效率方面考虑，θ 值越小，$\dfrac{\alpha_1(\theta)}{\alpha_0(\theta)}$ 就越大，效率就越高，但 i_C 小，功率也小。综合考虑，最佳导通角 θ 应取 70°～80°。

综上所述，集电极电流 i_C 是脉冲状，包含许多谐波，失真很大，所以集电极电路内必须采用并联谐振回路或其他形式的选频网络，这样 i_C 的失真虽然很大，但经滤波电路滤除了各次谐波后,集电极回路的输出仍然可以得到基波频率的正弦波。

根据谐振功率放大器在工作时是否进入饱和区,可将放大器分为欠压、过压和临界三种工作状态。若在整个周期内,晶体管工作不进入饱和区,即在任何时刻都工作在放大区,则称放大器工作在欠压状态;若刚刚进入饱和区的边缘,则称放大器工作在临界状态;若晶体管工作时有部分时间进入饱和区,则称放大器工作在过压状态。放大器的这三种工作状态取决于电源电压 V_{CC}、偏置电压 V_{BB}、激励电压幅值 V_{bm} 以及集电极等效负载电阻 R_{Σ}。

因欠压状态效率低,而过压状态失真严重,谐波分量大,所以作为末级功率放大器,电路一般选在临界状态。

当放大器工作在临界状态时,可以将集电极电流脉冲用傅里叶级数分解,求出它的直流分量、基波分量和高次谐波,从而可以计算出直流供给功率、交流输出功率以及集电极效率。这时集电极输出功率为

$$P_o = \frac{1}{2}I_{c1m}V_{cm} = \frac{1}{2}I_{c1m}^2 R_{\Sigma} \tag{4.3.3}$$

式中,R_{Σ} 为集电极等效负载电阻。

集电极电源供给的直流功率为

$$P_D = V_{CC}I_{C0} \tag{4.3.4}$$

其效率为

$$\eta_c = \frac{P_o}{P_D} = \frac{1}{2}\frac{V_{c1m}}{V_{CC}}\frac{I_{c1m}}{I_{C0}} = \frac{1}{2}\xi g_1(\theta) \tag{4.3.5}$$

式中,$\xi = \dfrac{V_{c1m}}{V_{CC}}$,为集电极电源电压利用系数;$g_1(\theta) = \dfrac{I_{c1m}}{I_{C0}}$,为波形系数,随 θ 的变化规律如图 4.3.3 中虚线所示,θ 越小,$g_1(\theta)$ 越大,放大器的效率越高。但随着导通角 θ 的减小,i_C 中的基波分量幅度 I_{c1m} 将相应减小,从而导致放大器的输出功率减小。

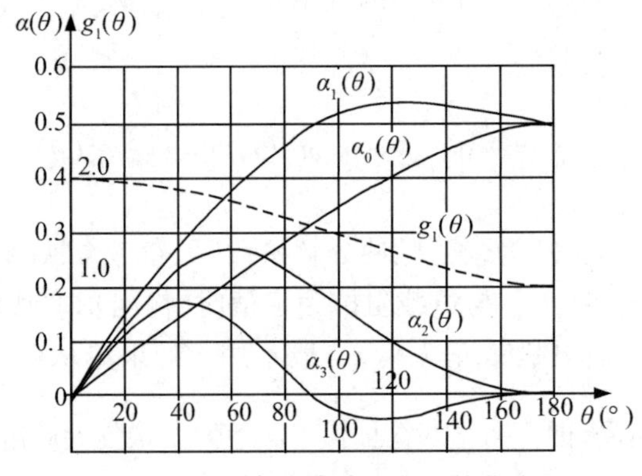

图 4.3.3　余弦脉冲分解系数曲线

2)谐振功率放大器的外部特性

(1)负载特性:负载特性是指谐振功率放大器维持 V_{CC}、V_{bm}、V_{BB} 不变时放大器的工作状态、性能(V_{cm}、I_{C0}、I_{c1m}、P_D、P_o、P_C、η_c)随 R_Σ 变化的特性,如图 4.3.4 所示。

当 R_Σ 升高时,由 $V_{cm}=I_{c1m}R_\Sigma$ 可知 V_{cm} 同样升高。电路的工作状态经历了从欠压状态到临界状态又到过压状态的变化,如图 4.3.4 所示。集电极电流 i_C 由近似余弦脉冲波形逐渐变化到中间有凹陷的脉冲波,如图 4.3.5 所示。

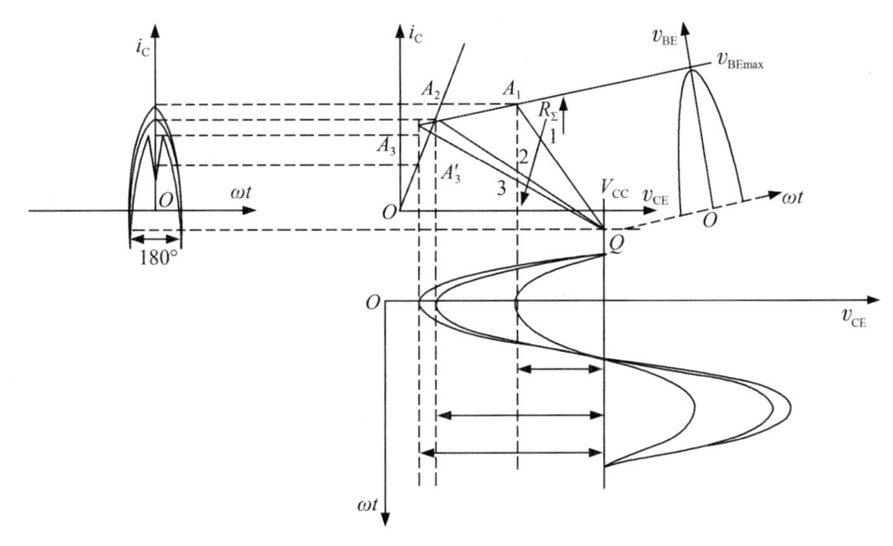

图 4.3.4　负载变化对放大器工作状态的影响

由图 4.3.5 和图 4.3.6(a)可知:从欠压状态到临界状态,i_{Cmax} 略微减小,θ 几乎不变,I_{c1m} 和 I_{C0} 也几乎不变;从临界状态到过压状态,i_{Cmax} 迅速下降,曲线出现凹陷,I_{c1m} 和 I_{C0} 也迅速下降。当负载电阻增大时,功率与效率跟随负载变化的关系如图 4.3.6(b)所示。

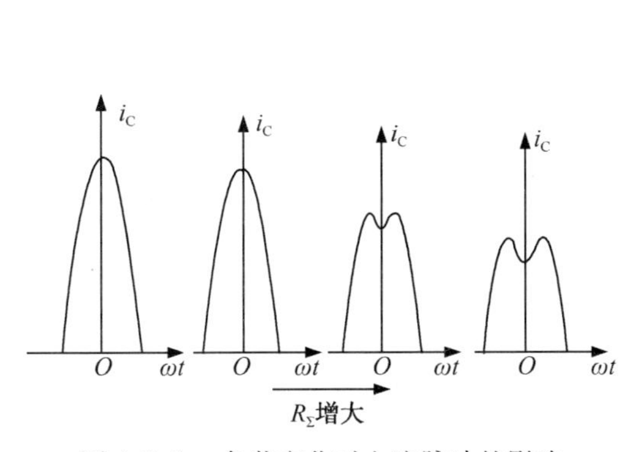

图 4.3.5　负载变化对电流脉冲的影响

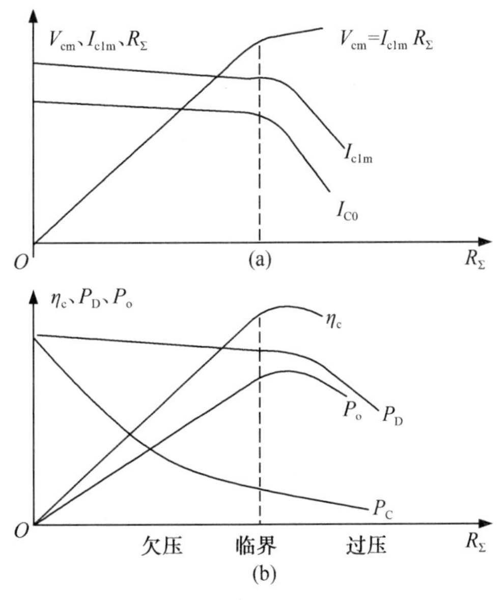

图 4.3.6　负载特性曲线

(2)放大特性:放大特性是指保持 R_{Σ}、V_{CC}、V_{BB} 一定时,放大器的性能随输入激励电压的振幅 V_{bm} 变化的特性。

由于 $v_{BEmax}=V_{BB}+V_{bm}$,当 V_{bm} 由零开始增加时,v_{BEmax} 逐渐增大,放大器的工作状态经历从欠压区、临界状态到过压区的变化过程(见图 4.3.7),导致集电极电流导通角 θ 以及电流脉冲最大值 i_{Cmax} 均随着 V_{bm} 的增大而增大,如图 4.3.8 所示。

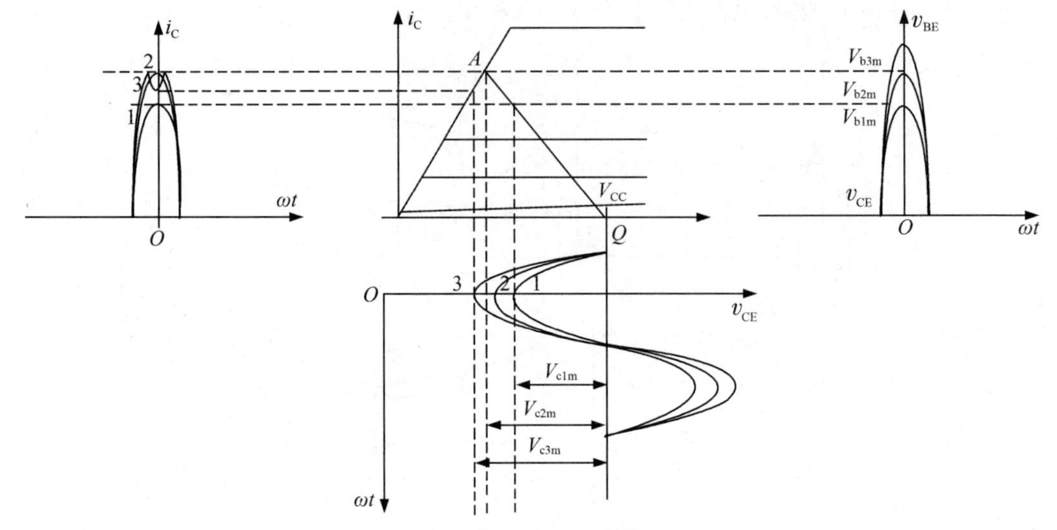

图 4.3.7　V_{bm} 变化对放大器工作状态的影响

由图 4.3.8 可知,当 V_{bm} 由零开始增加时,集电极电流 i_C 的最大值 i_{Cmax} 和导通角 θ 均随之增加,进入过压区域后随着 V_{bm} 的增大,电流脉冲中间出现凹陷,且高度 i_{Cmax} 和宽度 θ 也增加,凹陷加深。由此得到的放大特性曲线如图 4.3.9 所示。

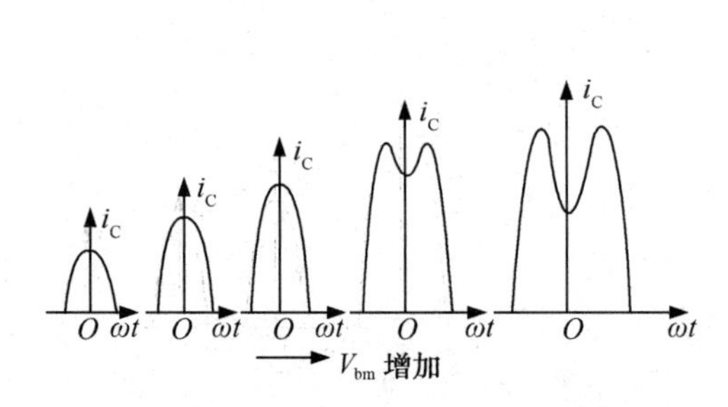

图 4.3.8　V_{bm} 对集电极电流 i_C 的影响

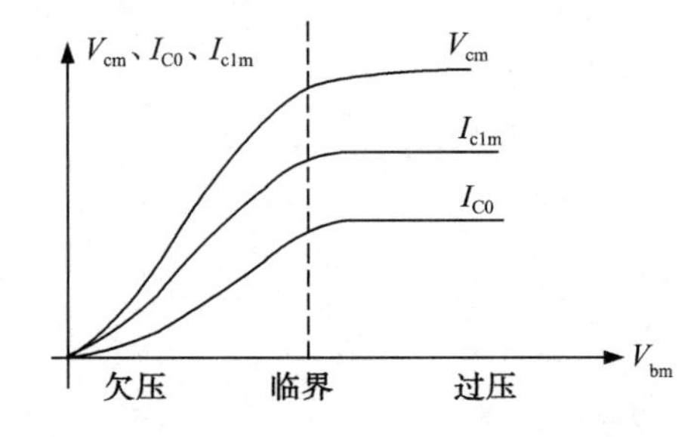

图 4.3.9　放大特性曲线

(3)调制特性:调制特性是指谐振功率放大器在保持 V_{bm}、R_{Σ} 不变时,放大器的性能(I_{C0}、I_{c1m}、V_{cm})随集电极电源电压 V_{CC} 或基极偏置电压 V_{BB} 变化的特性,前者称为“集电极调制特性”,后者称为“基极调制特性”。

①集电极调制特性:若 V_{BB}、R_{Σ} 和 V_{bm} 固定,输出电压振幅 V_{cm} 及 I_{C0}、I_{c1m} 随集电极电压 V_{CC} 变化的特性。

当 V_{CC} 由小到大变化时,静态工作点 Q 由左至右平移,由于 V_{BB} 和 V_{bm} 不变,$v_{BEmax}=$

$V_{BB}+V_{bm}$，意味着 v_{BEmax} 和 i_C 的导通角 θ 是不变的。又因 R_Σ 不变，则动态线的斜率不变。若电路原本工作在过压状态，当 V_{CC} 由小到大变化时，放大器的工作状态将由过压状态变化到临界状态，最后进入欠压状态，如图 4.3.10 所示。集电极电流 i_C 的波形由顶部凹陷脉冲逐渐变为接近余弦的脉冲，如图 4.3.11(a)所示。

由图 4.3.11(a)可见，在过压状态下，i_{Cmax} 随 V_{CC} 的增加而迅速增大，因而 i_C 级数分解的 I_{C0}、I_{c1m} 也显著增大，相应的 V_{cm} 也显著增大，由此可以获得集电极的调制特性曲线，如图 4.3.11(b)所示。显然，在过压状态时，V_{cm} 随 V_{CC} 而单调变化，此时，V_{CC} 起到了控制作用，即振幅调制作用。

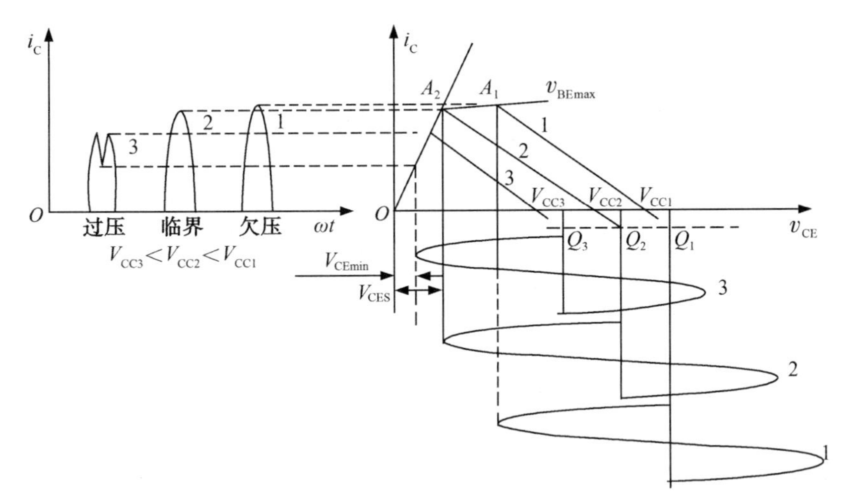

图 4.3.10　V_{CC} 对放大器工作状态的影响

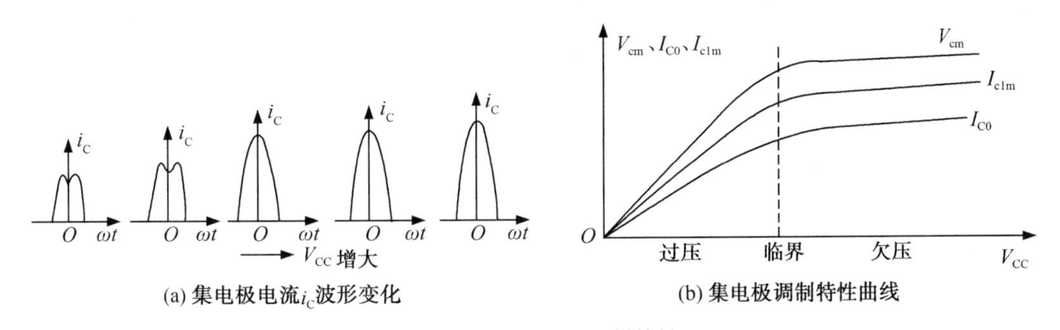

图 4.3.11　集电极调制特性

②基极调制特性：基极调制特性是指若保持 V_{CC}、R_Σ 和 V_{bm} 不变，I_{C0}、I_{c1m} 及 V_{cm} 随基极偏置电压 V_{BB} 变化的特性。

实际上，由于 $v_{BEmax}=V_{BB}+V_{bm}$，因而当 V_{CC}、R_Σ 不变时，固定 V_{bm} 而改变 V_{BB} 和固定 V_{BB} 而改变 V_{bm} 的情况是相似的，所不同的是 V_{BB} 可以由负值变到正值，而 V_{bm} 却是由零开始变化的。所以，得到的 V_{BB} 对 i_C 的影响及基极调制特性曲线如图 4.3.12 所示。

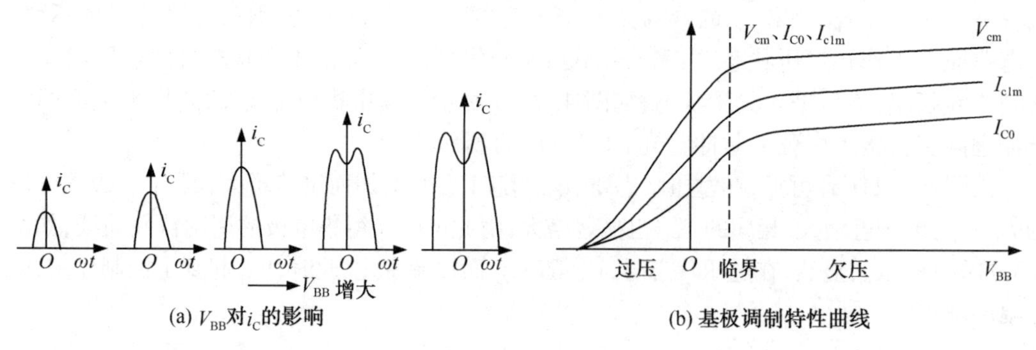

图 4.3.12　基极调制特性

3）谐振功率放大器的调谐与调整

谐振功率放大器的设计基础是集电极回路或匹配网络对信号频率处于谐振状态，也就是集电极回路呈纯电阻状态。经分析可知，只有集电极回路谐振时，输出电压才最大，输出功率也大；无论是容性失谐还是感性失谐，输出功率都小。所以调整功率放大电路时，首先进行回路的调谐，调回路的电感或电容元件均可，本实验电路是调电容元件。调谐特性是指谐振功率放大器集电极回路在谐振过程中，集电极平均电流 I_{C0}（或基极平均电流 I_{B0}）及回路电压 v_c 的变化特性，如图 4.3.13 所示。由图可知，当回路自然谐振频率 f_0 与信号源频率 f_c 恰好一致时，称为"谐振"，此时 I_{C0} 最小，v_c 最大，故可以以 I_{C0} 最小或 v_c 最大作为谐振指示。理论上，I_{C0} 最小与 v_c 最大应同时出现，而实际放大器由于内部电容 C_{bc} 的反馈，使得 v_c 最大与 I_{C0} 最小往往不是同时出现的。

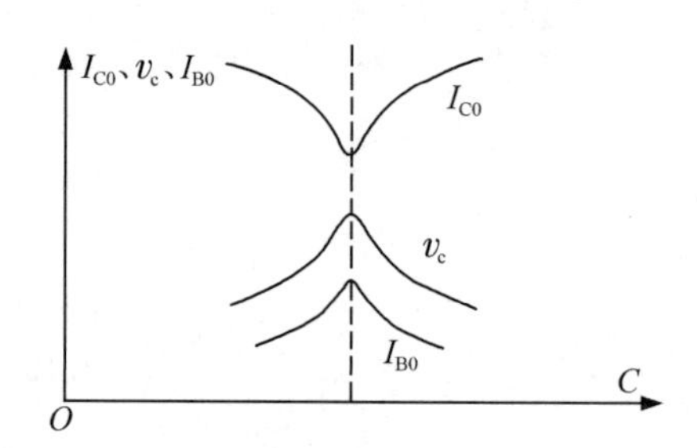

图 4.3.13　回路谐振时 I_{C0}、I_{B0}、v_c 随回路电容的变化

调谐在什么状态下进行好呢？由理论分析可知，放大器工作于欠压状态时，i_C 是尖顶脉冲，且变化不大；而工作在过压状态时，i_C 是凹顶脉冲，变化很明显。为使调谐明显，可在弱过压状态下进行，一般以 I_{C0} 最小作为谐振指示，当然也可以用 v_c 最大作为调谐指示。

需要注意和说明的是：

①由于实验仪器中只有高频毫伏表和示波器，因此，我们不用 I_{C0} 最小作为谐振指示，而是采用 v_c 最大作为调谐指示。

②由调谐曲线可知，失谐时电流大，功率放大管功耗大。为保护功率放大管，在进行调谐时，应使电源电压降为工作电压的 1/3～1/2，或者减小激励电压，调谐后再恢复到正常值。

4）实验电路

本实验电路如图 4.3.14 所示。

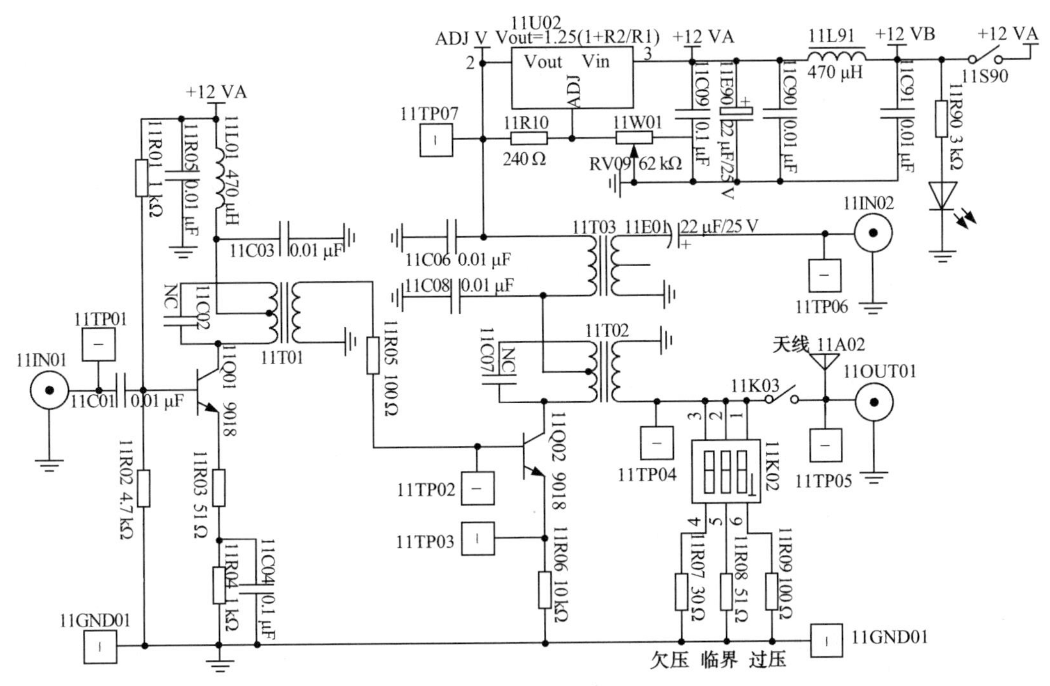

图 4.3.14 高频功率放大器

本实验电路由两级电路组成:第一级为功率放大激励级,晶体管 11Q01 选用 9018,工作在甲类状态,为功率放大输出级提供足够的激励功率;第二级为功率放大级电路,晶体管 11Q02 同样选用 9018,电源电压为 12 V,射极电阻为 10 Ω,起负反馈作用,放大器工作于丙类状态。当输入端电压超过 11Q02 的导通电压 $V_{BE(on)}$ 时,晶体管 11Q02 导通,电流 I_C 逐渐增大,11R06 组成的自给偏置提供适当的偏压以控制电流的导通角,偏压通过变压器(中周 11T01)加到集电极,电路采用电感调谐(中周 11T02),开关 11K02 用于改变放大器的负载电阻 R_Σ 的大小。

4. Multisim **仿真**

1)集电极电流 I_C 与输入信号之间的非线性关系的测量

在 Multisim 电路窗口中,创建如图 4.3.15 所示的电路,试做如下仿真内容:

(1)当输入信号的频率为 4 MHz,幅度为 0.7 V 时,利用 Multisim 仿真软件中的瞬态分析对功率放大器进行分析(注意:设置起始时间为 0.03 s,终止时间为 0.030005 s,输出变量为 VV3#branch)。

(2)当输入信号的幅度增大到 1 V 时,设置同(1)。

(3)根据(1)(2)中的仿真结果得到相应的结论。

2)输入与输出信号之间的线性关系

创建如图 4.3.15 所示的仿真电路后,单击"仿真"按钮,用四踪示波器观察输入、输出及发射极信号的波形,并得到相应的结论。

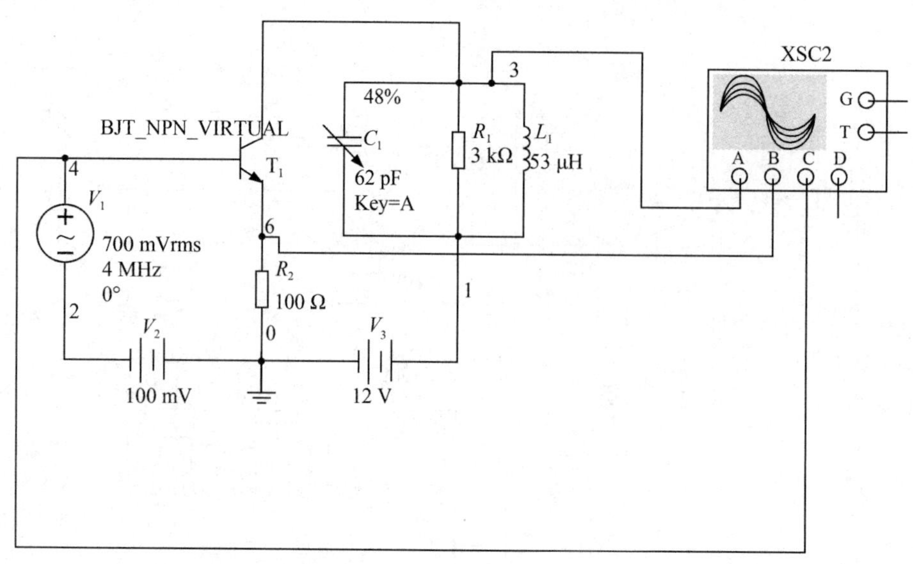

图 4.3.15　集电(发射)极电流与输入信号之间的非线性关系的仿真电路

3)调谐特性的仿真

调谐特性是指在 R_{Σ}、V_{bm}、V_{BB}、V_{CC} 不变的条件下,高频功率放大器的 I_{E0}、I_{C0}、v_{c} 等随电感 L(或电容 C)变化的关系。调谐特性是指示负载回路是否调谐在输入载波频率上的重要依据。

在 Multisim 电路窗口中,创建如图 4.3.16 所示的电路。改变回路的可变电容 C_1(百分比由小到大变化),观察电流表指示和示波器所测量的输入、输出信号波形,将结果填入自行设计的表格内。思考以下问题:可变电容 C_1 的百分比为多少时回路谐振,此时的电流表指示为多少? 当可变电容 C_1 改变时,电流表的指示如何变化? 画出相应的输出信号波形,并加以分析。

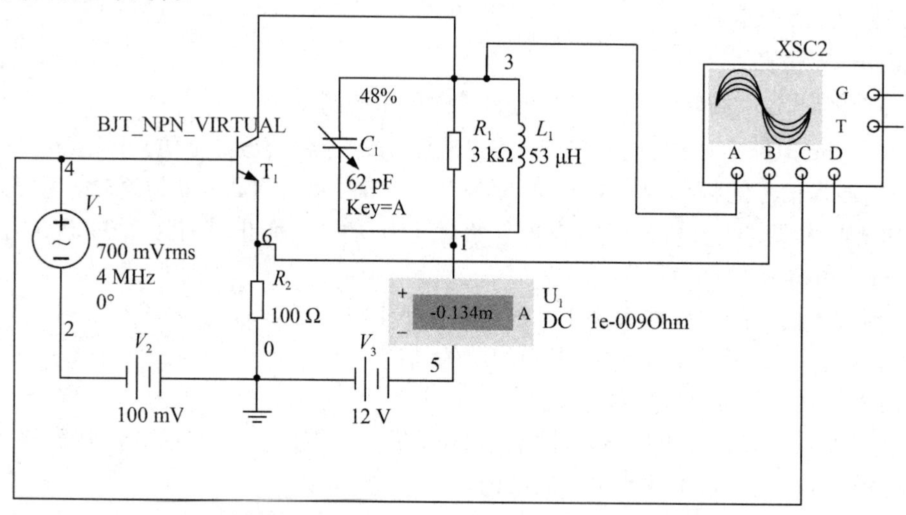

图 4.3.16　高频功率放大器调谐特性的仿真电路

4）负载特性的仿真

负载特性是指在 V_{bm}、V_{BB}、V_{CC} 不变的条件下，高频功率放大器的工作状态以及 I_{C0}、I_{c1m}、V_{cm} 等随电阻 R_{Σ} 变化的关系。

在 Multisim 电路窗口中，创建如图 4.3.17 所示的电路。改变回路的可变电阻，用万用表的电压挡和示波器观察回路电压随 R_1 变化的情况。回答以下问题：当可变电阻 R_1 改变（由小到大变化）时，回路两端的电压和输出信号波形将如何变化？发射极电流的波形如何变化？可变电阻 R_1 的百分比为多少时回路两端的电压最大？将结果填入自行设计的表格内，根据表格中的数据画出负载特性曲线并对结果加以分析。

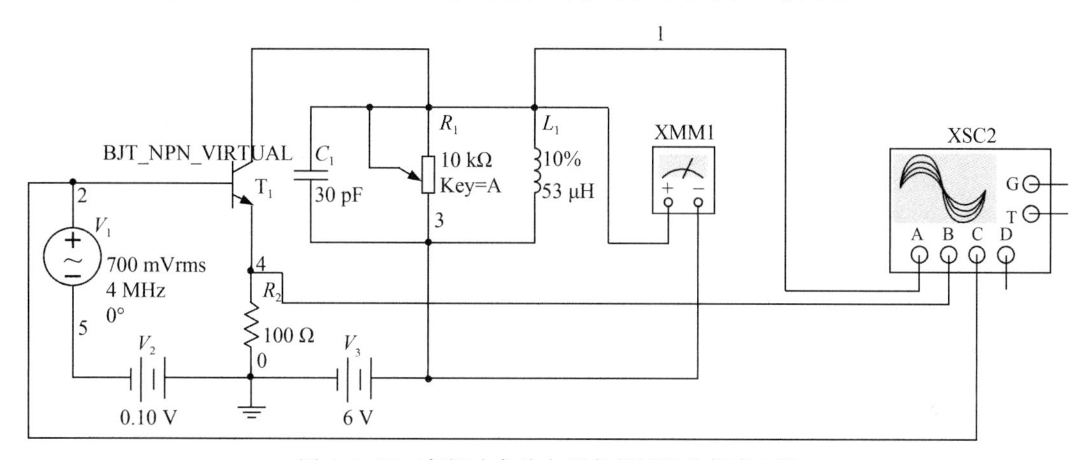

图 4.3.17　高频功率放大器负载特性的仿真电路

5）放大特性的仿真

放大特性是指在 R_{Σ}、V_{BB}、V_{CC} 不变的条件下，高频功率放大器的工作状态以及 I_{C0}、I_{c1m}、V_{cm} 等随激励电压振幅 V_{bm} 变化的关系。

在 Multisim 电路窗口中，创建如图 4.3.18 所示的电路。改变激励电压 V_1（由小到大变化），观察电流表指示和示波器所测量的输入、输出信号波形及发射极电流波形的变化情况，将结果填入自行设计的表格内。根据表格中的数据画出放大特性曲线并对结果加以分析。

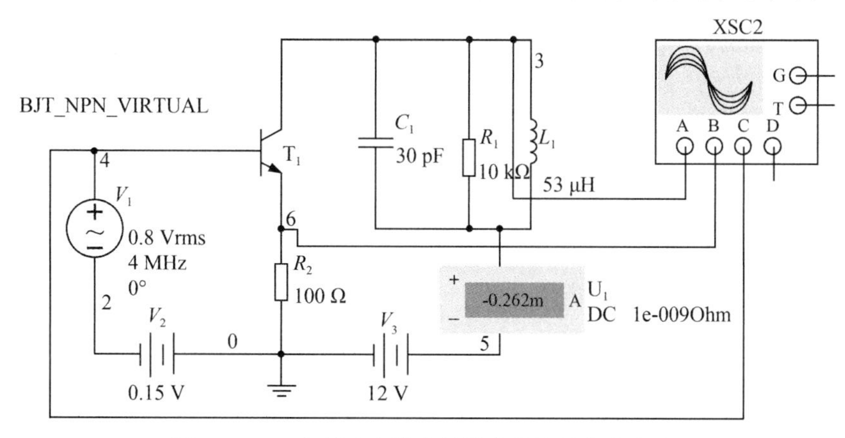

图 4.3.18　高频功率放大器放大特性的仿真电路

6)调制特性的仿真

(1)集电极调制特性:集电极调制特性是指在 R_{Σ}、V_{BB}、V_{1m} 不变的条件下,高频功率放大器的工作状态以及 I_{C0}、I_{c1m}、V_{cm} 等随电源电压 V_{CC} 变化的关系。

在 Multisim 电路窗口中,创建如图 4.3.19 所示的电路,并完成下列操作:保持 R_1、V_{BB}、V_{1m} 不变,改变电源电压 V_{CC}(由小到大变化),用万用表的交流电压挡和示波器观察回路两端电压 V_{cm} 及发射极电流随电源电压 V_{CC} 变化的情况,判断工作状态的变化情况,并将测量结果填入自行设计的表格内。根据表格中的数据画出调制特性曲线并对结果加以分析。

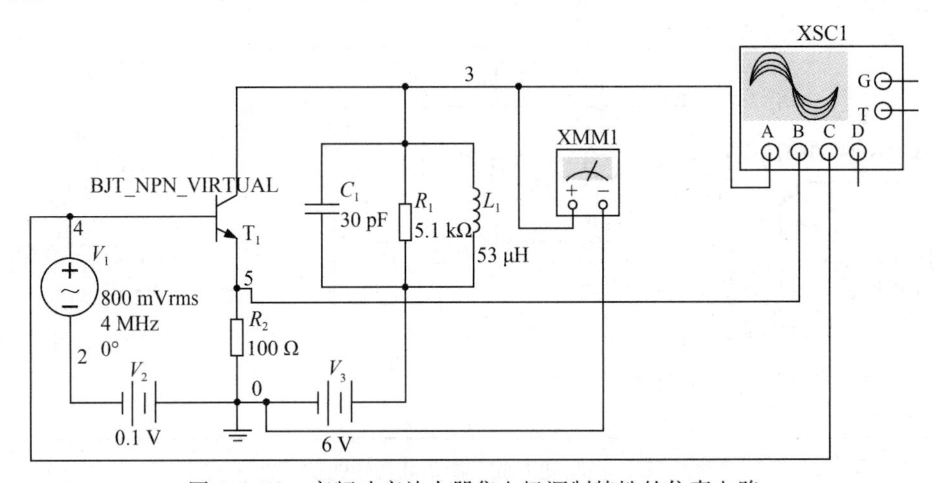

图 4.3.19 高频功率放大器集电极调制特性的仿真电路

(2)基极调制特性:基极调制特性是指在 R_{Σ}、V_{CC}、V_{bm} 不变的条件下,高频功率放大器的工作状态以及 I_{C0}、I_{c1m}、V_{cm} 等随基极偏置电压 V_{BB} 变化的关系。

利用图 4.3.19 所示的仿真电路,完成下列操作:保持 R_1、V_{CC}、V_{1m} 不变,改变基极偏置电压 V_{BB}(由小到大变化),用万用表的交流电压挡和示波器观察回路两端电压 V_{cm} 及发射极电流随基极偏置电压 V_{BB} 变化的情况,并将测量结果填入自行设计的表格内。根据表格中的数据画出调制特性曲线并对结果加以分析。

注意:在用 Multisim 仿真高频功率放大器的各种特性的过程中,当改变了电路参数后,一定要重新单击"仿真"按钮。

5. 实验任务及步骤

1)熟悉实验电路

对照图 4.3.14 与实验模块 11,熟悉电路的工作原理和各个元件的作用、在电路板上的位置以及测试点。

2)实验准备及对电路进行调谐

(1)实验准备

①在 11T01、11T02 处插入 4 MHz(或 10.7 MHz)的中周。

②接通电源。

③调节 11W01,使 11TP07 处的电压调至 5.5 V 左右。输入 4 MHz (或 10.7 MHz),

140 mVpp 的调频信号。

④测试 11TP02,调节 11T01,使输出幅度最大;测试 11TP05,调节 11T02,使输出幅度最大,不失真。

⑤连接 11K02 的 2 位。测试 11TP03,微调 11T01、11T02,使弱过压状态出现。

(2)对电路进行调谐

①应分别对推动级和功率放大级进行调谐。

②选择合适的负载电阻值(51 Ω 左右,连接 11K02 的 2 位)。

③调谐前电源电压 V_{CC} 应为额定值的 1/3～1/2。

④电路一旦出现自激现象,应减小激励电压。

⑤调谐的过程中应用示波器观察输出端点的电压或用电流表观察集电极电流的大小变化情况。

⑥调谐结束再将电源电压 V_{CC} 加到额定值。

3)测试电路的工作点(参考图 4.3.14)

(1)当不加输入激励电压 v_1 时(11IN01 端输入为零),测量晶体管 11Q02 的各极直流电压 V_{C0}、V_{B0}、V_{E0} 及直流电流 I_{C0} 的值。

(2)加上输入激励电压 v_1,使 11Q02 的基极输入电压 $V_{bm}=1$ V 左右时,记下 11Q02 的各极直流电压 V_{C0}、V_{B0}、V_{E0} 及直流电流 I_{C0} 的值。

4) 负载特性的测试

在上述实验的基础上,改变负载电阻 11R07、11R08 和 11R09 中的一个(调整电位器 11K02),观察 11TP03 处的电压波形(即发射极电流 i_E 的波形)。可以观察到图 4.3.5 所示的脉冲波形,但欠压状态时的波形幅度比临界状态时大。测量三种状态下电流 I_{C0}(间接测量法:测量电阻 11R06 两端的直流电压值)和负载回路两端的电压值,填入自行设计的表格内。分析表格中的数据并写出得到的相应结论。

根据欠压状态、临界状态、过压状态时负载电阻的大小,计算出临界状态下的功率 P_o、P_D 和效率 η_c。

负载接 11K02 的 1 位,电路工作在欠压状态;负载接 11K02 的 3 位,电路工作在过压状态。

注意:在过压区,负载增大,电流波形的凹陷加深,调 11T02 则凹陷移动。

5)放大特性的测试

(1)调整负载电阻 11R07、11R08 和 11R09 中的一个至临界状态,保持 V_{CC}、V_{BB} 不变,改变信号源幅度(即改变激励信号电压幅度 V_{bm}),观察 11TP03 处的电压波形。信号源幅度变化时,应观察到欠压状态、临界状态、过压状态时的脉冲波形。

(2)在弱过压状态的基础上,逐渐增加输入信号的幅度至 175 mVpp 左右,观察过压状态的波形并绘图。

(3)恢复弱过压状态,逐渐减小输入信号的幅度至 125 mVpp 左右,观察欠压状态时的波形并绘图。

(4)恢复弱过压状态,将输入信号的幅度调至 133 mVpp 左右,观察临界状态并绘图。

(5)测量激励信号电压幅度 V_{bm} 变化引起的电流 I_{C0} 和负载回路两端电压值的变化,填入自行设计的表格内。分析表格中的数据并得到相应的结论,画出放大特性曲线。

6)集电极调制特性的测试

(1)恢复输入信号的幅度为 140 mVpp 左右时的弱过压状态,改变电源电压 V_{CC},观察其对放大器工作状态的影响。

(2)调节 11W01,使 11TP07 处的电压为 8.5 V,观察欠压状态时的波形并绘图。

(3)调节 11W01,使 11TP07 处的电压为 4.5 V,观察过压状态时的波形并绘图。

(4)调节 11W01,测量电源电压 V_{CC} 变化引起的电流 I_{C0} 和负载回路两端电压值的变化,填入自行设计的表格内。分析表格中的数据并得到相应的结论,画出集电极调制特性曲线。

注意:V_{CC} 的变化间隔为 1 V。

6. 预习要求

(1)复习高频功率放大器的基本工作原理和分析方法,以及其在不同工作状态的工作特点。

(2)定性分析负载阻抗、激励电压、集电极电源电压、基极电源电压变化时放大器的工作状态、集电极电流、输出电压、输出功率的变化趋势。

(3)对照测试电路原理图,熟悉电路中各个元器件的位置、作用,弄懂电路原理。

(4)画出高频交流通路。

(5)自拟实验步骤及实验所需的各种表格。

(6)熟悉实验内容,以及实验电路中各个元器件的作用。

7. 实验报告要求

(1)整理各种数据表格,画出相应的曲线。由数据表格得到相应的结论。

(2)回答思考题中提出的问题。

8. 思考题

(1)对电路进行调谐时,用示波器观察输出端的电压波形或用电流表观察集电极电流的大小,输出端的电压波形或电流表读数为何种状态时,才意味着电路谐振?

(2)为何调谐前应将电源电压 V_{CC} 设为额定值的 1/3～1/2?

(3)电路出现自激现象时,用示波器将观察到何种现象?

(4)在不改变电路结构的情况下,如何测量直流电流 I_{C0}?

(5)分析电路在不加输入激励电压 v_1 和加输入激励电压 v_1 两种情况下,晶体管 11Q02 的各极直流电压 V_{C0}、V_{B0}、V_{E0} 及直流电流 I_{C0} 的值将产生怎样的变化?

(6)有几种测量发射极电流 i_E 的方法?

4.3.2　宽带高频功率放大器

1. 实验目的

(1)了解宽带高频功率放大器工作状态的特点。

(2)掌握宽带高频功率放大器的幅频特性。

(3)掌握宽带高频功率放大器的调谐、调整方法以及主要质量指标的测量方法。

2. 实验仪器与设备

数字双踪示波器、直流稳压电源、万用表、频率特性测试仪、高频信号发生器和实验模块 15——宽带高频功率放大器。

3. 实验原理

1)传输线变压器的工作原理

现代通信的发展趋势之一是能在宽波段工作范围内采用自动调谐技术,以便于迅速转换工作频率。为了满足上述要求,可以在发射机的中间各级采用宽带高频功率放大器,它不需要调谐回路就能在很宽的波段范围内获得线性放大。但为了只输出所需要的工作频率,发射机末级(有时还包括末前级)还要采用调谐放大器。当然,所付出的代价是输出功率和功率增益都降低了。因此,一般来说,宽带功率放大器适用于中、小功率级。对于大功率设备来说,可以采用宽带功率放大器作为推动级,这同样也能节约调谐时间。

最常见的宽带高频功率放大器是利用宽带变压器作耦合电路的放大器。宽带变压器有两种形式:一种是利用普通变压器的原理,只是采用高频磁芯,可工作到短波波段;另一种是利用传输线原理和变压器原理结合的所谓"传输线变压器",这是最常用的一种宽带变压器。

传输线变压器是将传输线(双绞线、带状线或同轴电缆等)绕在高磁导率磁芯上构成的,它以传输线方式与变压器方式同时进行能量传输。图 4.3.20 为 4∶1 传输线变压器。图 4.3.21 为传输线变压器的等效电路图。普通变压器上、下限频率的扩展方法是相互制约的。为了扩展下限频率,就需要增大初级线圈电感量,使其在低频段也能取得较大的输入阻抗,如采用高磁导率的高频磁芯和增加初级线圈的匝数,但这样做将使变压器的漏感和分布电容增大,降低上限频率;为了扩展上限频率,就需要减小漏感和分布电容,如采用低磁导率的高频磁芯和减少线圈的匝数,但这样做又会使下限频率提高。把传输线的原理应用于变压器,就可以提高工作频率的上限,并解决带宽问题。传输线变压器有两种工作方式:一种是按照传输线方式来工作,即在它的两个线圈中通过大小相等、方向相反的电流,磁芯中的磁场正好相互抵消。因此,磁芯没有功率损耗,对传输线的工作没有什么影响。这种工作方式称为"传输线模式"。另一种是按照变压器方式工作,此时线圈中有激磁电流,并在磁芯中产生公共磁场,有铁芯功率损耗。这种方式称为"变压器模式"。传输线变压器通常同时存在这两种模式,或者说,传输线变压器正是利用这两种模式来适应不同的功用的。

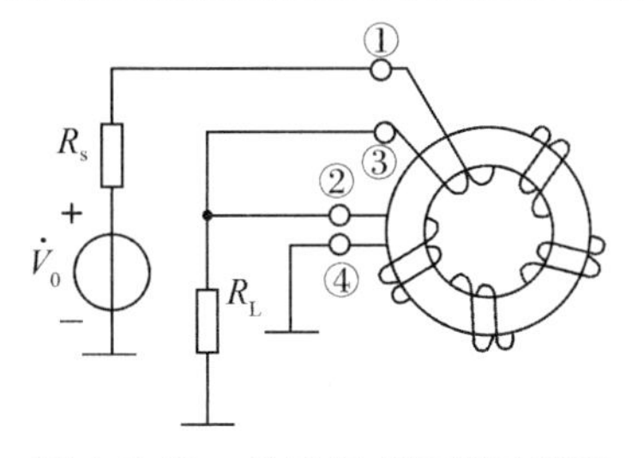

图 4.3.20　传输线变压器示意图

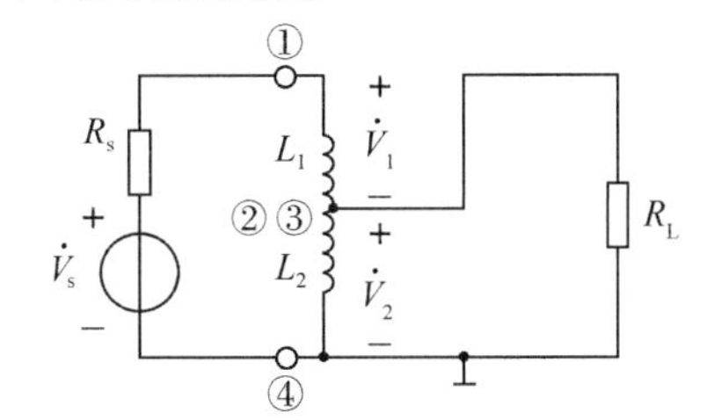

图 4.3.21　传输线变压器的等效电路图

当工作在低频段时,由于信号波长远大于传输线长度,分布参数很小,可以忽略,故变压器方式起主要作用。由于磁芯的磁导率很高,所以虽然传输线较短也能获得足够大的初级电感量,保证了传输线变压器的低频特性。

当工作在高频段时,传输线方式起主要作用。由于两根导线紧靠在一起,所以导线任意长度处的线间电容在整个线长上是均匀分布的,如图 4.3.22 所示。也因为两根等长的导线同时绕在一个高磁导率磁芯上,所以导线上每一线段 Δl 的电感也是均匀分布在整个线长上的。这是一种分布参数电路,可以利用分布参数电路理论分析,这里简单说明其工作原理。考虑到线间的分布电容和导线电感,将传输线看作由许多电感、电容组成的耦合链,当信号源加于电路的输入端时,信号源将向电容 C 充电,使 C 储能,C 又会通过电感放电,使电感储能,即电能变为磁能。然后,电感又与后面的电容进行能量交换,即磁能转换为电能。之后电容再与后面的电感进行能量交换,如此往复不已。输入信号就以电磁能交换的形式,自始端传输到终端,最后被负载吸收。由于理想的电感和电容均不损耗高频能量,因此,如果忽略导线的欧姆损耗和导线间的介质损耗,则输出端的能量将等于输入端的能量。即通过传输线变压器,负载可以取得信号源供给的全部能量。因此,传输线变压器有很宽的带宽。

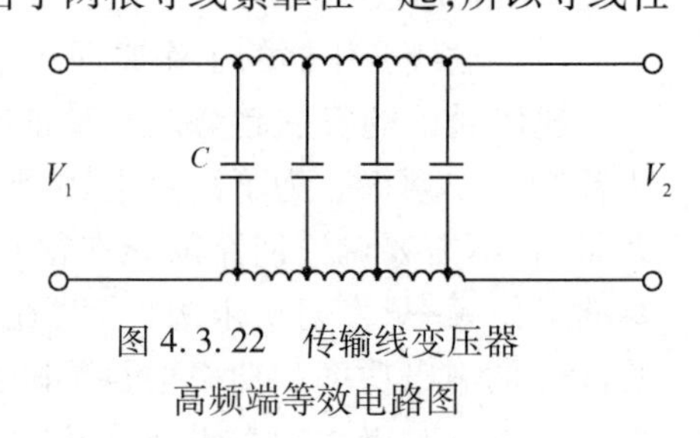

图 4.3.22 传输线变压器高频端等效电路图

2)实验电路

本实验电路如图 4.3.23 所示。该实验电路由两级宽带高频功率放大电路组成,两级功率放大器都工作在甲类状态,其中 15Q01(3DG12)、15L01 组成甲类功率放大器,工作在线性放大状态,15W01、15R03、15R04 组成静态偏置电阻,调节 15W01 可改变放大器的增益。15R05 为本级交流负反馈电阻,可展宽频带,改善非线性失真。T_1、T_2 两个传输线变压器级联,作为第一级功率放大电路的输出匹配网络,总阻抗比为 16∶1,使第二级功率放大电路的低输入阻抗与第一级功率放大电路的高输出阻抗实现匹配。后级电路分析同前级。

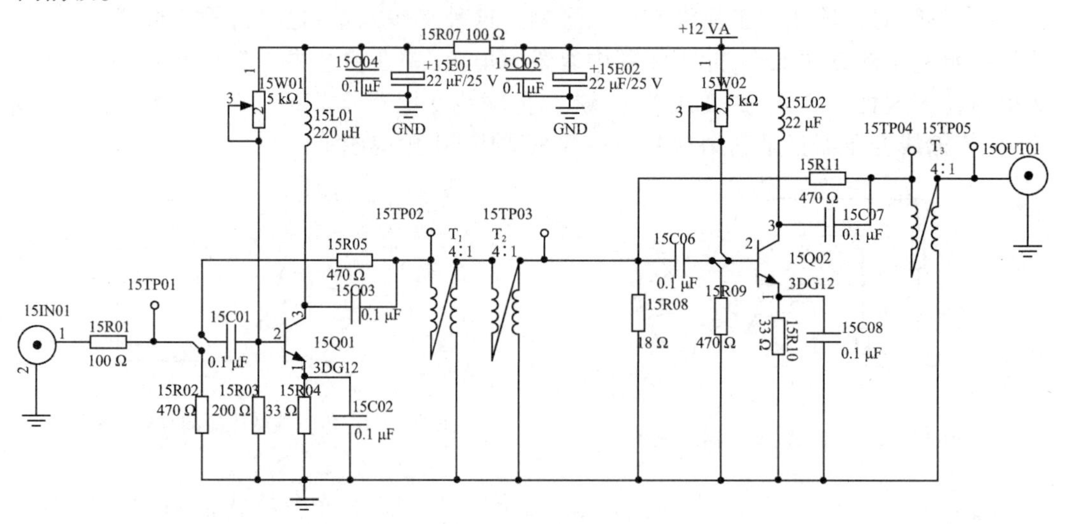

图 4.3.23 线性宽带功率放大器

4. 实验任务及步骤

1)了解宽带功率放大器工作状态的特点

对照图4.3.23,了解其中各个元器件的位置与作用。

接通宽带功率放大器的电源,观察工作指示灯是否点亮,红灯为+12 V电源指示灯。

2)调整静态工作点

不加输入信号,用万用表的电压挡(20 V)测量晶体管15Q01的射极电压(即射极电阻15R04两端电压),调整基极偏置电阻15W01,使 $V_{E1}=0.53\ V$;测量晶体管15Q02的射极电压(即射极电阻15R10两端电压),调整基极偏置电阻15W02,使 $V_{E2}=1.50\ V$,根据电路计算静态工作点。

3)测量电压增益 A_{v0}

在15IN01端输入频率为10.7 MHz,电压峰-峰值为50 mV的高频信号,用示波器测量输入信号的峰-峰值 V_i(在15TP01处观察)及输出信号的峰-峰值 V_o(在15TP05处观察),则该宽带放大器的电压放大倍数 $A_{v0}=V_o/V_i$。

4)用频率特性测试仪观察宽带功率放大器的通频带并记录

将频率特性测试仪射频输出端连接电路输入端15IN01,将电路输出端15OUT01接至频率特性测试仪输入端,调节频率特性测试仪频率和输出增益、输入增益,使谐振特性曲线在纵轴上占有一定高度,读出其曲线下降3 dB处对称点的带宽。

$$BW_{0.7}=2\Delta f_{0.7}=f_H-f_L$$

画出幅频特性曲线(注意:此电路的放大倍数较大,频率特性测试仪的输出、输入信号都要适当衰减)。

5)用点频法测量放大器的频率特性

将峰-峰值为20 mV左右的高频信号从15IN01端口送入,以0.1 MHz步进从1 MHz到1.6 MHz,再以1 MHz步进从2 MHz到45 MHz,记录输出电压 V_o。自行设计表格,将数据填入表格中。

5. 实验报告要求

(1)写明实验目的。

(2)画出实验电路的交流等效电路。

(3)计算静态工作点,与实验实测结果进行比较。

(4)整理实验数据,对照电路图分析实验原理。

(5)在坐标纸上画出宽带高频功率放大器的幅频特性曲线。

6. 思考题

(1)在图4.3.23中,为什么调节15W01可改变放大器的增益?

(2)传输线变压器的工作原理是什么?

(3)传输线变压器在两级宽带高频放大电路中所起的作用是什么?

4.4　正弦波振荡器实验

正弦波振荡器(sine wave oscillator)是一种能将直流电源提供的能量自动转换为特定频率和振幅的正弦交变能量的电路。

4.4.1　*LC*正弦波振荡器

1. 实验目的

(1)掌握常用正弦波振荡器(如基本电容三点式振荡器、克拉泼振荡器、西勒振荡器)的基本工作原理及特点,熟悉各个元器件的功能。

(2)掌握正弦波振荡器的基本设计、分析和测试方法。

(3)研究反馈系数、静态工作点变化对正弦波振荡器的起振条件、振荡幅度、振荡频率和振荡波形的影响。

(4)观察负载等外界因素变化对振荡幅度、振荡频率的影响,从而理解正弦波振荡器的基本性能和特点。

(5)掌握用 Multisim 仿真各种类型的正弦波振荡器,并测试振荡器的振荡频率的方法。

2. 实验仪器与设备

数字双踪示波器、高频毫伏表、万用表、实验模块 6——*LC* 正弦波振荡器/频率调制器。

3. 实验原理

1)原理简介

LC 正弦波振荡器实质上是满足正弦波振荡条件的正反馈放大器,其振荡回路是由 *LC* 元件组成的。由交流等效电路可知:*LC* 正弦波振荡器由 *LC* 振荡回路引出三个端子,分别接振荡管的三个电极,构成反馈式自激振荡器,因而又称为“三点式振荡器”。如果反馈电压取自分压电感,则称为“电感反馈 *LC* 正弦波振荡器”或“电感三点式振荡器”;如果反馈电压取自分压电容,则称为“电容反馈 *LC* 正弦波振荡器”或“电容三点式振荡器”。

在几种基本高频振荡回路中,电容反馈 *LC* 正弦波振荡器具有较好的振荡波形和稳定度,电路形式简单,适于在较高的频段工作,尤其是以晶体管极间分布电容构成反馈支路时,其振荡频率为几百兆赫兹到几吉赫兹。

一个振荡器能否起振,主要取决于振荡电路自激振荡的两个基本条件,即起振条件和平衡条件。

LC 正弦波振荡器的一个重要指标是频率稳定度。频率稳定度表示在一定时间或一定温度、电压等变化范围内振荡频率的相对变化程度,常用表达式 $\Delta f_0/f_0$ 来表示(f_0 为所选择的测试频率;Δf_0 为振荡频率的误差,$\Delta f_0=f_{02}-f_{01}$,f_{02} 和 f_{01} 为不同时刻的 f_0),频率相对变化量越小,表明振荡频率的稳定度越高。由于振荡回路的元件是决定频率的主要因素,所以要提高频率稳定度,就要设法提高振荡回路的标准性。除了采用高稳定度和高品

质因数的回路电容和电感外，其振荡管可以采用部分接入的方式，以减小晶体管极间电容和分布电容对振荡回路的影响，还可采用负温度系数元件实现温度补偿。

静态工作点的调整：振荡管的静态工作点，对振荡器工作的稳定性及波形的好坏有一定的影响，偏置电路一般采用分压式和自偏压相结合的电路。

当振荡器稳定工作时，振荡管工作在非线性状态，通常是依靠晶体管本身的非线性实现稳幅。若选择晶体管进入饱和区来实现稳幅，则将使振荡回路的等效品质因数降低，输出波形变差，频率稳定度降低。因此，一般在小功率振荡器中总是使静态工作点远离饱和区，靠近截止区。

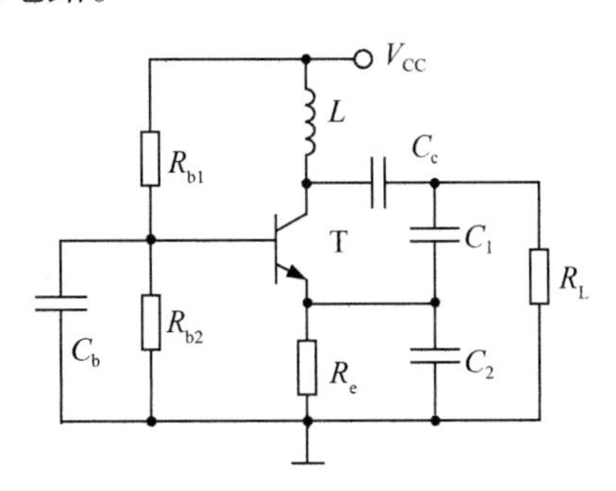

图 4.4.1　电容三点式振荡器

2）电容三点式振荡器［又称“考毕兹（Coplitts）电路”］

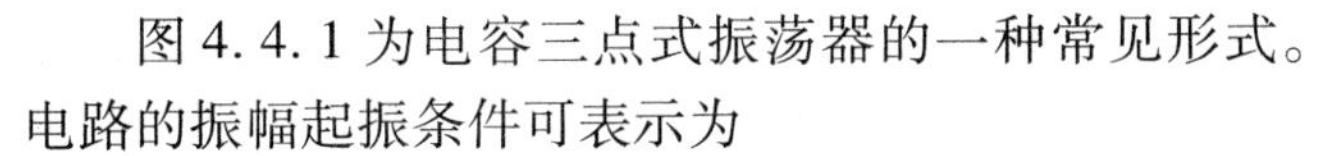
图 4.4.1 为电容三点式振荡器的一种常见形式。电路的振幅起振条件可表示为

$$g_m > \frac{1}{n}(g'_L + g'_e) = \frac{1}{n}g'_L + ng_e \tag{4.4.1}$$

其中
$$g'_L = \frac{1}{R_L // R_{e0}}, \quad g_e = \frac{1+\beta}{r_{b'e}} = \frac{1}{r_e}$$

$$C'_2 = C_2 + C_{b'e}, \quad r'_e = \frac{1}{n^2}(r_e // R_e) \approx \frac{1}{n^2} r_e \ (\text{因为 } r_e \ll R_e)$$

电路的反馈系数（k_f）等于接入系数 n，即

$$k_f = n = \frac{C_1}{C_1 + C_2} \tag{4.4.2}$$

反馈系数并不是越大越好。由式（4.4.2）知，由于 k_f=n，反馈系数太大会使增益 A 降低；而且反馈系数太大，还会使输入阻抗 r_e 对回路的接入系数变大，降低回路的有载品质因数（Q_e 值），使回路的选择性变差，振荡波形产生失真，频率稳定度降低。

该振荡器谐振回路的 Q_e 值为

$$Q_e = \frac{\omega_{osc} C_\Sigma}{g'_L + g'_e} = \frac{\omega_{osc} C_\Sigma}{g'_L + n^2 g_e} \tag{4.4.3}$$

由式（4.4.1）、式（4.4.3）知，应合理选择放大器的工作点。

该振荡器的振荡角频率为

$$\omega_{osc} = \frac{1}{\sqrt{LC_\Sigma}}, \quad C_\Sigma = \frac{C_1 C'_2}{C_1 + C'_2} \tag{4.4.4}$$

上面的分析是基于理想状态下的,当考虑到实际因素时,振荡器的振荡角频率为

$$\omega_{\text{osc}} = \sqrt{\frac{1}{LC} + \frac{g_i g'_L}{C_1 C'_2}} = \frac{1}{\sqrt{LC}}\sqrt{1 + \frac{g_i g'_L}{\omega_0^2 C_1 C'_2}} = \omega_0\sqrt{1 + \frac{g_i g'_L}{\omega_0^2 C_1 C'_2}} \tag{4.4.5}$$

振幅起振条件为

$$g_m > g'_L\left(1 + \frac{C'_2}{C_1}\right) + g_i\left(1 - \frac{1}{\omega_{\text{osc}}^2 LC_1}\right) \tag{4.4.6}$$

式(4.4.5)表明,电容三点式振荡器的振荡角频率 ω_{osc} 不仅与 ω_0 有关,还与 g_i、g'_L 即回路固有谐振电阻 R_{e0}、外接电阻 R_L 和三极管输入电阻 r_e 有关,且 $\omega_{\text{osc}}>\omega_0$。在实际电路中,一般满足

$$\omega_0^2 C_1 C'_2 \gg g_i g'_L$$

因此,工程估算时可近似认为

$$\omega_{\text{osc}} = \omega_0 = \frac{1}{\sqrt{LC_\Sigma}}$$

即电路的振荡频率为

$$f_{\text{osc}} = \frac{1}{2\pi\sqrt{LC_\Sigma}}$$

其中 $C_\Sigma = \dfrac{C_1 C'_2}{C_1 + C'_2}$,$C'_2 = C_2 + C_{b'e}$。

3)电感三点式振荡器[又称“哈特莱(Hartley)电路”]

图 4.4.2 为电感三点式振荡器。

利用类似于电容三点式振荡器的分析方法,也可以求得电感三点式振荡器的振幅起振条件和振荡频率,区别在于这里以自耦变压器分压代替了电容分压。

4)改进型电容振荡器

基本电容三点式振荡器,由于晶体管各极直接和 LC 回路元件 L、C_1、C_2 并联,而晶体管的极间电容(结电容)又随外界因素(如温度、电源电压等)的变化而变化,因此造成振荡器的频率稳定度差。为了提高振荡器的频率稳定度,可以采用改进型的电容三点式振荡器。

(1)克拉泼(Clapp)电路:图 4.4.3 是克拉泼电路的实用电路,其中 $C_3 \ll C_1$,$C_3 \ll C_2$,所以 C_1、C_2、C_3 三个电容串联后的等效电容为

$$C = \frac{C_1 C_2 C_3}{C_1 C_2 + C_2 C_3 + C_1 C_3} = \frac{C_3}{1 + \dfrac{C_3}{C_1} + \dfrac{C_3}{C_2}} \approx C_3 \tag{4.4.7}$$

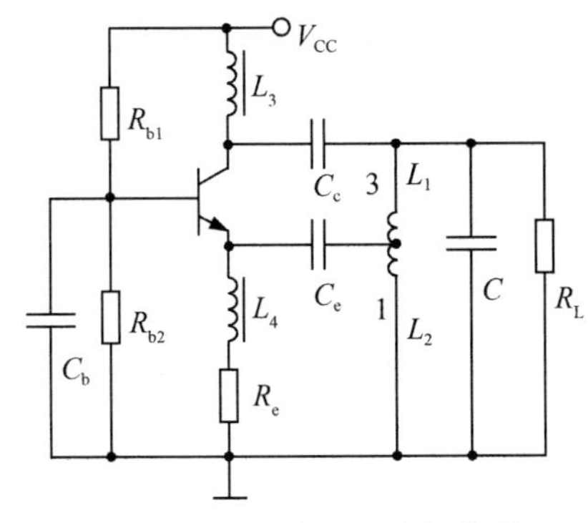

图 4.4.2　电感三点式振荡器

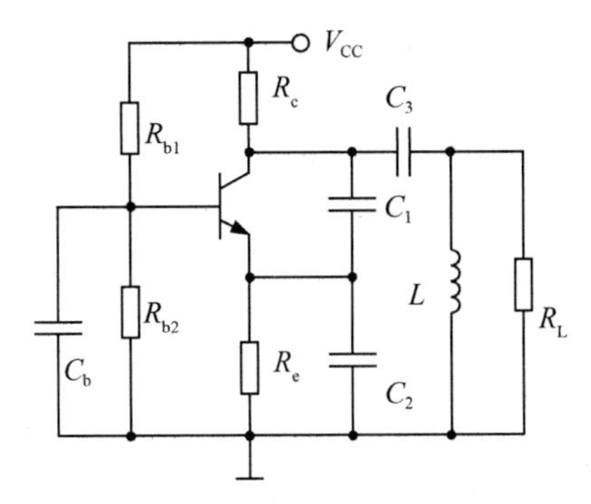

图 4.4.3　克拉泼电路的实用电路

于是，振荡角频率为

$$\omega_{osc} = \frac{1}{\sqrt{LC}} \approx \frac{1}{\sqrt{LC_3}} \tag{4.4.8}$$

由此可见，克拉泼电路的振荡频率几乎与 C_1、C_2 无关，提高了振荡器的频率稳定度。该电路的缺陷是：若通过 C_3 改变振荡器的振荡频率，将同时改变电路的接入系数，使环路增益发生变化，从而影响电路的起振，所以克拉泼电路不适合用作波段振荡器。

(2) 西勒(Selier)电路：西勒电路的实用电路如图 4.4.4 所示。西勒电路是在克拉泼电路的基础上，在电感 L 两端并接一个可变电容 C_4，其中 $C_3 \ll C_1$，$C_3 \ll C_2$，此时回路总电容为

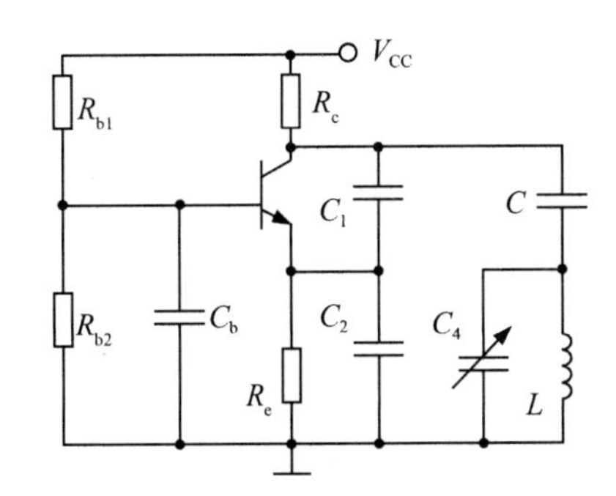

图 4.4.4　西勒电路的实用电路

$$C = \frac{C_1C_2C_3}{C_1C_2 + C_2C_3 + C_1C_3} + C_4 \approx C_3 + C_4 \tag{4.4.9}$$

所以，振荡频率为

$$f_{osc} = \frac{1}{2\pi\sqrt{LC}} \approx \frac{1}{2\pi\sqrt{L(C_3 + C_4)}} \tag{4.4.10}$$

在西勒电路中，由于 C_4 与 L 并联，所以 C_4 的变化不会影响回路的接入系数，如果使 C_3 固定，可以通过 C_4 来改变振荡频率，因此，西勒电路可用作波段振荡器，其波段覆盖系数为 1.6～1.8。西勒电路适合在较宽波段工作，在实际中用得较多。

4. Multisim **仿真**

1) 电容三点式振荡器的仿真

在 Multisim 电路窗口中，创建如图 4.4.5 所示的电容三点式振荡电路，其中晶体管

VT_1 选用 2N2222A 晶体管。完成以下操作：

(1)利用 Simulate 菜单 Analyses 列表中的"DC Operating Point..."选项进行直流工作点分析，将结果填入自行设计的表格中。

(2)用虚拟示波器和数字频率计测试电路的振荡频率。

(3)改变回路电容 C_3 的数值，再次测试电路的振荡频率。

(4)改变晶体管 VT_1 的偏置电阻 R_W，用虚拟示波器观察输出波形的变化，记录变化情况并说明原因。

注意：电容三点式振荡器起振的过渡时间较长，需要经过一段时间后才能输出稳定的正弦信号。另外，若创建的振荡电路仿真时没有输出，按键盘上的 A 键，给电路一个触发，就可以使电路产生振荡。

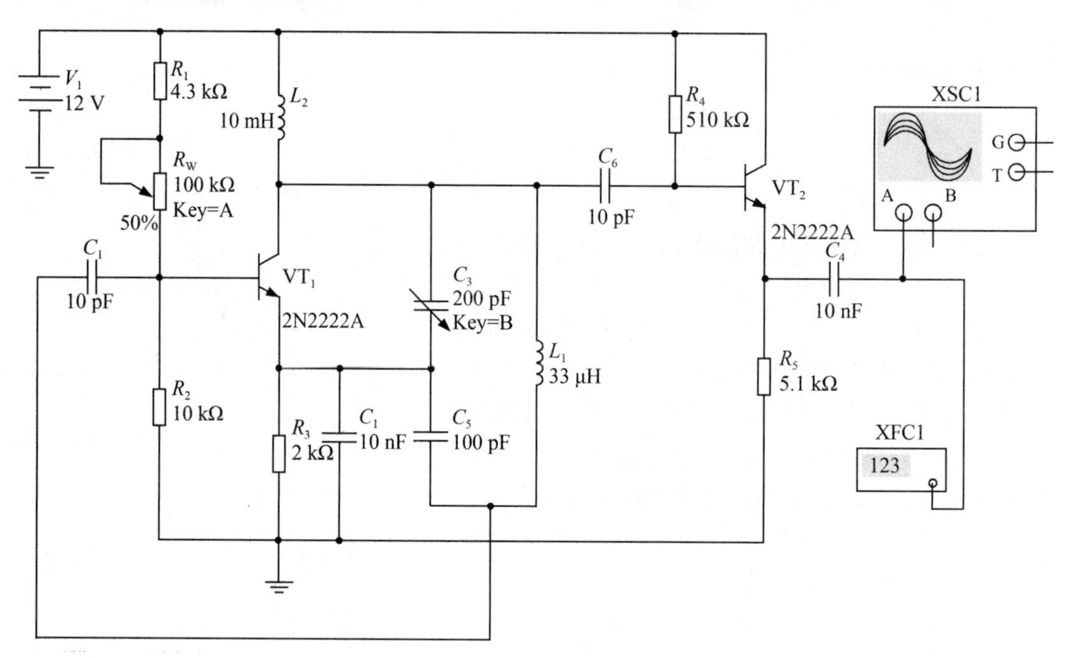

图 4.4.5　电容三点式振荡电路

2)克拉泼电路的仿真

在 Multisim 电路窗口中，创建如图 4.4.6 所示的克拉泼电路，其中晶体管 VT_1 选用 2N2222A 晶体管。完成以下操作：

(1)利用 Simulate 菜单 Analyses 列表中的"DC Operating Point..."选项进行直流工作点分析，将结果填入自行设计的表格中。

(2)用虚拟示波器和数字频率计测试电路的振荡频率。

(3)改变回路电容(分别接入 C_5 和 C_7)的数值，再次测试电路的振荡频率。

注意：克拉泼振荡器起振的过渡时间较长，需要经过一段时间后才能输出稳定的正弦信号。另外，若创建的振荡电路仿真时没有输出，按键盘上的 A、B 或 C 键，给电路一个触发，就可以使电路产生振荡。

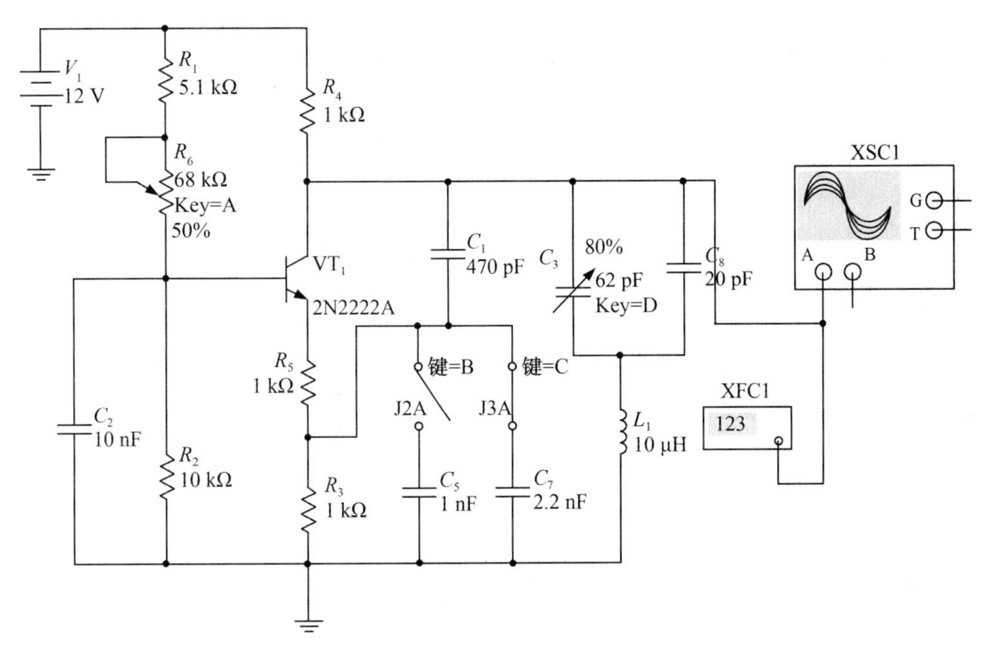

图 4.4.6　克拉泼电路

3）西勒电路的仿真

在 Multisim 电路窗口中，创建如图 4.4.7 所示的西勒电路，其中晶体管 VT_1 选用 2N2222A 晶体管。完成以下操作：

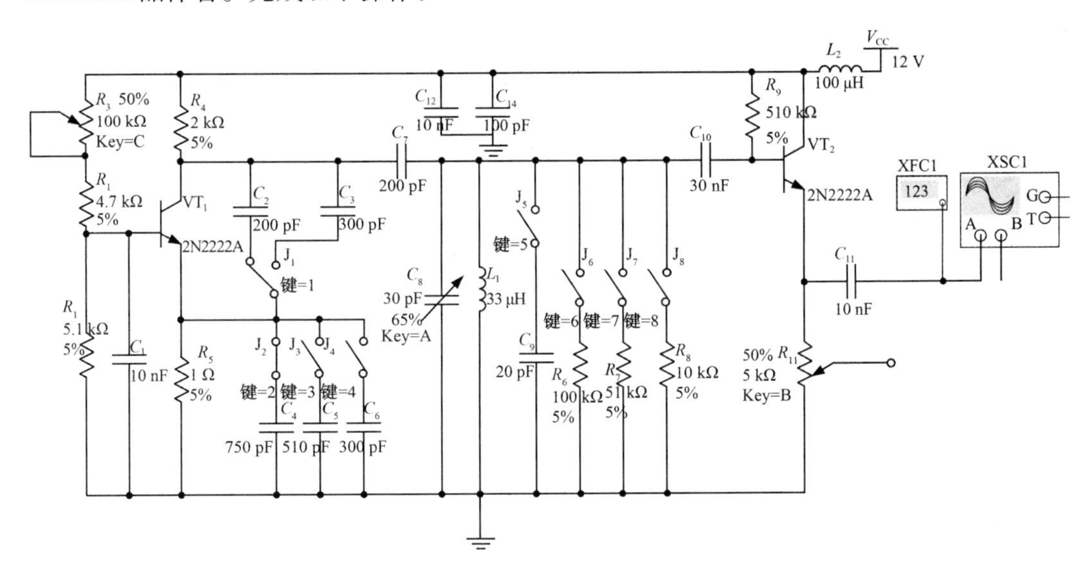

图 4.4.7　西勒电路

（1）用虚拟示波器和数字频率计测试电路的振荡频率和输出信号幅度。

（2）改变静态工作点（改变电位器 R_3 的值），测试电路的振荡频率和输出信号幅度，并将结果记录在表 4.4.1 中。

表 4.4.1　静态工作点变化对振荡器的影响

V_{EQ}/V	0.5	1.0	1.5	2.0	2.5	3.0	3.5	4.0
I_{EQ}/mA								
f_{osc}/MHz								
V_{opp}/V								
波形失真情况								

最佳静态工作点是：V_{EQ} =______，I_{EQ} =______。

(3)改变反馈系数(分别接入 C_2 或 C_3、C_4 或 C_5 或 C_6)，再次测试电路的振荡频率和输出信号幅度，并将结果记录在表 4.4.2 中。

表 4.4.2　反馈系数变化对振荡器的影响　　测量条件：I_{EQ} =______ mA

C_2/pF	200			300		
C_3/pF	750	500	300	750	500	300
f_{osc}/MHz						
V_{opp}/ V						
波形失真情况						

该工作点下的最佳反馈系数是：I_{EQ} =______ mA，C_2 =______ pF，C_3 =______ pF。

(4)改变负载值(分别接入 R_6 或 R_7 或 R_8)，再次测试电路的振荡频率和输出信号幅度。

不接负载时，将振荡器的振荡频率调整到 4 MHz 左右，此时频率 f_{osc} =______ MHz，幅度 V_{opp} =______ V。

接入不同的负载电阻(分别接入 R_6 或 R_7 或 R_8)，测得的相应的频率和幅度及计算结果如表 4.4.3 所示。

表 4.4.3　负载变化对振荡器的影响

测量条件：f_{osc} =______ MHz，幅度 V_{opp} =______ V

R_5/kΩ	100	51	10
f_1/MHz			
V_{1opp}/V			
$\Delta f=f_1-f_{osc}$			
$\Delta V=V_{1opp}-V_{opp}$			

由表 4.4.3 可知，负载变化对振荡器工作频率的影响是______________________；对振荡器输出幅度的影响是______________________。

(5)改变 C_8，测量振荡频率(f_{osc})的范围。

在最佳反馈条件下，调整 C_5 从最大到最小，观察并记录振荡器的振荡频率的变化。

f_{min} =________ MHz　　　f_{max} =________ MHz

注意：西勒振荡器起振的过渡时间同样较长，需要经过一段时间后才能输出稳定的正弦信号。另外，若创建的振荡电路仿真时没有输出，按键盘上的1、2或3键，给电路一个触发，就可以使电路产生振荡。

5. 实验任务

熟悉实验模块6的结构及各个元器件在电路中的作用，完成如下操作：

(1) 改变晶体管的静态偏置，观察对振荡器的振荡频率、输出幅度和波形的影响，并将结果填入自行设计的表格内。确定最佳静态工作点，并与仿真结果进行比较。

(2) 观察电路的反馈系数变化对振荡器的振荡频率、输出幅度和波形的影响，并将结果填入自行设计的表格内。由表中的测试数据确定最佳反馈系数，并与仿真结果进行比较。

(3) 观察负载变化对振荡器的振荡频率、输出幅度和波形的影响，将结果填入自行设计的表格内，并与仿真结果进行比较。

(4) 改变6C09，测量振荡器的频率范围，并与仿真结果进行比较。

6. 预习要求

(1) 仔细学习频率计面板旋钮的作用及位置。

(2) 复习 LC 正弦波振荡器的工作原理，了解反馈元件、回路元件和晶体管直流工作点对振荡器工作的影响，了解提高频率稳定度的措施。

(3) 画出测试电路的交流通路，估算振荡频率。

(4) 对照测试电路原理图，熟悉电路中各个元器件的位置、作用，弄懂电路原理。

(5) 自拟实验步骤及实验所需的各种表格。

(6) 画出模块6的高频交流通路并说明各个元器件的作用，估算静态工作点电流 I_{EQ} 的范围。

(7) 估算图4.4.6、图4.4.7所示振荡电路的频率及频率覆盖系数。

(8) 完成 Multisim 仿真并记录仿真结果。

7. 实验报告要求

(1) 整理数据表格，画出各相应的振荡波形。由数据表格写出得到的相应结论。

(2) 对各种电路进行频率的近似估算。

(3) 回答思考题中提出的问题。

8. 思考题

(1) 在克拉泼电路中，将电阻 R_W 增大到某一数值时，电路将停振，试说明停振的原因。

(2) 在克拉泼电路中，当电容 C_3 减小到某一数值时，振荡器会停振，试说明停振的原因。

(3) 同一振荡电路，当静态工作点不同时，振荡器的输出幅度也不同，为什么？

(4) 为什么反馈系数太大会影响振荡器的起振？

(5) 测量频率可以用频率计，也可以用示波器，它们各有什么优缺点？

(6) 西勒电路与克拉泼电路的差别在何处，它们各自有何特点？

(7) 西勒电路与克拉泼电路都较难起振，为什么？

(8) 如果改变电源电压或使晶体管温度升高，振荡器的输出幅度和频率是否会发生变化，为什么？

4.4.2　石英晶体振荡器

1. 实验目的

(1)进一步学习数字频率计的使用方法。

(2)掌握并联型晶体振荡器的工作原理及特点。

(3)掌握晶体振荡器的设计、调试方法。

(4)观察并研究外界因素变化对晶体振荡器工作的影响。

(5)掌握用 Multisim 仿真并联型晶体振荡器的方法,会测试振荡器的振荡频率。

2. 实验仪器与设备

数字双踪示波器、高频毫伏表、万用表和实验模块 7——晶体振荡器。

3. 实验原理

振荡器的频率稳定度是振荡器的一项重要指标。所谓"频率稳定度",就是在各种外界条件发生变化的情况下,振荡器的实际工作频率与标称频率之间的偏差。当然,这种偏差越小,电路性能越好。

振荡器的频率稳定度主要取决于振荡回路的标准性和品质因数。*LC* 正弦波振荡器由于受 *LC* 回路的标准性和品质因数的限制,其频率稳定度只能达到 10^{-4} 量级,很难满足实际应用的要求。

石英晶体振荡器是采用石英晶体谐振器作为选频回路的振荡器,其振荡频率主要由石英晶体决定。与 *LC* 回路相比,石英晶体谐振器具有很高的标准性和品质因数,使石英晶体振荡器可以获得极高的频率稳定度。根据采用石英晶体的精度和稳频措施不同,石英晶体振荡器可以获得高达 10^{-4}～10^{-11} 量级的频率稳定度。

石英晶体谐振器的等效电路和电抗频率特性如图 4.4.8 所示。

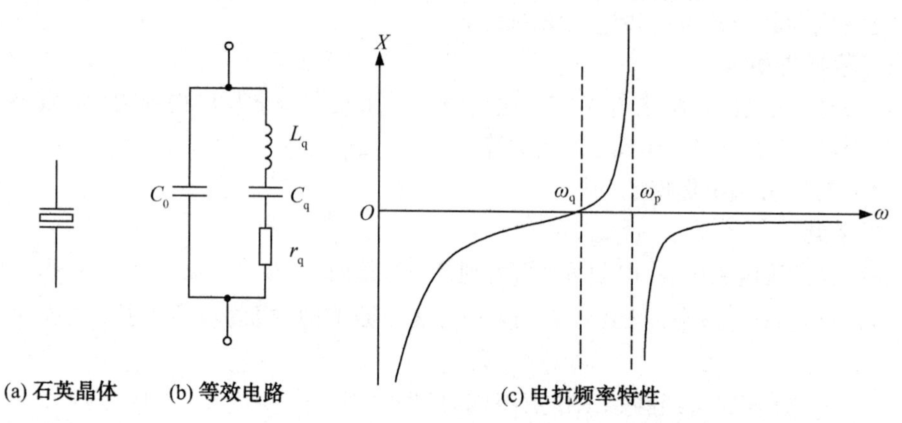

图 4.4.8　石英晶体谐振器的等效电路和电抗频率特性

由等效电路可知,晶体谐振器是一个串并联谐振回路,串、并联谐振频率 f_q、f_p 分别为

$$f_q=\frac{1}{2\pi\sqrt{L_qC_q}} \tag{4.4.11}$$

$$f_p=f_q\sqrt{1+\frac{C_q}{C_0}} \tag{4.4.12}$$

由于 $C_0 \gg C_q$，f_p 与 f_q 相差很小，因此

$$f_p \approx f_q\left(1+\frac{1}{2}\times\frac{C_q}{C_0}\right) \tag{4.4.13}$$

一般石英晶体的 L_q 很大，C_q 很小，与同样频率的 LC 元件构成的回路相比，L_q、C_q 与 LC 元件的数值要相差 4～5 个数量级。同时，晶体谐振器的品质因数也非常大。晶体在工作频率附近阻抗变化率大，有很高的并联谐振阻抗。

在晶体振荡器中，把石英晶体谐振器等效为电感，振荡频率必处于 f_q 与 f_p 之间的狭窄频率范围内。由于石英晶体具有很高的品质因数，等效感抗 X 随角频率 ω 的变化率极其陡峭，说明它对频率的变化非常敏感。因而当振荡系统中出现频率不稳定因素影响，使振荡系统的 $\sum X \neq 0$（或 $\sum \varphi \neq 0$）时，石英晶体具有极高的频率补偿能力。晶体振荡器的振荡频率只要有极微小的变化，就足以保持振荡系统的 $\sum X = 0$（或 $\sum \varphi = 0$）。因此，晶体振荡器的工作频率非常稳定。

晶体振荡器的电路类型很多，根据晶体在电路中的作用，可以将晶体振荡器分为两大类：并联型晶体振荡器和串联型晶体振荡器。

1）并联型晶体振荡器

图 4.4.9 是目前应用得最广的并联型晶体振荡器——皮尔斯（Pirece）晶体振荡器。为了减少测量或其他负载对振荡回路的影响，可采用射极跟随器作为输出级。

振荡频率为

$$f_{osc}=\frac{1}{2\pi\sqrt{L_q\dfrac{C_q(C_0+C_L)}{C_q+C_0+C_L}}}=f_q\sqrt{1+\frac{C_q}{C_0+C_L}} \tag{4.4.14}$$

式中，$C_L=\dfrac{C_1C_2}{C_1+C_2}$，是和晶体两端并联的外电路各电容的等效值，即根据产品所要求的负载电容。在使用时，一般需加入微调电容，用以微调回路的谐振频率，保证电路工作在晶体外壳上所注明的标称频率（f_N）上。

图 4.4.10 所示为采用微调电容的晶体振荡器，适当调节图中的 C_4 值，可以使振荡器工作在晶体的标称频率上，使外接电容更接近出厂时规定的负载电容值。此外，若串联电容 C 为变容二极管，还可构成电压控制型晶体振荡器。

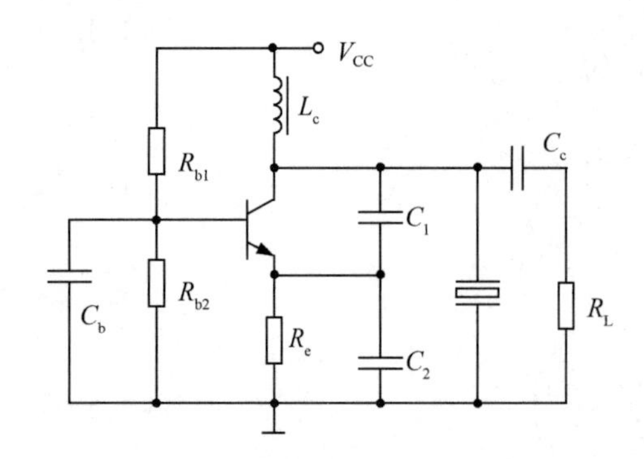

图 4.4.9　皮尔斯晶体振荡器

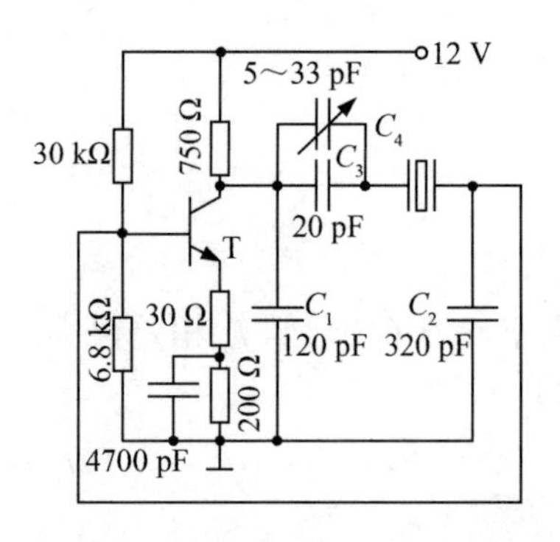

图 4.4.10　采用微调电容的晶体振荡器

2) 串联型晶体振荡器

串联型晶体振荡器如图 4.4.11 所示，这种振荡器与三点式振荡器基本类似，只不过在正反馈支路上增加了一个晶体。L、C_1、C_2 和 C_3 组成并联谐振回路而且调谐在晶体的串联谐振频率(f_q)上。

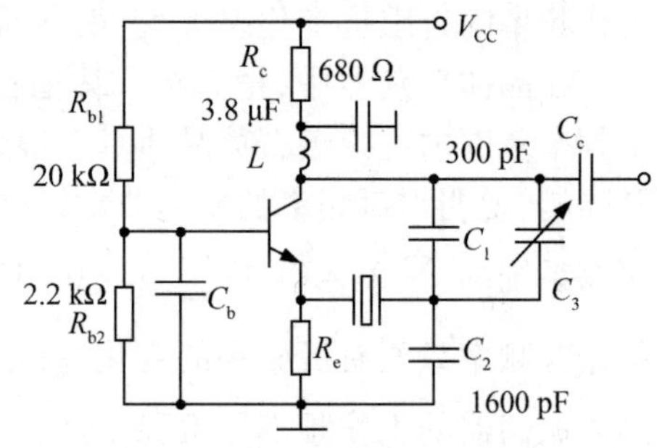

图 4.4.11　串联型单管晶体振荡器

4. **Multisim 仿真**

在 Multisim 电路窗口中，创建如图 4.4.12 所示的皮尔斯晶体振荡电路，接入虚拟示波器和数字频率计，完成下列操作：

(1) 用虚拟示波器和数字频率计测试电路的振荡频率。

(2) 改变负载电阻的数值(分别接通开关 J_1、J_2、J_3)，再次测试电路的振荡频率，分析负载变化对振荡频率的影响。

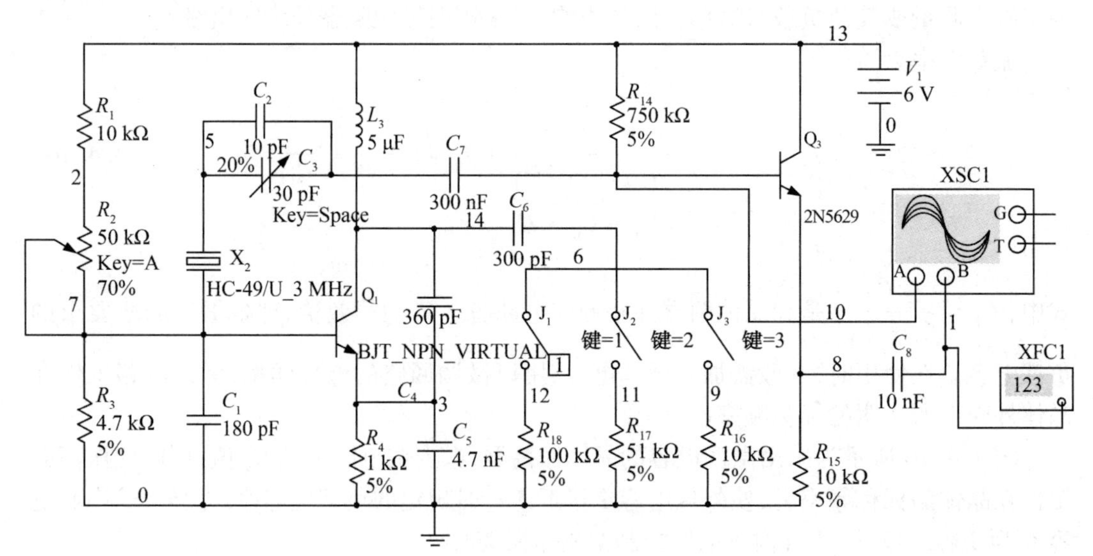

图 4.4.12　皮尔斯晶体振荡电路

5. 实验任务

熟悉实验模块 7 的结构及电路中各个元器件的作用,完成如下操作:

(1)改变晶体管的静态偏置,观察对振荡器的振荡频率、幅度和波形的影响,并将结果填入自行设计的表格内。

(2)改变晶体管集电极与基极之间的可调电容值,测量振荡器的频率范围。

(3)观察负载变化对振荡器的振荡频率、输出幅度和波形的影响,并将结果填入自行设计的表格内。

(4)将(3)的结果与 4.4.1 小节中实验任务(3)的结果比较,说明负载变化对两种振荡器的不同影响。

6. 预习要求

(1)对照测试电路原理图,熟悉电路中各个元器件的位置、作用,弄懂电路原理。

(2)画出测试电路的交流通路。

(3)自拟实验步骤及实验所需的各种表格。

(4)完成 Multisim 仿真并记录仿真结果。

7. 实验报告要求

(1)整理数据表格,画出各相应的振荡波形。由数据表格写出得到的相应结论。

(2)对各种电路进行频率的近似估算。

(3)回答思考题中提出的问题。

8. 思考题

(1)晶体振荡器的振荡频率比 LC 正弦波振荡器的频率稳定得多,为什么?

(2)若采用泛音晶振,使晶体振荡器振荡于某一泛音频率,图 4.4.12 所示的电路需做哪些主要改变?

4.4.3 *RC* 正弦波振荡器

当要求产生频率在几十千赫兹以下的正弦波信号时,需采用 RC 电路作为选频网络,同时采用晶体管或集成电路作为放大器,组成 RC 正弦波振荡器。

1. 实验目的

(1)掌握 RC 正弦波振荡器的基本工作原理及特点。

(2)掌握 RC 正弦波振荡器的基本设计、分析和测试方法。

(3)掌握用 Multisim 仿真 RC 正弦波振荡器,测试振荡器的振荡频率及其范围的方法。

2. 实验仪器与设备

数字双踪示波器、高频毫伏表、万用表和实验模块 16——低频 RC 正弦波振荡器。

3. 实验原理

文氏电桥振荡器是应用最广泛的 RC 正弦波振荡器,它由同相集成运算放大器与串并联选频电路组成,如图 4.4.13 所示。由于二极管的导通电阻 r_D 具有随外加正偏电压增加而减小的非线性特性,所以振荡器的起振条件为

$$\frac{R_f}{R_1} > 2, \quad R_f = R_{f1} + R_{f2}//r_D \tag{4.4.15}$$

适当减小 R_{f1}，提高负反馈深度，调整输出信号幅度，即可实现稳定输出信号幅度的目的。

振荡器的振荡频率为

$$f_{osc} = f_0 = \frac{1}{2\pi RC} \tag{4.4.16}$$

欲产生振荡频率符合式(4.4.16)的正弦波，要求所选的运算放大器的单位增益带宽积至少应为振荡频率的3倍。电路选用的电阻均应在千欧姆数量级，并应尽量满足平衡电阻 $R_+ = R_-$ 的条件。

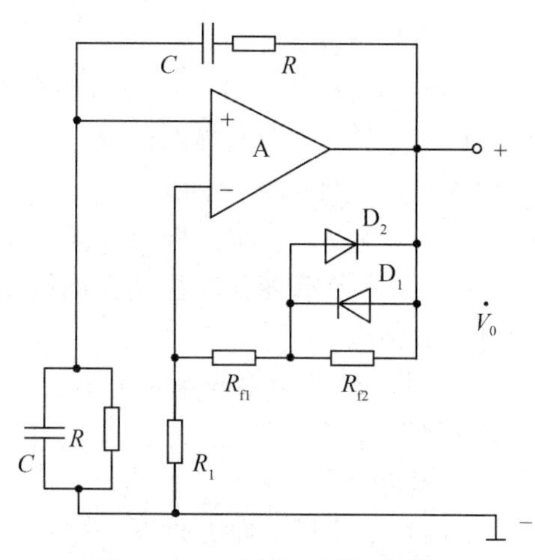

图 4.4.13　文氏电桥振荡器

4. Multisim 仿真

在 Multisim 电路窗口中，创建如图 4.4.14 所示的文氏电桥振荡电路，完成下列操作：

(1)用虚拟示波器和数字频率计测试电路的振荡频率。

(2)改变回路电阻 R_{W1} 的数值，用虚拟数字频率计测量电路的振荡频率范围。

(3)改变电阻 R_{W2} 的大小，记录对振荡器的输出幅度和波形的影响。

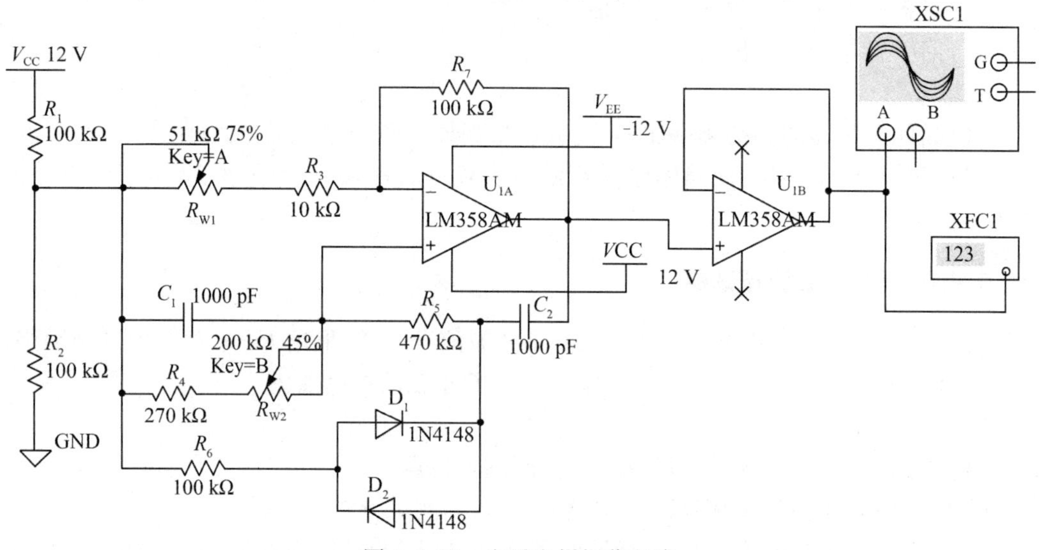

图 4.4.14　文氏电桥振荡电路

5. 实验任务

本实验电路如图 4.4.15 所示。运算放大器 LM358(16U01A)及其外围电路组成文氏电桥振荡器，产生低频正弦信号。适当调整 16W01 可以得到满意的波形。振荡信号经 LM358(16U01B)组成的跟随器电路输出。该信号经过电位器 16W02 分压后输出，可以作为振幅调制、频率调制电路所需要的低频信号。

该电路的另一部分是采用音乐片 16U03 提供音乐信号输出的电路，音乐信号经放大器 16U02A 和 16U02B 放大后，可作为另一种低频信号源，以提高实验的趣味性。

以上两种信号由短路开关 16K01 控制完成转换，电位器 16W02 控制输出信号的大小。

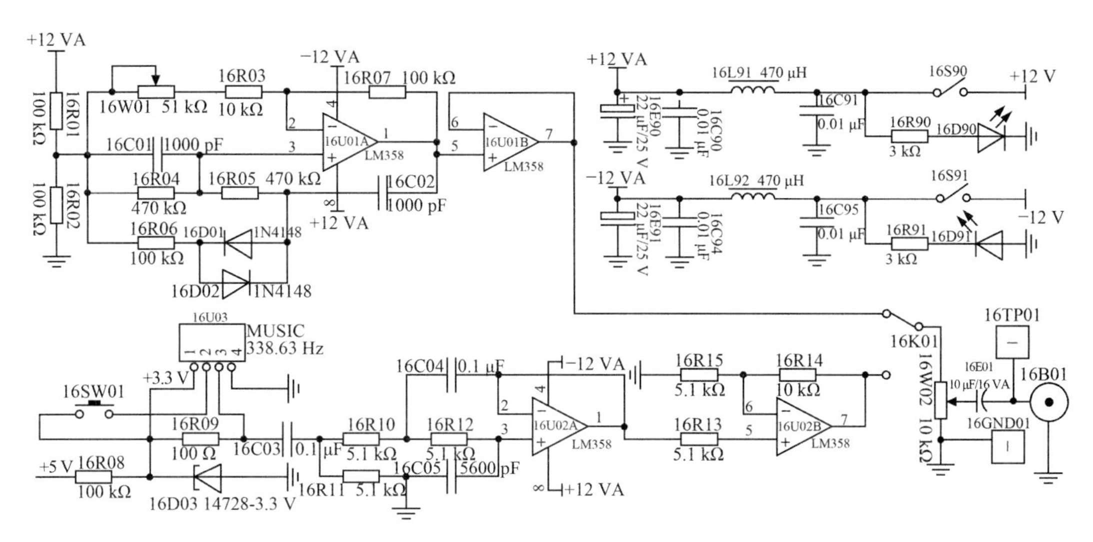

图 4.4.15　低频 *RC* 正弦波振荡器

对照模块 16，熟悉电路中各个元器件的位置、作用，接通电源，完成如下电路的测试：

(1)观察电路负反馈系数(调整 R_{W1})的变化对振荡器的振荡频率、输出幅度和波形的影响。

(2)测量振荡器的频率范围。

6. 预习要求

(1)对照测试电路原理图，熟悉电路中各个元器件的位置、作用，弄懂电路原理。

(2)自拟实验步骤及实验所需的各种表格。

(3)完成 Multisim 仿真，记录仿真结果并分析。

(4)估算电路产生振荡的振幅起振条件以及振荡频率(f_{osc})。

7. 实验报告要求

(1)整理数据表格，画出各相应的振荡波形。写出由数据表格得出的相应结论。

(2)对电路进行频率的近似估算。

(3)回答思考题中提出的问题。

(4)将仿真结果与实验结果进行比较。

8. 思考题

(1)为了得到稳定(频率、振幅)的正弦信号，振荡电路应包含哪几部分？它们的作用分别是什么？

(2)写出振荡电路的振幅平衡条件和相位平衡条件。

(3)在 *RC* 正弦波振荡器中，当输出稳定的正弦信号时，运算放大器是工作在线性状态还是非线性状态？当 $R_3=\infty$或 0 时，分别输出何种信号？试总结出输出波形随 R_3 变化的趋势。

4.5　振幅调制实验

调制,就是用调制信号(如声音等低频信号)去控制高频载波(其频率远高于调制信号频率,通常又称“射频”)的某个参数的过程。受到调制后的载波称为“已调波”。

调制的目的是在发射端将调制信号从低频端搬移到高频端,便于天线发送或实现不同信号源、不同系统的频分复用。

振幅调制,就是用调制信号去控制高频载波信号的振幅,使载波的振幅按调制信号的规律变化。

设调制信号(又称“基带信号”)为

$$v_{\Omega}(t) = V_{\Omega \mathrm{m}} \cos \Omega t$$

载波信号为

$$v_{\mathrm{c}}(t) = V_{\mathrm{cm}} \cos \omega_{\mathrm{c}} t \text{ 且 } \omega_{\mathrm{c}} \gg \Omega$$

则根据振幅调制的定义,可以得到普通调幅波的表达式为

$$v_{\mathrm{AM}}(t) = V_{\mathrm{cm}}(1 + M_{\mathrm{a}} \cos \Omega t) \cos \omega_{\mathrm{c}} t \tag{4.5.1}$$

式中

$$M_{\mathrm{a}} = \frac{\Delta V_{\mathrm{cm}}}{V_{\mathrm{cm}}} = \frac{k_{\mathrm{a}} V_{\Omega \mathrm{m}}}{V_{\mathrm{cm}}} \tag{4.5.2}$$

M_{a} 称为“调幅指数”(调制度);k_{a} 为由调制电路决定的调制灵敏度。为使已调波不失真,调幅指数(M_{a})应小于或等于 1,当 $M_{\mathrm{a}}>1$ 时,称为“过调制”,如图 4.5.1 所示,此时产生严重失真,这在调幅电路中是应该避免的。不同调幅指数时的已调波波形如图 4.5.2 所示。

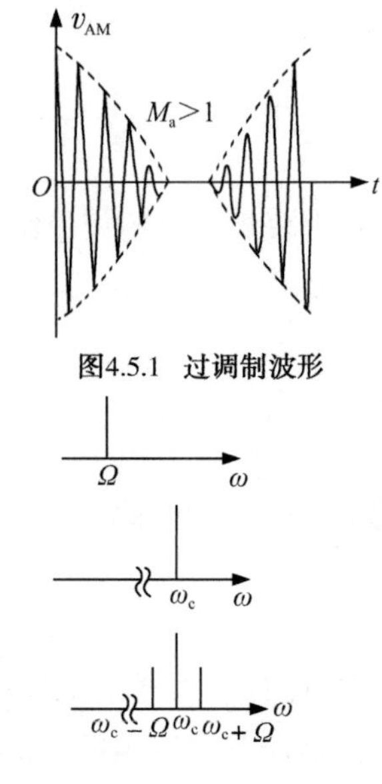

图4.5.1　过调制波形

图 4.5.3　单频率调制的调幅波波形

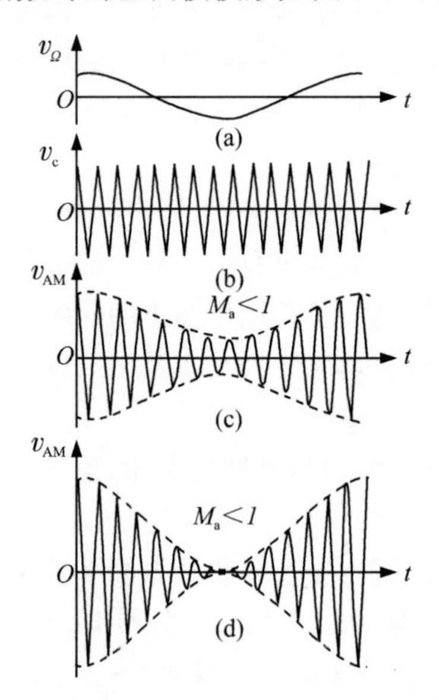

图 4.5.2　单频率调制时不同调幅指数的已调波波形

将式(4.5.1)用三角公式展开,可以得到

$$v_{AM}(t)=V_{cm}\cos\omega_c t+\frac{M_a}{2}V_{cm}\cos(\omega_c+\Omega)t+\frac{M_a}{2}V_{cm}\cos(\omega_c-\Omega)t \quad (4.5.3)$$

由式(4.5.3)可以看出,单频率调制的普通调幅波由三个高频正弦波——载波分量、上边频分量、下边频分量叠加而成,如图4.5.3所示,显然调幅的过程实际上是一种频谱搬移过程,经过调制后,将$v_\Omega(t)$的频谱搬移到载频ω_c的左右两边,成为上、下边频。显然上、下边频分量是由乘法器对$v_\Omega(t)$和$v_c(t)$进行相乘的产物。

在调制过程中,将载波抑制就形成了抑制载波双边带信号,简称"双边带信号",用DSB(double sideband modulation)信号表示;如果DSB信号经边带滤波器滤除一个边带或在调制过程中直接将一个边带抵消,就形成了单边带信号,用SSB(single sideband modulation)信号表示。单频率调制时DSB、SSB信号的波形如图4.5.4所示。

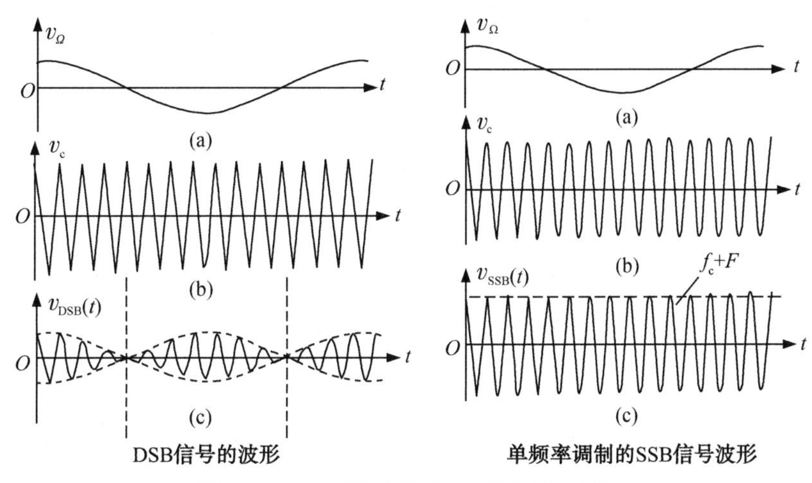

图4.5.4　单频调制时DSB、SSB信号波形

4.5.1　普通振幅调制

1. 实验目的

(1)通过实验,进一步理解普通振幅调制的工作原理与实现方法。

(2)学会用示波器测试调幅波的调幅系数。

(3)熟悉丙类功率放大器实现集电极调幅时工作点的调整方法。

(4)进一步掌握低电平调幅电路的工作原理。

2. 实验仪器与设备

高频毫伏表、音频信号发生器、高频信号发生器、数字双踪示波器、万用表和实验模块11——集电极调幅电路。

3. 调幅原理

1)高电平调制电路

高电平调幅电路是以高频功率放大电路为基础构成的,实际上是一个输出电压幅度

受调制信号控制的高频功率放大器，根据调制电压的控制方式不同，相应的有基极调幅和集电极调幅两种电路。由于两种调幅都是在高频功率放大电路的基础上实现的，输出的振幅调制信号有较高的功率，因此称之为"高电平调幅"。

图 4.5.5 所示为集电极调幅电路。等幅载波信号通过高频变压器 T_{r1} 输入到被调放大器的基极，调制信号通过低频变压器 T_{r2} 加到集电极回路与电源电压相串联，C_1、C_2 是高频旁路电容。集电极负载谐振回路调谐在载波频率 f_c 上，通频带为 $2F$。已调幅信号经高频变压器 T_{r3} 传送到负载上。

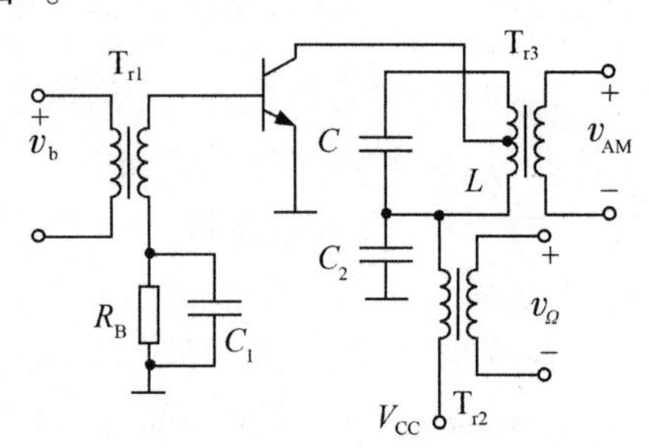

图 4.5.5　集电极调幅电路

因为载波频率比调制信号频率高得多，即 $\omega_c \gg \Omega$，因此，可以将音频电压和集电极电源电压看成集电极等效电压 $V_{CC}(t)$：

$$V_{CC}(t) = V_{CC} + V_{\Omega m}\cos \Omega t = V_{CC}(1 + M_a \cos \Omega t) \tag{4.5.4}$$

式中，V_{CC} 为集电极直流电源电压；M_a 为调幅指数，

$$M_a = \frac{V_{\Omega m}}{V_{CC}} \tag{4.5.5}$$

在 $V_{CC}(t)$ 随调制信号变化的过程中，放大器始终工作在过压区，集电极电流为凹陷脉冲，电流脉冲的基波分量随 $V_{CC}(t)$ 近似线性变化，从而实现调幅功能。

2）低电平调制电路

从调幅波信号的数学表达式中不难看出，把调制信号与特定的直流信号相加，再与载波信号相乘，就可得到振幅调制信号。因此，可以利用乘法电路实现振幅调制。常见的乘法电路有二极管电路、差分对电路和模拟乘法电路。

二极管平衡电路如图 4.5.6 所示。在电路中，为减少无用组合频率分量，应使二极管工作在大信号状态，即控制电压（即载波信号电压）的幅度应大于 0.5 V。

差分对电路是模拟乘法器的核心电路。利用其实现振幅调制的电路如图 4.5.7 所示。

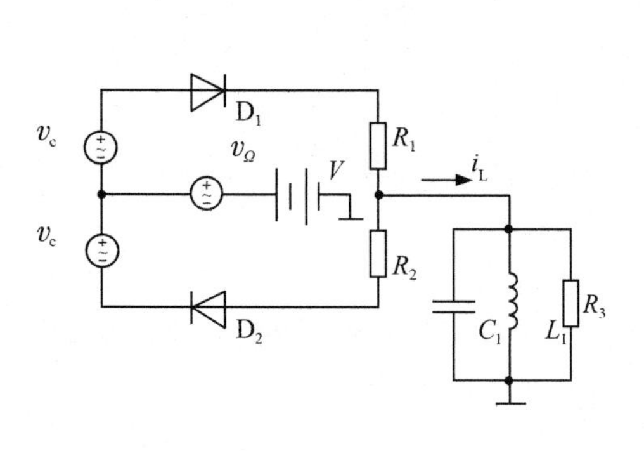

图 4.5.6　二极管平衡电路

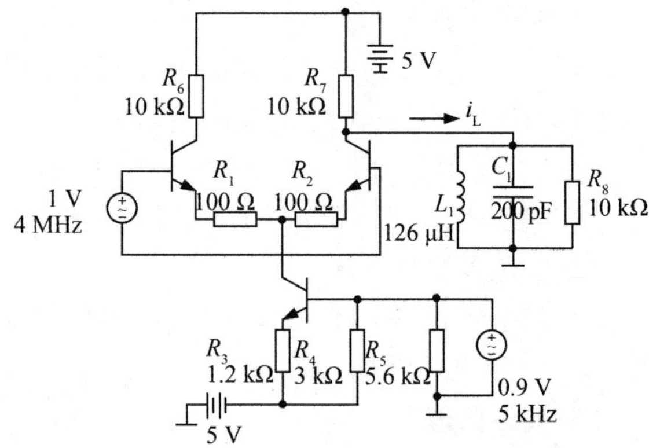

图 4.5.7　差分对电路实现振幅调制

4. Multisim **仿真**

在 Multisim 电路窗口中，创建如图 4.5.8 所示的集电极调幅电路。单击“仿真”按钮，用示波器观察并记录输出信号的波形。

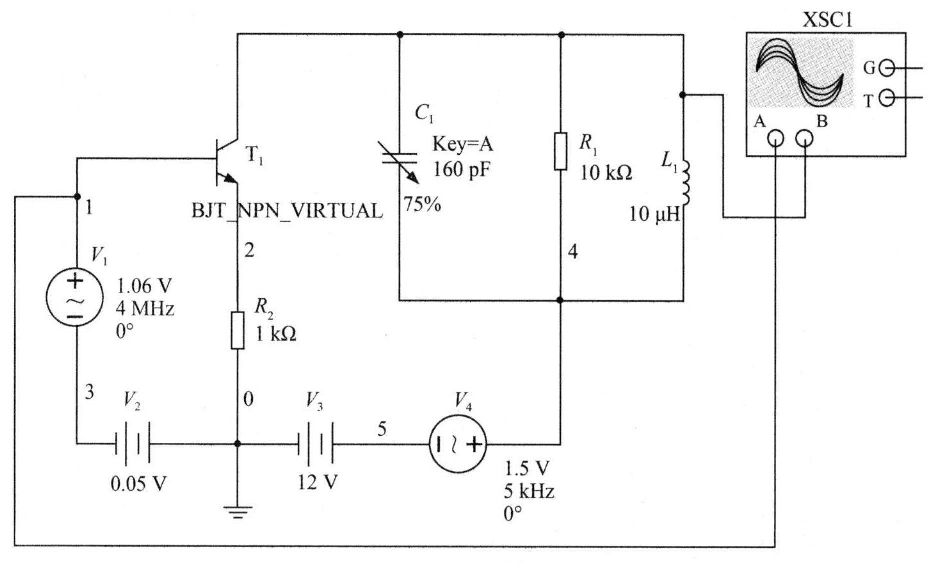

图 4.5.8　集电极调幅电路

在 Multisim 电路窗口中，创建如图 4.5.9 所示的二极管平衡电路。单击“仿真”按钮，用示波器观察并记录输出信号的波形。

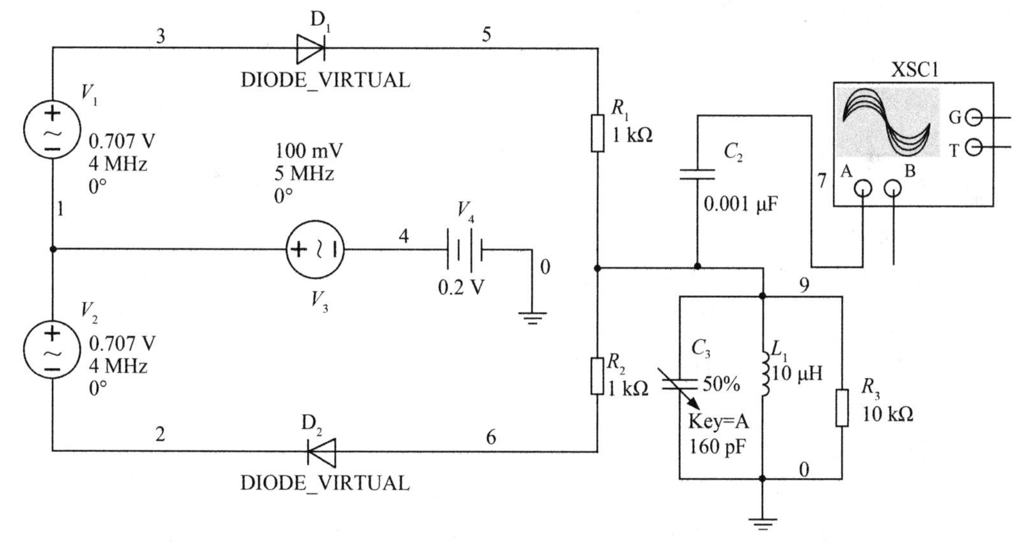

图 4.5.9　二极管平衡电路

在 Multisim 电路窗口中，创建如图 4.5.10 所示的差分对电路。单击“仿真”按钮，用示波器观察并记录输出信号的波形。

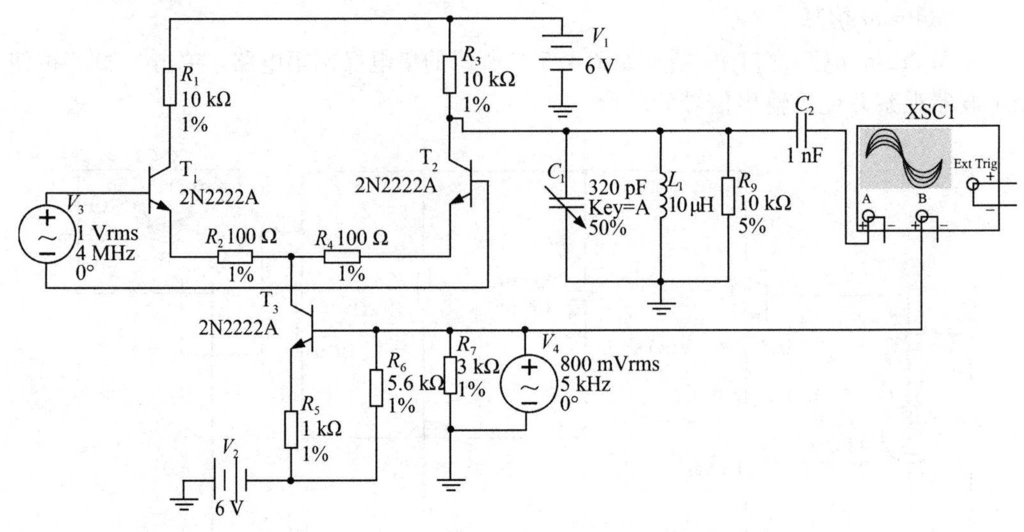

图 4.5.10　差分对调幅电路

5. 实验任务

实验电路为模块 11。熟悉模块 11 的工作原理及电路中各个元器件的作用；将开关 11K02 处于开路状态，即去掉负载。完成以下操作：

(1) 调试电路的静态工作点，使电路工作在过压状态。

(2) 将频率为 1 kHz 左右，幅度为 2～3 V 的低频正弦波信号，由 11IN02 端口输入，并用示波器同时观察 11TP05、11TP06 处的波形。

(3) 测试电路参数变化对调幅指数(M_a)的影响。

①保持音频频率 $F=1$ kHz 不变，改变音频信号的幅度，输出调幅波的调幅指数应发生变化。测试 M_a 随 $V_{\Omega m}$ 的变化，将结果填入自行设计的表格内，并作出 M_a-$V_{\Omega m}$ 曲线。

②保持音频电压 $V_{\Omega m}=2.8$ V 不变，改变调制信号的频率，调幅波的包络亦随之变化。测试 M_a 随音频频率的变化，将结果填入自行设计的表格内，并作出 M_a-F 曲线。

6. 预习要求

(1) 对照测试电路原理图，熟悉电路中各个元器件的位置、作用，弄懂电路原理。

(2) 分析实验电路的工作原理。

(3) 了解有哪些参数影响调幅指数(M_a)的大小。

(4) 自拟实验所需的各种表格。

7. 实验报告要求

(1) 对实验电路进行工作原理分析，并回答思考题中的(1)。

(2) 整理数据表格，画出测试过程中的波形，并写出由数据表格得到的相应结论。

8. 思考题

(1) 集电极调幅为何必须工作在过压状态，如何保证本实验工作在过压状态？

(2) 若要保持 $V_{\Omega m}=5$ V，实现 $M_a=100\%$，必须采取什么措施？

(3) 差分对不对称将对调幅电路产生什么影响？

4.5.2　抑制载波的 DSB 信号调制

1. 实验目的

(1)通过实验,进一步理解 DSB 信号调制的基本原理与实现方法。

(2)掌握 DSB 信号调制电路的组成、调试与测量方法。

(3)进一步掌握低电平调制电路的工作原理。

2. 实验仪器与设备

稳压电源、高频毫伏表、音频信号发生器、数字双踪示波器和万用表。

3. 实验原理

由于 DSB 信号可以通过调制信号与载波信号直接相乘获得,因此,可以通过二极管电路、差分对电路、模拟乘法器等电路实现。这里仅介绍二极管电路,乘法器将在 4.7 节中介绍。

令图 4.5.6 所示的二极管平衡电路中的直流电压 $V=0$ V,即可实现 DSB 信号调制。

若采用二极管双平衡(二极管环形)电路,不仅可以实现 DSB 信号调制,还可以减少组合频率分量,提高调制效率。

图 4.5.11 所示为二极管环形电路。图中的二极管工作在受载波信号控制的大信号工作状态下,且 $V_{cm} \gg V_{\Omega m}$。

流过负载的输出电流 i_L 为

$$i_L = \frac{2v_\Omega}{R_D + 2R_L} k_2(\omega_c t) \tag{4.5.6}$$

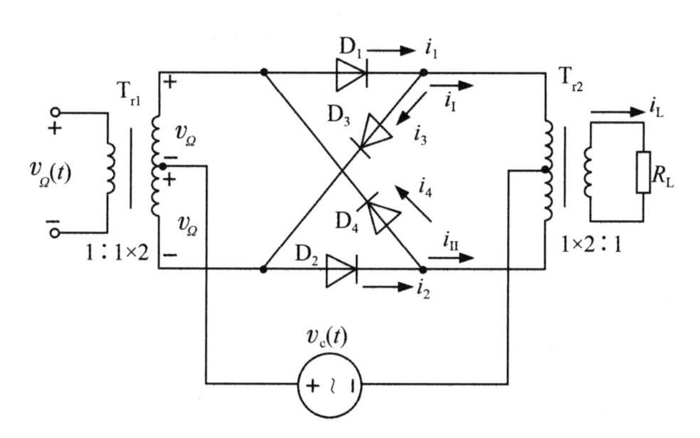

图 4.5.11　二极管环形电路

利用中心频率为 f_c,带宽为 $2F$ 的带通滤波器滤波后,输出电压为

$$v_o(t) = \frac{2V_{\Omega m}}{R_D + 2R_L} R_L \frac{4}{\pi} \cos \Omega t \cos \omega_c t \tag{4.5.7}$$

当 $R_L \gg R_D$ 时,输出电压可以进一步简化为

$$v_o(t) \approx \frac{4}{\pi} V_{\Omega m} \cos \Omega t \cos \omega_c t \tag{4.5.8}$$

输出的信号是双边带调幅信号,工作波形请自行分析。

4. Multisim **仿真**

在 Multisim 电路窗口中,创建如图 4.5.12 所示的二极管环形调幅电路。单击“仿真”按钮,用示波器观察并记录输出信号的波形 。注意包络过零点处载波相位的变化。

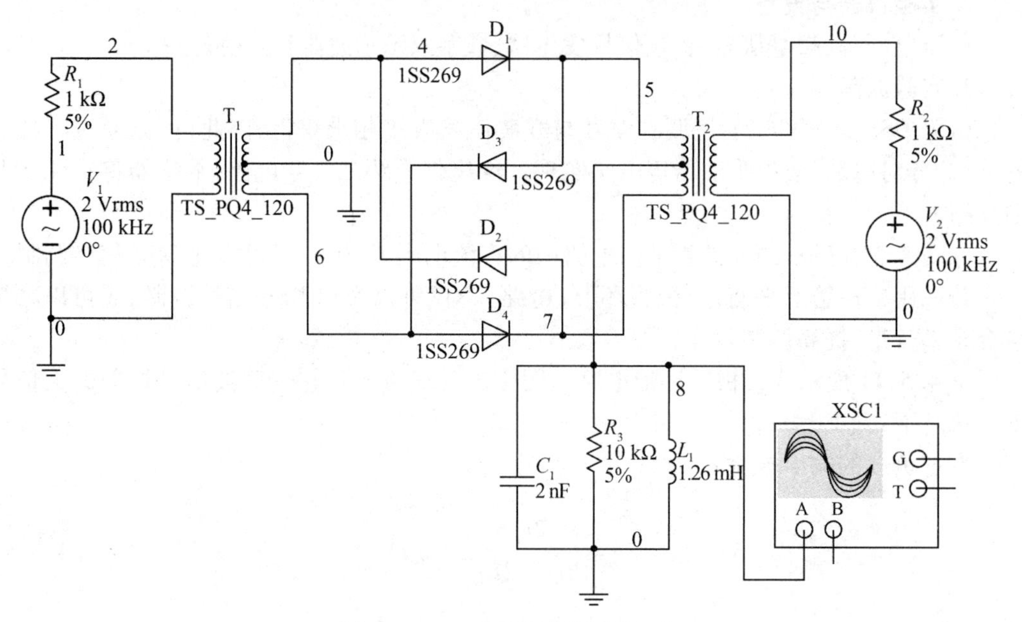

图 4.5.12　二极管环形调幅电路

5. 实验任务

(1) 自行设计实验电路,自拟实验步骤。

(2) 根据自行设计的 DSB 信号调制电路将全部元器件安装好。

(3) 测试输出信号的波形。

6. 实验报告要求

(1) 画出用二极管环形混频组件实现 DSB 信号调制的电路。

(2) 画出测试过程中的波形。

(3) 回答思考题中提出的问题。

7. 思考题

(1) 图 4.5.11 中输入变压器 T_{r1} 和 T_{r2} 的初、次级变比分别为多少?

(2) 若变压器抽头不在中间位置,会对调制结果产生何种影响?

4.6　包络检波器实验

1. 实验目的

(1)进一步理解调幅信号的解调原理和实现方法。

(2)掌握包络检波器的基本电路及低通滤波器中的 R、C 参数对检波器输出的影响。

(3)进一步理解包络检波器中产生失真的机理及预防措施。

2. 实验仪器与设备

数字双踪示波器、万用表和实验模块 10——包络检波器。

3. 实验原理

调幅信号的解调，通常称为“检波”，其实现方法可分为包络检波和同步检波两大类。根据调幅已调波的不同，采用的检波方法也不相同。对于幅度调制信号，由于其包络与调制信号呈线性关系，通常采用二极管峰值包络检波电路；而 DSB 或 SSB 信号的解调只能用同步检波。当然，同步检波也可解调幅度调制信号，但因比包络检波器电路复杂，所以幅度调制信号很少采用同步检波。

二极管包络检波器分为峰值包络检波器和平均包络检波器。图 4.6.1 所示为二极管峰值包络检波器。二极管峰值包络检波需要输入的信号电压幅度大于 0.5 V，检波器输出、输入之间是线性关系，故又称为“线性检波”。二极管平均包络检波的输入信号较小，一般只需几毫伏至几十毫伏，输出的平均电压与输入信号电压振幅的平方成正比，故称之为“平方率检波”，这种检波方式被广泛用于测量仪表中的功率指示。本实验仅研究二极管峰值包络检波器。

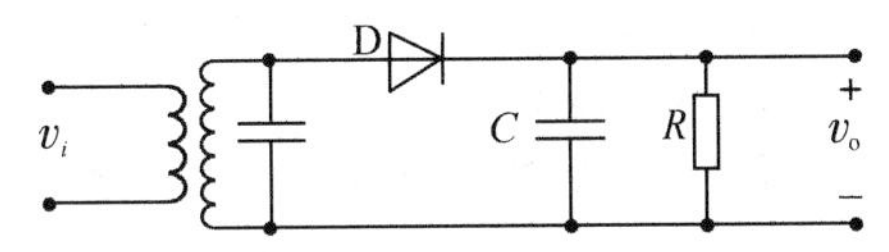

图 4.6.1　二极管峰值包络检波器原理电路

图中，输入回路提供调幅信号源。检波二极管通常选用导通电压小、导通电阻和结电容小的点接触型锗管。RC 电路有两个作用：一是作为检波器的负载，在两端产生解调输出的原调制信号电压；二是滤除检波电流中的高频分量。

为此，RC 网络必须满足

$$\frac{1}{\omega_c C} \ll R, \quad \frac{1}{\Omega C} \gg R \tag{4.6.1}$$

式中，ω_c 为载波角频率；Ω 为调制角频率。

检波过程实质上就是信号源通过二极管向负载电容 C 充电和负载电容 C 对负载电阻 R 放电的过程。充电时间常数为 $R_d C$，R_d 为二极管正向导通电阻。放电时间常数为 RC。通常 $R>R_d$，因此对 C 而言充电快，放电慢。经过若干个周期后，检波器的输出电压 v_o 在充、放电过程中逐步建立起来。该电压对二极管 D 形成一个大的负电压，从而使二极管在输入电压的峰值附近才导通，导通时间很短，电流导通角 θ 很小。当 C 充、放电达到动态平衡后，v_o 按高频周期作锯齿状波动，其平均值是稳定的，且变化规律与输入调幅信号的包络变化规律相同,从而实现了幅度调制信号的解调。

平均电压即输出电压 v_o 包含直流 V_{dc} 及低频分量 v_Ω:

$$v_o(t) = V_{dc} + v_\Omega(t) \tag{4.6.2}$$

当电路元件选择得正确时,V_{dc} 接近但小于输入电压峰值。如果只需输出调制信号,则可在原电路上增加隔直电容 C_L 和负载电阻 R_L,如图 4.6.2(a)所示;如果需要检波器提供与载波电压大小成比例的直流电压(如用于自动增益控制),则可用低通滤波器 $R_G C_G$ 滤除调制分量,取出直流,如图 4.6.2(b)所示。

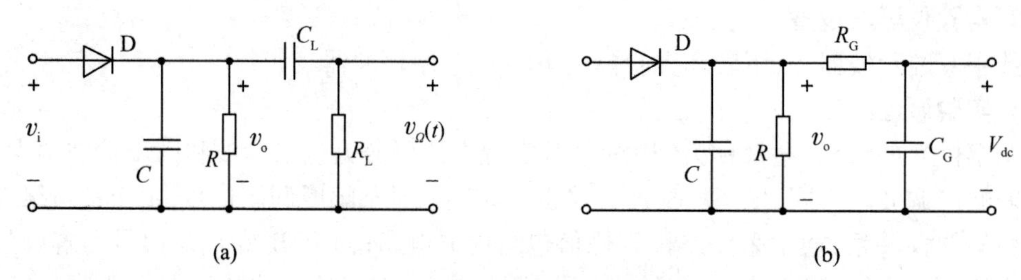

图 4.6.2　二极管峰值包络检波器

下面简单说明一下二极管峰值包络检波器的两项主要性能指标。

1)传输系数(η_d)

传输系数亦称“检波系数”“检波效率”,是描述检波器对输入的已调信号的解调能力或效率的物理量。若输入电压为等幅波 $v_c(t) = V_{cm}\cos\omega_c t$,振幅为 V_{cm},解调输出为直流电压 V_{dc},则 η_d 定义为

$$\eta_d = \frac{V_{dc}}{V_{cm}} = \cos\theta \tag{4.6.3}$$

式中,θ 为二极管的电流导通角; $V_{dc} = \eta_d V_{cm}$ 为解调输出的直流电压。

若输入电压为已调幅的 AM 信号 $v_{AM}(t) = V_{cm}(1 + M_a\cos\Omega t)\cos\omega_c t$,则 η_d 定义为检波器输出的低频电压振幅与输入的高频已调波包络振幅之比,即

$$\eta_d = \frac{V_{\Omega m}}{M_a V_{cm}} = \cos\theta \tag{4.6.4}$$

解调输出的电压 v_o 为

$$v_o = \eta_d V_{cm}(1 + M_a\cos\Omega t) = V_{dc} + V_{\Omega m}\cos\Omega t \tag{4.6.5}$$

式(4.6.3)、式(4.6.4)的定义是一致的。η_d 的大小取决于 R、C 的取值及二极管导通电阻 R_d 的大小,可以证明

$$\eta_d = \cos\theta = \cos\sqrt[3]{\frac{3\pi R_d}{R_L}} < 1 \tag{4.6.6}$$

η_d 越趋近于1，检波效率越高。

2）检波器的失真

二极管峰值包络检波器除具有与放大器相同的线性与非线性失真外，还存在两种特有的失真：一种是惰性（对角线切割）失真，另一种是底部（负峰）切割失真。

（1）频率（线性）失真

①高音频失真：低通滤波器中的电容取值不够小，调制信号的高频部分被短路。

②低音频失真：电路中的隔直流电容取值不够大，调制信号的低频部分被开路。

避免产生频率（线性）失真的条件为：

RC 网络除必须满足式（4.6.1）的条件外，为了在负载 R_L 上得到纯净的音频输出，如图4.6.2（a）所示，还必须满足

$$\frac{1}{\Omega C_L} \ll R_L$$

由于音频的频率范围是 $\Omega_{min} \sim \Omega_{max}$，显然满足 $\frac{1}{\Omega_{min} C} \gg R$ 及 $\frac{1}{\Omega_{max} C_L} \ll R_L$ 的条件比较容易，但若参数选择得不合理，将会出现 $\frac{1}{\Omega_{max} C} \gg R$ 及 $\frac{1}{\Omega_{min} C_L} \ll R_L$ 不成立的情况，此时就会产生频率失真。显然，为了避免出现频率失真，必须满足

$$\frac{1}{\Omega_{max} C} \gg R, \quad \frac{1}{\Omega_{min} C_L} \ll R_L \tag{4.6.7}$$

（2）惰性（对角线切割）失真：为避免产生惰性失真，必须保证在每一个高频周期内二极管导通一次，也就是使电容 C 通过 R 放电的速度大于或等于包络的下降速度，如图4.6.3所示。

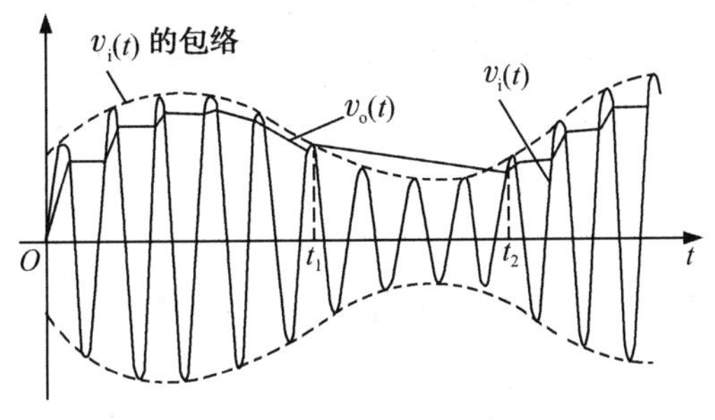

图4.6.3　惰性失真

不产生惰性失真的不等式（避免惰性失真应满足的条件）为

$$RC \leqslant \frac{\sqrt{1 - M_a^2}}{\Omega M_a} \tag{4.6.8}$$

当 $\Omega = \Omega_{max}$ 时，A_{max} 最大。为了保证在 $\Omega = \Omega_{max}$ 时也不产生失真，应满足

$$R_{\mathrm{L}}C \leqslant \frac{\sqrt{1-M_{\mathrm{a}}^{2}}}{\Omega_{\max}M_{\mathrm{a}}} \tag{4.6.9}$$

(3)负峰(底部)切割失真:负峰切割失真(见图 4.6.4)产生的原因是检波器的直流负载阻抗 $Z_{\mathrm{L}}(0)$ 与交流(音频)负载阻抗 $Z_{\mathrm{L}}(\Omega)$ 不相等,而且调幅指数太大。

要防止负峰切割失真产生,必须限制交、直流负载的差别,即满足

$$M_{\mathrm{a}} \leqslant \frac{R}{R_{\mathrm{i2}}+R} = \frac{Z_{\mathrm{L}}(\Omega)}{Z_{\mathrm{L}}(0)} \tag{4.6.10}$$

式中,R_{i2} 为下一级低频放大器的输入等效电阻。实际上,现代设备一般采用 R_{i2} 很大的集成运算放大器,不会产生负峰切割失真。另外,可以采用如图 4.6.5 所示的分负载检波电路,以此减少 $Z_{\mathrm{L}}(0)$ 与 $Z_{\mathrm{L}}(\Omega)$ 的差别。

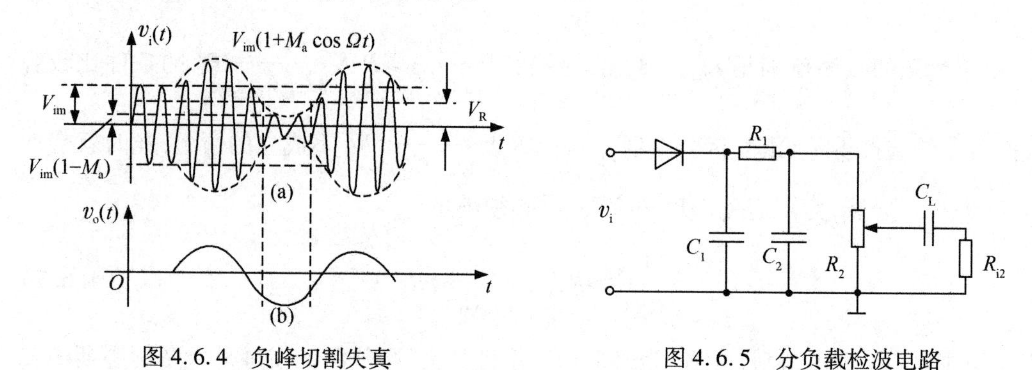

图 4.6.4　负峰切割失真　　　　图 4.6.5　分负载检波电路

4. Multisim 仿真

在 Multisim 电路窗口中,创建如图 4.6.6 所示的二极管峰值包络检波电路,设置调幅指数为 0.3。用虚拟示波器观察到的输入与输出信号的波形如图 4.6.7 所示。

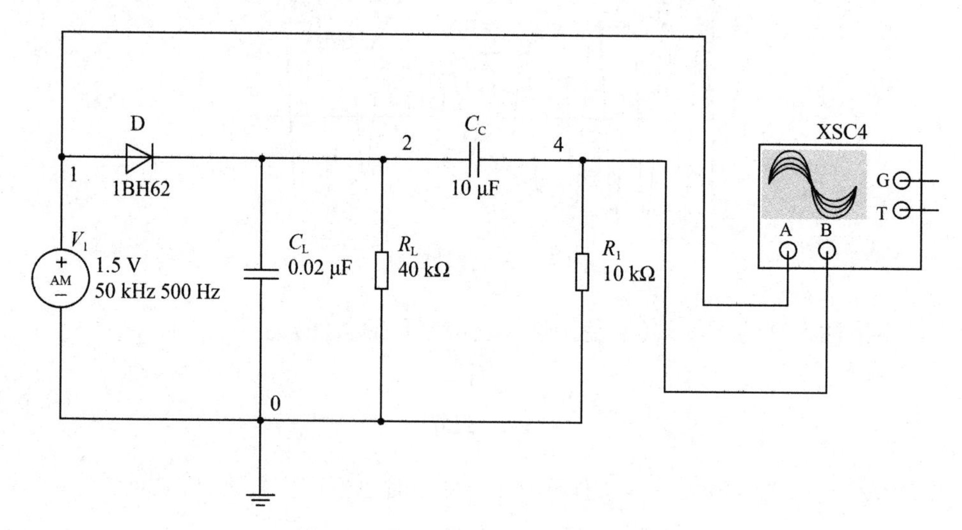

图 4.6.6　二极管峰值包络检波电路

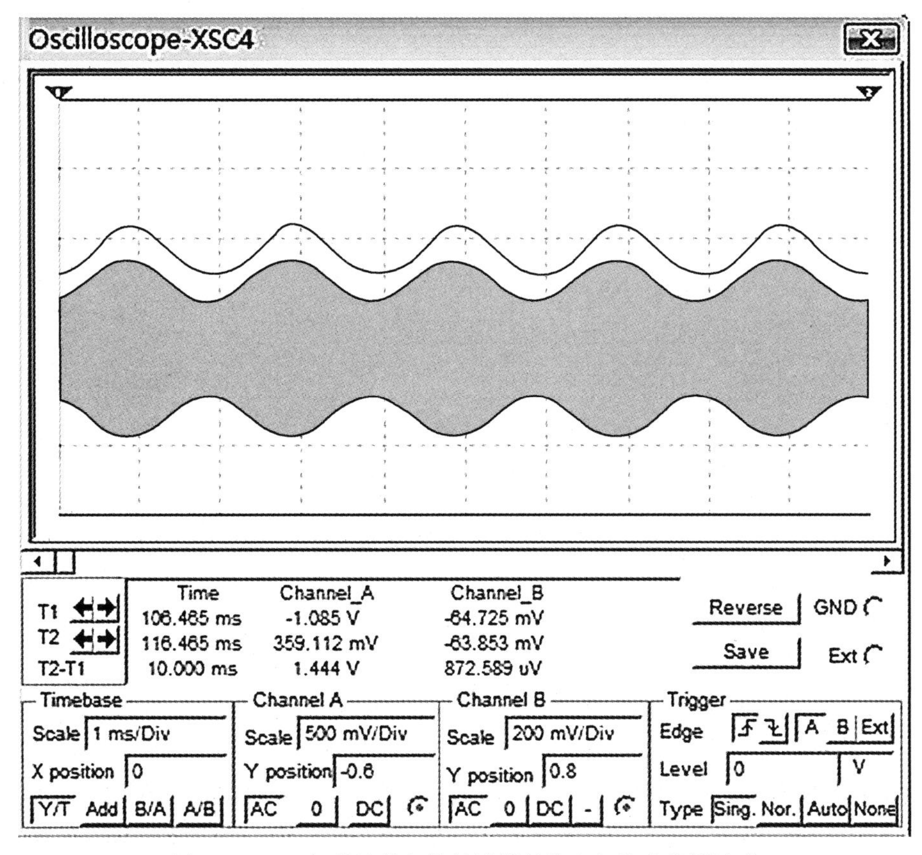

图 4.6.7　二极管峰值包络检波器的输入与输出信号波形

如果电路参数选择得不合适，在检波时会引起输出失真，包括频率失真和两种非线性失真（惰性失真、负峰切割失真）。

（1）分别做以下仿真：

①将低通滤波器中的电容 C_L 的取值改为 0.2 μF，用虚拟示波器观察并记录输出信号的波形。

②修改检波电路参数，使 R_L = 400 kΩ，用虚拟示波器观察并记录输出信号的波形。

③将 AM 信号源的调幅指数（M_a）改为 0.8，再用虚拟示波器观察并记录输出信号的波形，并说明产生失真的原因。

④将电路中的隔直流电容 C_C 改为 1 μF，负载 R_1 的取值改为 5 kΩ，用虚拟示波器观察并记录输出信号的波形。

⑤令 AM 信号源的载波频率为 20 kHz，再用虚拟示波器观察并记录输出信号的波形。

将上述五种情况所得到的输出信号波形与图 4.6.7 进行比较，说明产生失真的原因。

（2）在 Multisim 电路窗口中，创建如图 4.6.8 所示的电路，使检波器的输入信号保持 M_a = 0.8，检查无误后，激活电路仿真，用虚拟示波器观察并记录输入与输出信号的波形。将所得结果与仿真（1）中的③所得到的结果进行比较，并写出得到的相应结论。

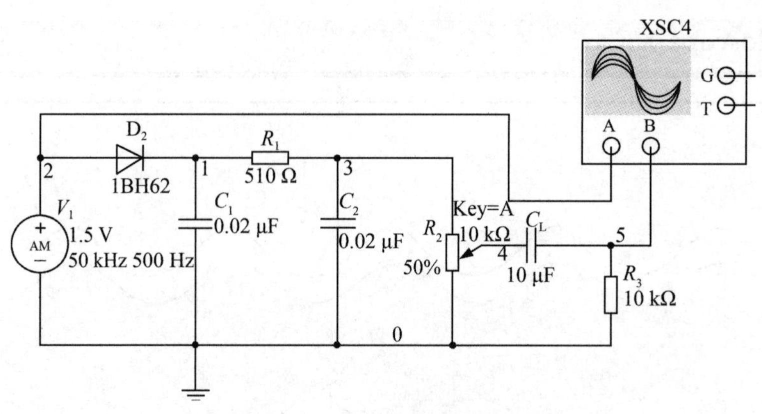

图 4.6.8　分负载检波电路

5. 实验任务

实验电路如图 4.6.9 所示。熟悉电路中各个元器件的作用及其在实验板上的位置，完成如下操作：

(1)将开关 10K11 断开,从 10OUT01 端输出。

①断开开关 10K07、10K08(等效负载 R_{i2} 为无穷大),改变低通滤波器的滤波电容 C_L 的大小(分别为 0.01 μF、0.1 μF、1 μF)和电阻 R_L 的大小(分别为 4.7 kΩ、30 kΩ、47 kΩ),用示波器观察输出信号的波形并记录。

②取步骤①中输出波形最理想时的电阻 R_L、电容 C_L 的值,分别接通开关 10K07、10K08,即改变等效负载 R_{i2} 的大小(分别为 1 kΩ、10 kΩ),用示波器观察输出信号的波形并记录。

(2)将开关 10K11 接通,开关 10K04～10K08 断开,从 10OUT02 端输出。

①断开开关 10K09、10K10(等效负载 R_{i2} 为无穷大),分别接通开关 10K01、10K02、10K03,即改变低通滤波器的滤波电容 C_L 的大小(分别为 0.01 μF、0.1 μF、1 μF),用示波器观察输出信号的波形并记录。

②取步骤①中输出波形最理想时的电容 C_L 的值,分别接通开关 10K09、10K10,即改变等效负载 R_{i2} 的大小(分别为 1 kΩ、10 kΩ),用示波器观察输出信号的波形并记录。

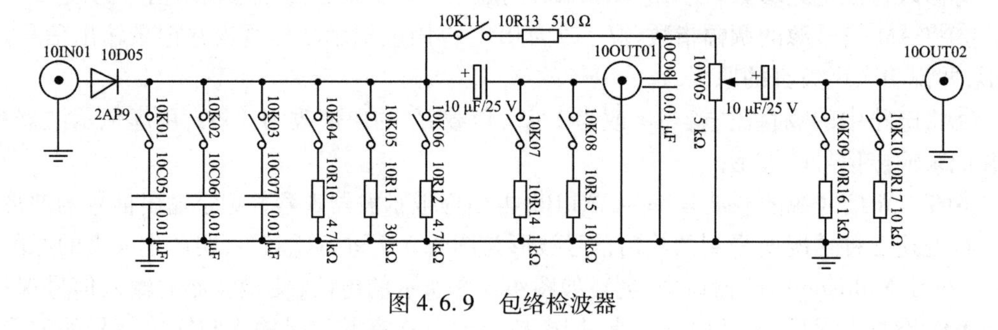

图 4.6.9　包络检波器

6. 预习要求

(1)对照测试电路原理图,熟悉电路的基本原理。

(2)自拟实验步骤及实验所需的各种表格。

(3)分析并预测实验任务中的各项结果。

7. 实验报告要求

(1)写出分析实验任务中各项结果的步骤。

(2)根据所测波形写出得到的相应结论。

(3)回答思考题中提出的问题。

8. 思考题

(1)分析仿真步骤(1)中的几种情况有可能出现的结果和消除的措施。

(2)分析仿真步骤(2)中的情况有可能出现的结果。

(3)简述惰性失真产生的原因。

(4)简述负峰切割失真产生的原因。

4.7 混频器实验

混频的基本功能是保持已调信号的调制规律不变,仅使载波频率升高(上变频)或降低(下变频)。从频谱角度看,混频的实质是将已调信号的频谱沿频率轴做线性搬移,因而混频电路必须由具有相乘作用的非线性器件和中频带通滤波器组成,如图4.7.1所示。

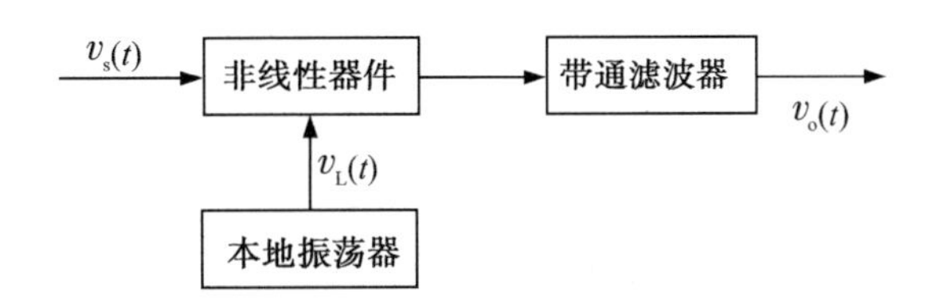

图4.7.1　混频电路的组成

图中,$v_s(t)$是输入的已调信号,可以是调幅波或调角波;$v_L(t)$是参考信号,亦称"本机振荡信号"或"本振"。设

$$v_s(t)=V_{sm}\cos\omega_c t,\quad v_L(t)=V_{Lm}\cos\omega_L t$$

则其乘积

$$v_o(t)=V_{sm}\cos\omega_c tV_{Lm}\cos\omega_L t=\frac{V_{sm}V_{Lm}}{2}[\cos(\omega_L+\omega_c)t+\cos(\omega_L-\omega_c)t] \tag{4.7.1}$$

经中频带通滤波器,取出$\omega_L+\omega_c$或$\omega_L-\omega_c$频率分量,即完成变频作用。新的载波频率习惯上称为"中频"。

若取出的频率分量为$\omega_I=\omega_L-\omega_c$,则输出的中频信号为

$$v_I(t)=\frac{V_{sm}V_{Lm}}{2}\cos(\omega_L-\omega_c)t=V_{Im}\cos\omega_I t \tag{4.7.2}$$

混频器被广泛应用于各种电子设备。在发送设备、接收设备和电子仪器中,利用混频器可以改变振荡源输出信号的频率。此外,混频器还被广泛用于需要进行频率变换的电

子系统及仪器中，如在外差频率计或频率合成器中，常用混频器完成频率的加减运算，从而得到各种不同频率的信号。

混频电路的形式很多，原则上凡是具有相乘功能的器件都可用来构成混频电路，如集成模拟乘法器、晶体三极管、晶体二极管、场效应晶体管等。本实验仅讨论晶体三极管混频器，模拟乘法器混频将在 4.8 节中讨论。

混频器的主要质量指标之一是混频增益（或混频损耗），它是评价混频器性能的重要指标。混频增益是混频器输出的中频信号电压振幅 V_{Im}（或功率 P_I）与输入的高频信号电压振幅 V_{sm}（或功率 P_s）的比值，用分贝表示，即

$$A_{vc} = 20\lg\frac{V_{Im}}{V_{sm}}(\mathrm{dB}) \quad 或 \quad G_{pc} = 10\lg\frac{P_I}{P_s}(\mathrm{dB}) \tag{4.7.3}$$

在输入信号相同的情况下，分贝数越大表明混频增益越高，混频器将输入信号变换为输出中频信号的能力越强，接收机的灵敏度越高。

混频损耗是对不具备混频增益的混频器而言的，它的定义为在最大功率传输条件下，输入信号功率 P_s 与输出中频功率 P_I 的比值，用 dB 表示，即

$$L_c = 10\lg\frac{P_s}{P_I}(\mathrm{dB}) \tag{4.7.4}$$

4.7.1 晶体三极管混频器

1. 实验目的

(1)掌握晶体三极管混频器的工作原理及作用。

(2)弄清混频增益与晶体管工作状态及本振电压的关系。

(3)了解混频器的寄生干扰。

2. 实验仪器与设备

数字示波器、超高频毫伏表、万用表和实验模块 8——晶体三极管混频器。

3. 实验原理

利用如图 4.7.2 所示的原理电路，令 $v_s(t)=V_{sm}\cos\omega_c t$，$v_L=V_{Lm}\cos\omega_L t$，在满足 $V_{sm}\ll V_{Lm}$ 的条件下，电路工作在线性时变状态，由理论课分析知，此时流过晶体三极管的集电极电流近似为

$$i_C = f(V_Q+v_L+v_s) \approx f(V_Q+v_L) + f'(V_Q+v_L)v_s \approx I_C(v_L) + g_C(v_L)v_s$$

$$i_C(t) \approx I_C(\omega_L t) + g_C(\omega_L t)v_s(t) \tag{4.7.5}$$

式中，$I_C(\omega_L t)$ 和 $g_C(\omega_L t)$ 均为本振频率 ω_L 的周期性函数，显然，集电极电流 $i_C(t)$ 中包含频率为 $n\omega_L$ 和 $n\omega_L \pm \omega_c$ 的分量。$i_C(t)$ 中的中频电流为

$$i_I(t) = \frac{1}{2}g_{1m}V_{sm}\cos(\omega_L-\omega_c)t = g_{cm}V_{sm}\cos\omega_I t = I_{Im}\cos\omega_I t \tag{4.7.6}$$

若图 4.7.2 所示电路的集电极回路谐振在 $\omega_I=\omega_L-\omega_c$ 上，R'_L 为谐振回路的谐振总电阻，则在回路两端所得到的中频输出电压为

$$v_o(t)=v_I(t)=-i_I(t)R'_L=-I_{1m}R'_L\cos(\omega_L-\omega_c)t=-V_{Im}\cos\omega_I t \tag{4.7.7}$$

由式(4.7.6)、式(4.7.7)知，输出中频电流的振幅 I_{Im} 或中频电压的振幅 V_{Im} 与输入高频电压的振幅 V_{sm} 成正比，即 $I_{Im}=\frac{1}{2}g_{1m}V_{sm}=g_{cm}V_{sm}$ 或 $V_{Im}=I_{Im}R'_L=g_{cm}V_{sm}R'_L$，其中 $g_{cm}=\frac{1}{2}g_{1m}$，称为“混频跨导”，即混频跨导等于时变跨导基波分量振幅的一半。

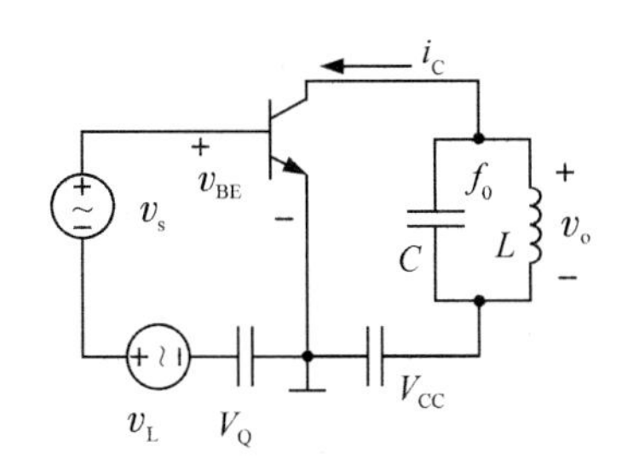

图 4.7.2　三极管混频器原理图

当输入信号为已调波时，如

$$v_s(t)=V_{sm}(1+M_a\cos\Omega t)\cos\omega_c t$$

则

$$i_I(t)=g_{cm}V_{sm}(1+M_a\cos\Omega t)\cos\omega_I t \tag{4.7.8}$$

式(4.7.8)说明，电路在将高频信号变换为中频信号的过程中，并没有改变高频信号的原调制规律，实现了频谱的线性搬移即混频功能。

下面来讨论混频跨导和混频增益。

混频跨导的定义为混频器输出中频电流的振幅 I_{Im} 与输入高频信号电压的振幅 V_{sm} 之比，即

$$g_{cm}=\frac{\text{输出中频电流的振幅}}{\text{输入高频信号电压的振幅}}=\frac{I_{Im}}{V_{sm}}=\frac{1}{2}g_{1m} \tag{4.7.9}$$

其值等于时变跨导 $g(t)$ 中基波分量振幅 g_{1m} 的一半。

此时混频增益为

$$A_{vc}=\frac{V_{Im}}{V_{sm}}=-g_{mc}R'_L=-\frac{1}{2}g_{1m}R'_L \tag{4.7.10}$$

综上所述，晶体三极管混频器在满足线性时变的条件下，混频增益与混频跨导成正比。实际上，g_{1m} 又与本振电压的振幅 V_{Lm} 的大小和静态偏置有关，如图 4.7.3 所示。

其中，$v_{BE}=V_{BB}(t)=V_Q+v_L$，时变跨导 $g(t)$ 的波形如图 4.7.3 所示，分析如下：

$$g(t)=\left.\frac{\partial i_C}{\partial v_{BE}}\right|_{v_{BE}=V_{BB}(t)=V_Q+v_L} \tag{4.7.11}$$

由图可见，当 V_Q 一定，V_{Lm} 由小增大时，g_{1m} 即 g_{cm} 也相应地由小增大，直到 $g(t)$ 趋近于方波时，相应的 $g_{1m}(g_{cm})$ 便达到最大值。实际上，在晶体三极管混频电路中，一般采用分压式偏置电路，所以当 V_{Lm} 增大到一定值后，由于三极管特性的非线性，将产生

自给偏压效应，基极偏置电压将从静态值 V_Q 开始向截止方向移动，相应的 g_{1m} 或 g_{cm} 就比上述恒定偏置时小，结果使 g_{cm} 随 V_{Lm} 的变化规律如图 4.7.4 中实线所示。显然，在 V_{Lm} 为 $V_{Lm(opt)}$（称为“最佳值”）的情况下，混频增益可以达到最大值。实验证明，在中波广播收音机中，这个最佳值为 20～200 mV。同样，若固定 V_{Lm} 值，改变 V_Q（或发射极静态电流 I_{EQ}）值，g_{cm} 也会发生相应变化，如图 4.7.5 所示。实验表明，当 I_{EQ} 为 0.2～1 mA 时，g_{cm} 近似不变，并接近最大。

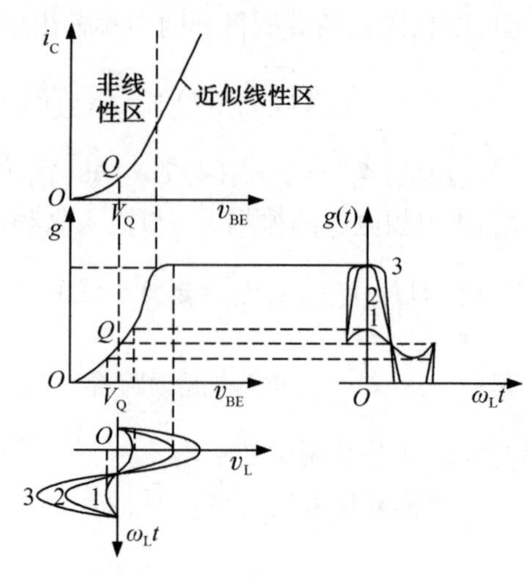

图 4.7.3　时变跨导 $g(t)$ 的图解分析

混频增益是混频器的主要参数，是衡量混频器性能的主要指标之一。增益越大，混频器的性能越好，所以在设计混频器时以能够获得最大增益的工作状态为最佳状态。

晶体三极管混频电路如图 4.7.6 所示。高频（载波频率为 4 MHz）调幅信号 v_s 经耦合电容 C_1 耦合到混频管的基极，本振信号 v_L（频率为 4.465 MHz）经耦合电容 C_3 耦合到混频管的发射极。高频信号与本振信号串联接入混频器的发射结。利用混频管转移特性的非线性，集电极电流中产生了高频信号和本振信号频率的差频、和频以及各次谐波的差和频，经由 L、C 组成的选频回路选出 $f_I = f_L - f_c = (4.465-4)\,\text{MHz} = 465\ \text{kHz}$ 的中频信号。图中，调节电位器 W_1 的大小，可以调节混频管的静态工作点。

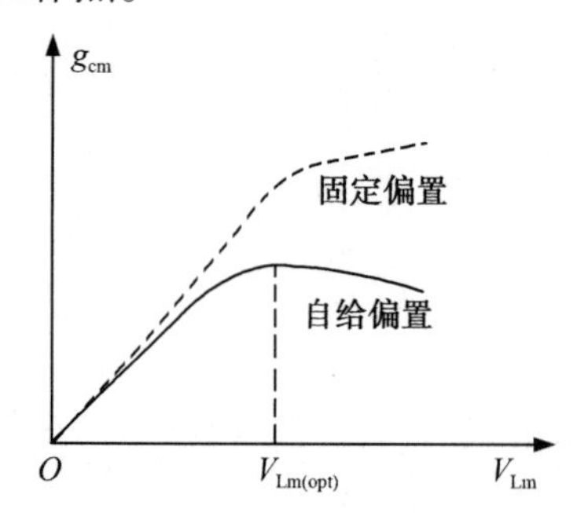

图 4.7.4　g_{cm} 随 V_{Lm} 变化的特性

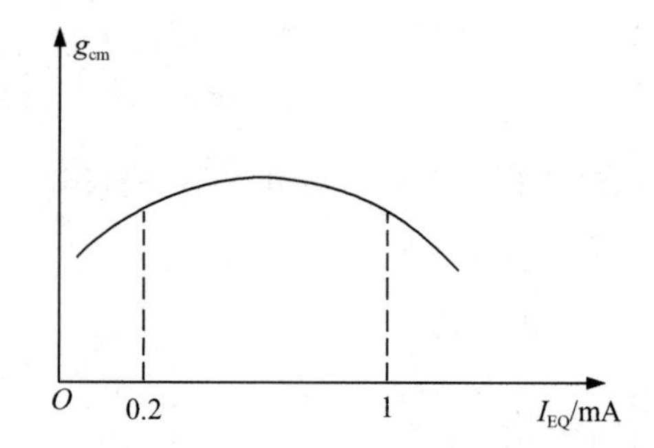

图 4.7.5　g_{cm} 随 I_{EQ} 变化的特性

由上述介绍知，晶体三极管混频器的功能是将载波为高频的已调波信号不失真地变换为另一载波频率为 f_I（固定中频）的已调波信号，而保持原调制规律不变。例如，在调幅广播接收机中，混频器将中心频率为 535 ～ 1605 kHz 的已调波信号变换为中心频率为 465 kHz 的中频已调波信号。

4. Multisim **仿真**

在 Multisim 电路窗口中，创建如图 4.7.6 所示的晶体三极管混频电路，虚拟示波器的 A、B 输入端点分别接图中的 INPUT 和 OUTPUT 端。检查无误后单击“仿真”按钮。

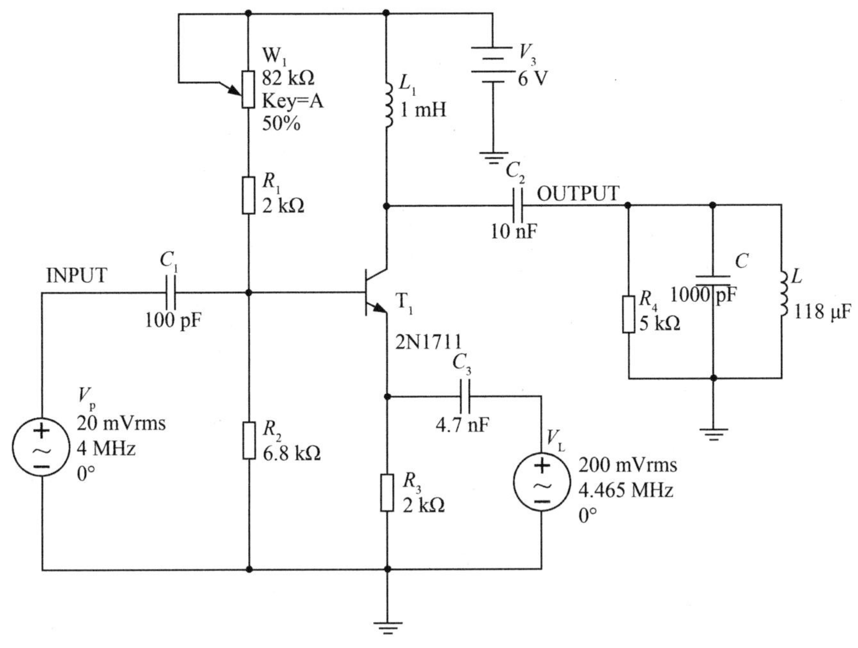

图 4.7.6　晶体三极管混频电路

用虚拟示波器观察输入与输出信号的波形，并完成下列操作：

(1)利用 Simulate 菜单 Analyses 列表中的"DC Operating Point..."选项进行直流工作点分析，将结果填入自行设计的表格中。

(2)混频增益的测量：利用虚拟示波器的测量波形，计算出该电路的混频增益。

(3)调电位器 W_1，改变电路的静态工作点，并利用 Simulate 菜单 Analyses 列表中的"DC Operating Point..."选项进行直流工作点分析，将结果填入自行设计的表格中。再利用虚拟示波器的测量波形，计算出该电路的混频增益，将结果填入自行设计的表格中。

(4)改变本地振荡电压的幅度(保持静态工作点电压不变)，利用虚拟示波器的测量波形，计算出该电路的混频增益，将结果填入自行设计的表格中。

(5)分析测量结果，找出最佳静态工作点及本地振荡电压的最佳幅值。

5. 实验任务

实验电路如图 4.7.7 所示。熟悉电路中各个元器件的作用及其在实验板上的位置，完成如下操作：

(1)调电位器 8W01，使直流工作点为最佳状态并记录。

(2)调本地振荡电压的幅值为最佳。

(3)用示波器测量混频电路的输入、输出信号波形并计算混频增益 A_{vc}(此时应调节回路元件至谐振状态)。

(4)调电位器 8W01，改变电路的静态工作点，测量 A_{vc} 随工作点电流 I_{EQ} 的变化，将结果填入自行设计的表格内。

(5)改变本地振荡电压的幅值 V_{Lm}，测量 A_{vc} 随 V_{Lm} 的变化，将结果填入自行设计的表格内。

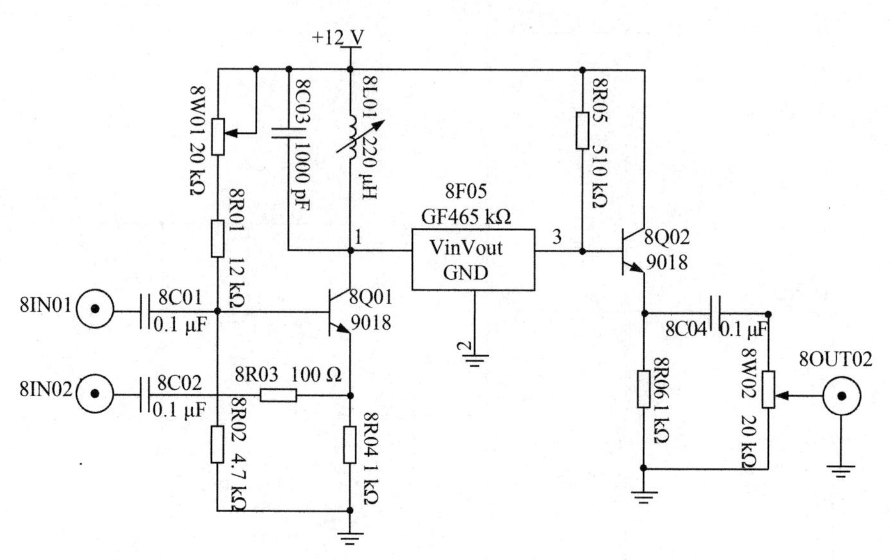

图 4.7.7　晶体三极管混频器

6. **预习要求**

(1)复习晶体三极管混频器的工作原理。

(2)对照测试电路,分析电路中各个元器件的作用。

(3)分析测试电路的工作原理并画出测试电路的混频交流通路。

7. **实验报告要求**

(1)根据实验任务(4)得到的表格,绘出 A_{vc}-I_{EQ} 关系曲线。

(2)根据实验任务(5)得到的表格,绘出 A_{vc}-V_{Lm} 关系曲线。

8. **思考题**

(1)为什么晶体三极管混频器的混频增益与本振电压的幅度 V_{Lm} 和静态工作点 I_{EQ} 有关?

(2)应该怎样选择本振电压的幅度 V_{Lm} 和静态工作点 I_{EQ}?

4.7.2　二极管环形混频器

1. **实验目的**

(1)掌握二极管混频器的工作原理及分析方法。

(2)进一步了解混频器的寄生干扰。

2. **实验仪器与设备**

数字示波器、高频毫伏表、万用表、高频/低频信号发生器和实验模块 8——二极管环形混频器。

3. **实验原理**

二极管环形混频器如图 4.7.8 所示。若 $v_L = V_{Lm}\cos\omega_L t$,$v_s = V_{sm}\cos\omega_c t$,且 $V_{Lm} \gg V_{cm}$,二极管将在 v_L 的控制下轮流工作在导通区和截止区。电路的工作原理如下:

由图 4.7.8(a)知,流过负载 R_L 的总电流 i_L 为

$$i_L = i_1 + i_3 - i_2 - i_4 \tag{4.7.12}$$

当 $v_L \geqslant 0$ 时,二极管 D_2、D_3 导通,D_1、D_4 截止,相应的等效电路如图 4.7.8(b)所示。流过负载的电流为

$$i_L = i_1 + i_3 - i_2 - i_4 = i_3 - i_2 = \frac{-2v_s}{R_D + 2R_L} \tag{4.7.13}$$

当 $v_L < 0$ 时,二极管 D_1、D_4 导通,D_3、D_2 截止,相应的等效电路如图 4.7.8(c)所示。流过负载的电流为

$$i_L = i_1 + i_3 - i_2 - i_4 = i_1 - i_4 = \frac{2v_s}{R_D + 2R_L} \tag{4.7.14}$$

因此,在 v_L 的整个周期内,流过负载的总电流 i_L 可以表示为

$$i_L = \frac{-2v_s}{R_D + 2R_L}k_2(\omega_L t) \tag{4.7.15}$$

由此可见,电流 i_L 中包含的频率分量为$(2n-1)\omega_L \pm \omega_c$。

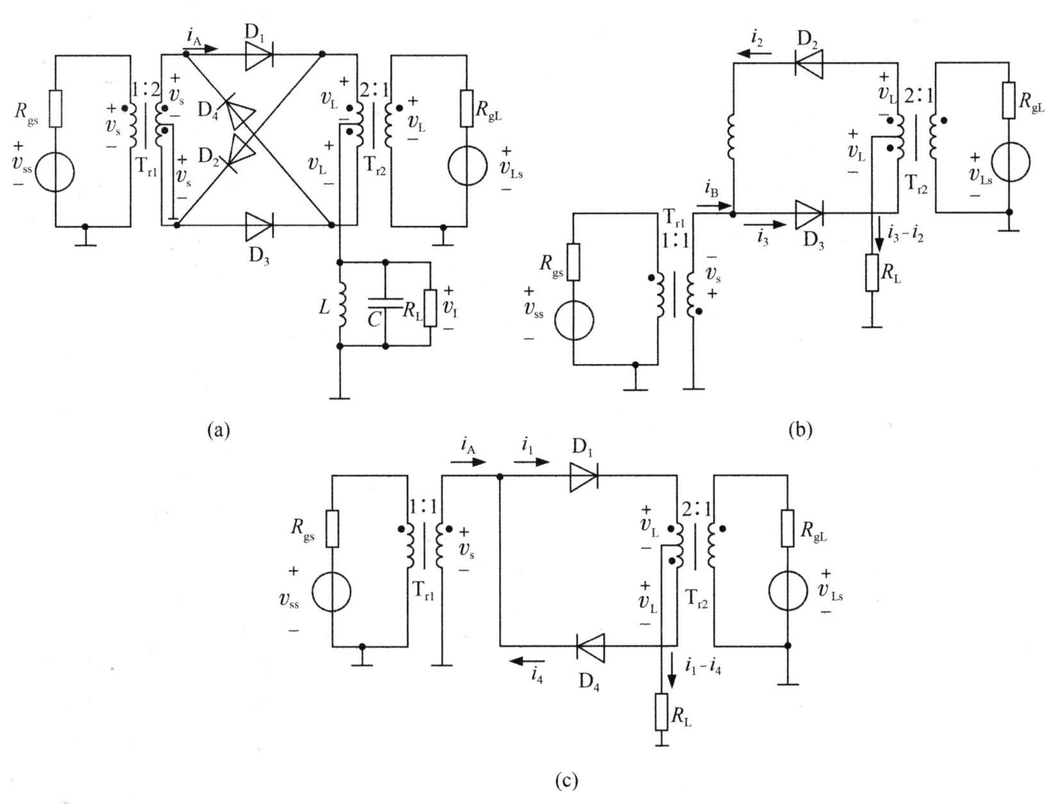

图 4.7.8　二极管双平衡(环形)混频器

经 LC 带通滤波器滤除无用频率分量,在负载上得到的有用中频电流分量为

$$i_I = -\frac{4}{\pi} \cdot \frac{V_{sm}}{2R_L + R_D}\cos(\omega_L - \omega_c)t \tag{4.7.16}$$

电路实现了混频功能。

若二极管的特性一致，变压器中心抽头上、下完全对称，则环形电路的最重要特点就是各端口之间有良好的隔离。

二极管环形混频器没有混频增益，而且存在插入损耗，可以证明，电路的插入损耗为

$$L_c = 10\lg \frac{P_s}{P_I} = 10\lg \frac{\pi^2}{4} \approx 4\ \text{dB} \tag{4.7.17}$$

实际上，考虑到变压器和二极管中的损耗，环形混频器的插入损耗 L_c 为 6～8 dB。当工作频率升高时，由于二极管结电容和变压器分布参数的影响，L_c 将相应增大。如果本振功率足够大，而输入信号功率远小于本振功率，混频二极管工作在开关状态，则 L_c 与本振功率大小无关，近似为定值。但如果混频器的开关工作条件遭到破坏，不仅会导致 L_c 增大，而且会影响工作频率。

4. Multisim **仿真**

在 Multisim 电路窗口中，创建如图 4.7.9 所示的二极管环形混频电路，检查无误后单击“仿真”按钮。用虚拟示波器观察输入、输出信号的波形，并完成下列操作：

（1）用虚拟示波器观察输入、输出信号的波形，调整电感 L_1 的值（注意增量是 1%），使回路谐振。

（2）用虚拟示波器测量输入、输出信号的幅度，计算混频器的插入损耗，并分析损耗产生的原因。

（3）用虚拟频率计数器测量输入信号的频率、本地振荡信号的频率和输出信号的频率，验证是否满足

$$f_I = f_L - f_C$$

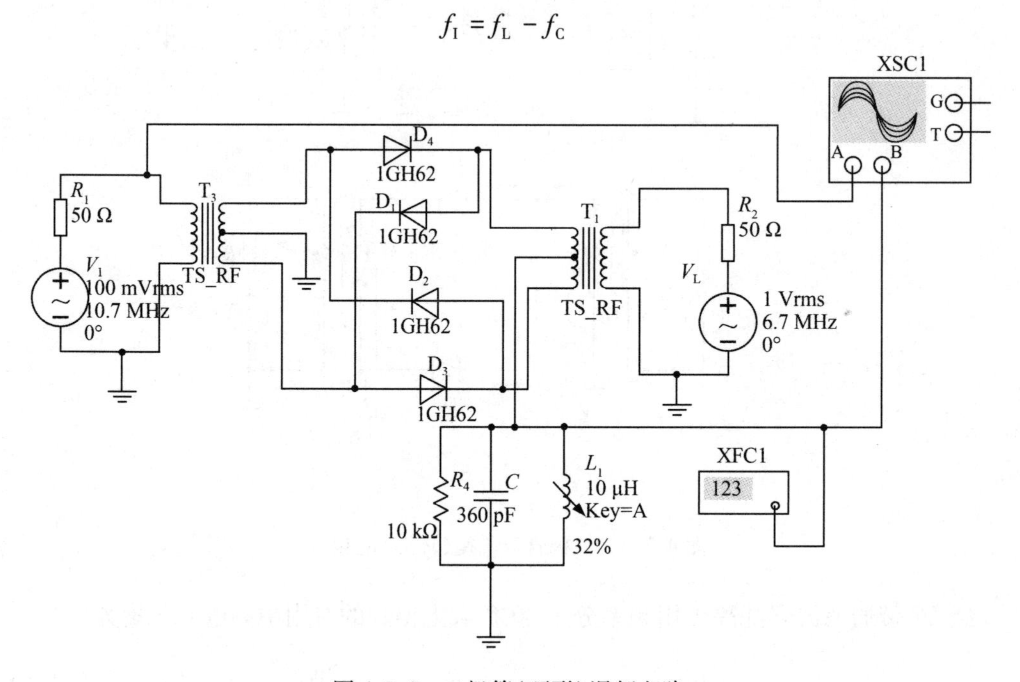

图 4.7.9　二极管（环形）混频电路

5. 实验任务

实验电路如图 4.7.10 所示。熟悉电路中各个元器件的作用及在实验板上的位置，将频率为 10.7 MHz 的高频信号从 8IN01 端口输入，将频率为 6.7 MHz 的本地振荡信号从 8IN02 端口输入，准备就绪后完成如下操作：

(1) 调整输入信号幅度至 700 mV 左右（频率为 10.7 MHz 的正弦波）。

(2) 调整本地振荡信号幅度为 1 V 左右（频率为 6.7 MHz 的正弦波）。

(3) 用示波器观察输入、输出信号的波形并分别测量信号的幅度和频率。记录并计算混频器的插入损耗，验证是否满足 $f_I = f_L - f_C$ 的条件。

(4) 测量混频器的插入损耗。

(5) 将输入信号改为中心频率为 10.7 MHz、幅度为 700 mV 左右、频偏为 70～100 kHz 的调频波，观察输出信号的波形。

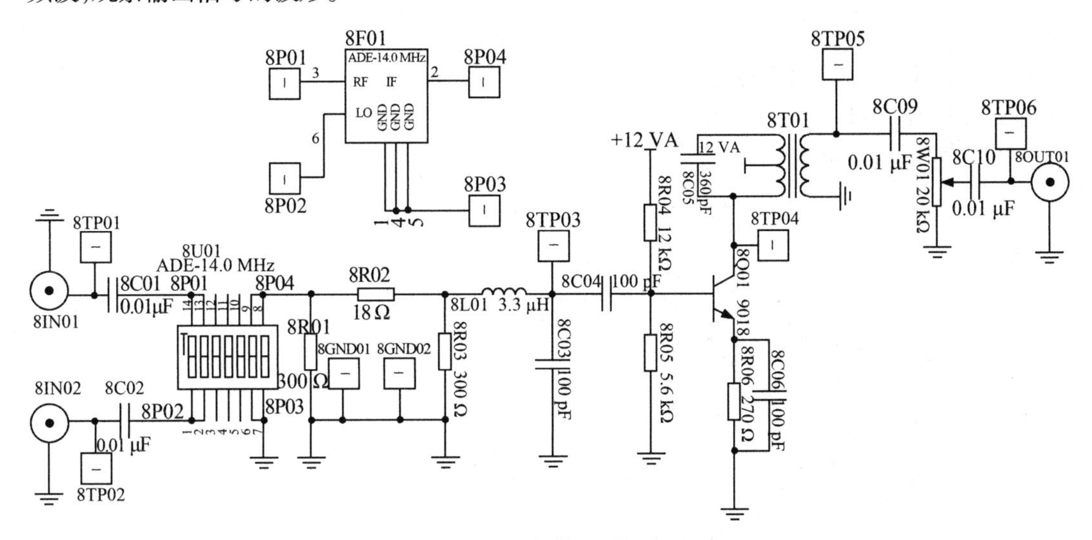

图 4.7.10 二极管环形混频电路

6. 预习要求

(1) 对照测试电路原理图，熟悉电路中各个元器件的位置、作用，弄懂电路原理。

(2) 复习教材中有关章节的内容。

(3) 回答思考题中提出的问题。

7. 实验报告要求

(1) 整理数据，画出测试过程中的波形，并写出由数据得到的相应结论。

(2) 分析电路产生损耗的原因。

(3) 写出心得体会。

8. 思考题

(1) 测量混频器的插入损耗时，应该从哪一端测量输出信号的幅度？

(2) 在环形混频的过程中会出现哪几种不正常的波形？试分析原因。

(3) 画出本实验中的波形图和频谱图。

4.8　集成模拟乘法器的应用实验

集成模拟乘法器(integrated analog multiplier)是继集成运算放大器后最通用的模拟集成电路之一,是一种多用途的线性集成电路。可用作宽带、抑制载波双边带平衡调制器,不需要耦合变压器或调谐电路,还可作为高性能的 SSB 乘法检波器、幅度调制 /解调器、频率调制/解调器、混频器、倍频器、鉴相器等。与放大器相结合还可以完成许多数学运算,如乘法、除法、乘方、开方等。

集成模拟乘法器 MC1496/1596 的内部电路如图 4.8.1(a)所示,引脚排列如图 4.8.1(b)所示。图中晶体管 $T_1 \sim T_4$ 组成双差分放大器,T_5、T_6 组成单差分放大器,用以激励 $T_1 \sim T_4$,而用 T_7、T_8、D 及相应的电阻等组成多路电流源电路,T_7、T_8 分别给 T_5、T_6 提供 $I_0/2$ 的恒流电流,R 为外接电阻,可用以调节 $I_0/2$ 的大小。另外,由 T_5、T_6 两管的发射极引出接线端 2 和 3,外接电阻 R_y,利用 R_y 的负反馈作用可以扩大输入电压 v_2 的动态范围。R_C 为外接负载电阻。

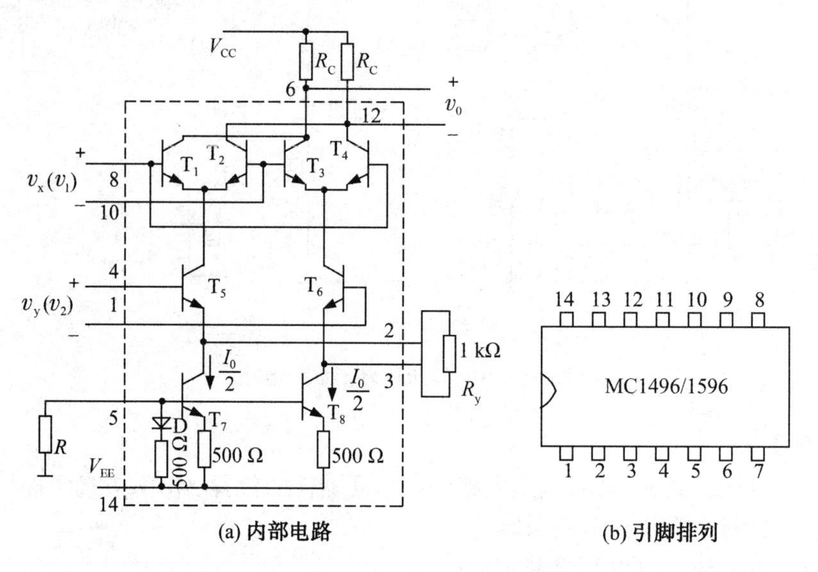

图 4.8.1　集成模拟乘法器 MC1496/1596 的内部电路及其引脚排列

MC1496 型模拟乘法器只适用于频率较低的场合,一般工作在 1 MHz 以下。

双差分对模拟乘法器 MC1496/1596 的差值输出电流为

$$i \approx \frac{2v_2}{R_y}\text{th}\left(\frac{v_1}{2V_T}\right) \tag{4.8.1}$$

集成模拟乘法器 MC1496/1596 被广泛应用于调幅及解调、混频等电路中,但应用时晶体管 T_1、T_2、T_3、T_4、T_5、T_6 的基极均需外加偏置电压(即在引脚 8 与 10、引脚 1 与 4 之间加直流电压),方能正常工作。通常把引脚 8、10 称为“X 输入端”,输入参考电压 v_1;引脚

4、1 称为"Y 输入端",输入信号电压 v_2。

集成模拟乘法器 MC1595(或 BG314)是在 MC1496 的基础上增加了 v_1 动态范围扩展电路,使之成为具有四象限相乘功能的通用集成器件,如图 4.8.2 所示,其中图 4.8.2(a)为 MC1595 的内部电路,图 4.8.2(b)为相应的外接电路。

图中,晶体管 $T_1 \sim T_6$ 为具有 MC1596 功能的乘法器;晶体管 $T_{11} \sim T_{13}$ 为电流源电路,为 T_5、T_6 提供偏置电流 I_0;晶体管 T_9、T_{10} 和 T_7、T_8 为具有反双曲正切函数特性的补偿电路;晶体管 $T_{14} \sim T_{16}$ 为电流源电路,为 T_9、T_{10} 提供偏置电流 I_0'。引脚 4、8 和引脚 9、12 为乘法器的两个输入端口 $v_1(v_x)$ 和 $v_2(v_y)$;引脚 2、14 为乘法器的输出端口,分别接直流负载电阻 R_C 和 R_C';引脚 5、6 和引脚 10、11 分别接负反馈电阻 R_x 和 R_y,引脚 3、13 分别接电阻 R_3、R_{13},用来设定电流 I_0' 和 I_0;引脚 1 接电阻 R_K,用来设定引脚 1 电位,以保证各管工作在放大区。

双差分对模拟乘法器 MC1595(或 BG314)的差值输出电流为

$$i = A_M v_1 v_2 \tag{4.8.2}$$

式中,$A_M = \dfrac{4}{I_0' R_x R_y}$ 为乘法器的乘法系数。

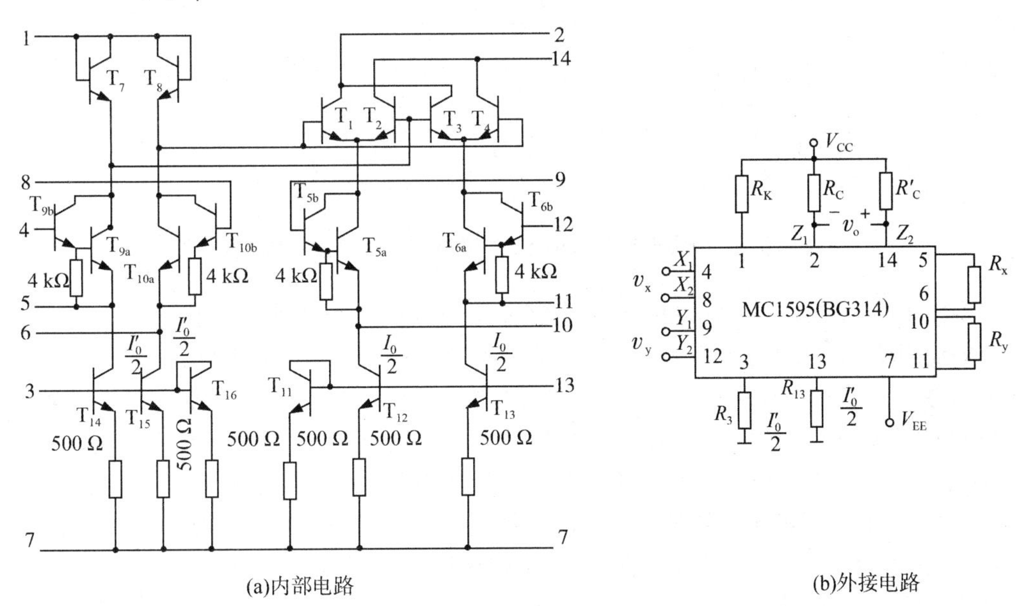

图 4.8.2　集成模拟乘法器 MC1595(BG314)的内部电路及相应的外接电路

4.8.1　利用乘法器实现振幅调制

1. 实验目的

(1)掌握集成模拟乘法器的工作原理及特点。

(2)进一步掌握用集成模拟乘法器 MC1496/1596 实现振幅调制的电路调整与测试方法。

(3)掌握用集成模拟乘法器 MC1496 来实现振幅调制和 DSB 信号调制的方法,研究已调波与调制信号、载波之间的关系。

(4)掌握用示波器测量调幅指数的方法。

2. 实验仪器与设备

低频信号发生器、高频信号发生器、万用表、数字示波器和实验模块 5——乘法器调幅电路。

3. 实验原理

由集成模拟乘法器 MC1496 构成的振幅调制电路(见图 4.8.3),可以实现普通调幅或抑制载波的双边带调幅。

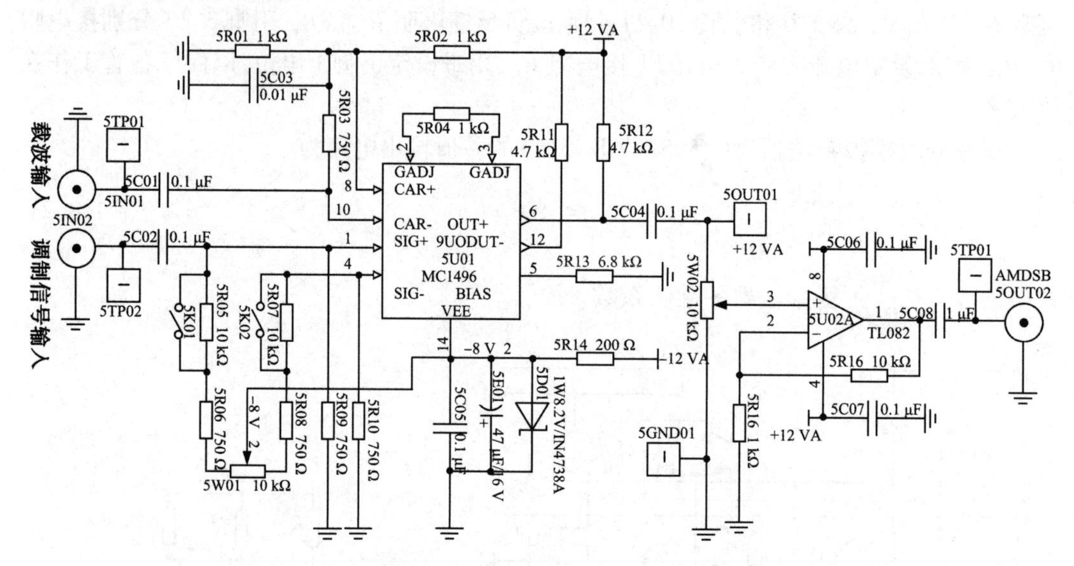

图 4.8.3　由集成模拟乘法器 MC1496 构成的振幅调制电路

其中,X 通道两输入端引脚 8、10 的直流电位均为 6 V,可作为载波输入通道;Y 通道两输入端引脚 1、4 之间有外接调零电路,若要实现普通调幅,可通过调节 10 kΩ 电位器 5W01 使引脚 1 的电位比引脚 4 高 V_y,调制信号 $v_\Omega(t)$ 与直流电压 V_y 叠加后输入 Y 通道。调节电位器可改变 V_y 的大小,即改变调幅指数(M_a)。若要实现 DSB 调幅,可通过调节 10 kΩ 电位器 5W01 使引脚 1 和引脚 4 之间直流等电位,即 Y 通道输入信号仅为交流调制信号。为了减小流经电位器的电流,便于调零准确,可加大两个 750 Ω 电阻的阻值,比如各增大 10 kΩ。输出端引脚 6、12 外端可接调谐于载频的带通滤波器,引脚 2、3 之间外接 Y 通道负反馈电阻 5R04。

集成模拟乘法器 MC1496 线性区和饱和区的临界点为 15～20 mV,仅当输入信号电压均小于 26 mV 时,器件才有理想的相乘作用,否则输出电压中会出现较大的非线性误差。显然,输入线性动态范围的上限值太小,不适应实际需要。为此,可在发射极引出端引脚 2 和 3 之间根据需要接入反馈电阻 5R04(阻值为 1 kΩ),从而调整(扩大)调制信号的输入线性动态范围,该反馈电阻同时也影响调制器增益。增大反馈电阻,会使器件增益下降,但能改善调制信号输入的动态范围。

集成模拟乘法器 MC1496 可以采用单电源供电,也可以采用双电源供电,其直流偏置由外接元件来实现。其详细分析可查阅有关资料。

对图 4.8.3 中有关器件的进一步说明如下：引脚 1 和 4 所接对地电阻 5R09、5R10 的状态取决于温度性能的设计要求。若要在较大的温度变化范围内得到较好的载波抑制效果（如全温度范围为 −55～+125 ℃），5R09、5R10 一般不超过 51 Ω，当工作环境温度变化范围较小时，可以使用稍大的电阻（如 1～2 kΩ）。5R05～5R08 及 5W01 为调零电路，在实现 DSB 调幅时，将 5R05 及 5R07 接入，以使载漏减小；在实现普通调幅时，将 5R05 及 5R07 短路（关闭开关 5K01、5K02），以获得足够大的直流补偿电压调节范围。由于直流补偿电压与调制信号相加后作用到乘法器上，故输出端产生的将是普通调幅波，并且可以利用 5W01 来调节调幅指数的大小。

引脚 5 的电阻 5R13 取决于其偏置电流 I_5 的设计。I_5 的最大额定值为 10 mA，通常取 1 mA。由图 4.8.1 所示的内部结构可以看出，当取 $I_5 = 1$ mA，双电源（+12 V、−8 V）供电时，5R13 可近似取 6.8 kΩ。

输出负载近似为 5R02，运算放大器作为同相输入式宽频带放大器，用于放大调幅信号，并利用同相输入放大器的高输入阻抗的特性，减少负载变化和测量带来的影响。

4. Multisim **仿真**

在 Multisim 电路窗口中，创建如图 4.8.4 所示的电路，虚拟示波器的连接如图中所示。检查无误后，单击“仿真”按钮。从示波器中观察输入、输出信号的波形，说明运算放大器 U_1 的功能及开关 J_1 的作用，并完成如下操作：

（1）在开关 J_1 分别接“地”和 V_2 的情况下，观察 R_4 两端的输出波形，分析信号的性质。

（2）将 V_5 的频率改为 200 kHz，再观察两种情况下 R_4 两端的输出波形，并观察双边带调制的情况下，在包络过零点处载波 180°的相位突变。将波形画在坐标纸上，注意时间的对应关系。

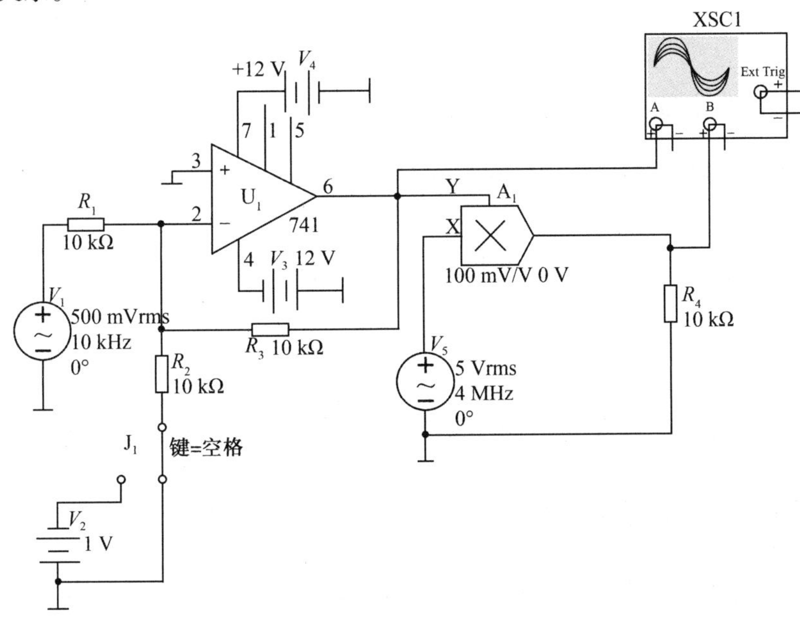

图 4.8.4　乘法器的应用 1——振幅调制电路

5. 实验任务

1)普通振幅调制

参照图 4. 8. 3 所示的电路,熟悉电路中各个元器件的作用及在电路中的位置。将 5R05 及 5R07 短路(关闭开关 5K01、5K02),以获得足够大的直流补偿电压调节范围。由于直流补偿电压与调制信号相加后作用到乘法器上,故输出端产生的将是普通调幅波,如图 4. 8. 5 所示,并且可以利用 5W01 来调节调幅指数(M_a)的大小。

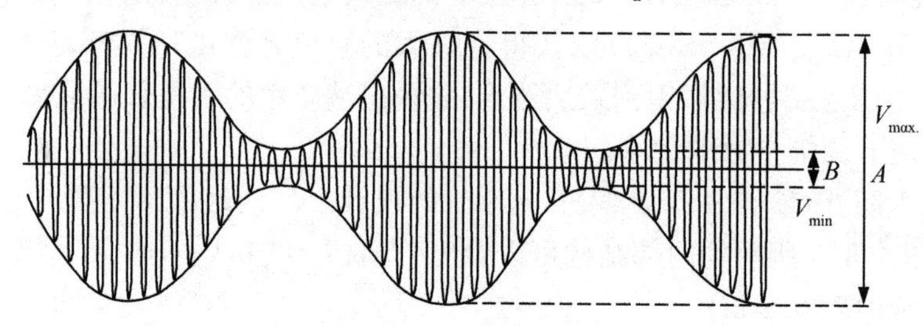

图 4. 8. 5　普通调幅波波形

完成如下操作:

(1)使调制信号频率 $F=1$ kHz,幅度 $V_{\Omega m}\leqslant 400$ mV,输入的载波信号频率 $f_c=4$ MHz,幅度 $V_{cm}<50$ mV,观察并记录此时 5OUT01 端的输出 $v_o(t)$ 的波形。

(2)调节电位器 5W01 的大小,观察输出波形的变化,并记录过调制失真时的波形。

(3)改变调制信号的幅度 $V_{\Omega m}$,保持其他参数不变,观察输出波形的变化,并计算出调幅指数,将结果填入表 4. 8. 1 内。

表 4. 8. 1　实验数据记录

$V_{\Omega m}$/V	0. 1	0. 15	0. 2	0. 25	0. 3	0. 35	0. 4
$V_{max}(A)$/V							
$V_{min}(B)$/V							
M_a							

由图 4. 8. 5 可知,调幅指数(M_a)的计算公式为

$$M_a=\frac{\frac{1}{2}(V_{max}-V_{min})}{\frac{1}{2}(V_{max}+V_{min})}=\frac{V_{max}-V_{min}}{V_{max}+V_{min}}=\frac{A-B}{A+B} \tag{4. 8. 3}$$

(4)增大调制信号的幅度 $V_{\Omega m}$,保持其他参数不变,观察并记录过调制时的输出波形及此时的调制信号幅度 $V_{\Omega m}$ 值。

(5)改变调制信号的频率 F,保持其他参数不变,观察输出波形的变化。

2)用模拟乘法器实现平衡调制

在普通振幅调制的基础上,将开关 5K01、5K02 断开,即接入电阻 5R05 及 5R07,通过

调节 10 kΩ 电位器 5W01 使引脚 1 和 4 之间直流等电位，即 Y 通道输入信号仅为交流调制信号，并完成如下操作：

(1)输入的载波信号频率 $f_c=4$ MHz，幅度 $V_{cm}<50$ mV，输入的调制信号频率 $F=1$ kHz，幅度 $V_{\Omega m}\leqslant 400$ mV，观察并记录此时 5OUT01 端的输出 $v_o(t)$ 的波形。

(2)为了清楚地观察 DSB 信号在包络过零点处载波的 180°相位突变，即 $v_o(t)$ 在调制信号过零点时的载波倒相现象，可以降低载波的频率。本实验可将载波频率降低为 10 kHz，调制信号仍为 1 kHz。

增大示波器 X 轴扫描速率，仔细观察调制信号过零点时刻所对应的 DSB 信号。

(3)在(2)的基础上，将示波器的 CH1 改接在 5TP01 点，比较输入载波波形与输出 DSB 波形的相位关系，并画出波形。

注意：若输出的双边带波形不对称，可以调节电位器 5W01。

6. 预习要求

(1)对照测试电路原理图，熟悉电路中各个元器件的位置、作用，弄懂电路原理。

(2)自拟实验步骤及实验所需的各种表格。

(3)复习教材中有关章节的内容。

(4)用公式推导形成载波反相的原因。

7. 实验报告要求

(1)整理数据表格，画出测试过程中的波形，并写出由数据表格得到的相应结论。

(2)画出 DSB 波形和 $M_a=100\%$时的普通振幅调制波形，比较两者的区别。

(3)画出图 4.8.5 中输入、输出信号的频谱图。

(4)写出心得体会。

8. 思考题

(1)在平衡调制的过程中会出现哪几种不正常的波形？试分析原因。

(2)画出本实验中的波形图和频谱图。

(3)图 4.8.4 中，运算放大器 U_1 的作用是什么？

(4)图 4.8.3 中，若不需要放大已调幅信号，运算放大器 5U02A 还可以用什么电路取代？

4.8.2　同步检波器

1. 实验目的

(1)进一步掌握集成模拟乘法器的工作原理及特点。

(2)掌握用模拟乘法器 MC1496 组成的同步检波器来实现 AM 波和 DSB 波解调的方法。

(3)掌握用集成模拟乘法器 MC1496/1596 实现同步检波的电路调整与测试方法。

(4)了解输出端的低通滤波器对 AM 波解调、DSB 波解调的影响。

(5)进一步理解同步检波器解调各种 AM 波以及 DSB 波的概念。

2. 实验仪器与设备

低频信号发生器、高频信号发生器、万用表、数字示波器和实验模块 10——同步检波相位鉴频器。

3. **实验原理**

振幅解调即从振幅受调制的高频信号中提取原调制信号的过程，亦称为“检波”。如 4.6 节所述，实现检波的方法除了包络检波之外，还可以采用同步检波的方法。

同步检波分为乘积型和叠加型两种方式，它们都需要接收端恢复载波的支持。本实验采用乘积型同步检波。乘积型同步检波是直接把本地恢复载波与调幅信号相乘，用低通滤波器滤除无用的高频分量，提取有用的低频信号。它要求恢复载波与发端的载波同频同相，否则将使恢复出来的调制信号产生失真。

图 4.8.6 所示的乘积型鉴频器模型中，若 $v_i(t)=v_{DSB}(t)=V_m\cos\Omega t\cdot\cos\omega_c t$，则 $v_r(t)=V_{rm}\cos\omega_c t$，此时，乘法器的输出为

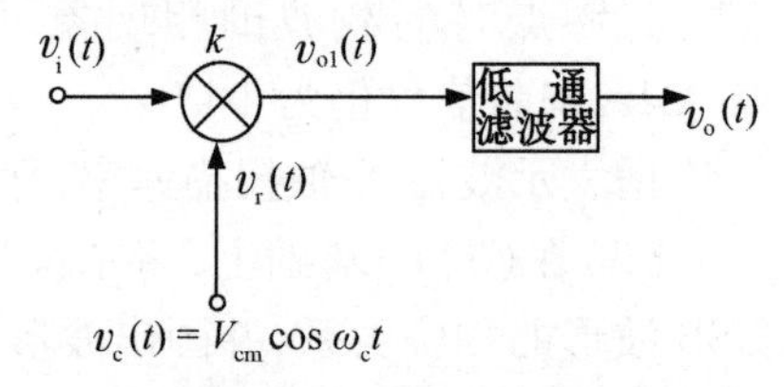

图 4.8.6　振幅解调电路的频谱搬移过程

$$v_{o1}(t)=kv_{DSB}(t)v_r(t)=kV_{rm}V_m\cos\Omega t\cos 2\omega_c t=\frac{1}{2}kV_{rm}V_m\cos\Omega t(1+\cos 2\omega_c t)$$

用低通滤波器取出低频分量，滤除高频分量，得到的输出信号为

$$v_o(t)=\frac{1}{2}kV_{rm}V_m\cos\Omega t=V_{\Omega m}\cos\Omega t$$

从而实现线性解调。

由集成模拟乘法器 MC1496/1596 构成的乘积型同步检波电路如图 4.8.7 所示。同步信号由引脚 10 接入，已调幅信号从引脚 4 接入，电阻 R_{13}、C_9、C_{10} 组成低通滤波器。

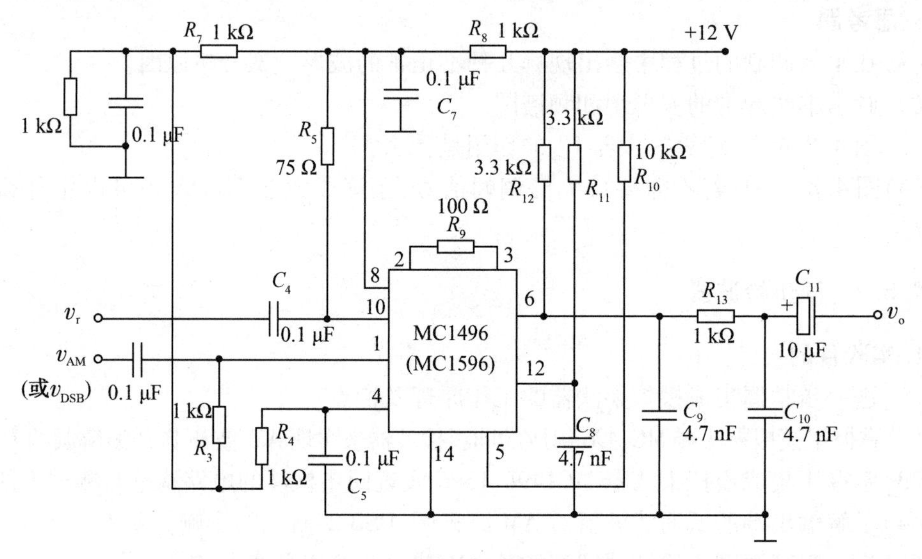

图 4.8.7　乘积型同步检波电路

4. Multisim **仿真**

在 Multisim 电路窗口中，创建如图 4.8.8 所示的电路，虚拟示波器的连接如图中所

示。检查无误后,单击“仿真”按钮。从示波器中观察输入、输出信号的波形,说明运算放大器 U_2 的功能,并完成如下操作:

(1)在 Y 输入端输入幅度为 1 V,载波频率为 465 kHz,调制信号频率为 1 kHz,调幅指数为 30%的 AM 波 V_i;在 X 输入端输入幅度为 100 mV,频率为 465 kHz 的同步信号 V_r,观察输出信号的波形,测量其振幅值。

(2)改变 V_i 的调幅指数的值,保持其他参数不变,观察输出信号的波形,测量其振幅值,并将结果填入自行设计的表格内。

(3)改变 V_i 的振幅值,保持其他参数不变,观察输出信号的波形及其振幅值的变化,并写出相应的结论。

(4)改变 V_r 的振幅值,保持其他参数不变,观察输出信号的波形及其振幅值的变化,并写出相应的结论。

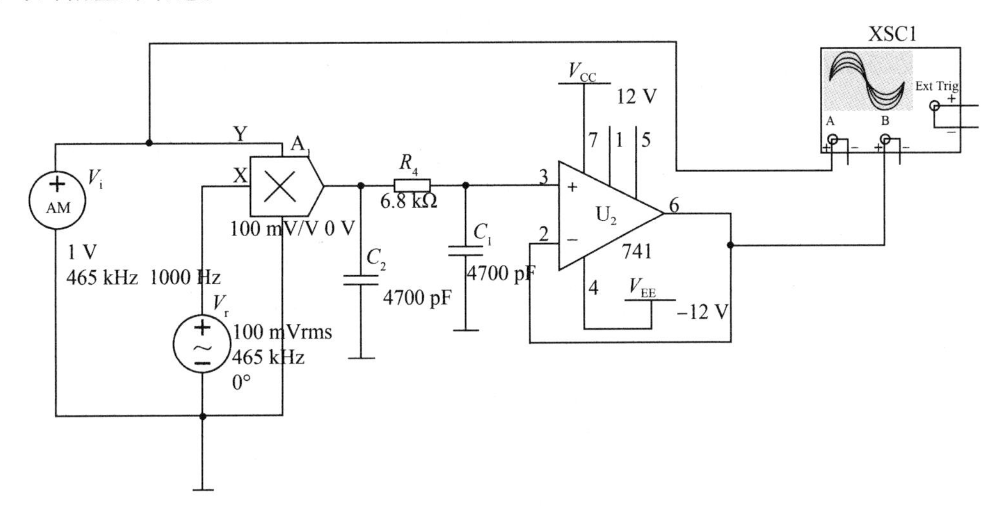

图 4.8.8　乘法器的应用 2——同步检波电路

5. 实验任务

本实验采用集成模拟乘法器 MC1496 组成同步检波器,如图 4.8.9 所示。图中开关 10K03 的 2、3 端接通,同步信号 v_r 由 10IN02 端口输入,再经过耦合电容 10C05 加在引脚 8、10 之间。已调信号 v_{AM}(或 v_{DSB})由 10IN01 端口输入,经过耦合电容 10C00、10C01 加在引脚 1、4 之间。相乘后的信号由引脚 6 输出,再经过由 10C09、10C10、10R16 组成的Π型低通滤波器滤除高频分量后,在解调输出端(10OUT01)提取出调制信号。

集成模拟乘法器 MC1496 的引脚 8、10 之间输入的同步信号 v_r 应为小信号,一般在 100 mV 以下,使差分放大器工作在线性工作区内;引脚 1、4 之间输入的已调信号 v_{AM}(或 v_{DSB})应为大信号,一般在 400 mV 以上。

在满足上述条件后,完成下列操作:

1)AM 波的解调

分别观察并记录当引脚 1、4 之间输入的已调信号是中心频率为 465 kHz 的 v_{AM} 时,$M_a=30\%$、$M_a=70\%$、$M_a=100\%$、$M_a>100\%$时的四种解调输出的波形、幅度,并与调制信号进行比较。

2）DSB 波的解调

分别观察并记录当引脚 1、4 之间输入的已调信号是中心频率为 465 kHz 的 v_{DSB} 时，解调输出的波形、幅度，并与调制信号进行比较。

3）将图 4.8.5 的输出作为该同步检波器的输入

（1）输入的载波信号频率 $f_c = 4$ MHz，幅度 $V_{cm} = 80$ mV，输入的调制信号（v_Ω）频率 $F = 1$ kHz，幅度 $V_{\Omega m} < 50$ mV，观察并画出图 4.8.5 中的已调信号、图 4.8.9 中的同步信号（v_r）及解调输出信号（v_o）的波形，并将该解调输出信号的波形与图 4.8.5 中的输入调制信号（v_Ω）的波形进行比较，观察二者的波形是否一致。

（2）保持调制信号不变，载波频率 $f_c = 4$ MHz，改变载波幅度 V_{cm} 的大小，观察并记录对输出信号幅值的影响，将结果填入自行设计的表格内。

（3）保持载波信号不变（$f_c = 4$ MHz，$V_{cm} = 80$ mV），调制信号幅度仍为 $V_{\Omega m} < 50$ mV，改变调制信号频率 F 的大小，观察并记录对输出信号幅值的影响，将结果填入自行设计的表格内。

（4）保持载波信号不变（$f_c = 4$ MHz，$V_{cm} = 80$ mV），调制信号频率仍为 $F = 1$ kHz，改变调制信号幅度 $V_{\Omega m}$ 的大小，观察并记录对输出信号幅值的影响，将结果填入自行设计的表格内，并画出其关系曲线。

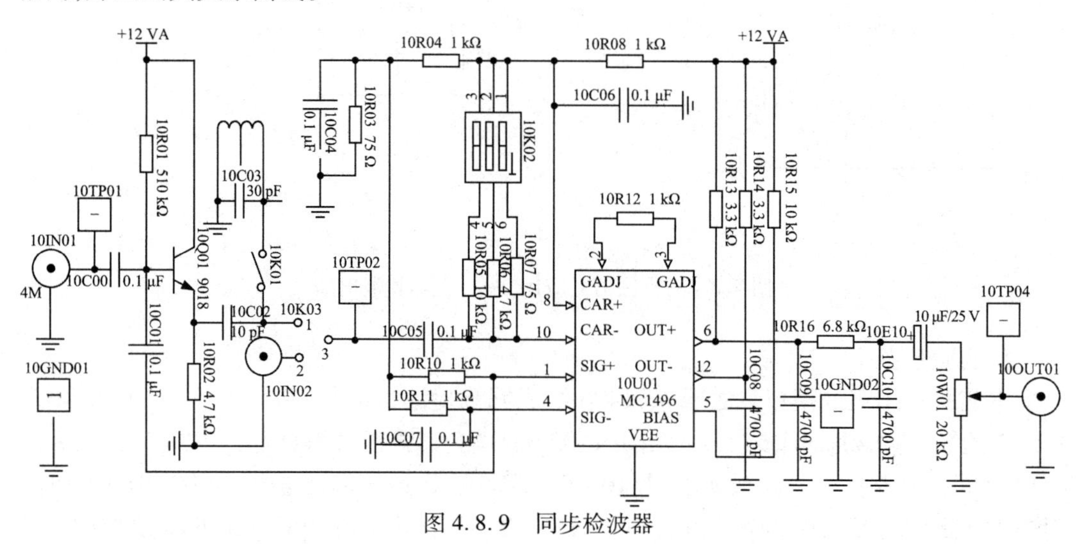

图 4.8.9　同步检波器

6. 预习要求

（1）对照测试电路原理图，熟悉电路中各个元器件的位置、作用，弄懂电路原理。

（2）自拟实验步骤及实验所需的各种表格。

（3）复习教材中有关章节的内容。

7. 实验报告要求

（1）整理数据表格，画出测试过程中的波形，并写出由数据表格得到的相应结论。

（2）画出图 4.8.9 中输入、输出信号的频谱图。

（3）写出心得体会。

8. **思考题**

(1)画出本实验中的波形图和频谱图。

(2)同步检波的输出波形与普通调幅波的包络是否一致？若不一致,分析产生差别的原因。

4.8.3　利用乘法器实现混频

1. **实验目的**

(1)进一步掌握集成模拟乘法器的工作原理及特点。

(2)进一步掌握用集成模拟乘法器(MC1496/1596)实现混频的电路调整与测试方法。

2. **实验仪器与设备**

低频信号发生器、高频信号发生器、万用表、数字示波器和实验模块 9——乘法器混频电路。

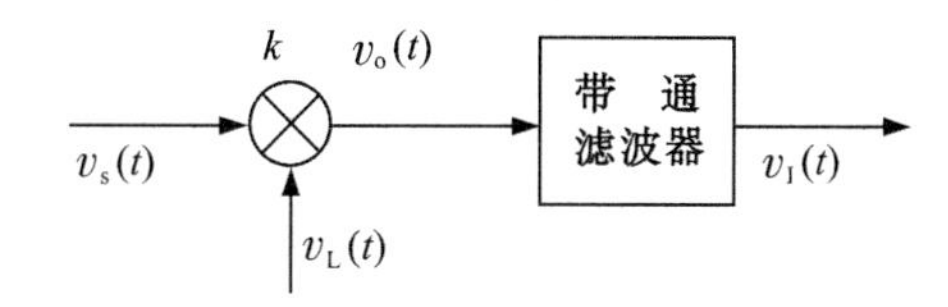

图 4.8.10　乘积型混频器

3. **实验原理**

本实验采用图 4.8.10 所示的乘积型混频器。设混频器的输入已调信号电压 $v_s(t)$ 和本振电压 $v_L(t)$ 分别为

$$v_s(t) = V_{sm}\cos\Omega t\cos\omega_c t$$

$$v_L(t) = V_{Lm}\cos\omega_L t$$

则乘法器的输出为

$$\begin{aligned} v_o(t) &= kV_{Lm}V_{sm}\cos\Omega t\cos\omega_c t\cos\omega_L t \\ &= \frac{1}{2}kV_{Lm}V_{sm}\cos\Omega t[\cos(\omega_L-\omega_c)t+\cos(\omega_L+\omega_c)t] \end{aligned}$$

若带通滤波器的中心频率 $f_I = f_L - f_c$,带宽 $BW_{0.7} = 2F$,则输出的中频信号为

$$v_I(t) = \frac{1}{2}kV_{Lm}V_{sm}\cos\Omega t[\cos(\omega_L-\omega_c)t = V_{Im}\cos\Omega t\cos\omega_I t$$

式中,$V_{Im} = \frac{1}{2}kV_{Lm}V_{sm}$ 为中频输出电压的振幅。

实验电路如图 4.8.11 所示,该电路输出缓冲级之前的电路与图 4.8.3 所示的振幅调制电路输出缓冲级之前的电路相同。不同点主要在于输入信号及输出选频网络不同。亦即将图 4.8.3 中的负载 5W02 用 L_2、C_7 并联谐振回路取代,该回路谐振频率等于混频后的中频频率 f_I,用于抑制由于非线性失真所产生的无用频率分量。

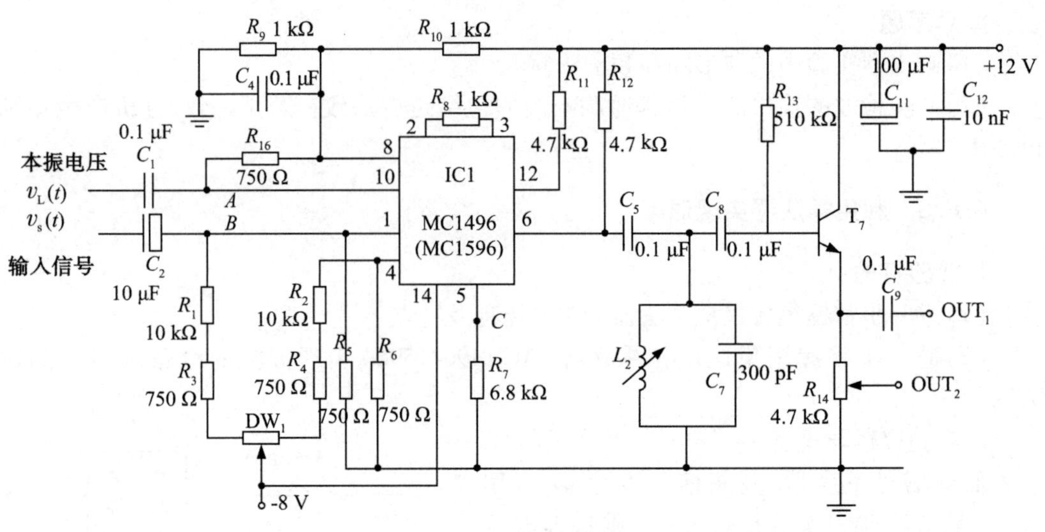

图 4.8.11　乘积型混频器

4. Multisim 仿真

在 Multisim 电路窗口中，创建如图 4.8.12 所示的电路，虚拟示波器的连接如图中所示。检查无误后，单击“仿真”按钮。

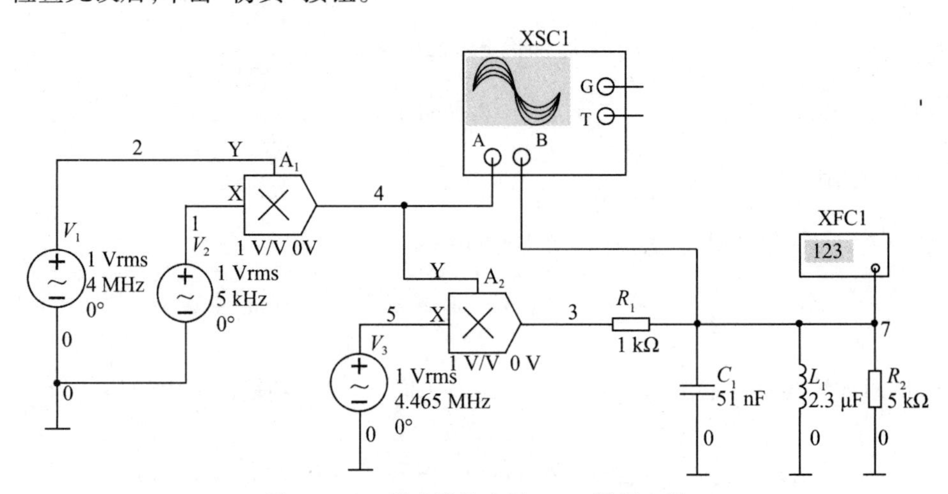

图 4.8.12　乘法器的应用 3——混频电路

完成下列操作：

(1)用虚拟示波器观察乘法器 A_1 和 A_2 输入、输出信号的波形。

(2)用虚拟频率计测量乘法器 A_1 输入、输出信号的频率，说明 A_1 的功能。

(3)用虚拟频率计测量乘法器 A_2 输入、输出信号的频率，说明 A_2 的功能及 R_1、C_1、L_1 的功能。

5. 实验任务

熟悉图 4.8.13 中各个元器件的作用和在电路中的位置。在输入端 9IN01 和 9IN02 端口输入相应的信号，检查无误后接通电源，完成如下操作：

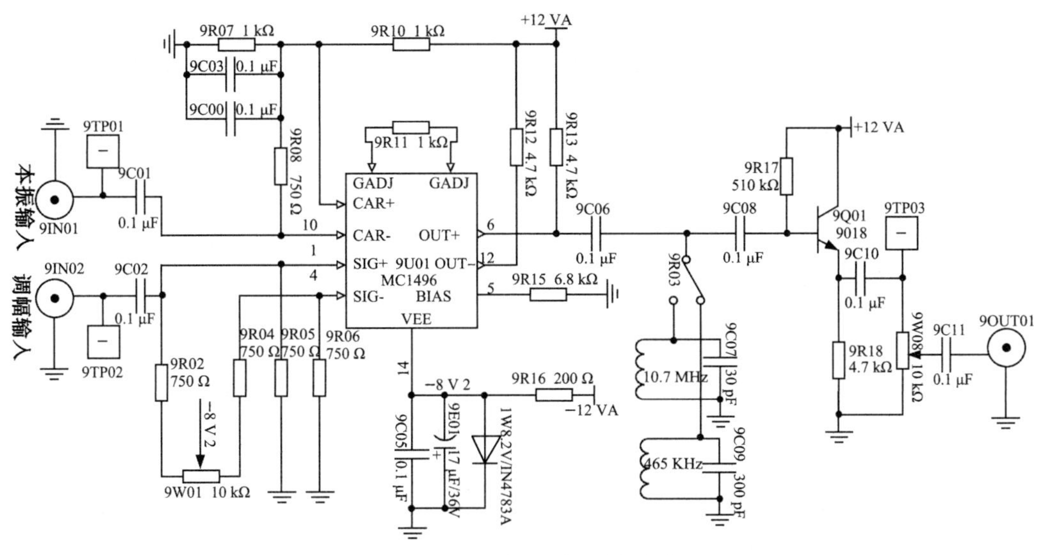

图 4.8.13　乘积型混频器模块

(1)当本振信号的频率f_L=4.465 MHz、峰-峰值 V_{pp}≤0.5 V,输入信号的频率f_c=4 MHz、峰-峰值 V_{pp}≤50 mV 时,观察并测绘输入、输出信号的波形,记录f_c、f_L、f_I。

(2)当本振信号的频率f_L=4.465 MHz、峰-峰值 V_{pp}≤0.5 V,输入信号的峰-峰值V_{pp}≤50 mV 时,改变输入信号的频率f_c(范围为 3.9～4.1 MHz,每隔 20 kHz 测量一次)、测量输出信号的频率和幅度,将结果填入自行设计的表格内,由此计算出带通滤波器的通频带。

(3)保持两输入信号幅值频率及本振信号的幅度不变,改变载频输入信号的幅值 V_{sm}(峰-峰值在 40～100 mV 之间变化)的大小,逐渐测量载频输入信号的幅值 V_{sm} 和中频输出电压的幅值 V_{Im}。将测量及计算结果填入自行设计的表格内,并完成下列任务:

①计算出混频增益。混频电压增益 A_{vc} 的计算方法是:

A_{vc} 为变频器中频输出电压幅值与载频输入信号幅值之比,用分贝表示为

$$A_{vc} = 20\lg\frac{V_{Im}}{V_{sm}}(\mathrm{dB})$$

②作出 V_{Im}-V_{sm} 关系曲线。

(4)改变高频载波的频率,测量输出中频的波形,观察其变化。

(5)将调制信号频率为 1 kHz,载波频率为 4 MHz 的调幅波,作为本实验的射频输入,用双踪示波器观察波形,特别要注意观察输入、输出信号波形的包络是否一致。

注意:

①输出选频回路的中心频率取决于输入信号频率 f_c 和本地振荡频率 f_L,当 f_c=4 MHz,f_L=4.465 MHz 时,应选中心频率为 465 kHz 的中周。

②当f_c=4 MHz,f_L=6.7 MHz 时,应选中心频率为 10.7 MHz 的中周。

③为了得到 10.7 MHz 的高频信号,选用本振信号频率为 6.7 MHz,高频调幅信号的中心频率为 4 MHz,应采用上混频的工作方式。

6. 预习要求

(1) 对照测试电路原理图,熟悉电路中各个元器件的位置、作用,弄懂电路原理。

(2) 自拟实验步骤及实验所需的各种表格。

(3) 复习教材中有关章节的内容。

(4) 回答思考题中提出的问题。

7. 实验报告要求

(1) 整理数据表格,画出测试过程中的波形,并写出由数据表格得到的相应结论。

(2) 详细介绍有关参数的选择依据。

(3) 写出心得体会。

8. 思考题

(1) 在图 4.8.11 中,若 $C_7=300$ pF(或 $C_7=30$ pF),根据混频实验输入信号的频率,计算相应的 L_2 大小。

(2) 根据测量的频率,计算输入、输出频率间是否满足 $f_I=f_L-f_c$。当改变高频信号源的频率时,输出中频的波形如何变化,为什么?

(3) 试比较用集成模拟乘法器实现混频和振幅调制的异同点。

(4) 画出本实验中各频率变换电路的波形图和频谱图。

4.9　频率调制实验

1. 实验目的

(1) 进一步掌握实现调频的方法。

(2) 了解变容二极管调频电路的组成与基本工作原理。

(3) 掌握调频电路的调整与测量方法。

2. 实验仪器与设备

低频信号发生器、高频信号发生器、万用表、数字双踪示波器和实验模块 6——频率调制器。

3. 调频原理

1) 频率调制(FM)的一般原理

频率调制,就是用低频调制信号去控制高频载波的频率,使高频载波的振幅不变,而瞬时频率随调制信号线性变化。

设调制信号 $v_\Omega(t)=V_{\Omega m}\cos\Omega t$,载波信号 $v_c(t)=V_{cm}\cos\omega_c t$。

调频时,载波信号的瞬时角频率 $\omega(t)$ 随调制信号成正比例变化,即

$$\omega(t)=\omega_c+k_f V_{\Omega m}\cos\Omega t \tag{4.9.1}$$

瞬时相位 $\varphi(t)$ 为

$$\varphi(t)=\int_0^t \omega(t)\,dt=\omega_c t+\frac{k_f V_{\Omega m}}{\Omega}\sin\Omega t \tag{4.9.2}$$

因此，可得调频波（FM 波）的表达式为

$$v(t)=V_{cm}\cos\left(\omega_c t+\frac{k_f V_{\Omega m}}{\Omega}\sin \Omega t\right)=V_{cm}\cos(\omega_c t+\frac{\Delta\omega_m}{\Omega}\sin \Omega t)$$

或

$$v(t)=V_{cm}\cos(\omega_c t+M_f\sin \Omega t) \tag{4.9.3}$$

式中，$\Delta\omega_m=k_f V_{\Omega m}$ 称为“调频波的最大角频偏”；$M_f=\frac{k_f V_{\Omega m}}{\Omega}=\frac{\Delta\omega_m}{\Omega}$ 称为“调频波的调频指数”，M_f 可以大于 1，M_f 越大，抗噪声性能越好，但要占据更大的信号带宽。

我们已经知道，LC 正弦波振荡器的振荡频率 $f_{osc}=\frac{1}{2\pi\sqrt{LC}}$，如果能使振荡器回路的 L 或 C 受调制信号 v_Ω 的控制而变化，则振荡频率就会受调制信号 v_Ω 的控制而变化。满足一定的条件时，使 $f\propto v_\Omega$，从而实现线性调频。

调频信号的产生方法有直接调频法和间接调频法。

本实验研究最常用的变容二极管直接调频电路。

2）变容二极管直接调频电路

变容二极管是单向导电器件。在反偏时，它的 PN 结呈现一个与反向偏压有关的结电容 C_j，利用其特性可使振荡频率随外加电压 v 而变化，实现调频。C_j 与 v 的关系是非线性的，所以 C_j 属于非线性电容。C_j 受反向偏压的控制特性曲线，简称“C_j-v 曲线”，如图 4.9.1 所示。

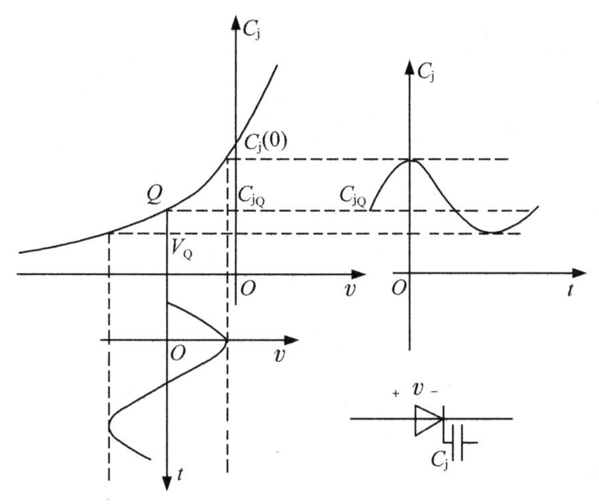

图 4.9.1　C_j 与 v 的非线性关系曲线

变容二极管结电容与外加电压的关系可表示为

$$C_j=\frac{C_j(0)}{(1-v/V_B)^n} \tag{4.9.4}$$

式中，$C_j(0)$ 是变容二极管在零偏时的电容值；V_B 是变容二极管的势垒电位差（硅管约为

0.7 V,锗管为0.2～0.3 V);n 是变容指数,通常 $n=1/3\sim6$;v 是二极管的外加偏压,如图4.9.1所示,包括静态工作电压 V_Q 和调制信号电压 v_Ω,即 $v=-(V_Q+v_\Omega)$,且 $|v_\Omega|<V_Q$。

当 $v=-[V_Q+v_\Omega(t)]=-[V_Q+V_{\Omega m}\cos\Omega t]$ 时,

$$C_j=\frac{C_j(0)}{\left[1+\frac{(V_Q+v_\Omega)}{V_B}\right]^n}=\frac{C_{jQ}}{(1+m\cos\Omega t)^n} \tag{4.9.5}$$

式中

$$C_{jQ}=\frac{C_j(0)}{\left(1+\frac{V_Q}{V_B}\right)^n},\quad m=\frac{V_{\Omega m}}{V_Q+V_B} \tag{4.9.6}$$

其中,C_{jQ} 为加在变容管两端的电压 $v=-V_Q$(即 $v_\Omega=0$)时变容管的结电容,即静态工作点处的结电容;m 表示结电容调制深度的调制指数,称为“电容调制度”。

当振荡器振荡回路中仅包含一个电感 L 和一个变容二极管(等效电容为 C_j)时,若设调制信号 $v_\Omega(t)=V_{\Omega m}\cos\Omega t$,则振荡频率可表示为

$$f(t)=f_c(1+m\cos\Omega t)^{n/2} \tag{4.9.7}$$

式中

$$f_c=\frac{1}{2\pi\sqrt{LC_{jQ}}} \tag{4.9.8}$$

式(4.9.8)为 $v_\Omega=0$ 时的振荡频率,即调频电路中心频率(载波频率),其值由 V_Q 控制;$f(t)$ 称为“瞬时频率”,式(4.9.7)称为“调频特性方程”。

由式(4.9.7)可见,只有当 $n=2$ 时,才能实现线性调频。此时角频偏为

$$\Delta\omega(t)=\frac{\omega_c}{V_B+V_Q}v_\Omega\propto v_\Omega \tag{4.9.9}$$

当 $n\neq2$ 时,调频过程中将产生非线性失真。不过,若 $V_{\Omega m}$ 较小,且 V_Q 合适的话,调频过程中的非线性失真很小。此时

$$f_{osc}(t)\approx f_c\left[1+\frac{1}{2}nm\cos\Omega t+\frac{n}{4}\left(\frac{n}{2}-1\right)m^2\cos^2\Omega t\right] \tag{4.9.10}$$

由式(4.9.10)可得到调频波的线性频偏为

$$\Delta f(t)=\frac{nm\omega_c}{2}\cos\Omega t=\frac{nf_c}{2(V_B+V_Q)}V_{\Omega m}\cos\Omega t=\frac{nf_c}{2(V_B+V_Q)}v_\Omega \tag{4.9.11}$$

最大线性频偏为

$$\Delta f_m=\frac{nmf_c}{2} \tag{4.9.12}$$

调频灵敏度为
$$S_f = \frac{\Delta f_m}{V_{\Omega m}} = \frac{nf_c}{2(V_B + V_Q)} \quad \left(\frac{Hz}{V}\right) \tag{4.9.13}$$

中心频率偏离量为
$$\Delta f_c = \frac{n}{8}\left(\frac{n}{2} - 1\right) m^2 f_c \tag{4.9.14}$$

为了提高直接调频中心频率的稳定性和调制线性，在直接调频的 LC 正弦波振荡电路中，一般都采用图 4.9.2 所示的变容管部分接入的振荡回路。图中回路总电容为

$$C_\Sigma = C_1 + \frac{C_2 C_j}{C_2 + C_j} \tag{4.9.15}$$

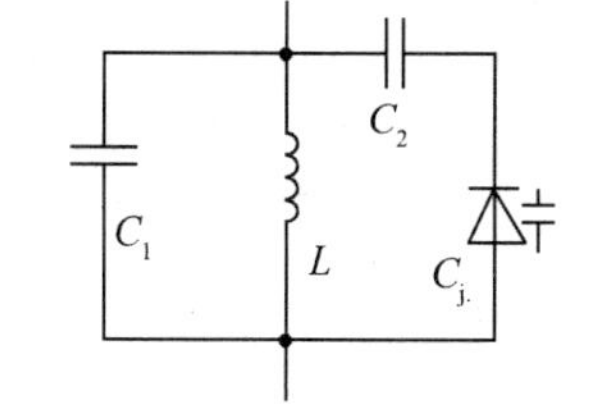

图 4.9.2　变容管部分接入的振荡回路

将式(4.9.5)代入，可以得到单频率调制时，回路总电容随 $v_\Omega(t)$ 的变化关系为

$$C_\Sigma = C_1 + \frac{C_2 C_{jQ}}{C_2(1+m\cos\Omega t)^n + C_{jQ}} = C_1 + \frac{C_2 C_{jQ}}{C_2(1+x)^n + C_{jQ}} \tag{4.9.16}$$

式中，$x = m\cos\Omega t$。

相应的调频特性方程为

$$\omega_{osc}(x) = \frac{1}{\sqrt{LC_\Sigma}} = \frac{1}{\sqrt{L\left[C_1 + \frac{C_2 C_{jQ}}{C_2(1+x)^n + C_{jQ}}\right]}} \tag{4.9.17}$$

当 C_1、C_2 确定后，根据调频特性方程(4.9.17)，可以求出变容管部分接入时直接调频电路提供的最大频偏为

$$\Delta f_m = \frac{n}{2}\frac{mf_c}{p} \tag{4.9.18}$$

式中

$$f_c = \frac{1}{2\pi\sqrt{L\left(C_1 + \frac{C_2 C_{jQ}}{C_2 + C_{jQ}}\right)}} \tag{4.9.19}$$

$$p = (1+p_1)(1+p_2+p_1p_2) \tag{4.9.20}$$

其中
$$p_1 = \frac{C_{jQ}}{C_2}, \quad p_2 = \frac{C_1}{C_{jQ}} \tag{4.9.21}$$

调频灵敏度为
$$S_f = \frac{\Delta f_m}{V_{\Omega m}} = \frac{nf_c}{2(V_B + V_Q)p} \tag{4.9.22}$$

此时的调频灵敏度为式(4.9.13)的 $1/p$。

对调频电路的性能要求主要由调制线性、最大频偏、调制灵敏度及中心频率稳定度等决定，前三项可由静态频率调制特性曲线(f-v)曲线估测出来。

3) C_j-v 特性的测量

参考电路如图 4.9.3 所示。图中，变容二极管作为回路部分电容接入振荡回路，改变 R_8 可得到不同的直流偏置电压 V_Q；R_{11} 为隔离电阻，用以减小偏置电路及外界测量仪器的内阻对变容二极管振荡回路的影响；低频调制信号电压通过高频扼流圈 L_2 加到变容二极管两端，L_2 对低频调制信号呈现低阻抗，宜于低频信号输入，而对载频呈现高阻抗，以减小信号源的内阻对振荡回路的影响；C_7 为高频旁路电容，它对低频调制信号呈现高阻抗。

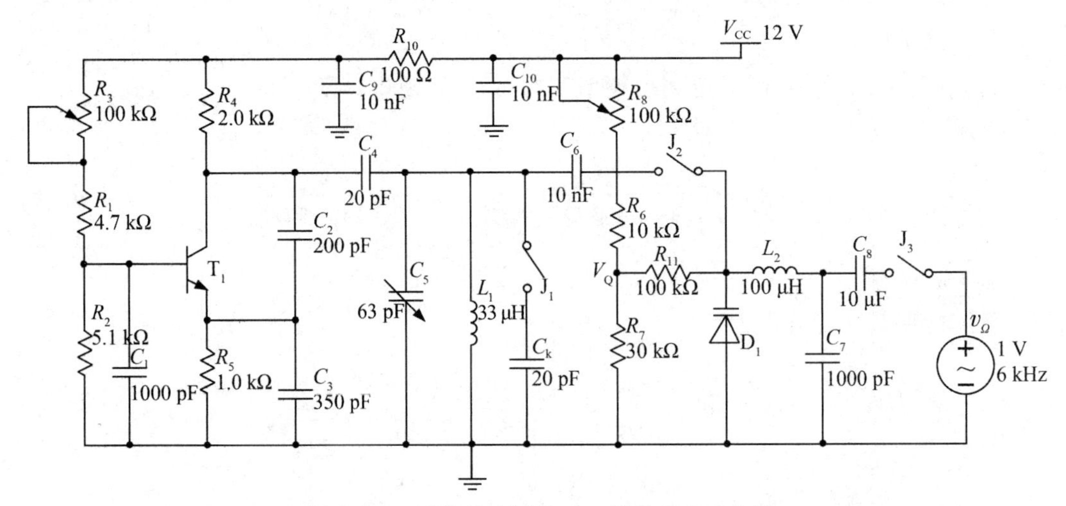

图 4.9.3　用替代法测量 C_j-v 特性的参考电路

C_j-v 特性可以用如下的替代法测量：

(1) 先不加变容二极管电路（断开开关 J_1、J_2、J_3），测量此时的振荡频率 f_{osc}。由图 4.9.3 知，振荡器的振荡频率为

$$f_{osc}=\frac{1}{2\pi\sqrt{LC_{\Sigma}}} \tag{4.9.23}$$

式中，L 即为 L_1；$C_{\Sigma}=(C_2、C_3、C_4\text{ 的总串联电容})+C_5+C_{(分布)}$。

(2) 在回路电容 C_5 两端并联一个已知电容 C_k（将开关 J_1 闭合，开关 J_2、J_3 断开），测量此时的振荡频率 f_k，则有

$$f_k=\frac{1}{2\pi\sqrt{L(C_{\Sigma}+C_k)}} \tag{4.9.24}$$

由式(4.9.23)、式(4.9.24)可求出

$$C_{\Sigma}=\frac{f_k^2}{f_{osc}^2-f_k^2}C_k\approx\frac{f_k}{2(f_{osc}-f_k)}C_k \tag{4.9.25}$$

(3)去掉 C_k(断开开关 J_1),加上变容二极管(将开关 J_2 闭合,J_3 断开)及其偏置电路,设相应于 v 的结电容为 C_j,测量此时的振荡频率 f_j,则有

$$f_j = \frac{1}{2\pi\sqrt{L(C_\Sigma + C_j)}} \tag{4.9.26}$$

由式(4.9.22)、式(4.9.26)可求出

$$C_j = \frac{f_{osc}^2 - f_j^2}{f_j^2} C_\Sigma \approx \frac{2(f_{osc} - f_j)}{f_j} C_\Sigma \tag{4.9.27}$$

改变 R_8,测量出不同 v 时的 f_j;根据式(4.9.25)和式(4.9.27),计算出相应的 C_j,从而可得到变容二极管的 C_j-v 特性曲线。

4)频率调制灵敏度的估测

频率调制灵敏度指单位调制电压所引起的频偏。若调频电路工作在线性调制状态,则频率调制灵敏度为

$$S_f = \frac{|\Delta f|}{V_{\Omega m}} \tag{4.9.28}$$

由

$$f_{osc} = \frac{1}{2\pi\sqrt{LC_\Sigma}}$$

可知,当电容变化 ΔC 时,频率变化量为

$$\Delta f \approx -\frac{1}{2} f_{osc} \frac{\Delta C}{C_\Sigma} \tag{4.9.29}$$

若定义变容二极管在静态工作点 V_Q 处 C_j-v 特性曲线的斜率为

$$S_c = \frac{\Delta C}{\Delta V} \tag{4.9.30}$$

以调制信号电压的幅度 $V_{\Omega m}$ 代替 ΔV,则

$$\Delta C = S_c V_{\Omega m} \tag{4.9.31}$$

将式(4.9.31)代入式(4.9.29),则得

$$\Delta f \approx -\frac{f_{osc}}{2C_\Sigma} S_c V_{\Omega m}$$

因此

$$S_f = \frac{f_{osc} S_c}{2C_\Sigma} \tag{4.9.32}$$

将式(4.9.25)代入式(4.9.32),得

$$S_f \approx \frac{f_{osc}}{f_k}\frac{f_{osc}-f_k}{C_k}S_c \approx \frac{f_{osc}-f_k}{C_k}S_c \tag{4.9.33}$$

由式(4.9.33)可见,由测得的 C_j-v 特性曲线,求出 V_Q 处的斜率 S_c,即可计算出频率调制灵敏度(S_f)。

4. 实验任务

变容二极管调频电路如图 4.9.4 所示。图中,改变 6W02 可得到不同的直流偏置电压 V_Q;6R08 为隔离电阻,用以减小偏置电路及外界测量仪器的内阻对变容二极管振荡回路的影响;低频调制信号电压通过高频扼流圈 6L02 加到变容二极管两端,6L02 对低频调制信号呈现低阻抗,宜于低频信号输入,而对载频呈现高阻抗,以减小信号源的内阻对振荡回路的影响;6C12 为高频旁路电容,它对低频调制信号呈现高阻抗。

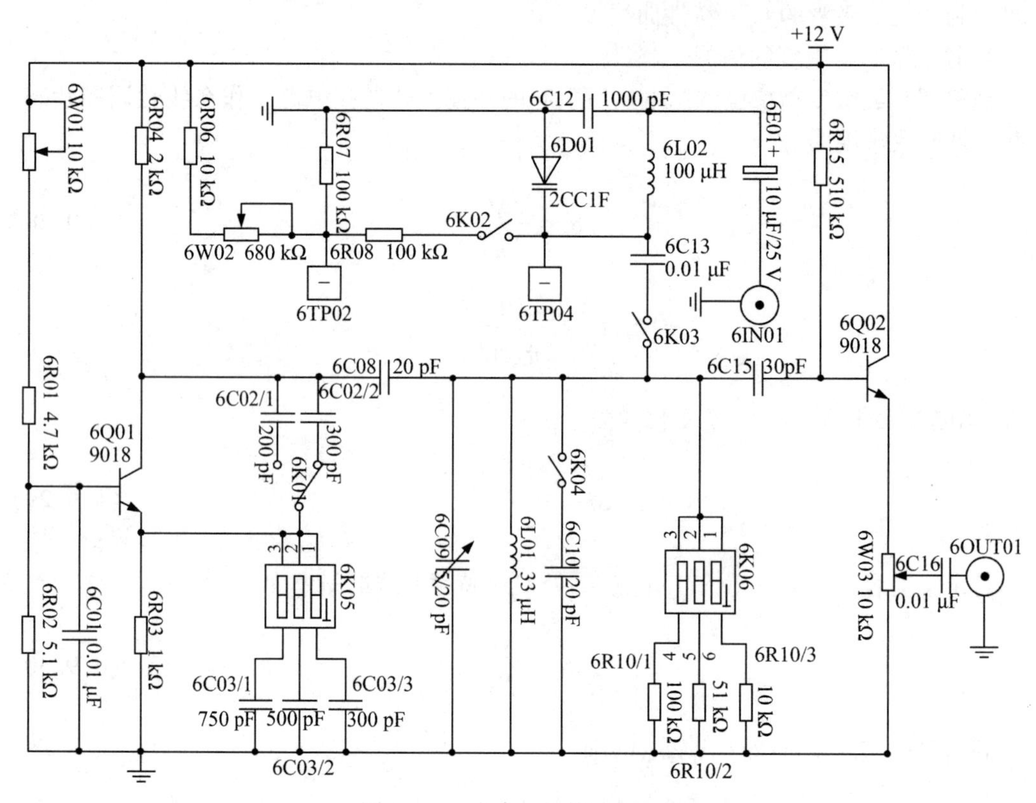

图 4.9.4　变容二极管调频电路

1)实验准备

(1)熟悉电路中各个元器件的作用和位置。断开开关 6K02、6K03、6K04,且 6IN01 端不加信号,检查无误后接通电源,用示波器测量输出信号的波形及频率。

(2)接通开关 6K02、6K03,调整 6W02,使变容二极管的直流偏置电压 $V_Q \approx 4$ V(6TP02 测试点);适当调整 6C09、6W01,使输出波形较好,振荡频率约为 4 MHz。

2)测量 C_j-v 特性、静态频率调制特性和频率调制灵敏度

(1)逐点改变 6W02 的大小,测量并记录电压 V_Q(用万用表测)及与 V_Q 相对应的频率

f_j，填入表4.9.1内，绘制f_j-V_Q曲线（f_j-V_Q曲线即为静态频率调制特性曲线）。

表4.9.1　V_Q与相对应的f_j及C_j

V_Q/V	2	3	4	5	6	7	8	9
f_j/MHz								
C_j/pF								

（2）断开开关6K03（即去掉变容二极管及其偏置电路），测量并记录此时的振荡频率f_{osc}。

（3）接通开关6K04（即在回路电容C_5两端并联一已知电容C_k，$C_k=6C_{10}=20$ pF，记录此时的振荡频率f_k。

（4）计算C_Σ、C_j并填入表4.9.1内，绘制变容二极管的C_j-v特性曲线。

（5）由C_j-v曲线计算$V_Q=4$ V时的斜率S_c，根据式（4.9.33）计算频率调制灵敏度（S_f）。

3）观察调频信号的波形

（1）闭合开关6K02、6K03，调整6W02，使$V_Q=4$ V，调整6W01，使输出信号的波形正常。

（2）在6IN01处接入调制信号并调整音频信号，使输出电压幅度$V_{pp}<2$ V，观察输出的调频信号波形。适当调整调制信号电压的幅度，观察调频信号波形的变化。

4）观察调制信号电压的幅度对调频信号中心频率的影响

（1）令$V_{\Omega m}=0$ V，测量输出信号的振荡频率。

（2）改变$V_{\Omega m}$使其由小增大，观察输出信号频率的变化趋势。

（3）说明调制信号电压的幅度对调频信号中心频率的影响。

5. 预习要求

（1）对照电路原理图，熟悉电路中各个元器件的位置、作用，弄懂电路原理。

（2）画出测试电路的高频交流通路、变容二极管的直流控制电路及变容二极管的音频控制电路。

（3）自行设计测试点。

（4）自拟实验步骤及实验所需的各种表格。

（5）复习教材中有关章节的内容。

6. 实验报告要求

（1）整理数据表格，并写出由数据表格得到的相应结论。

（2）由数据表格画出各相应的曲线。

（3）回答思考题中提出的问题。

7. 思考题

（1）图4.9.4中，6R08、6L02的作用是什么，是否可以将它们用短路线替代？

（2）在开关6K02、6K03均闭合的情况下，画出参考电路的高频交流通路、变容二极管的直流控制电路和音频交流控制电路。

4.10　鉴频器实验

4.10.1　鉴频原理概述

能够对调频信号进行解调的电路称为“鉴频器”(FM detector,discriminator),它从频率已调波中不失真地还原出原调制信号,任务是把载波频率的变化变换成电压的变化。其基本方法是将调频波进行特定的波形变换,使变换后的波形中包含有反映调频波瞬时频率变化规律的某种参量,例如幅度、相位或平均分量,然后设法检测出这个参量,即得到原始调制信号。

就鉴频器的功能而言,尽管其输出信号 $v_o(t)$ 是在输入信号 $v_i(t)$ 的作用下产生的,但二者却是截然不同的两种信号,如图 4.10.1 所示。显然,鉴频器将输入调频波的瞬时频率 $f(t)$ [或频偏 $\Delta f(t)$] 的变化变换成了输出电压 $v_o(t)$ 的变化。这种变换特性被称为“鉴频特性”,它是鉴频器的主要特性。用曲线表示的输出电压与瞬时频率 $f(t)$ [或频偏 $\Delta f(t)$] 之间的关系曲线,称为“鉴频特性曲线”。在线性解调的理想情况下,此曲线为直线,但实际上往往有弯曲,呈 S 形,简称“S 曲线”,如图 4.10.2 所示。

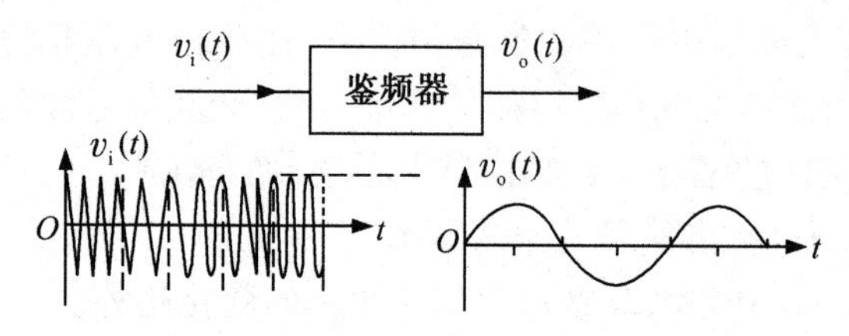

图 4.10.1　鉴频器的功能

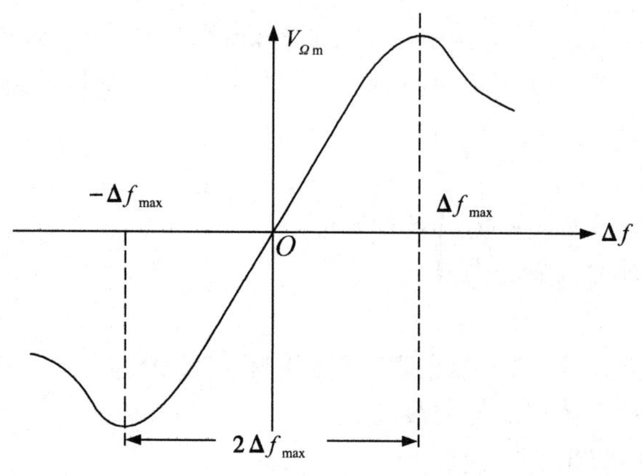

图 4.10.2　鉴频特性曲线

鉴频器的主要指标有线性鉴频范围($2\Delta f_{max}$)和鉴频灵敏度(S_d)。

线性鉴频范围是指鉴频特性曲线中近似直线段的频率范围,用 $2\Delta f_{max}$ 表示,如

图 4. 10. 2 所示，它表明了鉴频器不失真地解调时所允许的频率变化范围。因此要求 $2\Delta f_{max}$ 应大于输入调频波最大频偏的两倍，即

$$2\Delta f_{max} > 2\Delta f_{m} \tag{4.10.1}$$

$2\Delta f_{max}$ 也可以称为“鉴频器的带宽”。

鉴频灵敏度是指在中心频率 $f_c(\Delta f=0)$ 附近，单位频偏产生的解调输出电压的大小，即 $f(t)=f_c[\Delta f(t)=0]$ 附近曲线的斜率，如图 4. 10. 2 所示，即

$$S_d = \left.\frac{\partial v_o}{\partial \Delta f}\right|_{f(t)=f_c} \quad \left(\frac{V}{Hz} \quad 或 \quad \frac{V}{kHz}\right) \tag{4.10.2}$$

显然，鉴频灵敏度越高，意味着鉴频特性曲线越陡峭，鉴频能力越强。

鉴频器的类型和电路很多，如斜率鉴频器（slope discriminator）、相位鉴频器（phase discriminator）、脉冲计数式鉴频器（pulse count discriminator）、锁相鉴频器。

4. 10. 2　乘积型相位鉴频器

1. 实验目的

（1）进一步理解鉴频的基本原理及实现方法。

（2）掌握乘积型相位鉴频器的工作原理、实现电路与测量方法。

（3）进一步掌握频率特性测试仪的使用方法。

2. 实验仪器与设备

低频信号发生器、高频信号发生器、万用表、示波器、频率特性测试仪和实验模块 10——同步检波相位鉴频器。

3. 基本原理

乘积型相位鉴频器的实验框图如图 4. 10. 3 所示，移相网络一般采用单谐振回路或耦合回路，乘法器一般采用模拟乘法器，低通滤波器为 *RC* 网络。由乘法器和低通滤波器构成的相位检波电路又叫“鉴相器”。

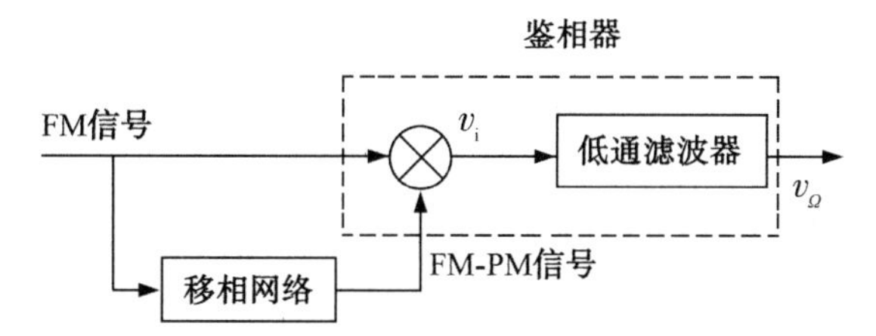

图 4. 10. 3　乘积型相位鉴频器的实验框图

1）移相网络

移相网络也称“频相转换网络”，通常由 C_1 和 *RLC* 单谐振回路组成。

由 C_1 和 *RLC* 单谐振回路组成的频相转换电路如图 4. 10. 4 所示。

设输入电压为 $\dot{V}_1$，RLC 回路两端的输出电压为 $\dot{V}_2$，则回路的传输特性为

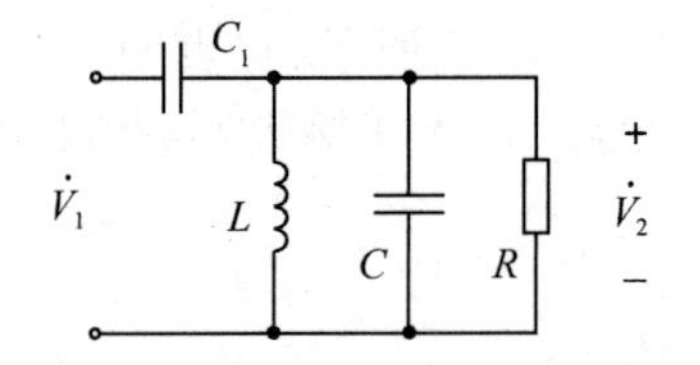

图 4.10.4　由 C_1 和 RLC 单谐振回路组成的频相转换网络

$$H(\mathrm{j}\omega)=\frac{\dot{V}_2}{\dot{V}_1}=\frac{Z_\mathrm{p}}{Z_\mathrm{p}+\dfrac{1}{\mathrm{j}\omega C_1}}$$

式中

$$Z_\mathrm{p}=\frac{1}{\dfrac{1}{R}+\mathrm{j}\left(\omega C-\dfrac{1}{\omega L}\right)}$$

代入上式得

$$H(\mathrm{j}\omega)=\frac{\dfrac{1}{\dfrac{1}{R}+\mathrm{j}\omega C+\dfrac{1}{\mathrm{j}\omega L}}}{\dfrac{1}{\dfrac{1}{R}+\mathrm{j}\omega C+\dfrac{1}{\mathrm{j}\omega L}}+\dfrac{1}{\mathrm{j}\omega C_1}}=\frac{\mathrm{j}\omega C_1}{\dfrac{1}{R}+\mathrm{j}\omega(C_1+C)+\dfrac{1}{\mathrm{j}\omega L}} \tag{4.10.3}$$

令

$$\omega_0=\frac{1}{\sqrt{L(C_1+C)}},\quad Q_\mathrm{e}=\frac{R}{\omega_0 L}\approx\frac{R}{\omega L}=\omega(C_1+C)R$$

在失谐不大的情况下，式(4.10.3)可表示为

$$H(\mathrm{j}\omega)=\frac{\mathrm{j}\omega C_1 R}{1+\mathrm{j}\xi} \tag{4.10.4}$$

其中，$\xi=Q_\mathrm{e}\dfrac{2(\omega-\omega_0)}{\omega_0}$，为广义失谐量。由式(4.10.4)可以求得网络的幅频特性 $H(\omega)$ 和相频特性 $\varphi_H(\omega)$ 分别为

$$H(\omega)=\frac{\omega C_1 R}{\sqrt{1+\xi^2}} \tag{4.10.5}$$

$$\begin{aligned}\varphi_H(\omega)&=\frac{\pi}{2}-\arctan\xi=\frac{\pi}{2}-\arctan\frac{2Q_\mathrm{e}(\omega-\omega_0)}{\omega_0}\\&=\frac{\pi}{2}-\arctan\frac{2Q_e\Delta\omega(t)}{\omega_0}\approx\frac{\pi}{2}-\arctan\Delta\varphi(t)\end{aligned} \tag{4.10.6}$$

由式(4.10.5)、式(4.10.6)画出的网络的幅频特性和相频特性曲线如图 4.10.5 所示。

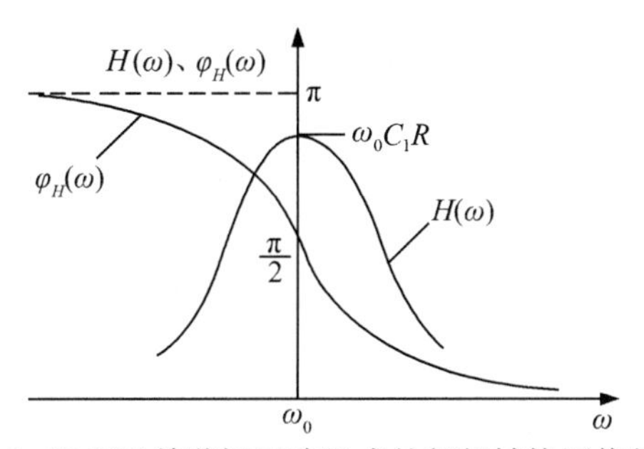

图 4.10.5 由 C_1 和 RLC 单谐振回路组成的频相转换网络的频率特性曲线

由图可知,该网络不仅不能提供恒值的幅频特性,也不能提供线性的相频特性,所以它不是一个理想的频相转换网络。只有当 $|\Delta\varphi(t)|\leqslant\dfrac{\pi}{12}$ 时,$\Delta\varphi(t)\approx\dfrac{2Q_e\Delta\omega(t)}{\omega_0}$,才有 $\varphi_H(\omega)\approx\dfrac{\pi}{2}-\Delta\varphi(t)$,可以近似认为 $\varphi_H(\omega)$ 在$\dfrac{\pi}{2}$上下线性变化,$H(\omega)$ 近似为常量。由于 $\Delta\varphi(t)\approx\dfrac{2Q_e\Delta\omega(t)}{\omega_0}\propto\Delta\omega(t)$,实现了不失真的频相变换。

对于单频率调制的调频波,$v_1=V_{1m}\cos(\omega_c t+M_f\sin\Omega t)$,其瞬时相位 $\varphi_i(t)=\omega_c t+M_f\sin\Omega t$,瞬时角频率 $\omega_i(t)=\omega_c+k_f V_{\Omega m}\cos\Omega t=\omega_c+\Delta\omega(t)$。

由前面的分析知,RLC 回路两端输出信号 v_2 的相位应为

$$\varphi_0(t)=\varphi_i+\varphi_H=\omega_c t+M_f\sin\Omega t-\Delta\varphi(t)+\frac{\pi}{2}$$

当 $\omega_c=\omega_0$ 时,

$$\Delta\varphi(t)\approx\frac{2Q_e\Delta\omega(t)}{\omega_c}=\frac{2Q_e k_f v_\Omega(t)}{\omega_c}$$

即

$$\varphi_0(t)=\omega_c t+M_f\sin\Omega t+\frac{\pi}{2}-\frac{2Q_e k_f v_\Omega(t)}{\omega_c}\tag{4.10.7}$$

于是

$$v_2(t)=V_{2m}\cos\varphi(t)=V_{1m}H(\omega)\cos\left[\omega_c t+M_f\sin\Omega t+\frac{\pi}{2}-\frac{2Q_e k_f v_\Omega(t)}{\omega_0}\right]\tag{4.10.8}$$

$v_2(t)$的振幅 V_{2m} 的变化可由限幅器去掉,显然,$v_2(t)$为一调频调相信号。

2)相位鉴频器的简单工作原理

乘积型相位鉴频器由模拟乘法器和低通滤波器构成,如图 4.10.6 所示。根据模拟乘法器输入波形的不同,相位鉴频器的线性(输出电压大小与两个输入电压之间相位差的关系)范围也不同。

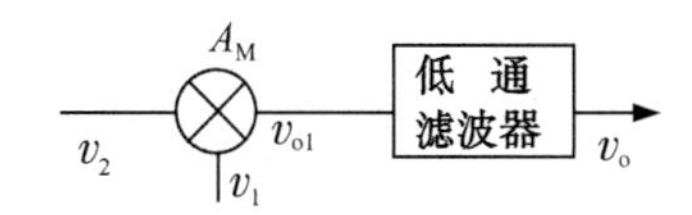

图 4.10.6 乘积型相位鉴频器的构成

设相位鉴频器的两个输入信号分别为

$$v_1 = V_{1m}\cos\omega_c t \tag{4.10.9}$$

$$v_2 = V_{2m}\cos\left(\omega_c t - \frac{\pi}{2} + \Delta\varphi\right) = V_{2m}\sin(\omega_c t + \Delta\varphi) \tag{4.10.10}$$

v_2 与 v_1 之间除了有相位差 $\Delta\varphi$ 外，还有$\frac{\pi}{2}$的固定相移。根据乘法器两个输入信号 v_2 和 v_1 幅度大小的不同，相位鉴频器的工作特点各不相同。

当两个输入信号 v_1 和 v_2 的幅度均较小，为小信号时，乘法器的输出电压为

$$\begin{aligned} v_{o1} &= A_M v_1 v_2 = A_M V_{1m} V_{2m}\sin(\omega_c t + \Delta\varphi)\cos\omega_c t \\ &= A_M\frac{V_{1m}V_{2m}}{2}[\sin\Delta\varphi + \sin(2\omega_c t + \Delta\varphi)] \end{aligned} \tag{4.10.11}$$

经过低通滤波器滤除 v_{o1} 中的高频成分，得到的输出电压为

$$v_o = \frac{A_M V_{1m} V_{2m}}{2}\sin\Delta\varphi = A_d\sin\Delta\varphi \tag{4.10.12}$$

式(4.10.12)中，A_d 为相位鉴频器输出电压的振幅值(V)。由式(4.10.12)知，输出电压 v_o 与两个输入信号的相位差 $\Delta\varphi$ 的正弦值成正比，作出的 v_o 与 $\Delta\varphi$ 的关系曲线即为相位鉴频器的鉴相特性曲线，如图 4.10.7 所示。这是一条正弦曲线，称为“正弦鉴相特性曲线”。

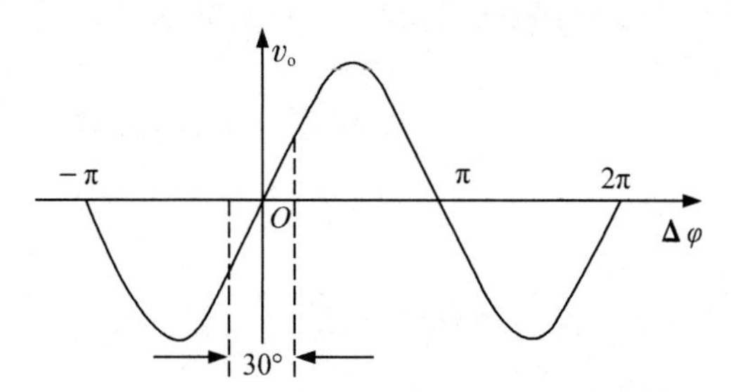

图 4.10.7　正弦鉴相特性曲线

当 $|\Delta\varphi| \leqslant \frac{\pi}{12}$ 时，$\sin\Delta\varphi \approx \Delta\varphi$，此时可得

$$v_o(t) = \frac{A_M V_{1m} V_{2m}}{2}\sin\Delta\varphi \approx A_M\frac{V_{1m}V_{2m}}{2}\Delta\varphi = A_d\Delta\varphi \tag{4.10.13}$$

式(4.10.13)说明，乘积型相位鉴频器在输入信号均为小信号的情况下，只有当 $|\Delta\varphi| \leqslant \frac{\pi}{12}$时，才能够实现线性鉴相。其中 A_d 为鉴相特性直线段的斜率，称为“鉴相灵敏度”，单位为 V/rad。

当相位鉴频器的输入为调相信号即 $v_2 = V_{2m}\cos\left(\omega_c t + \Delta\varphi - \frac{\pi}{2}\right)$，$\Delta\varphi = k_p v_\Omega(t)$ 时，得到的相位鉴频器的解调输出电压 $v_o(t) = \frac{A_M V_{1m} V_{2m}}{2}k_p v_\Omega(t) \propto v_\Omega(t)$，实现了对调相波的线

性解调。

当两个输入信号 v_1 和 v_2 中，v_2 的幅度较小，为小信号，而 v_1 为大信号时，v_1 控制乘法器使之工作在开关状态，输出电压为

$$v_{o1}=A_M v_2 k_2(\omega_c t)=A_M V_{2m}\sin(\omega_c t+\Delta\varphi)\left(\frac{4}{\pi}\sin\omega_c t-\frac{4}{3\pi}\sin 3\omega_c t+\cdots\right) \quad (4.10.14)$$

通过低通滤波器滤除高频分量，得到的输出电压为

$$v_o=\frac{2A_M V_{2m}}{\pi}\sin\Delta\varphi=A_d\sin\Delta\varphi$$

与式(4.10.12)相同。

当两个输入信号 v_1 和 v_2 均为大信号时，输出电压为

$$v_{o1}=A_M k_2\left(\omega_c t+\Delta\varphi-\frac{\pi}{2}\right)k_2(\omega_c t) \quad (4.10.15)$$

根据式(4.10.15)，图4.10.8给出了两个开关量信号相乘后的波形。由图4.10.8(a)可知，当 $\Delta\varphi=0$ 时，相乘后的波形为上下等宽的双向脉冲，且频率加倍，因而相应的平均分量为零。当 $\Delta\varphi\neq0$ 时(设 $\Delta\varphi>0$)，相乘后的波形为上下不等宽的双向脉冲，如图4.10.8(b)所示。

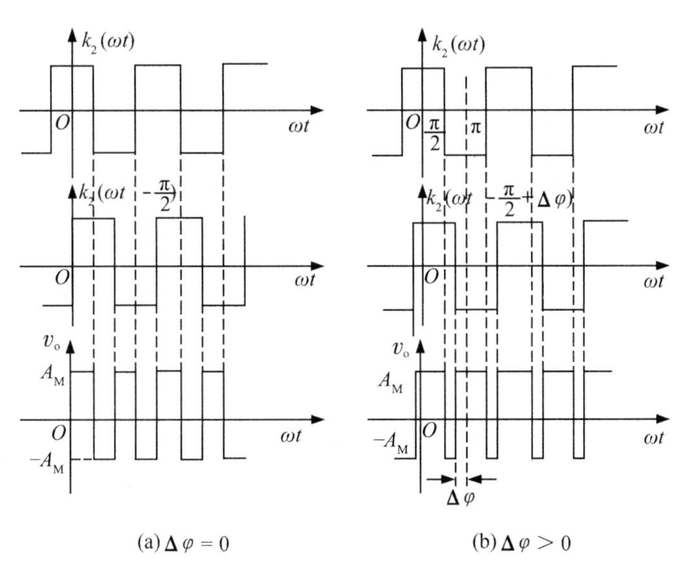

图4.10.8　两个开关量信号相乘后的波形

因此，在 $|\Delta\varphi|<\frac{\pi}{2}$ 的范围内，经过低通滤波器，取出的平均分量(即解调输出)为

$$v_o(t)=A_M\frac{1}{\pi}\int_0^{\pi}v_c\,\mathrm{d}(\omega t)=\frac{A_M}{\pi}\left[\int_0^{\frac{\pi}{2}}\mathrm{d}(\omega t)-\int_{\frac{\pi}{2}}^{\pi-\Delta\varphi}\mathrm{d}(\omega t)+\int_{\pi-\Delta\varphi}^{\pi}\mathrm{d}(\omega t)\right]=\frac{2A_M}{\pi}\Delta\varphi \quad (4.10.16)$$

相应的鉴相特性曲线如图 4. 10. 9 所示;在 $|\Delta\varphi|<\frac{\pi}{2}$ 的范围内,其为一条通过原点的直线,并向两侧周期性重复。

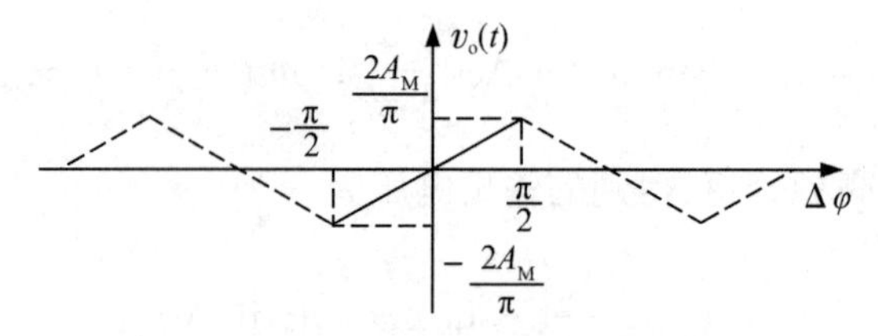

图 4. 10. 9 三角形鉴相特性曲线

这种相位鉴相器是比较两个开关量信号的相位差而获得所需的鉴相电压。在实际应用中,也可将两个输入正弦信号经限幅器变换为方波信号,加到双差分对电路的两个输入端,得到的结果是相似的。

3)实验电路

实验参考电路如图 4. 10. 10(a)(b)所示。图 4. 10. 10(a)中,晶体管 T_1 是射极限随器作为隔离级,C_2、C_3、L_1、R 构成并联谐振回路,用作移相网络。R 是并联在谐振回路上的阻尼电阻,它的大小将直接影响回路的品质因数,从而影响回路相频特性曲线的斜率。通过 K_1 可选择合适的并联电阻 R。集成模拟乘法器 BG314 及其输出电路(运算放大器 A 和 R_{13}、C_4 组成的低通滤波器)构成乘积型相位鉴频器。运算放大器 A 作为双端输出转单端输出电路,R_{13}、C_4 组成低通滤波器。

图 4. 10. 10(b)中,晶体管 T_1 是射极跟随器作为隔离级,C_2、C_3、L、R_5 构成并联谐振回路,用作移相网络。R_5 是并联在谐振回路上的阻尼电阻,它的大小将直接影响回路的品质因数,从而影响回路相频特性的斜率。通过 K_3 可选择合适的并联电阻 R_5。集成模拟乘法器 MC1496 及其输出端的 R_{13}、C_9、C_{10} 组成的低通滤波器构成乘积型相位鉴频器。

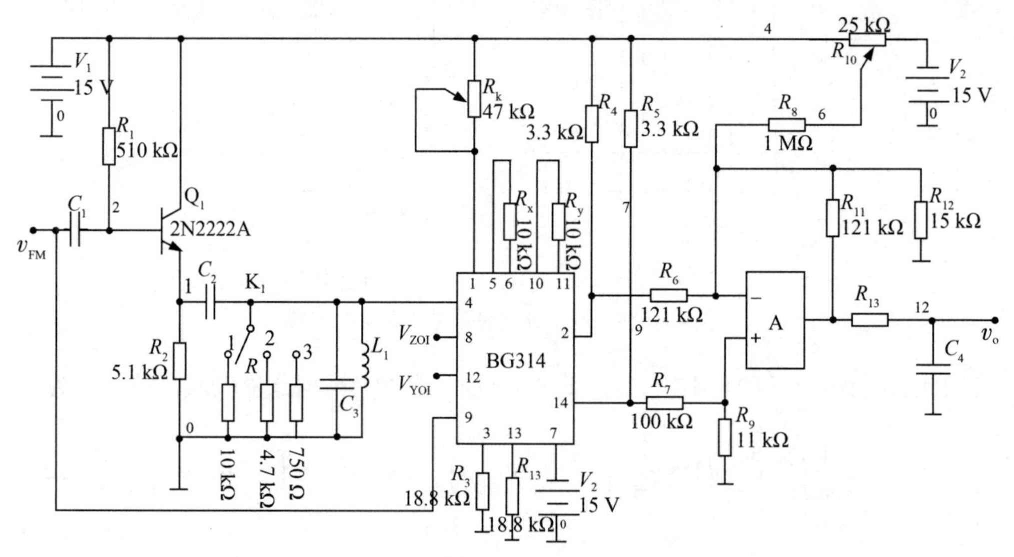

(a)由 BG314 构成的乘积型相位鉴频器

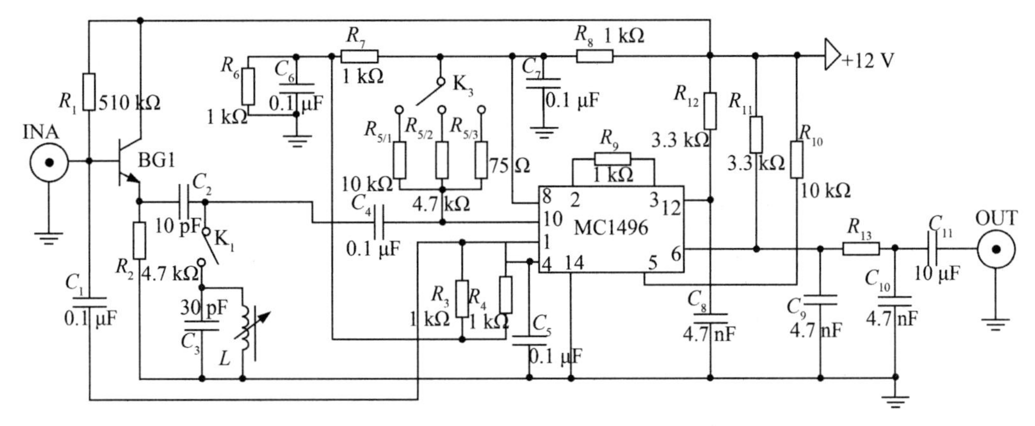

(b)由 MC1496 构成的乘积型相位鉴频器

图 4.10.10　乘积型相位鉴频器

4. Multisim **仿真**

在 Multisim 电路窗口中，创建如图 4.10.11 所示的电路，虚拟四踪示波器的连接如图中所示。检查无误后，单击“仿真”按钮。调电感 L_2 的大小，使输出波形不失真，从示波器中观察并记录节点 1、2、3、4 的波形，并说明器件 C_2、C_3、R_3、L_1 及 C_1、R_4 的功能。

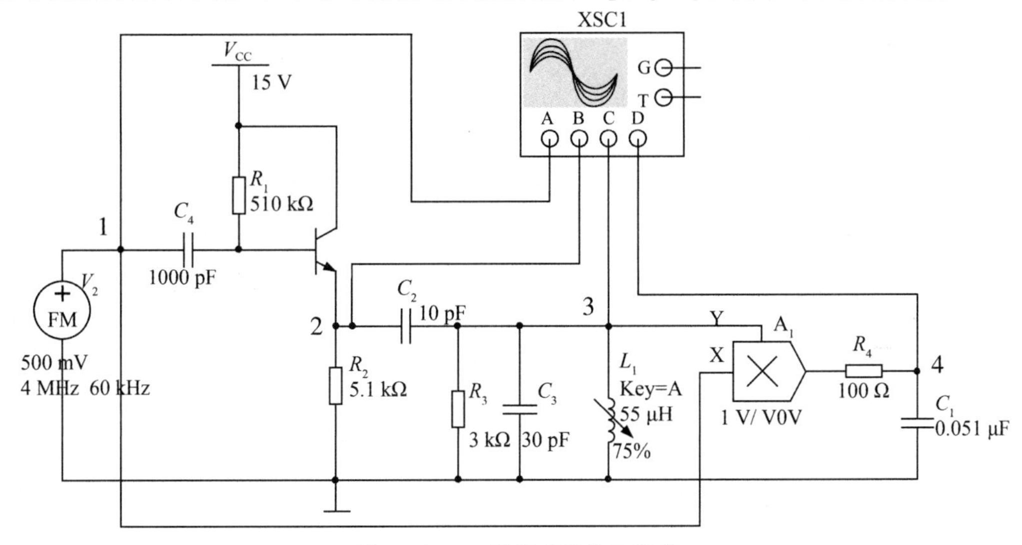

图 4.10.11　乘积型相位鉴频器

5. **实验任务**

1)用示波器测量鉴频特性曲线(参考图 4.8.9)

(1)熟悉实验模块 10，分析电路中各个元器件的作用及其在电路板上的位置。正确连接电路(接通 10K01、10K03 的 1、3 端)，检查无误后接通电源。

(2)适当调整调频波输出，使输入的调频信号幅度 $V_{pp} \leqslant 300$ mV。仔细调整 10K01 上面的 *LC* 谐振网络中周，使移相网络谐振于 FM 信号中心频率(乘法器的输入端点 10 信号最大，测试点为 10TP02)。此时输出端点应得到较好的低频调制信号波形。

(3)观察鉴频输出 v_o 的波形

①调节 10K02,分别选择不同的电阻(取 10 kΩ、4.7 kΩ、75 Ω 等),观察并记录鉴频输出的变化情况。选定一个较好的电阻值。

②改变输入调频波信号 v_{FM} 的幅度 V_{pp},观察并记录鉴频输出的变化情况。选定一个合适的信号幅度 V_{pp}。

③改变调制信号 v_Ω 的幅度 $V_{\Omega pp}$,观察并记录鉴频输出的变化情况。选定一个合适的信号幅度 $V_{\Omega pp}$。

④对①②③的结果进行总结。

(4)用逐点法测量鉴频特性曲线

逐点法:用高频信号源和晶体管毫伏表。将高频信号源输出的等幅信号加到实验板的输入端,将晶体管毫伏表接实验板的输出端,测量实验板的输出直流电压。改变高频信号源的频率(保持其输出电压不变),测量输出直流电压随高频信号源频率的变化,把各点连接起来即可得到鉴频特性曲线。

测试条件:输入等幅信号(V_{pp} = 200 mV)。改变高频信号源的频率(注意频率的取值范围)(保持其输出电压不变),测量输出直流电压,并将结果填入自行设计的表格内。由此可得到:

①鉴频特性曲线。

②鉴频器的鉴频灵敏度(S_d)。

③鉴频器的线性鉴频范围($2\Delta f_{max}$)。

2)用频率特性测试仪测量鉴频特性曲线

(1)用模拟频率特性测试仪测量鉴频特性曲线的方法:将频率特性测试仪扫频信号的输出接至鉴频器的输入端,输入接至鉴频器的输出端。调节中心频率,使屏幕的中心位置在输入调频波 v_{FM} 的载波频率 f_c 上。仔细调整频率特性测试仪的“输出衰减”“频率偏移”和“Y 轴增益”等旋钮,可在屏幕上得到鉴频特性曲线。描下曲线形状并利用 1 MHz 频标粗测鉴频器的中心频率(f_c)及线性鉴频范围($2\Delta f_{max}$)。

(2)用数字频率特性测试仪测量鉴频特性曲线的方法:仪器复位后,按功能区的【测量】键进入“系统”菜单,按〖鉴频〗软键打开鉴频功能,将仪器的 OUTPUT 端连接到被测鉴频网络的输入端,将仪器的 CHB INPUT 端连接到被测鉴频网络的输出端。调节仪器的始点频率和终点频率,以适应鉴频网络。

①首先了解被测鉴频网络对输入信号幅度的要求,调节仪器的“输出增益”旋钮,使仪器的输出信号幅度适应被测鉴频网络,测得的鉴频特性曲线应不出现限幅的情况。

②如果被测鉴频网络的输出信号中有较大的直流成分,但是没有出现限幅的情况,将鉴频网络的输入信号断开,启动仪器校准功能,校准后鉴频特性曲线在显示区的零位,将扫描信号输入到被测鉴频网络,这时可以得到被测网络的鉴频特性曲线。

③如果被测鉴频网络输出信号中的直流成分太大,可通过设置仪器的直流偏置来抵消,或者将仪器的“输入增益”旋钮调整为 * 0.25 挡,再重复步骤②即可得到被测鉴频网络的鉴频特性曲线。(参阅第二章相应的内容)

6. **预习要求**

(1)复习教材中有关章节的内容。

(2)对照测试电路原理图,熟悉电路中各个元器件的位置、作用,弄懂电路原理。

(3)自拟实验步骤及实验所需的各种表格。

(4)讨论电路元件、参数变化对鉴频特性曲线的影响。

7. **实验报告要求**

(1)整理数据表格,绘出鉴频特性曲线。

(2)根据测试数据估算鉴频器的鉴频灵敏度(S_d)和线性鉴频范围($2\Delta f_{max}$)。

(3)根据电路给定的参数估算鉴频灵敏度(S_d)的值并与(2)比较。

(4)回答思考题中提出的问题。

8. **思考题**

(1)分析实验电路中移相网络的移相原理。

(2)设计一个用乘法器 MC1595 实现乘积型相位鉴频的电路,计算频率 f_c 上所需要的频相转换网络的参数,并画出电路图。

4.10.3　叠加型相位鉴频器

1. **实验目的**

(1)进一步理解鉴频的基本原理及实现方法。

(2)掌握叠加型相位鉴频器的工作原理、实现电路与测量方法。

(3)进一步掌握频率特性测试仪的使用方法。

(4)了解电容耦合回路叠加型相位鉴频器的工作原理。

(5)熟悉初、次级回路电容、耦合电容对电容耦合回路相位鉴频器工作的影响。

2. **实验仪器与设备**

低频信号发生器、高频信号发生器、万用表、示波器、频率特性测试仪和实验模块19——叠加型相位鉴频器。

3. **基本原理**

叠加型相位鉴频器的实验框图如图 4.10.12 所示,移相网络一般采用耦合回路。

1)移相网络

在叠加型相位鉴频器中,移相网络多采用耦合回路频相变换网络。

耦合回路频相变换网络有互感耦合回路和电容耦合回路两种形式,这里仅介绍互感耦合回路的频相变化特性。

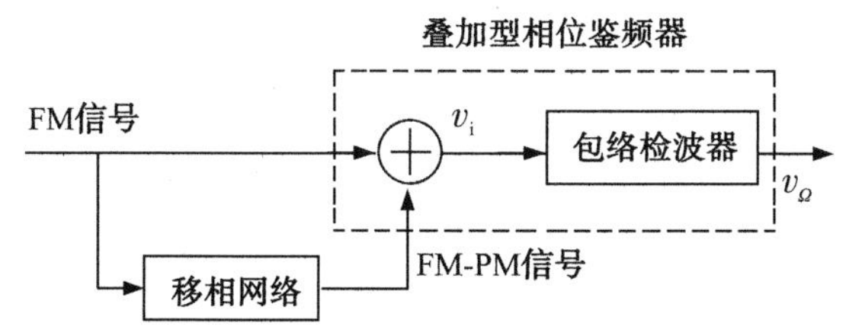

图 4.10.12　叠加型相位鉴频器的实验框图

图 4.10.13(a)为互感耦合回路频相变换网络。实际应用时,图中一、二次回路参数相同,即 $C_1=C_2=C, L_1=L_2=L$,两回路的损耗相同,耦合系数 $k=\dfrac{M}{L}$(M 是互感系数,L 是自感系数),初、次级回路的中心频率均为 f_c。

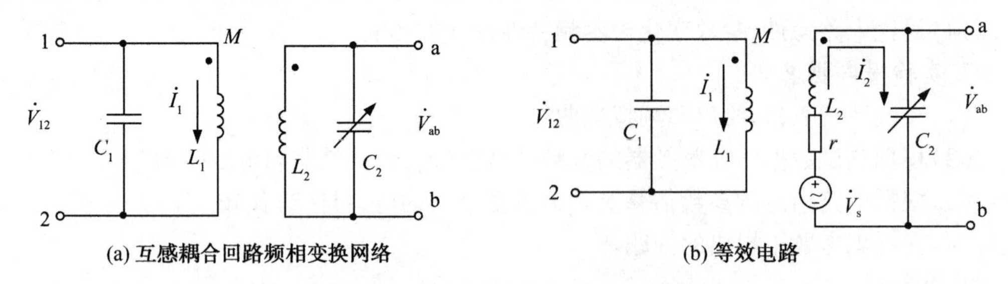

图 4.10.13　互感耦合回路频相变换网络

为了使分析简单,先作三个合乎实际的假定:①一、二次侧回路的品质因数均较高;②一、二次侧回路之间的互感耦合比较弱;③在耦合回路通频带范围内,当 V_{12} 保持恒定时,V_{ab} 也保持恒定。这样,在估算一次侧回路电流时,就不必考虑一次侧回路自身的损耗电阻和从二次侧反射到一次侧的损耗电阻。于是可以近似地得到图 4.10.13(b)所示的等效电路,图中

$$\dot{I}_1=\frac{\dot{V}_{12}}{\mathrm{j}\omega L_1} \tag{4.10.17}$$

一次侧电流 $\dot{I}_1$ 在次级回路中产生的感应串联电动势为

$$\dot{V}_s=\pm\mathrm{j}\omega M\dot{I}_1 \tag{4.10.18}$$

式中,正、负号取决于一、二次侧线圈的绕向。现在假设线圈的绕向使该式取负号,将式(4.10.17)代入式(4.10.18),可得

$$\dot{V}_s=-\mathrm{j}\omega M\frac{\dot{V}_{12}}{\mathrm{j}\omega L_1}=-\frac{M}{L_1}\dot{V}_{12} \tag{4.10.19}$$

由等效电路图 4.10.13(b)可知,串联电动势 $\dot{V}_s$ 在次级回路中产生的电流为

$$\dot{I}_2=\frac{\dot{V}_s}{r+\mathrm{j}\left(\omega L-\dfrac{1}{\omega C}\right)}\approx\frac{\dfrac{\dot{V}_s}{r}}{1+\mathrm{j}Q_e\dfrac{2\Delta\omega}{\omega_0}}=\frac{\dfrac{\dot{V}_s}{r}}{1+\mathrm{j}\xi} \tag{4.10.20}$$

式中,$\omega_0=\dfrac{1}{\sqrt{LC}}=\omega_c, Q_e=\dfrac{\omega_0 L}{r}\approx\dfrac{\omega L}{r}=\dfrac{1}{\omega Cr}$。因此,$\dot{I}_2$ 在次级回路两端产生的电压为

$$\dot{V}_{ab} = \dot{I}_2 \frac{1}{j\omega C} = j\frac{kQ_e\dot{V}_{12}}{1+j\xi} = \dot{V}_{12}\frac{kQ_e}{\sqrt{1+\xi^2}}e^{(\frac{\pi}{2}-\Delta\varphi)} \tag{4.10.21}$$

由此可得耦合回路的传输函数为

$$H(j\omega) = \frac{\dot{V}_{ab}}{\dot{V}_{12}} = \frac{kQ_e}{\sqrt{1+\xi^2}}e^{(\frac{\pi}{2}-\Delta\varphi)} = H(\omega)e^{j\varphi(\omega)} \tag{4.10.22}$$

式中，$H(\omega) = \dfrac{kQ_e}{\sqrt{1+\xi^2}}$ 为幅频特性；$\varphi(\omega) = \dfrac{\pi}{2} - \Delta\varphi(\omega) = \dfrac{\pi}{2} - \arctan\xi$ 为相频特性。

由此画出的耦合回路的幅频特性、相频特性曲线分别如图 4.10.14(a)(b)所示。

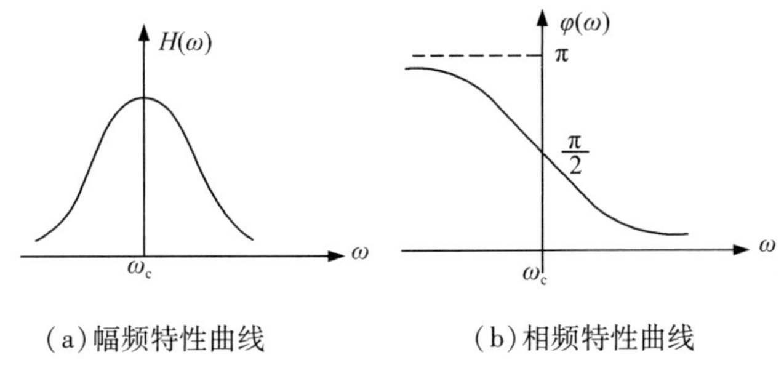

(a)幅频特性曲线　　(b)相频特性曲线

图 4.10.14　耦合回路的传输函数

式(4.10.22)表明，当回路输入电压 $\dot{V}_{12}$ 的角频率 ω 变化时，次级回路电压 $\dot{V}_{ab}$ 在振幅和相位上都随着变化。就其相位而言，$\dot{V}_{ab}$ 超前 $\dot{V}_{12}$ 一个$\left(\dfrac{\pi}{2}-\Delta\varphi\right)$的相角，而 $\Delta\varphi$ 取决于次级回路对信号角频率 ω_c 的失谐量，由于次级回路调谐于 ω_c(调频波中心频率)，所以

$$\Delta\varphi = \arctan\xi = \arctan\left[Q_e\frac{2\Delta\omega(t)}{\omega_o}\right]$$

当 $\Delta\varphi \leqslant \dfrac{\pi}{12}$时，有

$$\Delta\varphi = \arctan\left[Q_e\frac{2\Delta\omega(t)}{\omega_0}\right] \approx Q_e\frac{2\Delta\omega(t)}{\omega_0} \propto \Delta\omega(t) \tag{4.10.23}$$

即 $\Delta\varphi$ 与输入调频波的瞬时角频偏成正比，回路实现了频相转换的功能。

2)简单工作原理

将两个输入信号叠加后加到包络检波器而构成的相位鉴频器称为叠加型相位鉴频器。为了扩展线性鉴相范围，一般采用两个包络检波器组成的平衡电路，如图 4.10.15 所示。由图可见，加到上、下两个包络检波器上的输入信号电压分别为

$$v_{i1} = v_1 + v_2,\quad v_{i2} = -v_2 + v_1$$

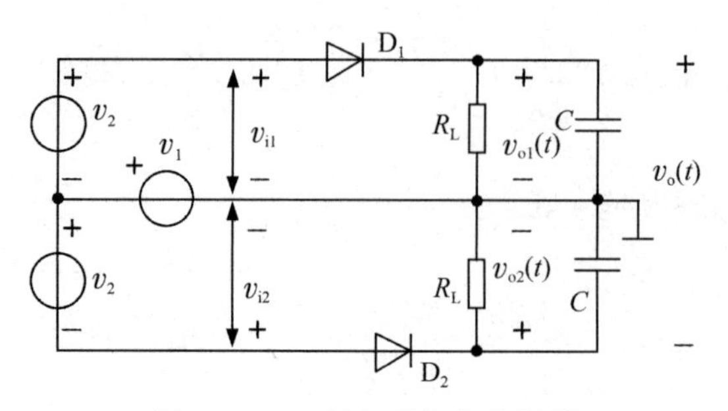

图 4.10.15　叠加型相位鉴频器

假设 $v_2(t) = V_{2m}\cos\left(\omega t + \Delta\varphi - \frac{\pi}{2}\right)$，$v_1(t) = V_{1m}\cos\ \omega t$，则根据矢量叠加原理（见图 4.10.16），$v_{i1}(t)$ 和 $v_{i2}(t)$ 可分别表示为

$$v_{i1}(t)=V_{i1m}(t)\cos[\omega t-\theta_1(t)] \tag{4.10.24a}$$

$$v_{i2}(t)=V_{i2m}(t)\cos[\omega t+\theta_2(t)] \tag{4.10.24b}$$

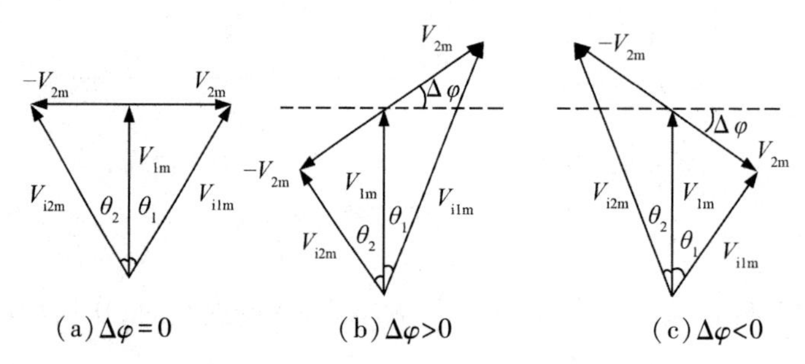

图 4.10.16　$v_{i1}(t)$ 和 $v_{i2}(t)$ 的矢量图

若包络检波器的检波电压传输系数为 η_d，$v_{i1}(t)$ 和 $v_{i2}(t)$ 经包络检波器检波后，则相位鉴频器的输出电压为

$$v_o(t)=v_{o1}(t)-v_{o2}(t)=\eta_d[V_{i1m}(t)-V_{i2m}(t)] \tag{4.10.25}$$

当 $\Delta\varphi=0$ 时，$v_2(t)$ 滞后 $v_1(t)$ 一个 $\frac{\pi}{2}$ 的相位，而 $-v_2(t)$ 超前 $v_1(t)$ 一个 $\frac{\pi}{2}$ 的相位，如图 4.10.16(a) 所示，此时合成电压 $v_{i1}(t)$ 与 $v_{i2}(t)$ 的振幅 $V_{i1m}(t)$ 与 $V_{i2m}(t)$ 相等，经包络检波器检波后输出电压 $v_{o1}(t)$ 与 $v_{o2}(t)$ 大小相等，所以相位鉴频器的输出电压 $v_o(t)=v_{o1}(t)-v_{o2}(t)=0$。

当 $\Delta\varphi>0$ 时，$v_2(t)$ 滞后 $v_1(t)$ 的相位小于 $\frac{\pi}{2}$，而 $-v_2(t)$ 超前 $v_1(t)$ 的相位大于 $\frac{\pi}{2}$，如图 4.10.16(b) 所示，此时合成电压 $v_{i1}(t)$ 与 $v_{i2}(t)$ 的振幅 $V_{i1m}(t)>V_{i2m}(t)$，经包络检波器检波后输出电压 $v_{o1}(t)>v_{o2}(t)$，所以相位鉴频器的输出电压 $v_o(t)=v_{o1}(t)-v_{o2}(t)>0$，为正值。而且 $\Delta\varphi$ 越大，输出电压 $v_o(t)$ 就越大。

当 $\Delta\varphi<0$ 时，$v_2(t)$ 滞后 $v_1(t)$ 的相位大于$\frac{\pi}{2}$，而 $-v_2(t)$ 超前 $v_1(t)$ 的相位小于$\frac{\pi}{2}$，如图4.10.16(c)所示，此时合成电压 $v_{i1}(t)$ 与 $v_{i2}(t)$ 的振幅 $V_{i1m}(t)<V_{i2m}(t)$，经包络检波器检波后输出电压 $v_{o1}(t)<v_{o2}(t)$，所以相位鉴频器的输出电压 $v_o(t)=v_{o1}(t)-v_{o2}(t)<0$，为负值。而且 $\Delta\varphi$ 的负值越大，输出电压 $v_o(t)$ 的负值就越大。

综上可知，叠加型平衡相位鉴频器能将两个输入信号的相位差的变化变换为输出电压 $v_o(t)$ 的变化，因此实现了鉴相功能。可以证明，其鉴相特性也具有图4.10.7所示的形式，即具有正弦鉴相特性，而只有当 $\Delta\varphi$ 比较小时，才具有线性鉴相特性。

证明过程如下：利用三角函数关系，由图4.10.16(b)知，式(4.10.24)中的合成电压 $v_{i1}(t)$、$v_{i2}(t)$ 的振幅和相移分别为

$$V_{i1m}(t)=\sqrt{V_{2m}^2+V_{1m}^2+2V_{1m}V_{2m}\sin\Delta\varphi}$$

$$V_{i2m}(t)=\sqrt{V_{2m}^2+V_{1m}^2-2V_{1m}V_{2m}\sin\Delta\varphi}$$

$$\theta_1(t)=\arctan\left(\frac{V_{2m}\cos\Delta\varphi}{V_{1m}+V_{2m}\sin\Delta\varphi}\right)$$

$$\theta_2(t)=\arctan\left(\frac{V_{2m}\cos\Delta\varphi}{V_{1m}-V_{2m}\sin\Delta\varphi}\right)$$

显然，合成电压的振幅 V_{i1m} 和 V_{i2m} 均与 $\Delta\varphi$ 有关，但它们之间的关系是非线性的。若包络检波器的检波电压传输系数为 η_d，则相位鉴频器的输出电压为

$$\begin{aligned}v_o(t)&=v_{o1}(t)-v_{o2}(t)=\eta_d[V_{i1m}(t)-V_{i2m}(t)]\\&=\eta_d\sqrt{V_{1m}^2+V_{2m}^2}\left[(1+K\sin\Delta\varphi)^{\frac{1}{2}}-(1-K\sin\Delta\varphi)^{\frac{1}{2}}\right]\end{aligned}$$

式中
$$K=\frac{2V_{1m}V_{2m}}{V_{1m}^2+V_{2m}^2}=\frac{2V_{1m}/V_{2m}}{1+(V_{1m}/V_{2m})^2}$$

以 $K\sin\Delta\varphi$ 为变量，将上式用幂级数展开为

$$v_o(t)=\eta_d\sqrt{V_{1m}^2+V_{2m}^2}\left[K\sin\Delta\varphi-\frac{1}{8}(\sin\Delta\varphi)^3-\cdots\right]$$

当 $K\sin\Delta\varphi$ 为小量时，$K\sin\Delta\varphi$ 的三次方及其以上各次方项可忽略，上式可简化为

$$v_o(t)=\eta_d\sqrt{V_{1m}^2+V_{2m}^2}K\sin\Delta\varphi \tag{4.10.26}$$

呈正弦鉴相特性。

3)实验电路

实验参考电路如图 4.10.17 所示。图中,晶体管 T_1 用作调频信号放大器,C_1、C_2、L_1、L_2、C_C 构成电容耦合双回路,用作移相网络。

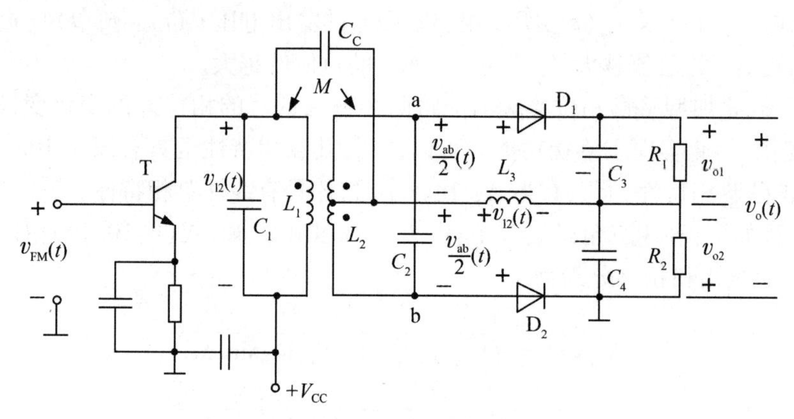

图 4.10.17　叠加型相位鉴频器参考电路

输入调频信号 $v_{FM}(t)$ 经晶体管 T 放大后,在初级回路 L_1、C_1 上产生电压 $v_{12}(t)$,由互感耦合感应到次级回路 L_2、C_2 上产生电压 $v_{ab}(t)$。由于 L_2 被中心抽头分成两半,所以中心抽头上、下两边的电压各为 $v_{ab}(t)/2$。另外,初级回路电压 $v_{12}(t)$ 通过 C_C 加到 L_3 上,由于 C_C 的高频容抗远小于 L_3 的感抗,所以 L_3 上的压降近似等于 $v_{12}(t)$。二极管 D_1、D_2 和由 R_1、C_3 及 R_2、C_4 组成的低通滤波器组成包络检波器。显然,加到两个二极管包络检波器上的输入电压分别为

$$v_{i1}(t)=\frac{v_{ab}}{2}(t)+v_{12},\quad v_{i1}(t)=-\frac{v_{ab}}{2}(t)+v_{12}$$

相位鉴频器的输出电压为

$$v_o(t)=v_{o1}(t)-v_{o2}(t)=\eta_d[V_{i1m}(t)-V_{i2m}(t)]$$

4. 实验任务

(1)调频-鉴频过程观察:用示波器观测调频器的输入、输出信号波形以及鉴频器的输入、输出信号波形。

(2)观察初级回路电容、次级回路电容、耦合电容的变化对 FM 波解调的影响。

(3)用频率特性测试仪测量鉴频特性曲线及其线性鉴频范围。

5. 实验方法与步骤

1)实验准备

熟悉实验模块 19,分析电路中各个元器件的作用及其在电路板上的位置。接通开关 19K01 的 1、3 端,实验电路如图 4.10.18 所示。

信号源产生的 FM 波的中心频率为 4 MHz,幅度为 400 mVpp,频偏为 50 kHz,调制信号频率为 1 kHz。将输入信号接入 19IN01,调 19W01,使基极电压为 4 V,调 19W03 到最大阻值的 2/3 左右;将示波器接 19TP03,调 19W02 得到不失真波形。

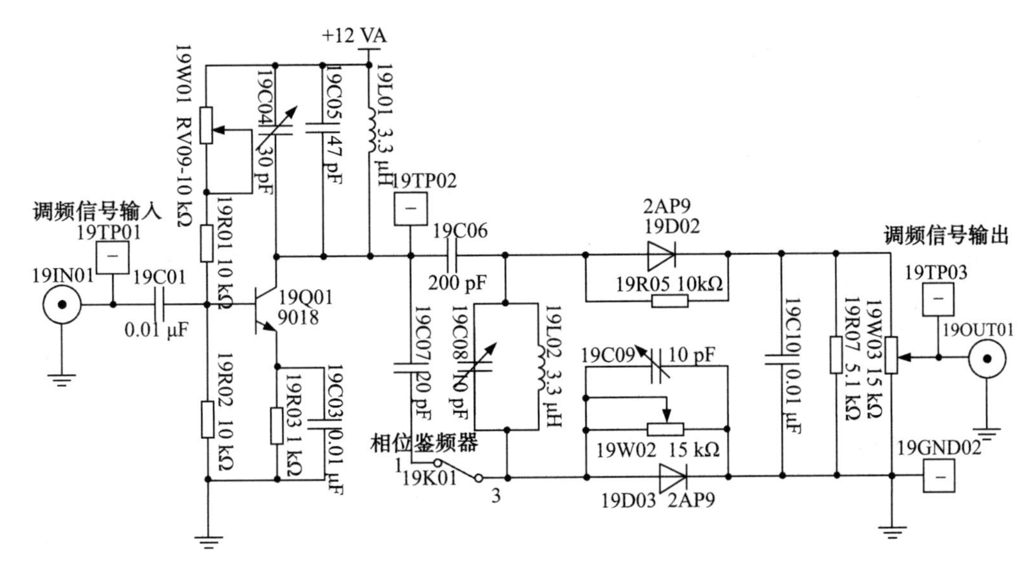

图 4.10.18　叠加型相位鉴频器

2)鉴频过程观察

(1)用模块 6 产生调频信号(频率为 1 kHz 的正弦波),用示波器观察调频波输出与输入调制信号的波形。

(2)将模块 6 输出的调频信号送到模块 19 的输入端 19IN01,用示波器观察鉴频器输出信号的波形,此时可观察到频率为 1 kHz 的正弦波。如果没有波形或波形不好,应调整 19C04、19C08、19C09。

(3)增大调制信号幅度(频偏),观察并记录鉴频器输出信号幅度、波形的变化。

(4)耦合与调谐电容变化对鉴频器输出的影响:观察半可变电容 19C04、19C08、19C09 的变化对鉴频器输出端解调波形的影响。记录输出信号幅度、波形的变化。

(5)用频率特性测试仪测量叠加型相位鉴频器的鉴频特性曲线。

6. 实验报告要求

(1)画出调频器正常工作时的输入、输出信号波形和鉴频器正常工作时的输入、输出信号波形。

(2)根据实验数据,说明可变电容 19C04、19C08、19C09 的变化对鉴频器输出端解调波形的影响。

(3)写出心得体会。

7. 预习要求

(1)复习教材中有关章节的内容。

(2)对照测试电路原理图,熟悉电路中各个元器件的位置、作用,弄懂电路原理。

(3)自拟实验步骤及实验所需的各种表格。

(4)讨论电路元件、参数变化对鉴频特性曲线的影响。

4.10.4　斜率鉴频器

1. 实验目的

(1)进一步理解鉴频的基本原理及实现方法。

(2)掌握斜率鉴频器的工作原理、实现电路与测量方法。

(3)进一步掌握频率特性测试仪的使用方法。

(4)了解回路失谐对鉴频器性能的影响。

2. 实验仪器与设备

低频信号发生器、高频信号发生器、万用表、示波器、频率特性测试仪和实验模块 19——斜率鉴频器。

3. 基本原理

失谐回路斜率鉴频器有单失谐回路斜率鉴频器和双失谐回路斜率鉴频器两种。

图 4.10.19 所示为单失谐回路斜率鉴频器,由 LC 并联回路构成线性频幅转换网络,二极管 D 与 RC 构成包络检波器。

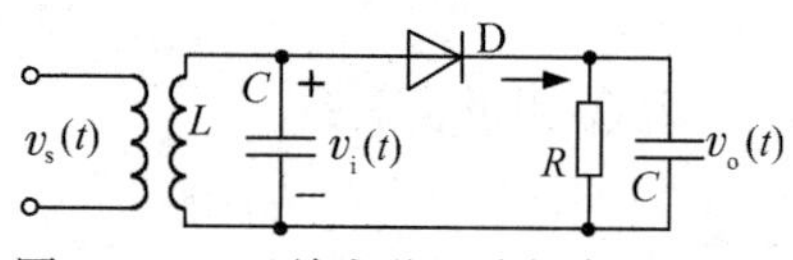

图 4.10.19　单失谐回路斜率鉴频器

所谓单失谐回路,是指图中 LC 谐振回路的谐振频率 ω_0 对输入调频波的中心频率 ω_c 是失谐的。为了获得线性鉴频特性,应将输入调频波的中心角频率失谐在谐振回路幅频特性的上升沿 $\omega_c<\omega_0$ 的线性段的中点 Q(或者下降沿 $\omega_c>\omega_0$ 的线性段的中点 Q')处,如图 4.10.20(a)所示。这样可以利用 LC 谐振回路幅频特性的上升沿(或下降沿),将调频波的瞬时频率变化变换为振幅的变化,实现频幅变换的功能。由图 4.10.20(b)知,谐振回路两端信号电压 $v_i(t)$ 的振幅包络反映了瞬时频率的变化规律。单失谐回路斜率鉴频器的工作波形如图 4.10.21 所示。

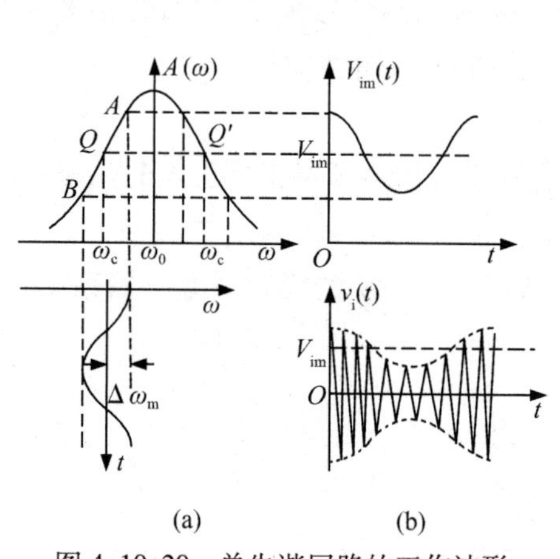

图 4.10.20　单失谐回路的工作波形

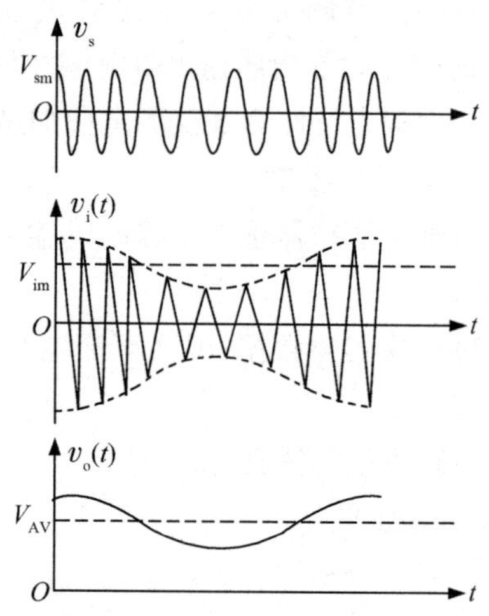

图 4.10.21　单失谐回路斜率鉴频器的工作波形

单失谐回路斜率鉴频器的电路很简单,但由于并联谐振回路幅频特性曲线两边的倾斜部分不是理想直线，因此在频幅变换中会造成非线性失真，即线性鉴频范围较小。解决这一问题的方法是采用双失谐回路斜率鉴频器。

双失谐回路斜率鉴频器又称为"平衡斜率鉴频器"，它是为了扩大线性鉴频范围，根据平衡推挽工作原理，用两个特性完全相同的单失谐回路斜率鉴频器构成的。图 4.10.22 所示为双失谐回路斜率鉴频器的原理电路，其中上面回路谐振在 f_{01} 上，下面回路谐振在 f_{02} 上，它们各自失谐在调频波载波频率 f_c 的两侧，并且与 f_c 的间隔相等，均为 δf，即 $f_{01}=f_c\pm\delta f$，$f_{02}=f_c\mp\delta f$。设上、下两回路的幅频特性分别为 $A_1(f)$ 和 $A_2(f)$，并认为上、下两包络检波器的检波电压传输系数均为 η_d，则双失谐回路斜率鉴频器的输出电压为

$$v_o(t)=v_{o1}-v_{o2}=\eta_d[V_{i1m}(t)-V_{i2m}(t)]=\eta_d V_{sm}[A_1(f)-A_2(f)] \tag{4.10.27}$$

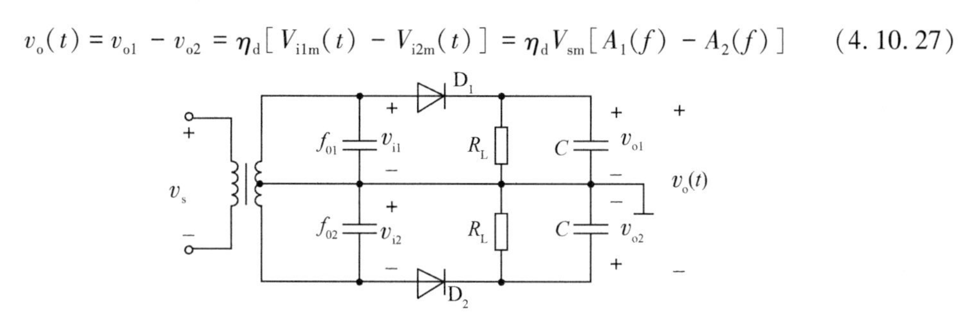

图 4.10.22　双失谐回路斜率鉴频器的原理电路

式(4.10.27)即为双失谐回路斜率鉴频器的鉴频特性方程。它表明，当 V_{sm} 和 η_d 一定时，$v_o(t)$ 随频率 f(或 ω)的变化特性就是将两个失谐回路的幅频特性相减后的合成特性，如图 4.10.23(a)所示。由图可见，合成鉴频特性曲线形状除了与两回路的幅频特性曲线形状有关外，还取决于 f_{01}、f_{02} 的配置。若 f_{01} 和 f_{02} 的配置恰当，两回路幅频特性曲线中的弯曲部分就可相互补偿，合成一条线性范围较大的鉴频特性曲线。否则，δf 过大时，合成的鉴频特性曲线就会在 f_c 附近出现弯曲，如图 4.10.23(b)所示；过小时，合成的鉴频特性曲线线性范围就不能有效扩展。

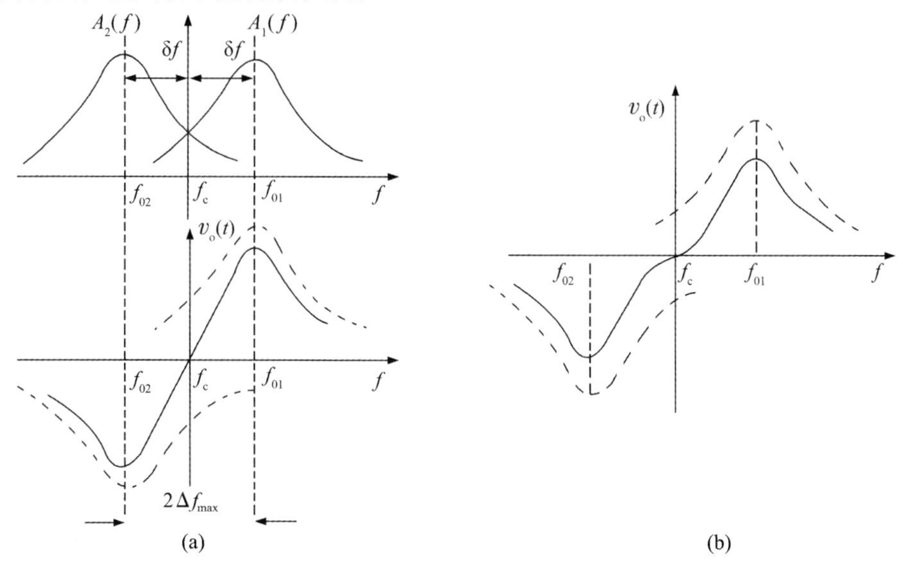

图 4.10.23　双失谐回路斜率鉴频器的鉴频特性曲线

4. 实验步骤

1）实验准备

熟悉实验模块 19。将 19K01 的 2、3 端接通，得到的实验电路如图 4.10.24 所示。接通电源，即可开始实验。

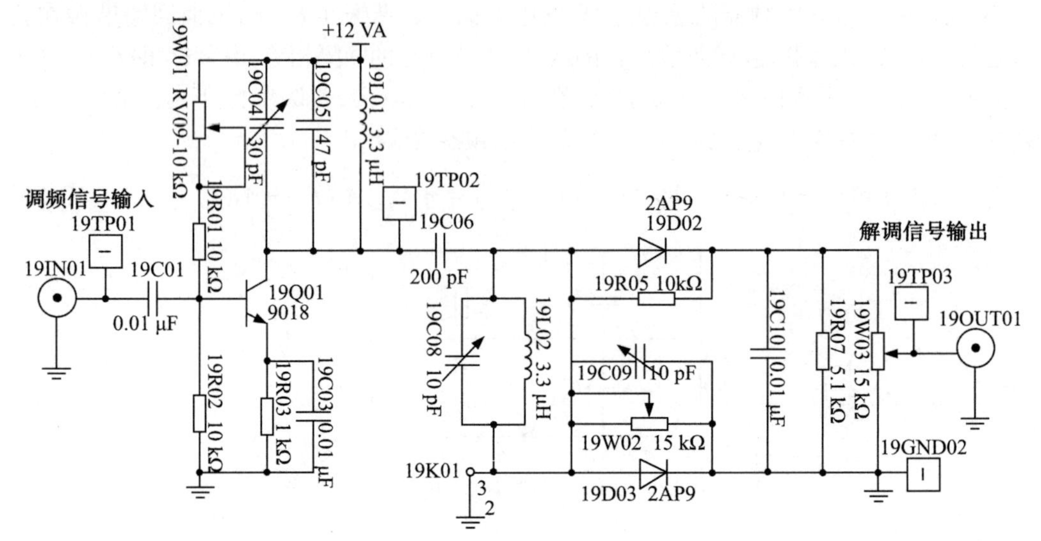

图 4.10.24 失谐回路斜率鉴频器

信号源产生的 FM 波的中心频率为 4 MHz，幅度为 400 mVpp，频偏为 50 kHz，调频波频率为 1 kHz。将输入信号接入 19IN01，调 19W01，使基极电压为 4 V，调 19W03 到最大阻值的 2/3 左右；将示波器接 19TP03，调 19W02 使波形正确。

2）鉴频过程观察

（1）用模块 6 产生调频信号（频率为 1 kHz 的正弦波），用示波器观察调频波输出与输入调制信号的波形。

（2）将模块 6 输出的调频信号送到模块 19 的输入端 19IN01，用示波器观察鉴频器输出信号的波形，此时可观察到频率为 1 kHz 的正弦波。如果没有波形或波形不好，应调整 19C04、19C08。

（3）增大调制信号幅度（频偏），观察并记录鉴频器输出信号幅度、波形的变化。

（4）电容 19C04、19C08 变化对鉴频器输出的影响：分别调整 19C04、19C08，观察半可变电容 19C04、19C08 的变化对鉴频器输出端解调波形的影响。观察输出波形有何变化。记录输出信号幅度、波形的变化情况。

（5）用频率特性测试仪测量鉴频器的鉴频特性曲线。

5. 实验报告要求

（1）画出调频器正常工作时的输入、输出信号波形和鉴频器正常工作时的输入、输出信号波形。

（2）根据实验数据，说明可变电容 19C04、19C08、19C09 的变化对鉴频器输出端解调波形的影响。

(3)写出心得体会。

6. 预习要求

(1)复习教材中有关章节的内容。

(2)对照测试电路原理图,熟悉电路中各个元器件的位置、作用,弄懂电路原理。

(3)自拟实验步骤及实验所需的各种表格。

(4)讨论电路元件、参数变化对鉴频特性曲线的影响。

4.11 集成锁相环路的应用实验

自问世以来,集成锁相环路的发展十分迅速,且应用十分广泛。目前集成锁相环路已经形成系列产品。集成锁相环路的性能优良,价格便宜,使用方便,因而被许多电子设备采用。可以说,集成锁相环路已成为继集成运算放大器之后,又一种具有广泛用途的集成电路。

本实验将研究单片集成锁相环路 NE564、L562 及 LM567 的应用。

4.11.1 锁相环路概述

1. 常用锁相环路的原理简介

1)锁相环路的基本工作原理

锁相环路是一种相位反馈控制系统,其基本组成框图如图 4.11.1 所示。

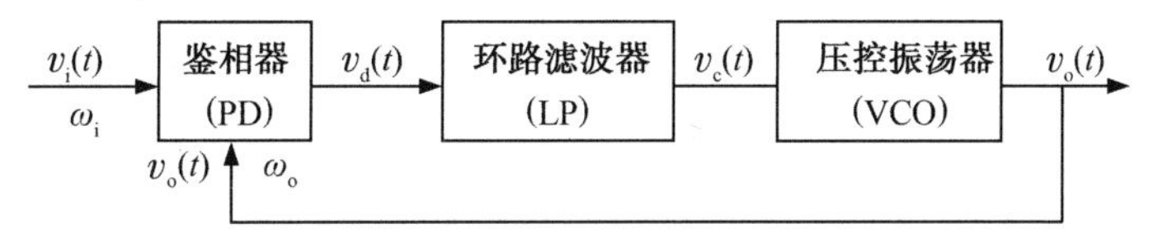

图 4.11.1 锁相环路的基本组成框图

(1)锁相环路部件的作用:锁相环路的功能是比较输入信号和压控振荡器输出信号之间的相位差,从而产生误差控制电压来调整压控振荡器的频率,以达到使输入信号与输出信号频率相同,而保持一个稳态相位差的目的。显然,锁相环路的三个基本部件的作用分别是:

①鉴相器(PD)是相位比较装置,其作用是比较输入信号 $v_i(t)$ 和压控振荡器输出信号 $v_o(t)$ 的相位,输出的误差电压 $v_d(t)$ 与两信号的相位差成比例,即 $v_d(t)=f[\varphi_1(t)-\varphi_2(t)]$,鉴相器实现了相位差-电压的变换。鉴相器输出电压和相位差的关系称为“鉴相特性”,特性曲线与鉴相器的电路形式和参数有关。鉴相特性曲线有正弦形、锯齿形和三角形等,在模拟电路中用得较多的是正弦形鉴相特性曲线,如图 4.11.2 所示。其中误差电压的计算公式为

$$v_d(t)=A_d\sin\varphi_e(t) \tag{4.11.1}$$

式中,$\varphi_e(t)=\varphi_1(t)-\varphi_2(t)$,为输入信号 $v_i(t)$ 和压控振荡器输出信号 $v_o(t)$ 的相位差。

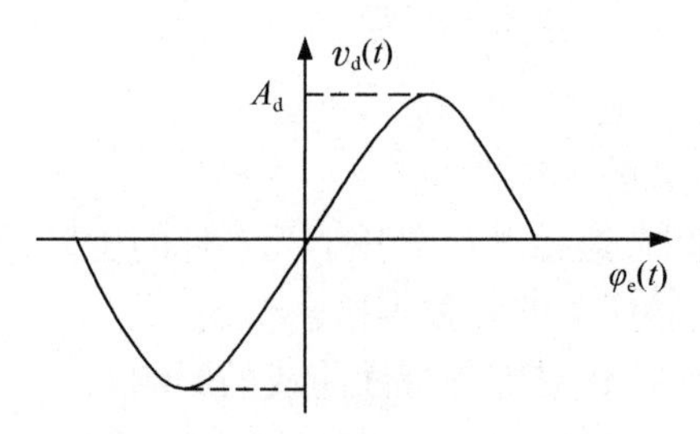

图 4.11.2　正弦形鉴相特性曲线

②环路滤波器(LP)的作用是滤除误差电压 $v_d(t)$ 中的无用组合频率分量及其他干扰噪声,以达到环路性能的要求,保证环路的稳定性。环路滤波器的特性方程为

$$v_c(t) = A_F(p)v_d(t) \tag{4.11.2}$$

式中,$p=\dfrac{d}{dt}$为微分算子。

③压控振荡器(VCO)的作用是产生振荡频率随控制电压 $v_c(t)$ 变化的振荡电压,是一种电压-频率变换装置。使压控振荡器的频率向输入信号的频率靠拢,也就是使差拍频率越来越小,直到消除频差而锁定。压控振荡器输出信号 $v_o(t)$ 的瞬时相位(压控振荡器的特性方程)为

$$\varphi_o(t) = A_0\int_0^t v_c(t)\,dt$$

或表示为

$$\varphi_o(t) = \frac{1}{p}A_0 v_c(t) \tag{4.11.3}$$

式中,$\dfrac{1}{p}=\int(\ )\,dt$ 为积分算子。

由图 4.11.1 及式(4.11.1)、式(4.11.2)、式(4.11.3) 可以得到锁相环路的基本方程为

$$p\varphi_e(t) = p\varphi_i(t) - A_d A_0 A_F(p)\sin\varphi_e(t) \tag{4.11.4}$$

式(4.11.4)表明:环路闭合后的任何时刻,瞬时角频差[$\Delta\omega_e(t)=p\varphi_e(t)=\omega_i-\omega_o$]和控制角频差[$\Delta\omega_o(t)=A_dA_0A_F(p)\sin\varphi_e(t)=\omega_o-\omega_r$]之和恒等于输入固有角频差 $p\varphi_i(t)=\omega_i-\omega_r=\Delta\omega_i(t)$。

环路闭合前,由于没有控制电压输出($v_c=0$),控制角频差 $\Delta\omega_o=0$,瞬时角频差等于输入固有角频差,即 $\Delta\omega_i=\Delta\omega_e$。

环路闭合后,鉴相器有误差电压输出,产生的控制电压 $v_c\neq0$,$\Delta\omega_o$ 增加,$\Delta\omega_e$ 降低,直到 $\Delta\omega_e=0$,$\Delta\omega_i=\Delta\omega_o$,环路达到锁定状态。

当环路锁定时,$\Delta\omega_e=\omega_i-\omega_o=0$,$\omega_i=\omega_o$,压控振荡器的振荡角频率等于输入信号的角频率,环路可以实现无误差的频率跟踪。

环路锁定时,$\Delta\omega_e=0$,即 $p\varphi_e=0$,说明输入信号与压控振荡器输出信号之间的相位差

为一恒定值,即 φ_e 为常量,称为"稳态相位误差"(或"剩余相位误差"),用 $\varphi_{e\infty}$ 表示。$\varphi_{e\infty}$ 的存在表明锁相环路是一个有相位误差的相位反馈控制系统。正是这个稳态相位误差,才使鉴相器输出一直流电压,这个直流电压通过滤波器加到压控振荡器上,调整其振荡角频率,使它等于输入信号的角频率。

稳态相位误差(或剩余相位误差)为

$$\varphi_{e\infty}=\arcsin\frac{\Delta\omega_i}{A_dA_0A_F(0)}=\arcsin\frac{\Delta\omega_i}{A_{\Sigma 0}} \tag{4.11.5}$$

式中,$A_{\Sigma 0}=A_dA_0A_F(0)$ 为环路的直流总增益。

(2)锁相环路的主要特征。由前面的分析可知,锁相环路的主要特性有:

①环路锁定时无频差:假如锁相环路输入固定频率的载波信号,环路对它锁定之后,输出信号与输入信号之间只有一固定的相位差,即 $\varphi_{e\infty}$,而其频差等于零。因此,用锁相环路可以实现无误差的频率跟踪。

②良好的窄带跟踪特性:锁相环路在锁定输入载波信号的同时,可以对噪声进行过滤,完成窄带滤波器的作用。假如输入载波信号的频率发生漂移,通过合理地设计,锁相环路可以跟踪输入信号的频率漂移,同时仍维持窄带滤波作用,即变成了一个窄带滤波器。

③良好的调制跟踪特性:锁相环路也可以设计成跟踪输入信号的瞬时相位变化。这时环路既可以输出经过提纯的已调信号,使得输出信号的信噪比比输入的已调信号明显提高,也可以作为解调器输出解调信号,且解调性能明显优于常规的解调器。

④门限性能良好:锁相环路本质上是一个非线性系统,在较强的噪声作用下,同样也存在门限效应。但是把它用于调频解调器,与一般的限幅鉴频器相比,门限改善可达4～5 dB。

由上可知,锁相环路可以实现被控振荡器相位对输入相位的跟踪,同时对噪声具有良好的过滤作用。这种系统具有一系列优良的性能,在电子系统中得到了广泛的应用。

锁相环路的应用非常广泛,例如锁相接收、锁相调频与解调、调幅信号锁相解调、锁相频率合成等。随着锁相技术应用的不断发展,集成的锁相环路芯片层出不穷。除了许多通用芯片外,还出现了大量的为某种用途专门设计的专用芯片。

2)单片集成锁相环路简介

(1)LM567:LM567是一个高稳定性的单片集成锁相环路,工作频率小于500 kHz(音频锁相环路),工作电压为4.75～9 V,静态电流为8 mA。图4.11.3为其内部原理框图,主要由主鉴相器(PD Ⅰ)、直流放大器(A_1)、电流控制振荡器(CCO)和外接环路滤波器构成。另外,它还有一个正交鉴相器(PD Ⅱ),其输出直接推动一个功率输出级(A_2)。两个鉴相器都为双平衡模拟乘法器。

电流控制振荡器由恒流源、充放电开关电路和两个比较器组成。直流放大器是一个差动电路,输出放大器则由差动电路和达林顿缓冲组构成。该电路不仅可用于单音解码,亦可用于FM和AM信号解调等。

LM567采用8脚双列直插式封装。引脚3是信号输入端,一般要求 $25\ \text{mV}<V_i\leq 200\ \text{mV}$(有效值)。引脚5接定时电阻 R,引脚6接定时电容 C,中心锁相频率由这两个元件决定,$f_o\approx 1.1/RC$,其中 R 一般取2～20 kΩ。引脚2接滤波电容,一般取1～22 μF,其值(设为

C_2)影响锁相带宽,捕捉带宽为

$$\Delta\omega_p \approx \sqrt{\frac{V_i}{f_o C_2}} \tag{4.11.6}$$

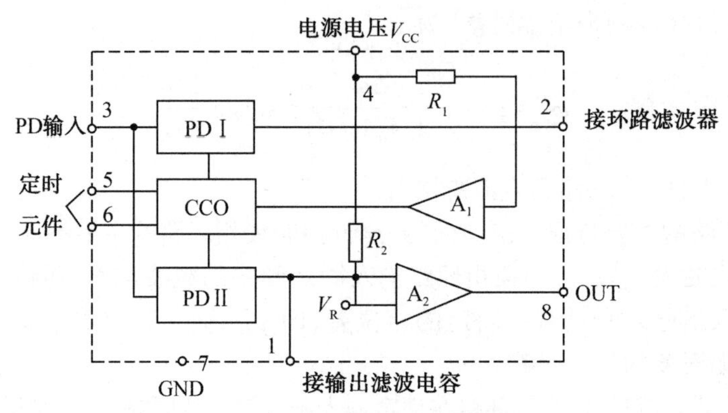

图 4.11.3　LM567 的组成框图

由式(4.11.6)可知,C_2 越大,$\Delta\omega_p$ 越窄,一般 $\Delta\omega_p$ 为 7%～14%。引脚 1 所接滤波电容至少是引脚 2 所接电容的 2 倍。引脚 8 是输出端,当输入信号频率与锁相环的中心频率相同(或落在锁相环带通频带内)时,引脚 8 输出低电平;当输入信号频率在以 f_o 为中心频率的一定带宽以外时,引脚 8 的最大灌电流为 100 mA。引脚 2 为锁相环路相位检测器的输出端,其上的电压随落在通频带内信号的频率变化。

LM567 的四种主要输出电压如图 4.11.4 所示。各种输出电压分别反映了振荡器的输出情况、输出信号的频率以及输出信号的大小。因此,这些输出也可以作为有用的控制和检测信号。

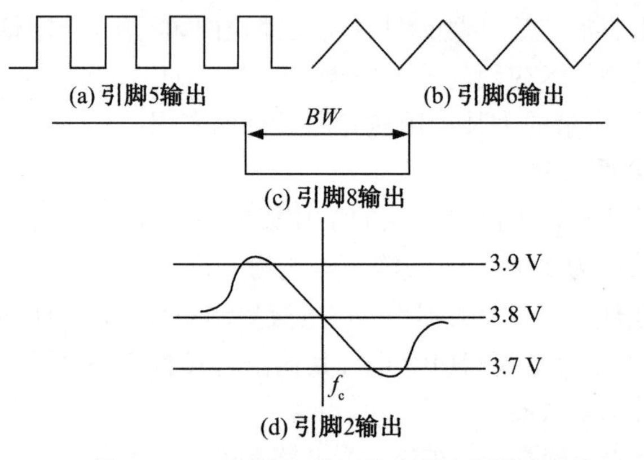

图 4.11.4　LM567 的四种主要电压输出

(2) L562:L562 是工作频率可达 30 MHz 的多功能单片集成锁相环路,可以用作调频波解调、频率合成器、载波提取、锁相调频、数据同步等。它的内部除包含鉴相器和压控振荡器之外,还有三个放大器和一个限幅器,组成如图 4.11.5(a)所示,外引脚排列如图 4.11.5(b)所示。

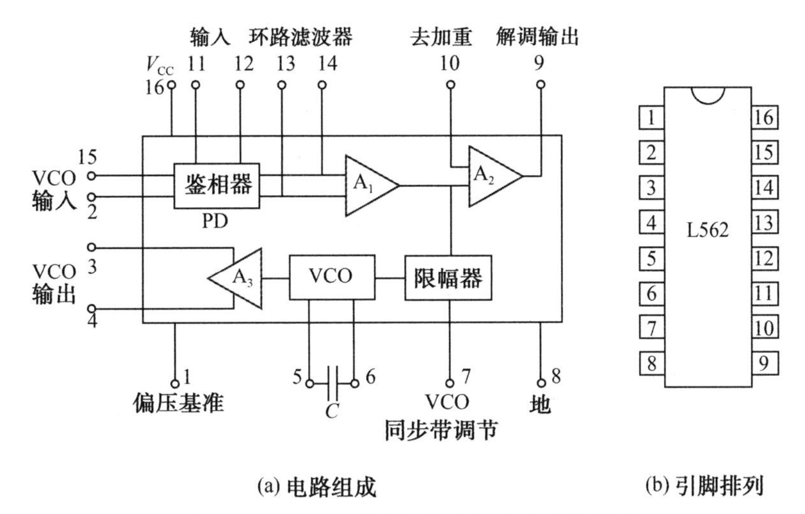

图 4.11.5　L562 的内部电路组成及引脚排列

L562 的鉴相器采用双差分对模拟乘法器。压控振荡器从引脚 3、4 输出的方波电压，经外电路接通加在引脚 2、15 上，输入（参考）信号电压 v_i 加到引脚 11、12 上（可双端输入，也可单端输入，单端输入时一端必须经过电容接地）。误差电压从引脚 13、14 双端输出。鉴相器的鉴相特性方程为

$$v_d = \frac{I_0 R_L V_i}{T_1 KT/q}\sin\varphi_e = A_d\sin(\varphi_1 - \varphi_2) \approx A_d(\varphi_1 - \varphi_2) \qquad (4.11.7)$$

式中，I_0 为恒流源的电流；R_L 为鉴相器电阻；V_i 为引脚 11、12 的输入信号振幅。

L562 鉴相器的输出端引脚 13、14 外接阻容元件构成环路滤波器，根据环路用途不同，从引脚 13、14 接入的环路滤波器不同，若用作调频信号的解调，可以分别在引脚 13 和 14 到地之间串接 R_1、C_1 构成无源比例积分滤波器。常用的滤波器形式及其传输函数如图 4.11.6 所示。其中 R 为引脚 13 和 14 之间的内阻，其取值为 12 kΩ。

若压控振荡器的工作频率在 5 MHz 以下，一般用图 4.11.6(a)(b)两种形式；当工作频率高于 5 MHz 时，可用图 4.11.6(c)(d)两种形式。

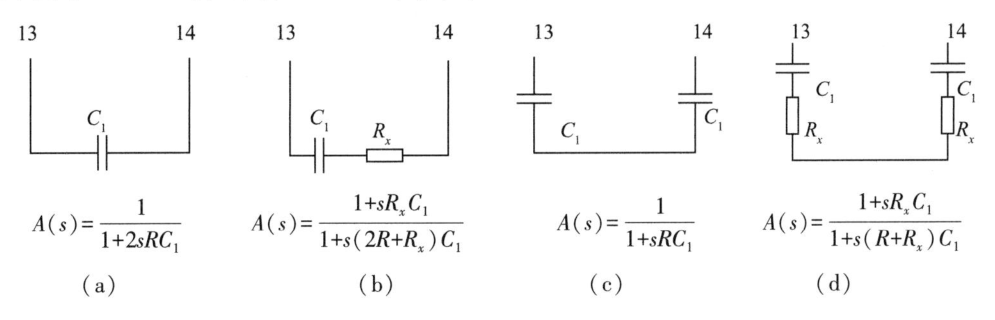

图 4.11.6　常用的环路滤波器形式及其传输函数

压控振荡器采用射极耦合多谐振荡器，产生的方波经射极限随器由引脚 3、4 输出，由引脚 5、6 接入定时电容 C。振荡器的固有振荡频率可以表示为

$$f_o = \frac{3 \times 10^8}{C} \quad (\mathrm{Hz}) \tag{4.11.8}$$

式中 C 的单位为 pF。

限幅器用来限制锁相环路的直流增益，以控制环路同步带的大小。由引脚 7 注入的电流可以控制限幅器的限幅电平和直流增益。当注入的电流增加时，压控振荡器的跟踪范围减小；当注入的电流超过 0.7 mA 时，鉴相器输出的误差电压对压控振荡器的控制被截断，压控振荡器处于失控的自由振荡工作状态。环路中的放大器 A_1、A_2、A_3 作隔离、缓冲放大之用。

压控振荡器微调频率的方法有以下两种：

①在 C 两端并接一个微调电容，改变其电容可调整 f_o。由于微调电容的变化范围小，因此只适用于工作频率高的调整。

②在 C 两端并联上电阻 R 和电源电压 V_a 组成的微调电路，连接方法如图 4.11.7 所示。图中 R 的取值为 20～60 kΩ。

引脚 3、4 是压控振荡器的输出端，在使用时，引脚 3、4 之间要接 12 kΩ 的电阻到地。

引脚 7 用来注入电流，控制环路的跟踪范围，调整 $\Delta\omega_p$、$\Delta\omega_H$ 的对称值、控制电平在 −0.4～+0.6 V，通常处在 0.6 V 的直流电压上。一般情况下不用引脚 7，若要用必须注意所加电压的范围，千万不能超过允许范围，以防损坏组件。

引脚 9 是射极跟随器的发射极端，用作 FM 信号解调输出。使用时要从引脚 9 到地之间接一电阻 R，一般 R=15 kΩ。同时可从引脚 9 用示波器观察环路各种工作状态的波形，作为锁定和失锁指示。

引脚 10 为去加重端，加一电容可完成对解调出的音频信号的去加重。

馈电：引脚 16 接+V_{CC}，引脚 8 接地。电源电压为 12～18 V。

引脚 1 是偏置基准端，输出一个在内部经过稳压了的电压，作为鉴相器的偏压，接法如图 4.11.8 所示。

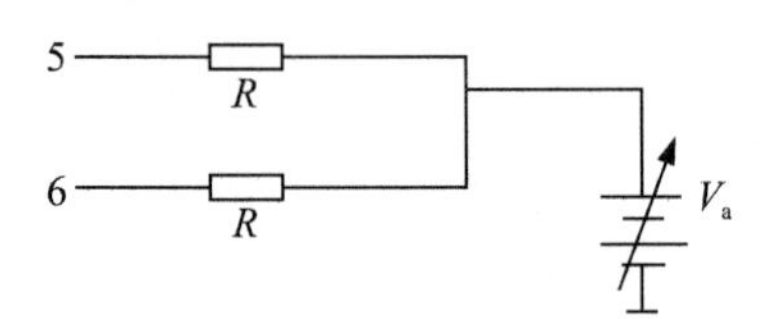

图 4.11.7　用电压微调 f_o

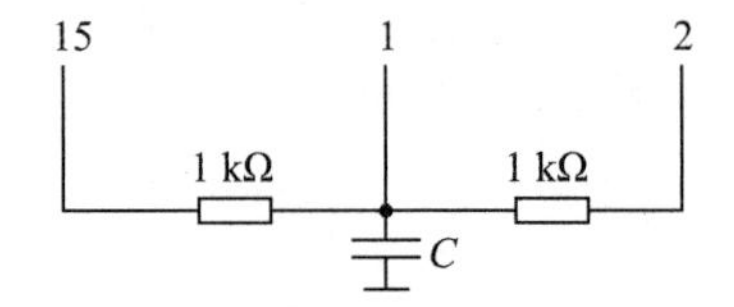

图 4.11.8　偏置外电路

L562 只需单电源供电，最大电源电压为 30 V，一般可采用+18 V 的电源供电，最大电流为 14 mA。信号输入电压（引脚 11 与 12 之间）的最大值为 3 V。

（3）NE564：NE564 是工作频率高达 50 MHz 的超高频通用单片集成锁相环路，其最大频率锁定范围为（−12%～+12%）f_o，输入阻抗大于 50 Ω，电源电压为 5～12 V，有一端供给除压控振荡器外的全部用电，典型的工作电流为 60 mA。其在通信领域有着广泛的用途，可以作为通信机中的调频、鉴频、多频率倍频及移频解调器等，具有电路产生的波形失真小、频率稳定度比较高等优点。

NE564 的内部结构框图如图 4.11.9 所示，由输入限幅器、鉴相器、压控振荡器、放大器、直流恢复电路和施密特触发器组成，有 16 个外接引脚。显然，其主要组成部分仍是鉴相器和压控振荡器。由图 4.11.9 可知，NE564 的输入端增加了振幅限幅器，用来消除输入信号中的寄生调幅。限幅器采用差动电路，利用晶体管的截止特性进行限幅，因此不受基区载流子存储效应的影响，具有很好的高频性能。在输入幅度不同的情况下，限幅器能够产生恒定幅度的输出电压，作为鉴相器的输入信号，其限幅电平为 0.3～0.4 V。

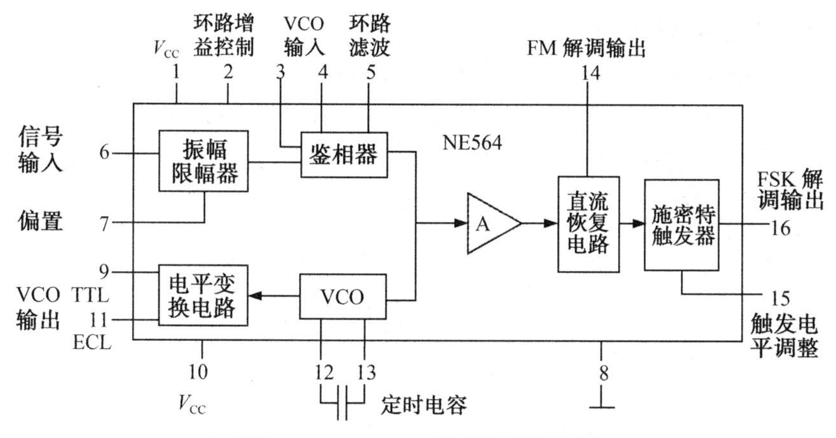

图 4.11.9　NE564 的内部结构框图

鉴相器由异或门和低通滤波器组成，输入信号应是两个占空比为 50％的方波。两个输入信号相位差的变化，带来异或门输出占空比的变化。通过低通滤波器可以得到随占空比而变化的电压。若输入端没有信号，在鉴相器输出电压的控制下，压控振荡器在中心频率处振荡。NE564 的压控振荡器和 L562 相同，采用的是改进型射极耦合多谐振荡器。固有振荡频率由接在引脚 12、13 之间的定时电容 C_t 决定，其表达式为

$$f_o = \frac{1}{16R_C C_t} \tag{4.11.9}$$

式中，$R_C = 100\ \Omega$，是电路内部设定的电阻。外接定时电容由振荡频率决定，根据式(4.11.9)可得到

$$C_t = \frac{10^3}{16f_o(\text{MHz})}\ \text{pF} \tag{4.11.10}$$

压控振荡器的输出通过电平变换电路可以产生 TTL(晶体管-晶体管逻辑电路)和 ECL(发射极耦合逻辑集成电路)兼容的电平。TTL 电平由引脚 9 输出；ECL 电平由引脚 11 输出，它单独由引脚 10 供电。特别要说明的是，在内部电路中，引脚 9 是晶体管集电极的开路端，引脚 11 是另一个晶体管发射极的开路端，使用时引脚 9 接上拉电阻至电源电压 V_{CC}，引脚 9 才有输出；引脚 11 通过一个电阻接地，引脚 9 才有输出；将引脚 9 与 11

之间用一个电阻连接，引脚 9 才能输出 TTL 电平，引脚 11 才能输出 ECL 电平。

输出端增加了直流恢复电路和施密特触发器，用来对 FSK 信号进行整形。放大器由差分对组成，它将来自鉴相器的差模信号放大后，单端输出作为施密特触发器和直流恢复电路的输入信号。施密特触发器和直流恢复电路共同组成调频信号解调时的检波后处理电路。适当选择直流恢复电路引脚 14 的外接电容作低通滤波，产生一个稳定的直流参考电压作为施密特触发器的输入，控制触发器的上下翻转电平，这两个电平之差由引脚 15 调节，以得到较为理想的调频信号的解调输出。综上所述，NE564 是一种更适宜用作调频信号和移频键控信号解调器的通用器件。

2. 锁相环应用电路简介

1）NE564 的调频系统及实现其他多种功能的电路

图 4.11.10 为由 NE564 构成的锁相直接调频电路，该电路可以实现以下功能：

（1）产生自由振荡信号：在 v_{i1}、v_{i2}、V 端都接地的情况下，输出端 v_o 输出频率为 f_o 的方波信号，方波振荡信号的频率由式（4.11.9）决定。

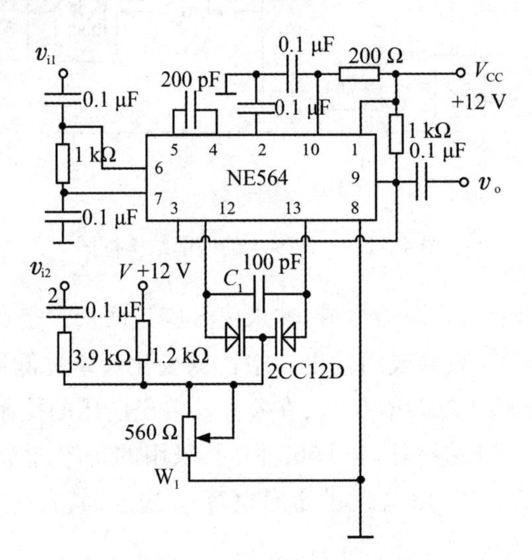

图 4.11.10　由 NE564 构成的锁相直接调频电路

（2）压控振荡：当 v_{i1}、v_{i2} 端都接地，V= 12 V 时，可以通过调节电位器 W_1，改变变容二极管的端电压使其结电容发生变化，从而使压控振荡器的振荡频率随端电压变化，即实现压控振荡。若加在变容二极管的端电压为 V_D，则结电容的表达式为

$$C_j = \frac{C_j(0)}{\left(1 - \frac{V_D}{V_B}\right)^n} \quad (V_D < 0) \qquad (4.11.11)$$

此时，图 4.11.10 中引脚 12 与 13 之间的定时电容 $C_t = C_1 + \frac{1}{2}C_j$，所得到的压控振荡器的振荡频率为

$$f_o=\frac{1}{16R_C C_t}=\frac{1}{16R_C\left[C_1+\frac{1}{2}\frac{C_j(0)}{\left(1-\frac{V_D}{V_B}\right)^n}\right]} \tag{4.11.12}$$

(3)直接调频:在 v_{i1} 端接地,v_{i2} 端输入低频调制信号,$V=12$ V 的情况下,可以实现直接调频功能。此时,若加在变容二极管上的电压 $V_D=-(V_{DQ}+V_{\Omega m}\cos\Omega t)$,则

$$C_j=\frac{C_j(0)}{\left(1-\frac{V_D}{V_B}\right)^n}=\frac{C_j(0)}{\left(1+\frac{V_{DQ}+V_{\Omega m}\cos\Omega t}{V_B}\right)^n} \tag{4.11.13}$$

振荡频率为

$$f_{osc}=\frac{1}{16R_C C_t}=\frac{1}{16R_C\left[C_1+\frac{1}{2}\frac{C_j(0)}{\left(1+\frac{V_{DQ}+V_{\Omega m}\cos\Omega t}{V_B}\right)^n}\right]} \tag{4.11.14}$$

显然,振荡频率随调制信号变化,实现了调频功能。

(4)锁相直接调频:在 v_{i1} 端接载波信号,v_{i2} 端输入低频调制信号,$V=12$ V 的情况下,可以实现锁相直接调频功能。

锁相环调频电路可以使输出调频信号的中心频率锁定在输入信号频率上,若输入信号由石英晶体振荡器产生,则调频波的中心频率的稳定度可以很高。

当然,实现调制的条件是:调制信号的频谱要处于低通滤波器的通频带之外,并且调频指数不能太大。这样调制信号不能通过低通滤波器,因而在锁相环路内不能形成交流反馈,也就是说调制频率对锁相环路无影响。锁相环路只对压控振荡器的平均中心频率的不稳定成分产生的分量(低通滤波器通频带内的分量)起作用,以使电路的中心频率锁定在晶体振荡器频率上。需要说明的是,晶体振荡器的振荡频率应在可由 W_1 调节的自由振荡频率附近,使得锁相环路能够锁定。

2)NE564 的鉴频系统

图 4.11.11 为由 NE564 构成的锁相鉴频电路。该电路利用锁相环路的调制跟踪特性,使锁相环路具有合适的低频通频带,压控振荡器输出信号的频率与相位就能跟踪输入调频信号的频率和相位,从压控振荡器的控制端得到调频信号的解调输出,实现鉴频功能。先将 v_{i1} 端接地,W_1 调到适中位置,引脚 9 的直流电压设置为 6 V。然后从 v_{i1} 端输入调频波 $v_{i1}=v_{FM}=V_m\sin\left[\omega_c t+k_f\int v_\Omega(t)\,dt\right]=V_m\sin[\omega_c t+\varphi_i(t)]$,则输出端得到的电压 $v_o(t)=kv_\Omega(t)$,实现调频波解调功能。

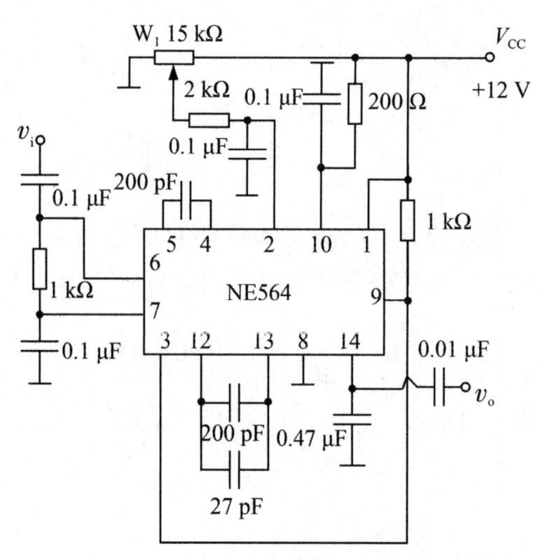

图 4. 11. 11　由 NE564 构成的锁相鉴频电路

3）L562 的应用

L562 在通信、雷达、导航、仪表测量、遥控遥测等系统的信号处理中有着广泛的应用。这里仅介绍由 L562 组成的调频信号解调电路在解调和稳频技术两方面的应用。

由 L562 组成的调频信号的解调电路如图 4. 11. 12 所示。

对调频信号的解调,可采用普通鉴频器和锁相鉴频器。若用锁相鉴频器,可得到一些鉴频门限上的改善,适用于对微弱调频信号的解调。在设计环路时,使环路处于调制跟踪状态,压控振荡频率跟踪输入信号频率而变化,由环路滤波器输出端取出调制信号。由于要求环路工作在调制跟踪状态,因此必须设计环路滤波器的带宽,以保证调制信号中的有用成分通过。此实验电路在引脚 9 经 15 kΩ 电阻接地后取出调制信号。

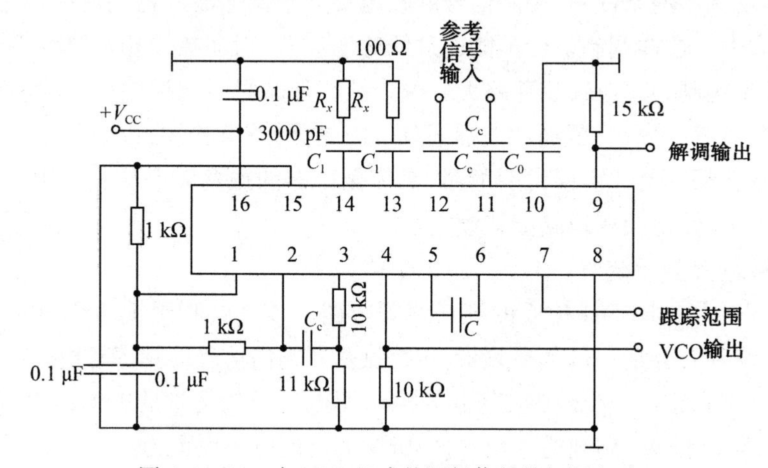

图 4. 11. 12　由 L562 组成的调频信号的解调电路

在解调电路中,根据调频信号的中心频率 f_0 计算定时电容 C 的值。根据调频信号的最大频偏计算环路参数。

本实验要求完成的技术指标是:

调频信号的中心频率：$f_o = 10$ MHz；

调制频率：$F = 300 \sim 4000$ Hz；

调频指数：$M_f = 4$；

输入的单边带噪声谱密度：$W_i = 4$ μW/Hz。

关于环路参数的计算可参阅有关资料。

由 L562 组成的锁相倍频器如图 4.11.13 所示。

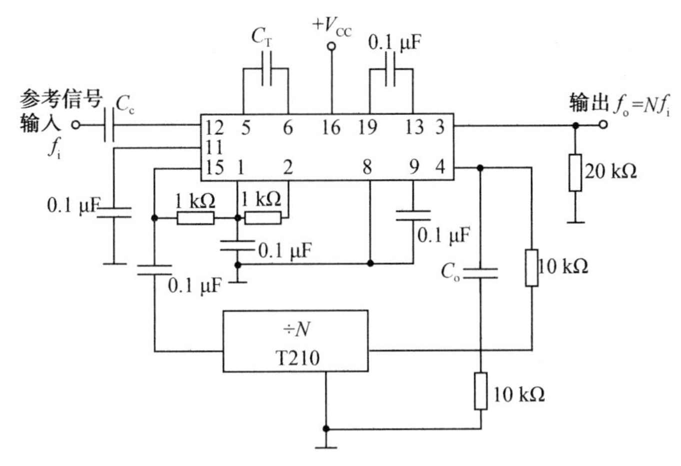

图 4.11.13　由 L562 组成的锁相倍频器

锁相环路可实现分频、倍频等频率变换功能。这几种技术的组合又可构成良好的锁相式频率合成器与标准频率源。本实验用锁相倍频来提高振荡器的频率稳定度。压控振荡器的振荡频率等于参考信号的 N 倍。若参考信号的频率稳定度很高，经过环路锁定，压控振荡器的输出可达到与参考源同样高的稳定度。

4）LM567 的应用

LM567 的实验电路如图 4.11.14 所示。图中，DW_1 用于改变锁相环中心锁相频率，LED 显示 8 个引脚的电平高低。

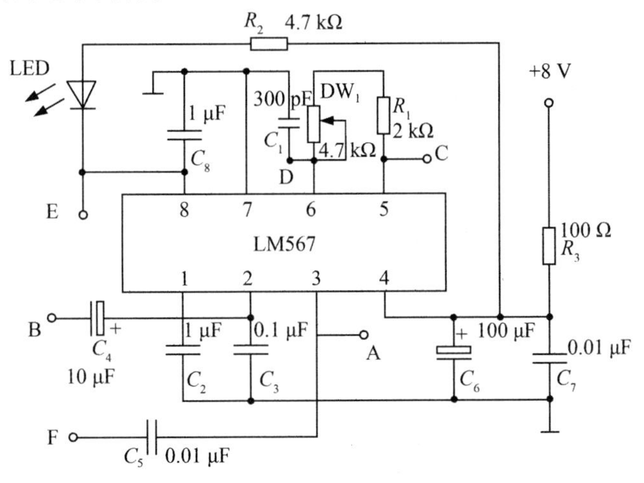

图 4.11.14　LM567 的实验电路

该电路用作锁相调频时，调制信号从 B 点经 C_4 输入，在 C 点（引脚 5）可以得到调频波输出。

若从 F 点（引脚 3）输入调频波，则解调输出的调制信号从 B 点输出。

3. 锁相环路性能的测量

1）环路同步带的测量

环路同步带（$\Delta\omega_H$）和捕捉带（$\Delta\omega_p$）的测量连接如图 4.11.15 所示。

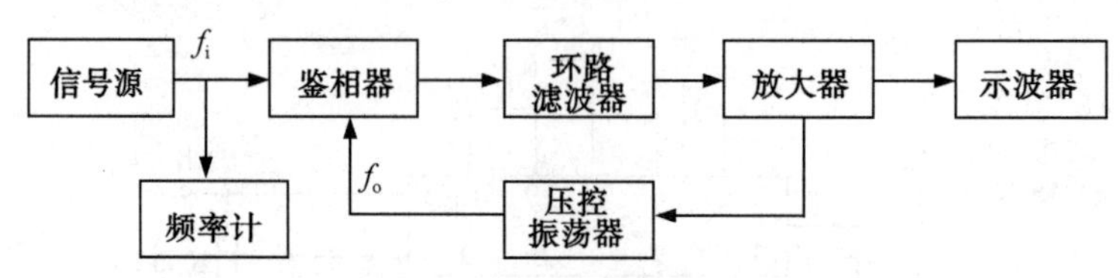

图 4.11.15　环路同步带（$\Delta\omega_H$）和捕捉带（$\Delta\omega_p$）的测量连接

调整环路，使 $f_i=f_o$，即环路处于锁定状态，示波器荧光屏上无差拍波出现。逐渐升高 f_i 到某一值时，示波器的扫描线突变，出现差拍波，此时环路失锁，测出突变点的输入信号频率 f_i 为 f_2。降低 f_i，使环路重新锁定。然后继续降低 f_i，当 f_i 降低到某一值时示波器上又出现差拍波，环路又失锁，用频率计测出刚好失锁时的输入信号频率 f_1，则同步带 Δf_H 可由下式计算出：

$$\Delta f_H = \frac{f_2 - f_1}{2} \tag{4.11.15}$$

2）环路捕捉带的测量

使输入信号频率 $f_i>f_o$，并使环路失锁。然后降低 f_i，当 f_i 变化到某一值时，示波器上出现的差拍波消失，此时环路锁定，用频率计测出刚好锁定时的频率 f_2。然后继续降低 f_i，直到环路失锁。再逐渐升高 f_i，当 f_i 升高到某一值时环路又锁定，用频率计测出刚好锁定时的频率 f_1。两个锁定点频率之差就是捕捉范围。而捕捉带为

$$\Delta f_p = \frac{f_2 - f_1}{2} \tag{4.11.16}$$

4.11.2　锁相环路 NE564 调频

1. 实验目的

（1）进一步了解锁相环路的工作原理、电路组成及性能特点。

（2）掌握锁相环路及其部件性能指标的测试方法。

（3）了解集成锁相环路调频的基本原理。

（4）了解集成锁相环路 NE564 的工作原理及设计方法。

（5）了解和掌握用集成锁相环路 NE564 构成调频电路的方法。

2. 实验仪器与设备

双踪示波器、高频信号源（带调频信号输出）、万用表、实验模块 12——锁相环调频器。

3. 实验原理及说明

1)调频原理

用调制信号去控制高频载波的某一参数,使其按照调制信号的规律变化,达到调制目的。如果该参数是高频载波的振幅,则称为“调幅”;如果该参数是高频载波的瞬时频率,则称为“调频”。调频波的振幅保持不变,不受调制信号影响,而调频波的频率受调制信号控制。已调信号的频谱结构不再保持原调制信号的频谱结构,即不再是线性关系。该调制方法属于非线性调制。

根据上述描述可得调频波的数学表达式如下:

$$v_{FM}(t) = V_{cm}\cos(\omega_c t + M_f \sin \Omega t) \tag{4.11.17}$$

式(4.11.17)可以理解为调频波的载波频率随着调制信号的振幅变化而变化。式中,M_f 为调频指数,它表示调频波在单一频率 Ω 上受调制的程度。其计算公式为

$$M_f = \frac{k_f V_{\Omega m}}{\Omega} = \frac{\Delta\omega_m}{\Omega} = \frac{\Delta f_m}{F}$$

式中,k_f 为比例常数,称为“调频灵敏度”,它表示单位调制信号电压所引起的角频偏的大小。

本实验用集成锁相环路 NE564 构成调频电路。NE564 中包含一个压控振荡器,当 NE564 的音频信号由输入端 12IN01 输入低频信号后,在 NE564 的输出端将会产生调频波,该调频波是近似于 TTL 电平的方波。

2)实验电路

NE564 调频的实验电路如图 4.11.16 所示。其中选择开关 12K01、12K02 用来切换压控振荡器外接的电容值 C_t,从而改变压控振荡器回路的振荡频率,即载波信号频率。

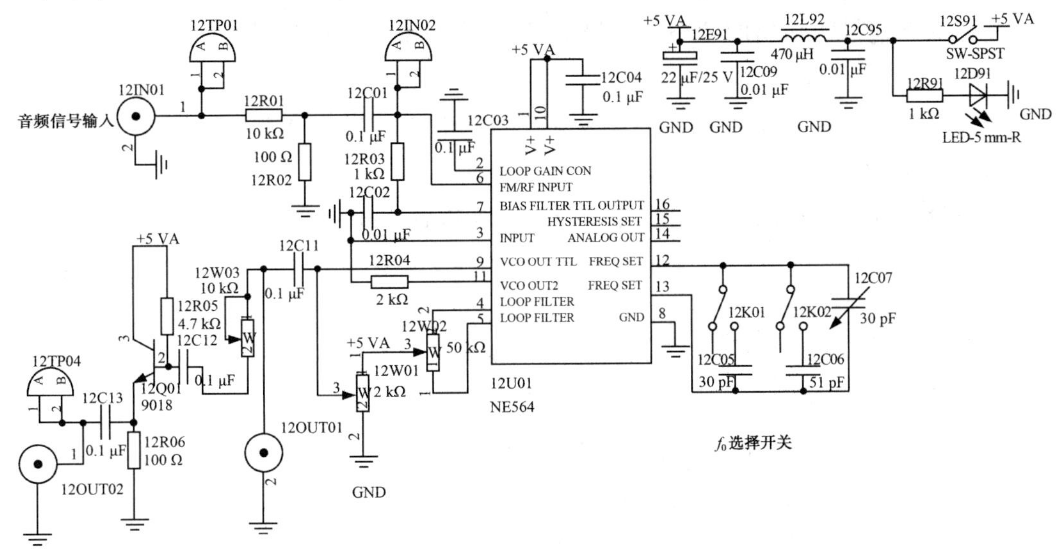

图 4.11.16　NE564 调频的实验电路

载波信号频率的计算公式为

$$f_0 = \frac{1}{16R_C C_t} \quad (R_C = 100\ \Omega)$$

在 NE564 的引脚 12 和 13 之间并联的电容用于选择载波信号频率，在 NE564 的引脚 4 和 5 之间并联的频率微调电位器 12W02 用于微调载波频率。检测环 12TP04 用于通过示波器观察波形及频率。

3）实验步骤

开启实验箱电源，打开本模块的电源开关，电源指示灯亮。

（1）测量中心频率 f_0

①将输入端接地。

②分别接通开关 12K01 和 12K02，调整频率微调电位器 12W02 及微调电容 12C07，用示波器测量 12TP04 端的输出信号波形及频率，填入表 4.11.1 中。

表 4.11.1　实验数据记录

开关位置				
跨接电容（C）/pF	0～30	30～60	51～81	81～111
中心频率（f_0）/MHz				
幅度/Vpp				
波形				

（2）用示波器观察调频波输出

①将低频信号源输出的频率为 1 kHz、峰-峰值为 1.5 V 的信号接入音频信号输入端 12IN01。

②将开关 12K01、12K02 均闭合，调整频率微调电位器 12W02 及微调电容 12C07，使中心频率为 4 MHz 左右。

③调整低频信号源的输出幅度，用示波器观察调频波输出端 12OUT02 的信号，应有调频波输出。

4.11.3　锁相环路 NE564 鉴频

1. 实验目的

（1）了解用锁相环路构成的调频波解调原理。

（2）学习用集成锁相环路构成的锁相解调电路。

（3）进一步了解集成锁相环路 NE564 的工作原理。

（4）了解和掌握利用 NE564 构成鉴频电路的方法。

2. 实验仪器与设备

双踪示波器、高频信号源（带调频信号输出）、万用表、实验模块 13——锁相环鉴频器。

3. 实验原理及说明

1）锁相环鉴频原理

本实验用集成锁相环电路 NE564 构成鉴频电路。NE564 中包含相位比较器（鉴相器）、环路滤波器（电容外接）和压控振荡器等。当 NE564 的输入信号的频率发生变化时，即对中心频率有频率偏移时，环路滤波器将输出一个控制电压，迫使压控振荡器的频率与输入信号同步。当输入信号没有频率偏移时，若压控振荡器的频率与外来载波信号的频率有差异，则通过相位比较器输出一个误差电压。这个误差电压的频率较低。经过低通滤波器滤去所含的高频成分，再去控制压控振荡器，使振荡频率趋近于外来载波信号的频率，于是误差越来越小，直至压控振荡频率和外来信号一样，压控振荡器的频率被锁定在与外来信号相同的频率上，环路处于锁定状态。

如果输入信号是调频信号，则该频率偏移和原来稳定在载波中心频率上的压控振荡器相位相比较，相位比较器输出一个误差电压，以使压控振荡器向外来信号的频率靠近。由于压控振荡器始终想要和外来信号的频率锁定，为达到锁定的条件，相位比较器和低通滤波器向压控振荡器输出的误差电压必须随外来信号的载波频率偏移的变化而变化。也就是说，这个误差控制信号就是一个随调制信号频率而变化的解调信号，即实现了鉴频。

2）同步带与捕捉带的测量方法

从锁相环路锁定开始，改变输入信号的频率 f_i（向高或向低两个方向变化），直到锁相环路失锁（由锁定到失锁），这段频率范围称为“同步带”。

当锁相环路处于一定的固有振荡频率 f_V，且输入信号频率 f_i 偏离 f_V 上限值 f_{imax} 或下限值 f_{imin} 时，环路还能进入锁定，则称 $f_{imax}-f_{imin}=\Delta f_V$ 为捕捉带。

测量的方法是从输入端 UifmIN 输入一个频率接近于压控振荡器自由振荡频率的高频调频信号，先增大载波频率直至环路刚刚失锁，记此时的输入频率为 f_{H1}；再减小 f_i，直到环路刚刚锁定为止，记此时的输入频率为 f_{H2}；继续减小 f_i，直到环路再一次刚刚失锁为止，记此时的输入频率为 f_{L1}；再一次增大 f_i，直到环路再一次刚刚锁定为止，记此时的输入频率为 f_{L2}。

由以上测试可计算出：同步带为 $f_{H1}-f_{L1}$，捕捉带为 $f_{H2}-f_{L2}$。

3）实验电路

锁相环鉴频实验电路如图 4.11.17 所示。

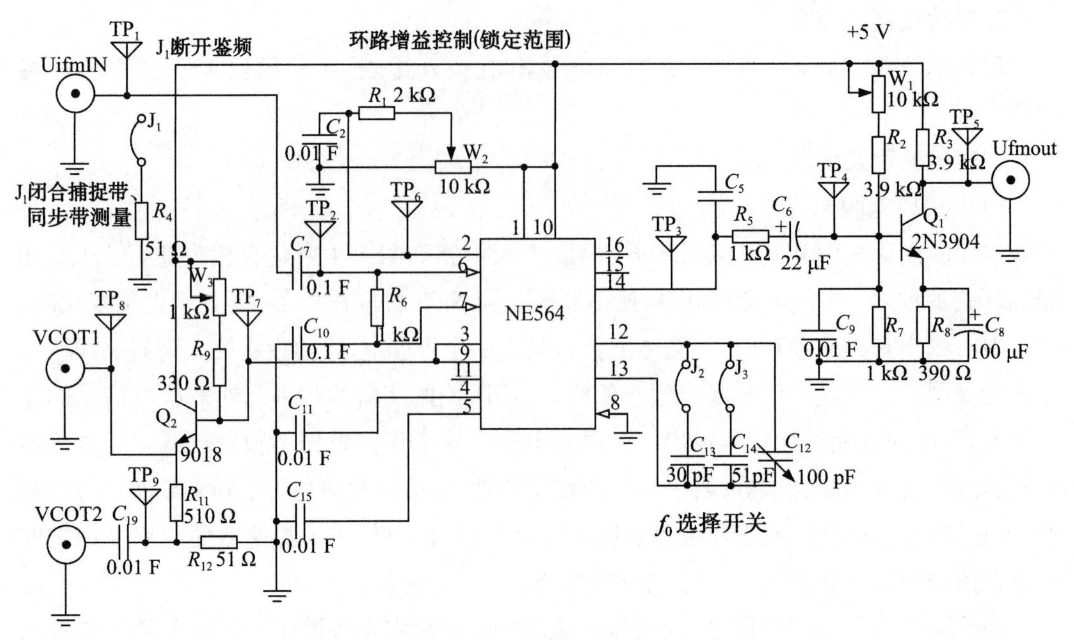

图 4.11.17　锁相环鉴频实验电路

图中,开关 J_2、J_3 用来切换压控振荡器外接的电容值,从而改变压控振荡器的振荡频率。

检测环 VCOT1 用于频率计或示波器测量压控振荡器回路的振荡频率,VCOT2 用于连接频谱仪,测量输出信号的频谱。

UifmIN 为调频信号输入端,Ufmout 为调频波鉴频输出端。

开关 J_1 用于选择锁相环鉴频实验电路的工作状态(测试/运行),以实现测试本电路捕捉带、同步带及调频波解调的转换。开关 J_1 断开,电路实现鉴频功能;J_1 闭合,输入端 UifmIN 用于测试本电路的捕捉带和同步带时的高频信号源的输入。

调整锁定范围电位器 W_2,可以改变集成锁相环路 NE564 引脚 2 的输入电流,从而实现环路的增益控制。

4. 实验步骤

实验系统的构成框图如图 4.11.18 所示。

1)用示波器确定锁相环鉴频电路的捕捉带和同步带

(1)将开关 J_1 闭合(测试挡)。

(2)将开关 J_3 闭合、开关 J_2 断开。

(3)将锁定范围电位器 W_2 旋到最大(顺时针旋到底)。

(4)将高频信号源输出的幅度为 2 V 左右、频率为 4 MHz 的高频信号,经电缆连接到输入端 UifmIN。

(5)用示波器测量 VCOT1 端的信号,其输出频率应与高频信号源的输出频率相等,即该锁相环实验电路已锁定在输入信号上了。

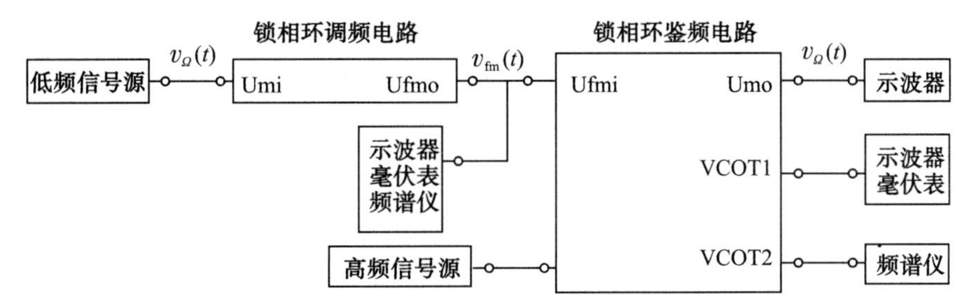

图 4.11.18　实验系统的构成框图

(6)增加或降低高频信号源的输出频率，当检测环 VCOT1 的输出频率不再跟踪输入时，即该锁相环鉴频实验电路已对输入信号失锁，其测得的锁定频率范围就是同步带。将测量结果填入表 4.11.2 中。

注：高频信号源的输出频率在捕捉带以外时，必须很缓慢地增加或降低输出频率。

(7)把高频信号源的输出频率调整在同步带以外，即该锁相环电路已对输入信号失锁，然后慢慢地增加或降低高频信号源的输出频率，当检测环 VCOT1 的输出频率跟踪输入时，即该锁相环实验电路已锁定，其测得的频率范围就是捕捉带。将测量结果填入表 4.11.2 中。

(8)将开关 J_3 断开、开关 J_2 闭合。锁定范围电位器旋到中间，重新测试同步带、捕捉带，将测量结果填入表 4.11.2 中。

表 4.11.2　实验数据记录

f_0 选择开关	J_3 闭合、J_2 断开	J_3 断开、J_2 闭合
VCO 外接的电容值/pF	51+100(可调)	30+100(可调)
同步带/MHz		
中心频率/MHz		
捕捉带/MHz		

2)锁相环调频信号输入

将锁相环调频电路输出的调频信号，输入至锁相环鉴频电路的输入端 UifmIN，开关 J_1 断开。注意：应保持锁相调频电路和锁相鉴频电路的中心频率均为 4 MHz。

3)观察锁相环的鉴频输出

(1)将锁相环鉴频器的锁定范围电位器 W_2 旋到最大(顺时针旋到底)。

(2)用示波器观察鉴频输出端 Ufmout 的输出信号，应与低频信号源的输出频率相同，无失真。

(3)低频信号源输出频率为 1 kHz 的正弦信号，改变其输出幅度[1～3 V(峰-峰值)]，并微调调频器模块的频率微调电位器，观察鉴频器模块的鉴频输出端 Ufmout 的信号及幅度变化，使之不失真，输出幅度最大。将结果记录在自行设计的表格内，分析结果并得出结论。

(4)保持低频信号源的输出幅度 1.5 V(峰-峰值)不变，频率在 500 Hz～10 kHz 的范围内变化,观察鉴频器模块的鉴频输出端 Ufmout 的信号及幅度变化,确定锁相环鉴频电路的工作范围。将结果记录在自行设计的表格内,分析结果并得出结论。

(5)如有不对称失真,可微调鉴频器模块的锁定范围电位器,或微调调频器模块的频率微调电位器,或微调输入载波频率。

4.11.4　集成锁相环路 L562 及 LM567 的应用

1. 实验目的

(1)进一步了解锁相环路的工作原理、电路组成及性能特点。

(2)进一步掌握锁相环路性能指标的测试方法。

(3)了解集成锁相环路鉴频的基本原理。

2. 实验仪器与设备

双踪示波器、高频信号源(带调频信号输出)、函数信号发生器、万用表。

3. 实验内容

1)L562 的测量

(1)熟悉图 4.11.12 所示的电路中各个元器件的作用和在实验板上的位置。调整压控振荡器的频率 f_o=4 MHz。

(2)观察锁相环路的工作过程

将输入信号的频率 f_i 调至 4 MHz 左右,使环路处于锁定和失锁状态,用示波器在引脚 9 观察输出信号波形的变化。

(3)测量锁相环路的同步带(Δf_H)。

(4)测量锁相环路的捕捉带(Δf_p)。

2)L562 的应用

(1)用 L562 构成鉴频器:在图 4.11.12 所示电路的引脚 11、12 之间输入调频信号,根据输入调频信号的中心频率计算出外接电容 C 的值,根据输入调频信号的最大频率偏移计算环路滤波器的参数 C_1。经检查无误后接通电源,用示波器观察输入调频信号和输出解调信号的波形。

(2)用 L562 构成 10 倍频器:按图 4.11.13 在实验板上连接电路,经检查无误后接通电源,用示波器观察输入信号和输出解调信号的波形。

3)LM567 的应用

熟悉图 4.11.14 所示的电路中各个元器件的作用和在实验板上的位置。在 C 点接示波器,可以观察到如图 4.11.4(a)所示的波形。调整电位器 DW_1,观察输出信号幅度和频率的变化。使 f_o=400 kHz 左右。在 D 点观察引脚 6 的输出波形,并与 C 点的波形进行幅度、频率比较。

(1)用 LM567 构成锁相调频电路:由图 4.11.14 中的 B 点输入低频正弦波信号(V_{pp}<1 V),即可在 C 点得到调频信号输出。用示波器观察 C 点的调频波形。

改变调制信号的幅度,观察调频信号的波形变化。根据图 4.11.4(d),说明对调制信号幅度的要求。

(2)LM567 捕捉特性的测试及用 LM567 构成锁相鉴频器:首先将信号源接至引脚 3,

当信号源输出正弦波(V_i≤200 mV,有效值)时,缓慢地改变信号源的频率(从 300 kHz 左右升高或从 500 kHz 左右下降)。用万用表(或示波器的 DC 挡)观察 E 点的电压变化情况。环路锁定后,E 点应呈低电平,LED 指示灯亮。

环路锁定后,将信号源输出改为调频信号(若失锁,可微调信号源频率或微调电位器 DW_1)。用示波器观察 B 点输出的解调信号波形。

4. 预习要求

(1)复习教材中相关章节的内容。

(2)对照测试电路原理图,熟悉电路中各个元器件的位置、作用,弄懂电路原理。

(3)自拟实验步骤及实验所需的各种表格。

5. 实验报告要求

(1)整理数据表格,对实验结果进行必要的讨论。

(2)回答思考题中提出的问题。

6. 思考题

(1)如何判断环路是否处于锁定状态?你能想出一个简便的判断环路是否锁定的方法吗?

(2)为什么说锁相环路系统具有优良的性能?

第五章　高频电子线路课程设计

5.1　*LC* 正弦波振荡器的设计

1. 实验目的

(1)熟悉 *LC* 正弦波振荡器的工作原理。

(2)掌握 *LC* 正弦波振荡器的基本设计方法。

(3)学会用数字频率计测量振荡频率及频率稳定度。

(4)了解外界因素及元件参数对振荡器工作稳定性及频率稳定度的影响。

2. *LC* 正弦波振荡器的技术指标、设计任务及要求

1)技术指标

(1)振荡频率:$f_{osc}=4\ \text{MHz}\pm5\ \text{kHz}$。

(2)频率稳定度:$\dfrac{\Delta f}{f_{osc}}\leqslant10^{-4}$。

(3)输出幅度:$V_{pp}\geqslant0.3\ \text{V}$(峰-峰值)。

2)设计任务及要求

(1)电路的设计与计算:为方便配置元件,建议采用克拉波或西勒电路。元器件均取标称值并列出元器件清单。

①画出实际电路图,并画出其交流等效电路。

②计算出回路中各个元器件的数值(给定电感为 1 μH)。

③计算出所需的偏置电阻并选择滤波元件。

(2)电路装配

①元器件要合理布局,并全部焊在正面。

②晶体管要用万用表判别出好坏,电阻、电容均要测出数值大小,电感不能开路。

③经检查确认没有错焊、虚焊、漏焊的情况时,方可加电调试。

3. 正弦波振荡器的典型电路原理

正弦波振荡器产生振荡的振幅起振条件是$|\dot{A}\dot{k}_f|>1$,如果晶体管放大器的放大倍数$\dot{A}$

及负载一定,则振幅起振条件主要取决于 k_f,k_f 太大或太小都不易满足振幅起振条件,因此要选择一个适当的数值。振荡器除了要满足振幅起振条件外,还必须考虑频率稳定度及振荡幅度等要求。频率稳定度是振荡器的一项十分重要的指标,它表示在一定时间间隔内或在一定的温度、湿度、负载、电源电压变化范围内振荡频率的相对变化程度。相对变化量越小,则表明振荡器的频率稳定度越高。提高频率稳定度的关键在于提高振荡回路的标准性。为此,除了采用高稳定性、高品质因数的回路电容和电感外,还可采用温度补偿措施,或采用部分接入的方式以减少极间电容或分布电容对振荡频率的影响。

改进型电容三点式振荡器有克拉泼电路和西勒电路,这两种电路不仅波形好,频率稳定度也较高,常常作为各种高频信号源及小功率高频发射机的载波产生电路。它们的原理电路及交流通路分别如图 5.1.1 和图 5.1.2 所示。

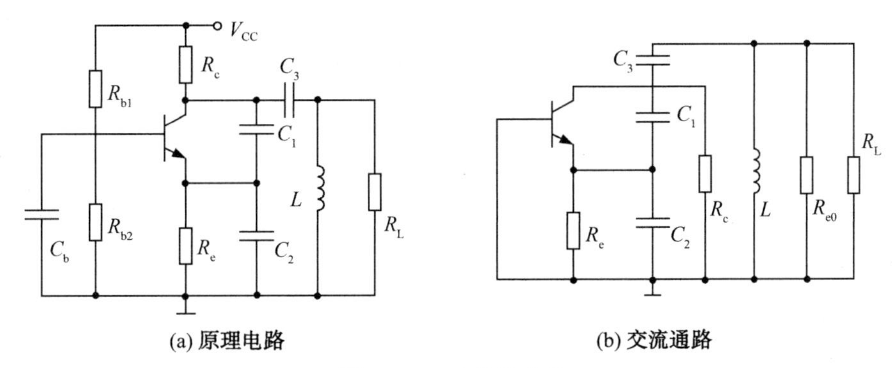

(a) 原理电路　(b) 交流通路

图 5.1.1　克拉泼电路

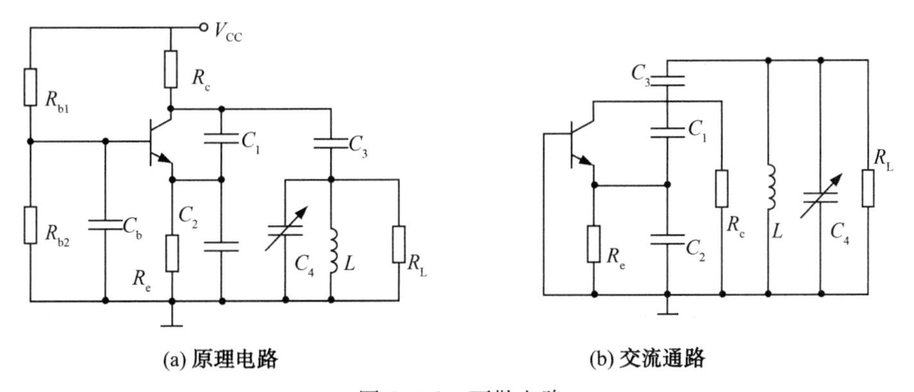

(a) 原理电路　(b) 交流通路

图 5.1.2　西勒电路

4. 正弦波振荡器的设计

正弦波振荡器的设计通常主要从以下几个方面考虑:

1)电路形式的选择

LC 正弦波振荡器一般工作在几百千赫兹至几百兆赫兹之间。振荡器线路主要根据工作的频率范围、波段宽度及频率稳定度的要求来选择。在短波范围内,电感反馈振荡器、电容反馈振荡器都可以采用。在中、短波收音机中,为简化电路,常用变压器反馈式振荡器作本地振荡器。电感三点式振荡器和变压器反馈式振荡器适用于振荡频率较低的场

合,它们的频率稳定度常在 10^{-3}～10^{-4} 量级;而在频率较高的情况下,常选改进型电容三点式振荡器。

2)晶体管的选择

从频率稳定度的角度出发,应选择特征频率(f_T)较高的晶体管,这样晶体管内部的相移较小。通常选择 f_T=3～10 倍最高工作频率(f_{max})的晶体管。同时希望电流放大系数(β)大些,这样既容易振荡,也可以减小晶体管和回路之间的耦合。

3)偏置电路参数的选择

为保证振荡器起振的振幅条件,起始工作点应设置在线性放大区。从频率稳定度的角度出发,稳定状态应在截止区,而不应在饱和区,否则回路的有载品质因数将降低。所以,通常应将晶体管的静态偏置点设置在小电流区,电路应采用自偏压。

对于一般小功率自稳幅 LC 正弦波振荡器,静态工作点要远离饱和区,靠近截止区。根据具体电路和电源电压的大小,集电极电流一般取 1～4 mA。在实际偏置电路参数选定时,在可能的条件下发射极偏置电阻应尽可能取得大一些。

4)振荡回路参数的选择

选择振荡回路参数时,主要考虑是否满足振荡频率、起振条件并有足够的振荡幅度和规定的频率稳定度等因素。若从频率稳定度的角度出发,回路电容 C 应尽可能取得大些,这样有利于减少并联在回路上的管子的极间电容等变化的影响,但 C 过大不利于波段工作。电感 L 也应尽可能大,但 L 大后体积大,分布电容大;若 L 过小,回路的品质因数也过小。因此,应合理地选择回路的 C、L。

在短波范围内,C 一般取几十至几百皮法,L 一般取 0.1 至几十微亨。西勒电路中串联的电容 C_3 一般也不要太大,这样有利于提高频率稳定度。为了解决频率稳定度和振荡幅度的矛盾,常采取部分接入方式。由前述可知,为了保证振荡器有一定的稳定振幅以及容易起振,当静态工作点确定后,晶体管跨导(g_m)的值就一定了。对于小功率晶体管,可以近似认为 $g_m=\dfrac{I_{CQ}}{26\text{ mV}}$,反馈系数($k_f$)应满足 k_f=0.15～0.5。

5. 正弦波振荡器的调整

(1)加电后首先用万用表测量各极工作点,调整偏置电阻,使工作点电流为 2 mA 左右。

(2)用示波器观察输出波形,微调偏置电位器,使输出波形不失真且幅度较大。

(3)如果振荡器不振荡,可从以下三个方面检查:①管子是否损坏;②电感是否开路;③是否存在电路中元件的数值错误或元件没有共地等情况。

6. 实验内容

(1)测量工作点电压,微调偏置电位器,使输出波形好、幅度大,记下各工作点电压值。

(2)调回路可变电感(或更换回路电容),使振荡频率 f_0 为 4 MHz±5 kHz。

(3)用万用表判断振荡器是否起振。甲类放大状态的偏置:发射结正偏,对于 NPN 型晶体管,$V_{BE}=V_B-V_E$=0.7 V(V_{BE} 为晶体管基极与发射极之间的电压;V_B 为晶体管基极对地电压;V_E 为晶体管发射极对地电压)。振荡器起振时晶体管处于甲类状态,增益较高;起振后,随着输入端交流信号(v_i)振幅的不断增大,晶体管进入非线性区,导致发射极

电流 $i_E(\approx i_C)$(i_C 为集电极电流)的正、负半周不对称,i_E 的平均分量 I_{E0} 增大,使 $I_{E0}>I_{EQ}$(发射极的静态电流),在发射极偏置电阻 R_E 上的压降 $V_E(V_E=I_{E0}R_E)$增大。同理,基极电流 i_B 的平均分量 I_{B0} 也相应增大。结果是在起振过程中晶体管的直流工作点变化为 $V_{BE}=V_{BB}-I_{B0}R_B-I_{E0}R_E$($V_{BB}$ 为基极偏置电压;R_B 为基极偏置电阻),根据 V_E 的变化,可用万用表检查振荡器是否起振。

①若 $V_B-V_E<0$,晶体管工作在丙类状态,振荡器的振荡很强。

②若 $V_B-V_E=0\sim0.4$ V,振荡器也起振,晶体管工作在甲、乙类状态。

③若 $V_B-V_E=0.4\sim0.8$ V,振荡器可能振,也有可能不振。判别方法:可短路振荡回路元件,测量 V_E 的变化。回路元件短路时,V_E 下降,说明原来已起振;否则,原电路没有产生振荡。

(4)测量频率稳定度($\frac{\Delta f}{f_{osc}}$)。

①负载变化对振荡频率的影响:用高频电压表(或示波器)的探头作为外接负载,分别测出它接振荡器集电极时的与不接振荡器集电极频率值,计算出$\frac{\Delta f}{f_{osc}}$(以不接探头时的频率为 f_{osc})。

②电源电压变化对振荡频率的影响:以 12 V 时测量的频率为 f_{osc},分别测出 V_{CC} 为 8 V、10 V、12 V、14 V、16 V 时的频率,计算出$\frac{\Delta f}{f_{osc}}$,并作出 Δf-V_{CC} 曲线。

③振荡器的短期频率稳定度:每半分钟记录一次频率,共统计 5 分钟,以最后一次测量的频率为 f_{osc},计算出$\frac{\Delta f}{f_{osc}}$,并作出 Δf-t 曲线。

7. 实验报告要求

(1)画出实际电路图。

(2)给出计算数据,列出元器件清单。

(3)整理实验数据并画出相应的曲线。

(4)记录实验过程中遇到的问题及解决办法。

(5)写出心得体会。

(6)回答思考题中的第(1)(3)题。

8. 思考题

(1)采取哪些措施可以提高振荡器的频率稳定度?

(2)试比较电感三点式振荡器和电容三点式振荡器的优缺点。

(3)你所设计的振荡电路,若改用场效应管作为振荡管是否可行?若可行,请画出具体电路。试比较原电路和新设计电路的优缺点。

5.2 宽带高频功率放大器的设计

1. 实验目的

(1)进一步了解宽带高频功率放大器的工作原理。

(2)掌握宽带高频功率放大器的设计方法。

(3)培养综合设计与实验的能力。

2. 宽带高频功率放大器的技术指标、设计任务及要求

1)技术指标

设计并安装一个 50 W 宽带高频功率放大器。

(1)频率范围:87～108 MHz(可以分两段)。

(2)输入功率:1 W。

(3)输入阻抗:50 Ω。

(4)输出功率:50 W。

(5)输出阻抗(负载):50 Ω。

(6)信噪比:优于 60 dB。

(7)输出幅度波动:87～108 MHz 频率范围内不高于 3 dB。

2)设计任务及要求

(1)主要元器件:3DA92、BLW78。元器件均取标称值并列出清单。

(2)画出设计线路图,列出元器件清单。

(3)拟定测试所需的仪器及测试方法。

3. 电路原理与设计

宽带放大器与窄带放大器没有本质的区别,就晶体管本身的工作状态以及偏置电路而言,两者是完全一致的,区别仅在于输入、输出电路及级间匹配电路,即要实现宽带放大,必须采用宽带匹配电路。

对于高频功率放大器的集电极馈电电路,要求已调制信号经过放大后不至于使信噪比恶化,所以对电源的纹波有一定要求。在供电电路中,要考虑把直流回路与基波回路分开。晶体管功率放大器中常采用并馈方法,如图 5.2.1 所示。图中,ZL 和 C_{c1} 分别为高频扼流圈和旁路电容,用来抑制高频和去耦,使集电极电源的直流分量 I_{C0} 只通过晶体管。功率放大器中一般不用独立的偏置电路,而常采用自偏压电路,最常用的有两种。图 5.2.2(a)所示电路为利用基极电流的直流分量在基极体电阻 $r_{bb'}$ 上产生偏置电压,由于 $r_{bb'}$ 很小,所以偏置电压很小,晶体管接近乙类工作状态。通常采用图 5.2.2(b)所示的方法,利用基极电流的直流分量在基极偏置电阻 R_b 上产生偏压,调整 R_b 即可以改变导通角(θ)的值。

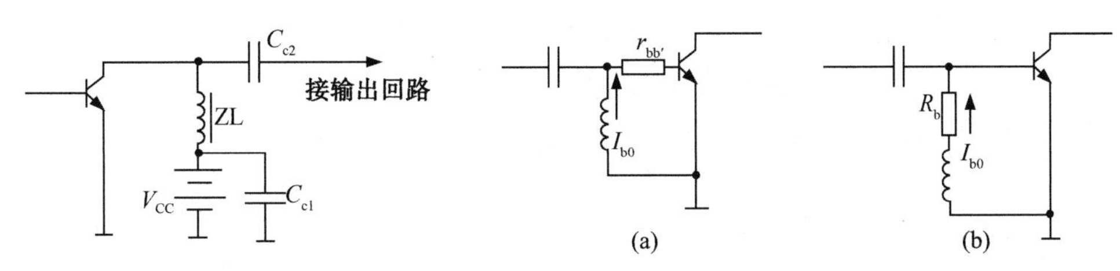

图 5.2.1 并馈法分离直流回路与基波回路　　　图 5.2.2 自偏压电路

关于谐波滤除电路,在窄带放大器中,输出电路常采用谐振电路,它对基波呈现需要的负载,对谐波则呈现低阻抗,所以有一定的滤除谐波的作用,但这还不够,还应附加谐波滤波器。在宽带放大器中,由于不能采用谐振电路,滤除谐波完全由谐波滤波器来实现。现在大多采用低通宽带滤波器。

输入、输出电路和级间匹配电路三者没有实质的区别,都是阻抗变换及匹配电路,如图 5.2.3 所示。输入匹配网络(由 C_1、C_2、C_3、L_1、L_2、L_3 组成)就是将第一级晶体管(T_1)的基极输入阻抗(10 W 功率管的基极输入阻抗在 3 Ω 左右)转换为放大器的输入端阻抗(如 50 Ω)。输出匹配网络(由 L_7、L_8、L_9、C_{10}、C_{11}、C_{12} 组成)则是将放大器的输出阻抗(如 50 Ω)转换到输出级晶体管(T_2)希望得到的负载电阻(6.55 Ω)。级间匹配网络(由 C_6、C_7、C_8、L_4、L_5、L_6 组成)就是将第二级晶体管(T_2)的基极输入阻抗(约 1.5 Ω)转换到第一级晶体管希望得到的负载电阻(35.1 Ω)。

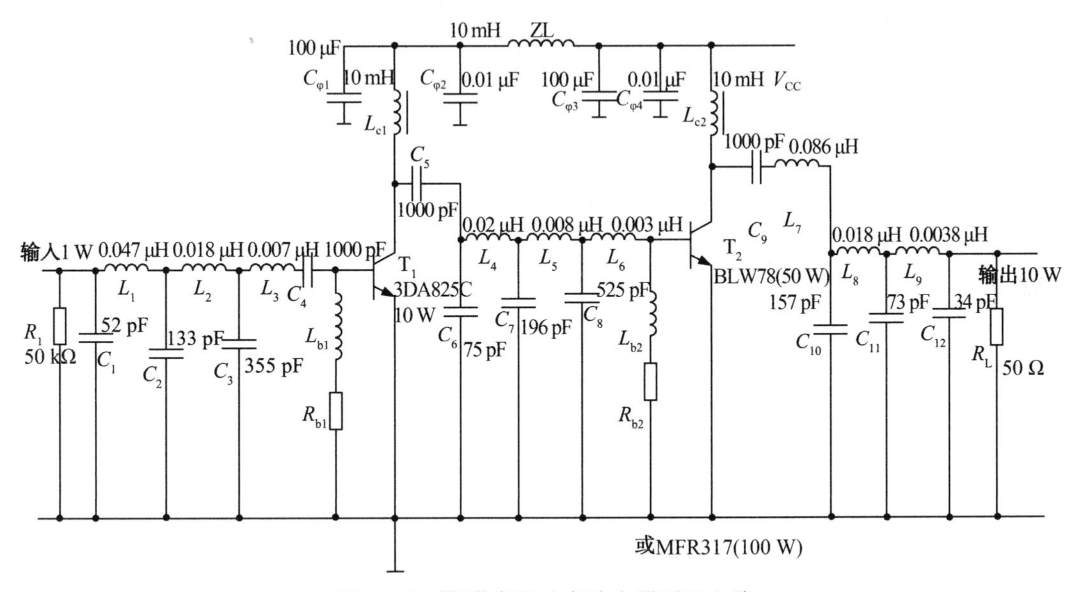

图 5.2.3 宽带高频功率放大器原理电路

阻抗变换和匹配网络在窄带高频功率放大器中常采用如图 5.2.4 所示的 π 型或倒 L 型或其他形式的电路,设计时按照匹配电阻 R_1、R_2 的数值和欲达到的电路品质因数值来确定电路元件值,这种电路不能直接用来作为宽带高频功率放大器的匹配电路。

在宽带高频功率放大器中,匹配电路常采用多节 LC 网络。图 5.2.5 所示的电路即为

图 5.2.3 所示电路的输入匹配网络，由多级 L 型匹配网络组成。下面介绍单节 LC 网络是怎样实现阻抗变换的。LC 网络有 π 型、T 型、L 型等电路：前两种电路为三个元件，后面的为两个元件。在计算这些元件值时要同时满足谐振和阻抗变换两个条件。L 型电路有两个元件，满足两个要求，它的解是唯一的。而 π 型电路和 T 型电路在计算元件值时除要满足以上两个要求外，还必须假设一个回路品质因数值才能解出三个元件值，因此它的解不是唯一的。下面以 L 型电路为例，介绍匹配原理和计算方法。在图 5.2.6(a) 所示的单节 L 型阻抗变换电路中，R_1、R_2 为欲匹配的电阻值，求 L_1、C_2 的值。

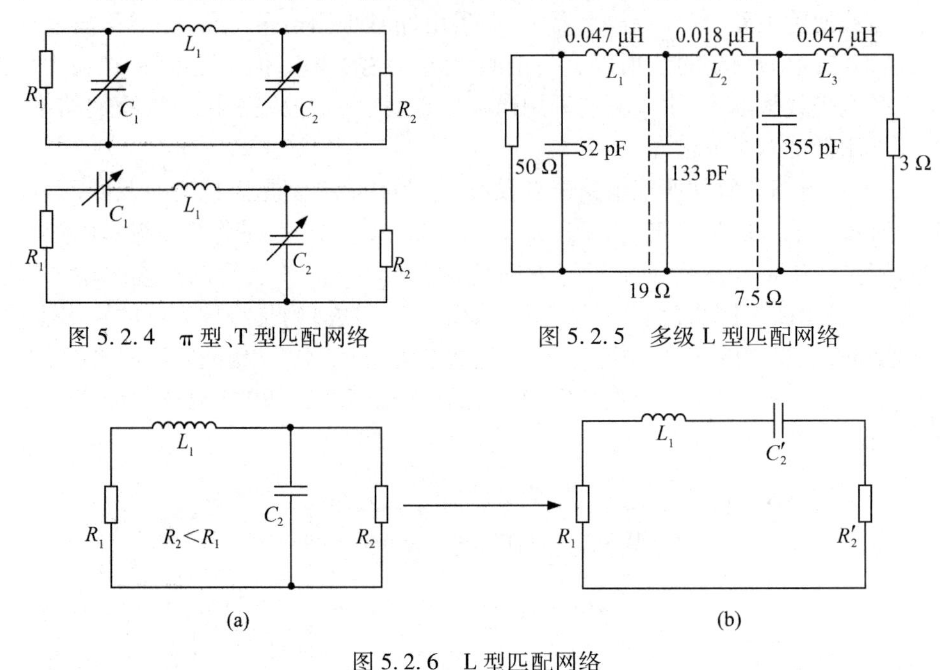

图 5.2.4　π 型、T 型匹配网络

图 5.2.5　多级 L 型匹配网络

图 5.2.6　L 型匹配网络

首先将 C_2 与 R_2 的并联电路变为串联电路[见图 5.2.6(b)]，若使两电路等效，应该有

$$\frac{1}{\mathrm{j}\omega C_2+\dfrac{1}{R_2}}=\frac{1}{\mathrm{j}\omega C_2'}+R_2'$$

$$\frac{\omega C_2}{\mathrm{j}\left[(\omega C_2)^2+\left(\dfrac{1}{R_2}\right)^2\right]}+\frac{\dfrac{1}{R_2}}{(\omega C_2)^2+\left(\dfrac{1}{R_2}\right)^2}=\frac{1}{\mathrm{j}\omega C_2'}+R_2'$$

于是可以得到

$$C_2'=\frac{(\omega C_2)^2+\left(\dfrac{1}{R_2}\right)^2}{\omega^2 C_2},\quad R_2'=\frac{\dfrac{1}{R_2}}{(\omega C_2)^2+\left(\dfrac{1}{R_2}\right)^2}$$

通常情况下有

$$(\omega C_2)^2 \gg \left(\frac{1}{R_2}\right)^2$$

所以

$$C_2' \approx C_2, \quad R_2' = \frac{1}{(\omega C_2)^2 R_2}$$

电路满足谐振条件,即

$$\omega L_1 = \frac{1}{\omega C_2'} = \frac{1}{\omega C_2} \tag{5.2.1}$$

同时满足变换要求,即

$$R_1 = R_2' = \frac{1}{(\omega C_2)^2 R_2} \tag{5.2.2}$$

由式(5.2.2)可以得到

$$C_2 = \frac{1}{\omega\sqrt{R_1 R_2}} \tag{5.2.3}$$

将式(5.2.3)代入式(5.2.1),可得到

$$L_1 = \frac{\sqrt{R_1 R_2}}{\omega} \tag{5.2.4}$$

由式(5.2.3)和式(5.2.4),若要满足输入端阻抗 50 Ω 与第一级晶体管的基极阻抗 3 Ω 相匹配,工作频率为 100 MHz 的条件,计算出的电路元件值如图 5.2.7 所示。显然,在图 5.2.7 中,除 100 MHz 外,其他频率均不能满足匹配条件,所以该匹配电路是窄带的。为了增加匹配电路的带宽,可以采用多级 *LC* 网络,使每一级的阻抗缓慢变换,以换取宽带特性。仍用上述例子,改为三级变换,其变换阻值为 50 Ω→19 Ω→7.5 Ω→3 Ω,计算出的元件值如图 5.2.5 所示。除采用多级 *LC* 电路逐级转换的办法外,还可以采用网络综合的办法设计成低通滤波器型阻抗变换器。它与一般低通滤波器的区别就在于滤波器两端的阻抗是不同的,可以达到阻抗变换的目的。

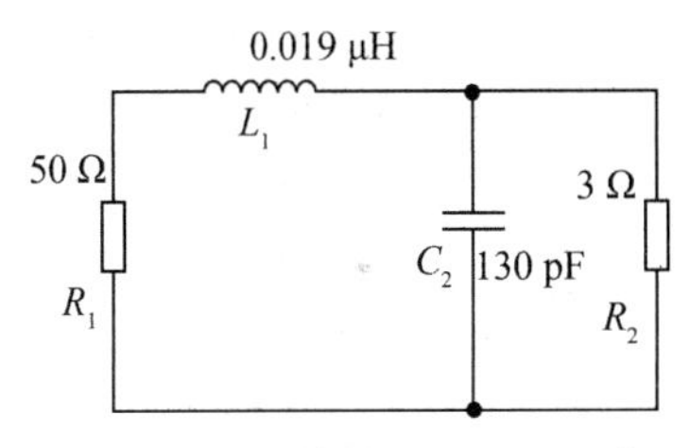

图 5.2.7　单节 L 型匹配网络

在宽带匹配电路中,传输线变压器也得到了广泛的应用,它的结构与原理如图 5.2.8 所示。它能起到能量传输的作用,也能起到阻抗变换的作用。普通变压器绕组间的分布电容是限制它的高频特性的主要因素,而在传输线变压器中,绕组间的分布电容则成为传输线特性阻抗的一个组成部分,因而这种变压器可以在很高的频率(几百兆赫兹)范围内获得良好的响应。而变压器的低频响应之所以下降,是由于初级电感量不够大。采用图 5.2.8 的方法,将传输线绕在高磁导率的磁环上,使初级线圈的电感量增大,就可以扩展低频响应的范围。但传输线变压器只能用在一些小功率的宽带放大器中。对于大功率

宽带放大器而言，由于存在磁芯发热及体积大等问题，较少采用传输线变压器，而是采用多节 *LC* 网络。以上是以输入匹配网络为例进行讨论的，其原理对于级间匹配网络和输出网络同样适用。

无论哪一种计算方法，都只是初步估算，在实际实验过程中必然会有一些调整。因为无论是采用阻抗变换电路还是采用网络综合的方法，都假设晶体管的输入阻抗为纯电阻。实际上，工作于大信号的晶体管，输入阻抗、输出阻抗都有电抗分量，而且这个电抗还随着工作电流的大小在变化，所以要用有限的元件组成耦合网络而又能在整个频带内有良好的特性是比较困难的。

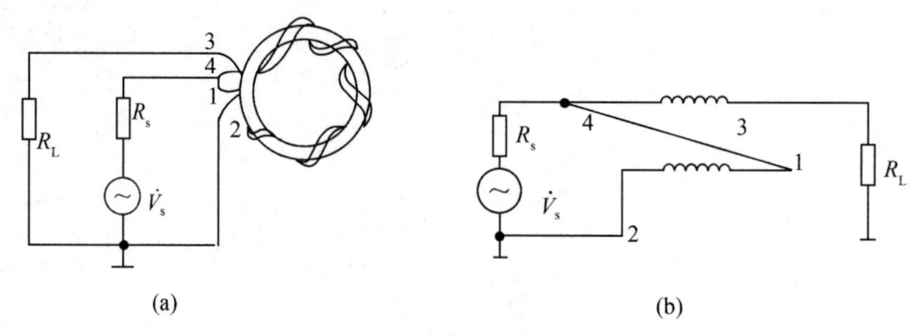

图 5.2.8　传输线变压器电路及其等效电路

4. 实验内容

(1) 根据设计线路图，安装好全部元器件。要注意防止虚焊，引线要短，同时要注意分布电容、电感的影响。

(2) 用 BT-3 型扫频仪调试好输入、输出回路及级联电路。

(3) 测试全部性能指标。

5. 实验报告要求

(1) 写出设计与计算过程，并画出电路图。

(2) 画出整机的幅频特性曲线。

(3) 对实验数据进行整理，并对实验结果进行分析讨论。

(4) 写出心得体会及对本实验的建议。

6. 思考题

(1) 在输出功率一定的情况下，采用低压（如供电电压为直流，$V_{CC}=12\ \text{V}$）大电流和高压（如 $V_{CC}=28\ \text{V}$）低电流两种方案，从保护功率放大管安全方面考虑，哪种方案较合理？为什么？

(2) 电视发射机（图像信号是调幅，音频信号是调频）的功率放大器为什么不能采用丙类放大，而是采用甲类放大？

(3) 如输出负载开路或短路，对功率放大器的工作状态和功率放大管的安全有什么影响？试设计上述功率放大器的保护电路。

(4) 用 BT-3 型扫频仪调试功率放大器时应注意哪些事项？

(5) 试分析你所设计的功率放大器是否满足自激条件。如果产生自激振荡，应怎样排除？

5.3　窄带高频功率放大器的设计

1. 实验目的

(1)了解窄带高频功率放大器的工作原理。

(2)掌握窄带高频功率放大器的设计方法。

(3)培养综合设计与实验的能力。

2. 窄带高频功率放大器的技术指标、实验任务及要求

1)技术指标

(1)工作频率:$f_c = 4$ MHz。

(2)负载电阻:$R_L = 75\ \Omega$。

(3)输出功率:$P_o \geqslant 200$ mW。

(4)电源电压:12 V。

2)实验任务及要求

设计并安装一个工作频率为4 MHz,输出功率不小于200 mW的高频功率放大器。

3. 电路原理

对于窄带高频功率放大器的集电极馈电电路的要求与5.2节相同,这里不再赘述。图5.3.1为高频功率放大器的实际电路,图中包含两级:第一级为推动级,是工作在甲类状态的谐振放大器;第二级为功率输出级,是工作在丙类状态的高频功率放大器。

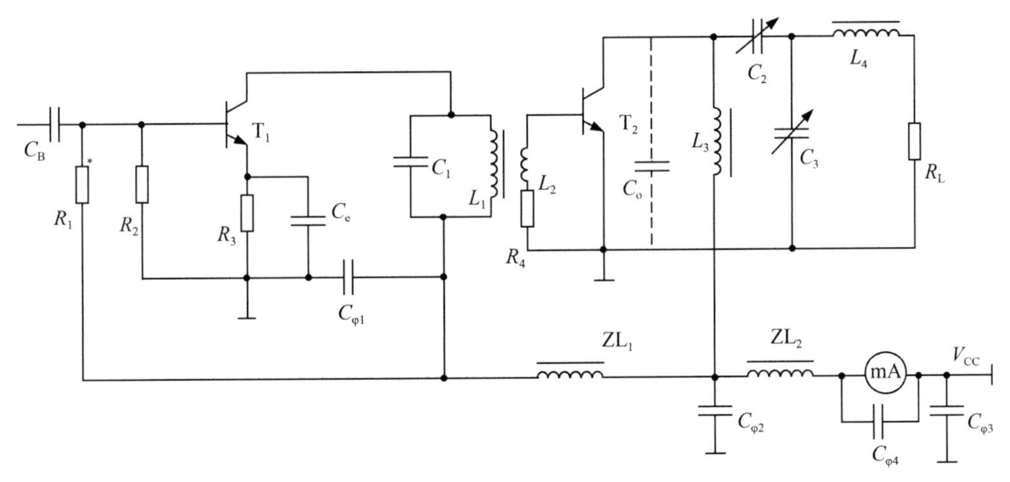

图5.3.1　窄带高频功率放大器

图中,功率输出级的输出匹配网络是由C_2、C_3和L_4构成的T型匹配网络,L_3与晶体管T_2的输出电容C_o谐振于4 MHz上。

输入匹配网络:由L_1和L_2互感耦合线圈构成,设变比为N。

偏置电路:由R_4构成T_2的基极自给负偏压电路,以保证T_2工作在丙类状态,同时可

防止 T_2 产生高频自激而引起二次击穿损坏。

电源滤波电路:由高频扼流圈和高频旁路电容构成。

直流功率电平指示:可用毫安电流表串接在 T_2 集电极直流通路中,它指示 T_2 集电极电流脉冲的平均分量 I_{C0},则电源供给的直流功率 P_D 可求得。另外,它也可监测功率输出级有无自激存在,当没有信号激励或激励很小,却有很大的电流指示时,则说明有自激存在。通常在电流表两端并联一个电容 $C_{\varphi4}$,起到高频去耦作用。

推动级的偏置电路由 R_1、R_2 及 R_3 构成,为分压式偏置电路,C_e 为发射极旁路电容,调整R_1 的数值可改变 T_1 的静态工作点,以保证 T_1 为甲类工作状态并具有适当的功率增益。

推动级的输出负载由 L_1、C_1 并联谐振回路构成,并与输出级采用互感耦合形式,若采用同一磁芯的骨架绕制 L_1 和 L_2,则变比 $N=W_1/W_2$(W_1 和 W_2 分别为 L_1 和 L_2 的匝数)。

推动级的电源滤波电路:同功率输出级。

4. 高频功率放大器的设计与计算

1)输出级的设计与计算

(1)输出级晶体管的选择

选管原则为

$$f_T \geqslant (5\sim10)f_c,\quad P_{CM}\geqslant P_C,\quad V_{(BR)CEO}\geqslant 2V_{CC},\quad I_{CM}\geqslant i_{Cmax}$$

若 T_2 的集电极电流导通角 $\theta=70°$,设 T_2 的饱和压降 $V_{CE(sat)}=1$ V,根据输出功率 $P_o=$ 200 mV 的要求,可算出集电极电流脉冲的基波分量幅度为

$$I_{c1m}=\frac{2P_o}{V_{cm}}=\frac{2P_o}{V_{CC}-V_{CE(sat)}}=\frac{2\times200\times10^{-3}}{12-1}\approx36(\text{mA})$$

式中,V_{CC} 为晶体管集电极所接直流电源的电压,取为 12 V。

集电极电流脉冲的幅度为

$$i_{Cmax}=\frac{I_{c1m}}{\alpha_1(70°)}=\frac{36}{0.436}\approx83(\text{mA})$$

集电极电流脉冲的平均分量为

$$I_{C0}=i_{Cmax}\cdot\alpha_0(70°)=83\times0.253\approx21(\text{mA})$$

则电源供给的功率为

$$P_D=V_{CC}\cdot I_{C0}=12\times21=252(\text{mW})$$

集电极的管耗为

$$P_C=P_D-P_o=252-200=52(\text{mW})$$

集电极的效率为

$$\eta_c = \frac{P_o}{P_D} = \frac{200}{252} \approx 80\%$$

由以上计算可知,所用功率管应满足

$$f_T \geqslant 20 \sim 40\ \text{MHz},\quad P_{CM} \geqslant 52\ \text{mW},\quad V_{(BR)CEO} \geqslant 24\ \text{V},\quad I_{CM} \geqslant 83\text{mA}$$

选用3DA838 NPN型硅外延平面超高频大功率晶体管可满足要求(在38～108 MHz调频发射机中作放大、倍频用),其主要性能参数如下:

$P_{CM} \geqslant 1$ W,　$I_{CM} = 150$ mA,　$V_{(BR)CEO} \geqslant 35$ V,　$V_{(BR)EBO} \geqslant 4$ V

$h_{FE} \geqslant 10$,　工作频率 = 38～108 MHz

$P_o \geqslant 0.5$ W(测量条件:$f_c = 108$ MHz,$V_{CC} = 24$ V,$P_i = 0.05$ W)

$A_p \geqslant 10$ dB(测量条件:同 P_o)

已知$f_c = 108$ MHz,$A_p \geqslant 10$ dB,取 $A_p = 10$ dB(10倍),根据 $A_p f_c^2 = A_p' f_c'^2$ 知,当$f_c' = 4$ MHz时,$A_p' = A_p \dfrac{f_c^2}{f_c'^2} = 10 \times \dfrac{108^2}{4^2} = 7290$(倍)$\approx 38.6$(dB)。

(2)计算输出匹配网络

①计算 L_3:应有 $L_3 = \dfrac{1}{\omega_c^2 C_0}$,由实践知 $C_0 \approx 2C_{0b}$(C_{0b} 为低频共基极输出电容),设 $C_{0b} = 10$ pF,则 $C_0 = 2 \times 10\ \text{pF} = 20$ pF,则

$$L_3 = \frac{1}{(2\pi f_c)^2 C_0} = \frac{1}{4\pi^2 \times (4 \times 10^6)^2 \times 20 \times 10^{-12}} \approx 79(\mu\text{H})$$

②计算最佳等效负载 R_L':应有 $V_{cm} = V_{CC} - V_{CE(sat)} = 12\ \text{V} - 1\ \text{V} = 11$ V,则

$$R_L' = \frac{1}{2} \cdot \frac{V_{cm}^2}{P_o} = \frac{1}{2} \times \frac{11^2}{200 \times 10^{-3}} = 302.5(\Omega)$$

③计算 C_2、C_3 及 L_4:应对f_c 谐振,并使 R_L' 与负载 R_L 匹配,可得

$$L_4 = \frac{Q_{L2} R_L}{\omega_c}$$

$$C_2 = \frac{1}{\omega_c R_L' \sqrt{\dfrac{R_L(Q_{L2}^2 + 1)}{R_L'} - 1}}$$

$$C_3 = \frac{Q_{L2} - \dfrac{X_{C2}}{R_L'}}{\omega_c R_L(Q_{L2}^2 + 1)} = \frac{Q_{L2} - \sqrt{\dfrac{R_{L2}}{R_L'}(Q_{L2}^2 + 1) - 1}}{2\pi f_c R_L(Q_{L2}^2 + 1)}$$

设输出匹配网络的有载品质参数 $Q_{L2}=6.5$，代入各相应参数值可得

$$L_4=\frac{6.5\times75}{2\pi\times4\times10^6}\approx19.4(\mu\mathrm{H})$$

$$C_2=\frac{1}{2\pi\times4\times10^6\times302.5\times\sqrt{\frac{75\times(6.5^2+1)}{302.5}-1}}\approx42(\mathrm{pF})$$

$$C_3=\frac{6.5-\sqrt{\frac{75}{302.5}(6.5^2+1)-1}}{2\pi\times4\times10^6\times75\times(6.5^2+1)}\approx42(\mathrm{pF})$$

(3)基极偏置电阻 R_4 的选择：若 R_4 值太大，则消耗信号功率太多，以致加到 T_2 发射极上的有用功率减少，导致总功率增益降低，输出功率减少；若 R_4 值太小，则不能提供足够的负偏压以满足 θ 的要求，且不利于抑制高频自激。取 $R_4=15\ \Omega$，其值最终由实验确定。

(4)计算电源滤波电路：ZL 的电感量 L_φ 与高频旁路电容 C_φ 应满足 $\omega_c L_\varphi\geqslant\frac{1}{\omega_c C_\varphi}$，取 $C_\varphi=0.01\sim0.033\ \mu\mathrm{F}$，$L_\varphi=47\sim120\ \mu\mathrm{H}$，则有

$$X_c=\frac{1}{2\pi f_c\cdot C_\varphi}\cdot\frac{1}{2\pi\times4\times10^6(0.01\sim0.033)\times10^{-6}}=3.9\sim1.1(\Omega)$$

$$X_L=2\pi f_c\cdot L_\varphi=2\pi\times4\times10^6\times(47\sim120)\times10^{-6}=1.2\sim3(\mathrm{k}\Omega)$$

2)推动级的设计与计算

(1)推动级晶体管的选择

①选管原则：除要满足 $f_T\geqslant(5\sim10)f_c$，$P_{CM}\geqslant P_C$，$V_{(BR)CEO}\geqslant2V_{CC}$，$I_{CM}\geqslant i_{Cmax}$ 外，还应具有一定的功率增益，以推动输出级能在 75 Ω 的负载上给出 200 mW 的功率。

②估算 T_1 应具有的输出功率：设输出级 T_2 的集电极效率 $\eta_c=\frac{P_o}{P_D}$不变，可知应有 $P_o\propto P_D$，又因为 $P_D\propto V_{CC}$，因此当 V_{CC} 降低 1/2 时，P_o 约减少 1/2，在激励功率不变的情况下，A_P 也相应减少 1/2。已知 3DA838 型晶体管在 $V_{CC}=24\ \mathrm{V}$，$f_c=4\ \mathrm{MHz}$ 时的 $A_p=38.6\ \mathrm{dB}$，为留有余量，设 T_2 在 $V_{CC}=12\ \mathrm{V}$，f_c 不变时的 $A_p=10\ \mathrm{dB}$，则当输出功率 P_o 为 200 mW 时，激励功率 P_{i2} 也就是推动级的输出功率 P_{o1} 应为

$$P_{o1}=P_{i2}=\frac{P_o}{A_p}=\frac{200}{10}=20(\mathrm{mW})$$

(2)估算 T_1 的管耗：已知输出功率小于 1 W 的功率晶体管的 $r_{bb'}=15\sim30\ \Omega$，且由它构成的放大器输入电阻 $R_i\approx r_{bb'}$。设 3DA838 型晶体管的 $r_{bb'}\approx25\ \Omega$，则 T_2 的输入电阻 R_{i2} 也就是 T_1 的负载电阻 R_{L1}，应为

$$R_{L1}=R_{i2}\approx r_{bb'}=25\ \Omega$$

由 P_{o1} 和 R_{L1} 可计算出推动级在 25 Ω 的负载电阻上产生的电压振幅(即 T_2 的激励电压振幅 V_{i2m})为

$$V_{o1m}=V_{i2m}=\sqrt{2P_{o1}\cdot R_{L1}}=\sqrt{2\times20\times10^{-3}\times25}=1(V)$$

为留有余量,设工作在甲类状态的晶体管的集电极效率 $\eta_c=10\%$,则 $P_{D1}=\dfrac{P_{o1}}{\eta_c}=\dfrac{20}{0.1}$ mW=200 mW,可得管耗为 $P_C=P_D-P_{o1}=200\ mW-20\ mW=180\ mW$。

(3)估算 T_1 应有的功率增益:设 T_1 的 $\beta=20$,并选静态工作点电流为 $I_{EQ}=10$ mA,则 T_1 的输入电阻为

$$r_{be}\approx(1+\beta)\frac{26}{I_{EQ}}=(1+20)\times\frac{26}{10}\approx52(\Omega)$$

可求出 T_1 的电压增益为

$$A_v=-\frac{\beta}{r_{be}}\cdot R_{L1}=-\frac{20}{52}\times25\approx10(倍)\approx20\ (dB)$$

由此可知,当要求推动级在 25 Ω 的负载上获得 1 V 输出电压时,推动级输入电压的振幅应为

$$V_{i1m}=\frac{V_{o1m}}{A_v}=\frac{1}{10}\ V=0.1\ V=100\ mV$$

根据上列估算,选择 3DG12C NPN 型硅外延平面高频小功率晶体管可满足要求,其主要性能参数如下:

$$P_{CM}=200\ mW,\quad I_{CM}=30\ mA,\quad V_{(BR)CEO}=25\ V,\quad V_{(BR)EBO}=5\ V$$

$$f_T=200\ MHz(测量条件:V_{CB}=10\ V,I_E=10\ mA,f_c=100\ MHz,R_L=5\ \Omega)$$

$$\beta=100\sim200(测量条件:V_{CE}=10\ V,I_C=10\ mA)$$

$$A_p=16\ dB(测量条件:V_{CB}=10\ V,I_E=10\ mA,f_c=100\ MHz)$$

可以估算,当 $f_c=4$ MHz 时,$A_p\approx40$ dB。

(4)计算偏置电路:选发射极电阻 $R_3=220\ \Omega$,静态工作点电流 $I_{EQ}=10$ mA,则

$$V_{EQ}=I_{EQ}\cdot R_3=10\ mA\times220\ \Omega=2.2\ V$$

$$V_{BQ}=V_{EQ}+V_{BEQ}=2.2\ V+0.7\ V=2.9\ V$$

选 $R_2=4.7\ \text{k}\Omega$，则 $R_1=\dfrac{V_{CC}-V_{BQ}}{V_{BQ}}\cdot R_2=\dfrac{12-2.9}{2.9}\times 4.7\ \text{k}\Omega\approx 15\ \text{k}\Omega$，发射极旁路电容 C_e 应保证 T_1 的发射极对地呈高频短路，可取 $C_e=0.01\sim 0.033\ \mu\text{F}$。

(5)计算负载谐振回路：选 $C_1=47$ pF，设 T_1 的输出电容、T_2 的输入电容及其他分布杂散电容之和为 $C=50$ pF，则回路电感为

$$L_1=\frac{25330}{f^2 C_\Sigma}=\frac{25330}{4^2\times(47+50)}\approx 16.3(\mu\text{H})$$

由于 T_2 级的输入电阻较低，可设 L_1C_1 回路的有载品质因数为 $Q_{L1}=3$（一般取 3～10）。可计算出回路的特性阻抗为

$$\rho=\sqrt{\frac{L}{C_\Sigma}}=\sqrt{\frac{16.3\times 10^{-6}}{97\times 10^{-12}}}\approx 410(\Omega)$$

则回路的等效并联谐振电阻为

$$R_e=\rho\cdot Q_{L1}=410\times 3=1230(\Omega)$$

欲使 R_e 与 $R_{i2}=25\ \Omega$ 匹配，则互感耦合线圈的变比应为

$$N=\sqrt{\frac{R_e}{R_{i2}}}\approx\sqrt{\frac{1230}{25}}\approx 7=\frac{W_1}{W_2}$$

3)其他元件参数的选择

电源滤波电路同 T_2 级。输入端耦合电容 C_B 的值可在几十皮法至 0.033 μF 之间选取，根据和主振级连接的要求而定。若主振级输出电压较大，而频率稳定度要求较高，C_B 可取得小些，反之可取得大些。选取 C_B 值的原则是既保证有足够的推动级输入电压（如不小于 100 mV），又保证主振级有足够的频率稳定度。

5. 实验内容

(1)根据设计线路图，将全部元器件安装好。要防止虚焊，引线要短，同时要注意分布电容、电感的影响。

(2)用 BT-3 型扫频仪调试好输入、输出回路及级联电路。

(3)测试全部性能指标。

6. 实验报告要求

(1)写出设计与计算过程，并画出电路图。

(2)画出整机的幅频特性曲线。

(3)对实验数据进行整理，并对实验结果进行分析讨论。

(4)写出心得体会及对本实验的建议。

7. 思考题

(1)若输出负载开路或短路，对功率放大器的工作状态和功率放大管的安全有什么影响？

(2)用BT-3型扫频仪调试功率放大器时应注意哪些事项?

5.4　简易话筒式调频发射机的设计

1. 实验目的

(1)了解简易调频发射机的工作原理。

(2)掌握调频电路的设计方法。

(3)培养综合设计与实验的能力。

2. 简易话筒式调频发射机的主要技术指标、设计任务及要求

1)技术指标

(1)载波频率:通常调频广播工作在超短波段,即载波频率为80~108 MHz,本书考虑到实践的可能性以及使设备简单,将载波频率降低为4 MHz。

(2)最大频偏:±75 kHz。

(3)天线阻抗:75 Ω。

(4)输出功率:大于200 mW。

(5)中心频率稳定度:不低于10^{-3}。

2)设计任务及要求

(1)确定电路形式,选择各级电路的静态工作点,画出整级的电路图。

(2)计算各级电路元件参数并选取元件。

(3)画出电路装配图。

(4)组装、焊接电路。

(5)确定所需测量仪器,调试并测量主振级电路的性能,包括中心频率及其频率稳定度、静态频率调制特性及输出电压幅度。

(6)与接收机进行话音联试。

(7)写出设计报告书,内容包括:

①任务及要求。

②电路方案选择的依据。

③电路的设计与计算及整级电路图。

④调试所用仪器及测试框图,调试中故障的分析及解决办法,最后的测量数据及相应曲线。

⑤成品检验的效果。

⑥收获和体会。

3. 总体组成框图及各级电路形式

由于载波频率不高,中心频率稳定度仅要求不劣于10^{-3},因此无须采用晶振及倍频器,可以简单地采用由主振级和功率放大级两部分组成的电路。

1)主振级

由于没有调制线性和灵敏度的要求,因此可采用变容二极管直接耦合调频的西勒振荡器，其中心频率稳定度可达 $10^{-3} \sim 10^{-4}$，信息源由电容式话筒构成。

2）功率放大级

由于输出功率仅为 200 mW，因此采用一级推动级和一级输出级即可满足要求。因为放大的是等幅调频信号，故输出级可采用工作在临界状态的丙类谐振功率放大器，其任务是获得较高的效率和输出功率。推动级可采用工作在甲类状态的小功率放大器，其作用有二：一是在主振级与功率输出级间起缓冲隔离作用；二是提供一定的功率增益以推动功率输出级，为此采用共射极电路，以得到一定的电压增益和电流增益。

3）天线

考虑到实验室允许的条件，采用 $\frac{1}{8}\lambda$（λ 为波长）长线构成。对于载波频率 f_c = 4 MHz，天线长度为

$$l=\frac{1}{8}\times\frac{3\times10^{8}(\mathrm{m/s})}{f_c(1/\mathrm{s})}\approx 9.38\ \mathrm{m}$$

由以上分析可得简易话筒式调频发射机的总体框图如图 5.4.1 所示。图中功率放大级可采用 5.3 节中的设计内容，在此仅介绍主振级的设计过程。

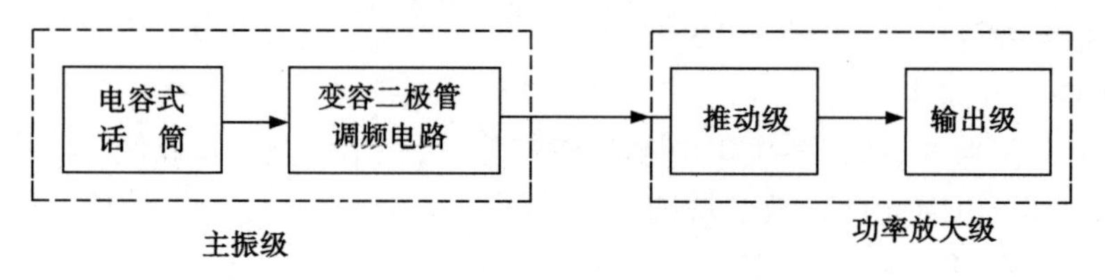

图 5.4.1　简易话筒式调频发射机的组成框图

4. 电路的设计与计算

1）主振级的设计与计算

（1）确定主振级的技术指标要求。根据简易话筒式调频发射机的主要技术指标要求，可以提出主振级电路的技术指标要求如下：

①载波频率：f_c = 4 MHz。

②载波频率稳定度：$\frac{\Delta f}{f_c} \geqslant 10^{-4}$。

③最大频偏：$\Delta f = \pm 75$ kHz。

④输出电压幅度：在 50 Ω 负载上不小于 100 mV。

⑤电源电压：V_{CC} = 12 V。

（2）电路形式的选择：考虑到载波频率稳定度应不劣于 10^{-4} 和频率应便于调整，选择西勒电路，以产生 4 MHz 的载波频率。由于对调频线性和灵敏度无特殊要求，因此可采用变容二极管全部接入振荡回路的直接调频方式。

根据晶体管电极的高频接地点不同，可分为共发射极接法、共基极接法和共集电极接法三种电路形式。三种电路形式的特点如表 5.4.1 所示。

表 5.4.1　三种电路形式的特点

	共发射极	共基极	共集电极
小信号电压增益(A_v)	$\gg 1$	>1	<1
电压反馈系数(k_f)	1/2～1/8	1/2～1/8	>1
振荡回路电感线圈	两端均为高频高电位	有一端为高频低电位	有一端为高频低电位
和负载的隔离度	差	差	好
输出电压幅度	大	大	小
输出波形	好	好	差
变容二极管偏置电路	复杂	简单	简单

为使变容二极管偏置电路尽量简单，一般多采用共基极或共集电极电路。对于共基极电路，由于和负载的隔离度较差，通常在调频振荡级后面加一级射极跟随器进行缓冲隔离，以保证载波频率稳定度的要求。对于共集电极电路，虽然与负载的隔离度较好，但输出电压幅度小，当不足以激励功率推动级正常工作时，可在调频振荡级后面加一级电压放大器，以保证功率放大级有足够的激励。典型的共基极和共集电极电路分别如图 5.4.2 和图 5.4.3 所示。

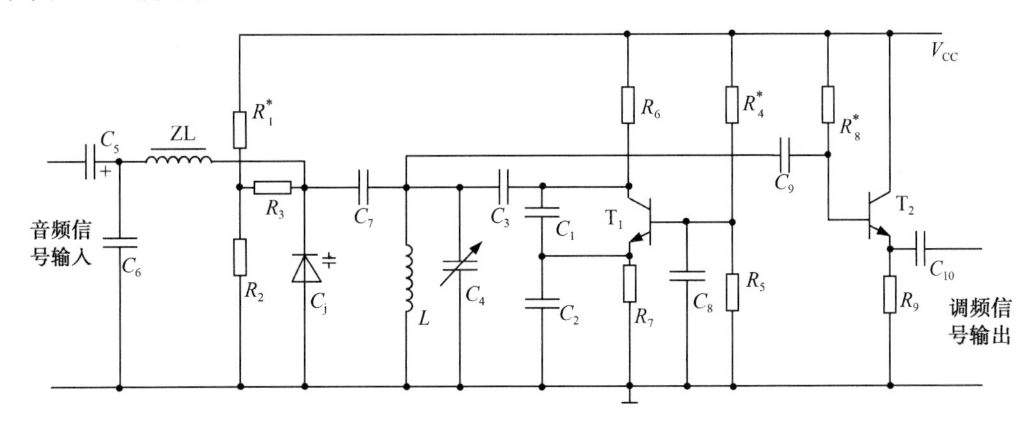

图 5.4.2　共基极接法的变容二极管直接调频电路

图 5.4.2 所示的共基极电路中，T_1 级为振荡级，C_8 为基极高频旁路电容，R_4、R_5、R_6、R_7 为 T_1 的直流偏置电路，C_1、C_2、C_3、C_4 与 L 构成电容反馈式西勒电路。振荡电压从回路电感两端输出，经电容 C_9 以弱耦合方式加至 T_2 发射极输出级，T_2 应具有高输入阻抗和低输出阻抗，以减小负载对载波频率稳定度的影响。

图 5.4.3 所示的共集电极电路中，T_1 级为振荡级，C_9 为集电极高频旁路电容，R_4、R_5、R_7 为 T_1 级的直流偏置电路，C_1、C_2、C_3、C_4 与 L 构成电容反馈式西勒电路。振荡电压从发射极也就是反馈电容 C_2 两端输出，经电容 C_8 加至缓冲放大级 T_2 的基极，C_8 的大小视 T_2 级的放大量和推动级要求的激励电压而定。R_8、R_9、R_{10}、R_{11} 为 T_2 级的直流偏置电路，T_2 级采用共射极接法的电路，以获得较高的电压增益，同时具有一定的输入阻抗，在振荡级与功率推动级之间起一定的缓冲隔离作用。

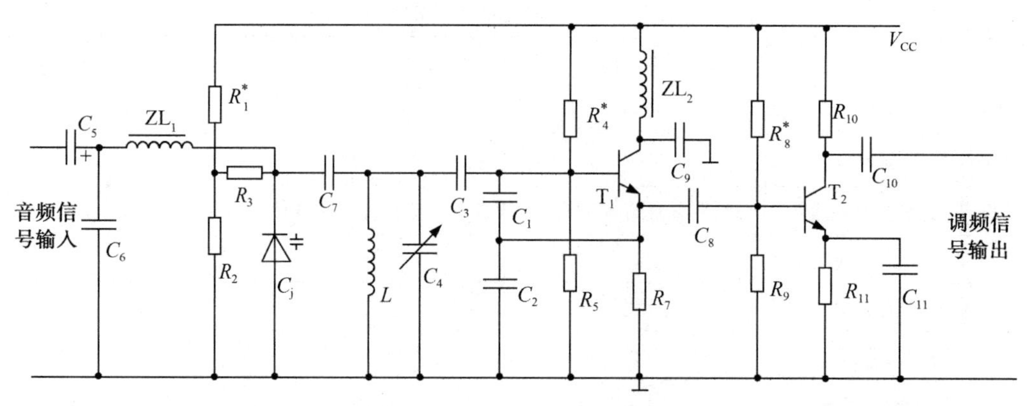

图 5.4.3　共集电极接法的变容二极管直接调频电路

(3)振荡电路的设计与计算

①振荡管的选择原则:$f_T=(3\sim10)f_{osc}$,高频小功率晶体管均可采用。例如,3DG4F、3DG6C 型晶体管的典型参数如表 5.4.2 所示。

表 5.4.2　3DG4F 与 3DG6C 的典型参数

	P_{CM}/mW	I_{CM}/mA	$V_{(BR)CEO}$/V ($I_C=10\ \mu A$)	β ($V_{CE}=10$ V, $I_C=10$ mA)	f_T/MHz ($V_{CE}=10$ V, $I_C=10$ mA, $f=100$ MHz, $R_L=50$)	A_P/dB ($V_{CE}=10$ V, $I_C=10$ mA, $f=100$ MHz)	C_{0b}/pF
3DG4F	300	30	≥25	≥30	150	≥7	≤7
3DG6C	100	20	≥20	≥30	≥250	≥7	≤3

②直流偏置电路的计算

a. 振荡级直流偏置电路的计算:振荡级通常采用分压式自偏压电路形式,这样既有利于稳定直流工作点,又有利于振荡器的振荡建立后提供自给负偏压效应,以便稳定振荡幅度。

通常选 $I_{EQ}=1\sim4$ mA。I_{EQ} 太小不易起振,太大输出波形将产生失真。调节 R_4 可改变 I_{EQ} 的值。

选 $V_{EQ}=0.2\ V_{CC}$,以使振荡管远离饱和区,则发射极电阻为

$$R_7=\frac{V_{EQ}}{I_{EQ}}$$

为测量时读数方便,可选 $R_7=1\ k\Omega$。

选 $R_5=4.7\sim5.6\ k\Omega$,则

$$R_4=\frac{V_{CC}-(V_{EQ}+V_{BEQ})}{V_{EQ}+V_{BEQ}}R_5$$

共基极电路的集电极电阻 R_6 应使 T_1 远离饱和区,可取

$$V_{CEQ}=\frac{1}{2}V_{CC}$$

此时可以计算出

$$R_6=\frac{V_{CC}-V_{EQ}-V_{CEQ}}{I_{CQ}}\approx\frac{V_{CC}-V_{EQ}-V_{CEQ}}{I_{EQ}}$$

b. 发射极输出级偏置电路的计算:为使发射极输出级有较高的输入阻抗和较低的输出阻抗,一般采用固定偏置电路,通常令 $R_8\geqslant 100\ \text{k}\Omega$,$R_9\leqslant 620\ \Omega$,调整 R_8 的大小,可以改变静态工作点电流。

c. 缓冲放大级偏置电路的计算:选静态工作点电流 $I_{EQ}=2\sim4\ \text{mA}$,以保证有足够的电压增益。

选 $V_{EQ}=0.2\ V_{CC}$,使之有一定的直流负反馈电压,则

$$R_{11}=\frac{V_{EQ}}{I_{EQ}}$$

选 $V_{CEQ}=\frac{1}{2}V_{CC}$,以使 T_2 级有较好的线性动态范围,则

$$R_{10}=\frac{V_{CC}-V_{CEQ}-V_{EQ}}{I_{CQ}}\approx\frac{V_{CC}-V_{CEQ}-V_{EQ}}{I_{EQ}}$$

若 $I_{EQ}=2\ \text{mA}$,则缓冲放大级的输入阻抗为

$$R_i=(1+\beta)\frac{26(\text{mV})}{I_{EQ}(\text{mA})}=(1+30)\times\frac{26}{2}\approx 390(\Omega)$$

已知功率推动级的输入电阻(即缓冲放大级的负载电阻)近似为 50 Ω,由此可得缓冲放大级的电压增益为

$$A_v=\frac{\beta R_L}{R_i}=\frac{30\times50}{390}\approx 4(\text{倍})\approx 12(\text{dB})$$

由前面的计算知,若功率放大级在 75 Ω 的负载上输出 200 mW 的功率,则主振级在 50 Ω 负载上的输出电压振幅应不小于 100 mV。若缓冲放大级的 $A_v=4$,则共集电极振荡电路的输出电压幅度应不小于 25 mV。

③振荡回路参数的计算

a. 确定电压反馈系数(k_f):为满足振荡的振幅起振条件 $Ak_f>1$,k_f 不能太小。但 k_f 也不宜过大,否则振荡管的输入电阻与振荡回路耦合过紧,会使回路的有载品质因数 Q_e 降低。因为回路的等效并联谐振电阻 $R_e=Q_e\sqrt{\frac{L}{C}}$,$Q_e$ 降低会使 R_e 降低,从而使 A_v 下降,不能满足振幅起振条件。

通常,共基极电路的电压反馈系数为

$$k_f=\frac{V_f}{V_o}=\frac{C_1}{C_1+C'_2}=\frac{1}{2}\sim\frac{1}{8}$$

共集电极电路的电压反馈系数为

$$k_f=\frac{V_f}{V_o}=\frac{C_1+C_2'}{C_1}>1$$

b. 反馈电容 C_1 和 C_2 的确定:C_1 和 C_2 的值虽然对振荡频率影响不大,但是在保证 k_f 的值一定时,C_1 和 C_2 的绝对值不能过大,否则回路对振荡管的接入系数 n 太小,会导致 A_v 下降。对于工作频率为 5～10 MHz 的振荡器,C_1、C_2 的值可取 150～200 pF。当一个值确定后,另一个值便可根据 k_f 的值来确定。

c. 回路参数 C_3、C_4 和 L 值的确定:应有 $C_3\ll C_1$,$C_3\ll C_2$,一般取 $C_3\approx 0.1C_1$(若 $C_1<C_2$)或 $C_3\approx 0.1C_2$(若 $C_2<C_1$),以保证频率稳定度不小于 10^{-4}。

对于工作频率为 5～10 MHz 的振荡器,可选 $L=10\sim15\ \mu H$,以使电感线圈便于用磁芯可调的骨架绕制。

C_4 可根据工作频率 f_{osc} 和 C_3 及变容二极管电容通过下式计算:

$$f_{osc}=\frac{1}{2\pi\sqrt{L(C_3+C_4+C_{jQ})}}$$

通常采用空气介质的可变电容器。若不用 C_4,则频率 f_{osc} 可通过调节电感线圈的磁芯来调整。

(4)变容二极管控制电路的设计与计算:在图 5.4.2 和图 5.4.3 所示的调频电路中,变容二极管 C_j 通过电容 C_7 并接在电感 L 的两端,R_1、R_2 构成 C_j 的直流偏置电路,R_3 为隔离电阻,以减弱电源及偏置电路对振荡回路品质因数(Q 值)的影响。音频调制信号通过电容 C_5 加至 C_j 两端,高频扼流圈 ZL_1 对载频应呈开路,对音频应呈短路。电容 C_6 对载频应呈短路,对音频应呈开路。

①变容二极管的选择原则:C_j-v 特性具有良好的平方律性质,以实现较好的线性频率调制特性;电容值应与工作频率相适应,以避免振荡回路电感量过大或过小;应有足够的电容变化量,以满足频偏要求。

专用调频变容二极管 DB312 的典型参数如表 5.4.3 所示。

表 5.4.3　DB312 的典型参数

最小反向击穿电压 V_{BR}/V ($I_R=1\ \mu A$)	最大反向电流(I_R)/mA ($V_R=0.8\ V_{BR}$)	最小结电容 (C_{min})/pF	最大结电容 (C_{max})/pF	最小 Q 值 ($V_R=-10$ V, $f=5$ MHz)
		$V_R=4\ V_{BR}, f=50$ kHz		
15	500	7	20	500

②电路参数的计算和选择：选 $R_3=75\sim100\ k\Omega$，以减弱电源对振荡回路品质因数的影响。选 $R_2=75\sim100\ k\Omega$，则根据变容二极管所需要的静态偏置电压 V_{jQ} 可以确定上分压电阻 R_1 为

$$R_1=\frac{V_{CC}-|V_{jQ}|}{|V_{jQ}|}R_2$$

对于 DB312，通常选 $V_{jQ}=-4$ V，近似位于 C_j-v 平方律特性的中点。

选 ZL 的电感量 $L_\varphi=47\sim120\ \mu H$，$C_6=1000$ pF，则对 4 MHz 的高频载频有

$$\omega_{osc}L_\varphi=2\pi\times4\times10^6\times(47\sim120)\times10^{-6}\ \Omega\approx1.2\sim3.0\ k\Omega$$

$$\frac{1}{\omega_{osc}C_6}=\frac{1}{2\pi\times4\times10^6\times1000\times10^{-12}}\ \Omega\approx39.8\ \Omega$$

满足 $\omega_{osc}L_\varphi\gg\frac{1}{\omega_{osc}C_6}$ 的条件。

对音频(取 300～3000 Hz)信号有

$$\omega_{osc}L_\varphi=2\pi\times(300\sim3000)\times(47\sim120)\times10^{-6}\ \Omega\approx0.09\sim2.26\ \Omega$$

$$\frac{1}{\omega_{osc}C_6}=\frac{1}{2\pi\times(300\sim3000)\times1000\times10^{-12}}\ \Omega\approx530\sim53\ k\Omega$$

满足 $\omega_{osc}L_\varphi\ll\frac{1}{\omega_{osc}C_6}$ 的条件。

选音频耦合电容 $C_5=1\sim4.7\ \mu F$，则

$$\frac{1}{\omega_{osc}C_5}=\frac{1}{2\pi\times(300\sim3000)\times(1\sim4.7)\times10^{-6}}\approx530\sim11.3\ \Omega$$

可认为近似于音频短路。

③信息源的设计与计算

a. 指标要求：应能将语音有效地转换为相应的电压并具有一定的幅度，以便有效地改变变容二极管的结电容。

b. 器件的选择和电路形式的确定：为满足上述要求，信息源由 CRZ2-51 型驻极体电容传声器和音频放大器组成。音频放大器可采用 μA741（或其他）集成运算放大器构成。

CRZ2-51 是专门为小型盒式录音机而设计的内接式驻极体电容传声器，也可配上手柄作为外接式传声器使用。其主要技术条件如下：

频率响应：50～10000 Hz（高频提升 6 dB±3 dB）。

指向性：无方向。

灵敏度：红挡　0.25～0.5 mV/μbar；

　　　　黄挡　0.5～1 mV/μbar。

CRZ5-51 的典型应用电路如图 5.4.4 所示。μA741 用于音频放大时的典型应用电路如图 5.4.5 所示。

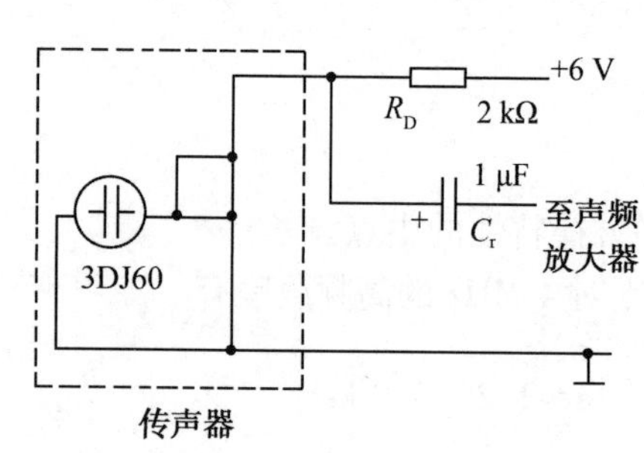

图 5.4.4　CRZ2-51 的典型应用电路

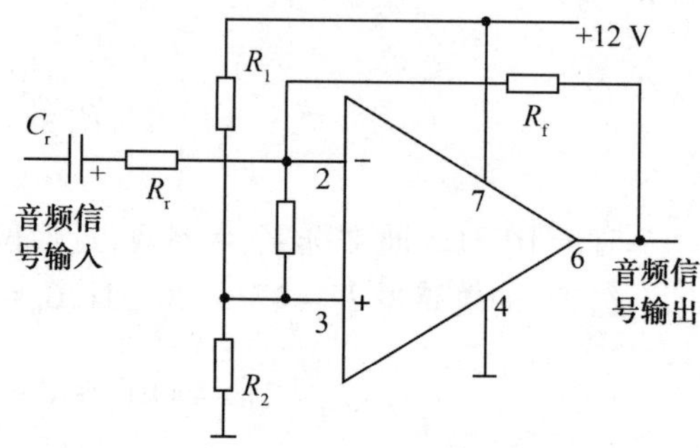

图 5.4.5　集成音频放大器的典型应用电路

c. 电路元件参数的计算：下面首先计算传声器漏极直流负载电阻 R_D。

由图 5.4.4 可知，3DJ60 的最大漏极电流为

$$i_{\mathrm{dmax}}=\frac{V_D}{R_D}=\frac{6\ \mathrm{V}}{2\ \mathrm{k\Omega}}=3\ \mathrm{mA}$$

因电源电压应统一为 12 V，所以为保持 i_{dmax} 不变，漏极电阻应改变为

$$R_D=\frac{12\ \mathrm{V}}{3\ \mathrm{mA}}=4\ \mathrm{k\Omega}$$

在图 5.4.5 中，选 $R_1=R_2=24\ \mathrm{k\Omega}$，以保证 μA741 集成运算放大器各级都有合适的静态工作点。两个输入端 2 和 3 的直流电位相等，并与输出端 6 的直流电位一样，是电源电压的一半。

选 $R_r=10\ \mathrm{k\Omega}$，以使反相放大器的输入阻抗 $R_i=R_r$ 不致太低。

R_f 由所需要的闭环电压增益 A_{vf} 确定：

$$A_{vf}=-\frac{R_f}{R_r}$$

需要指出的是，放大器的下限频率 $f_L=\dfrac{1}{2\pi R_r C_r}$，即 f_L 由 R_rC_r 值确定，但上限频率 f_H 却受限

于器件的单位增益频率,对于 μA741,其值为 1 MHz。当f>5 MHz 时,电压增益以 20 dB/十倍频程的斜率下降,因此 R_f 值受限于 f_H 值。对于 f_H = 10 kHz,相应的 A_{vf} ≈ 40 dB,则

$$R_f = |A_{vf}| R_r = 100 \times 10\ \text{k}\Omega = 1\ \text{M}\Omega$$

2)功率放大级的设计

功率放大级可以采用 5.3 节的设计结果,这里不再赘述。

5. 整机发射与接收

在前面联调的基础上,首先测量发射机的工作频率与输出功率,在满足要求的情况下,进行实际的发射与接收联机(接实验箱中的鉴频器和低频信号放大器)实验,同时测试发射效果。方法是改变调制信号的频率即音频调制频率,用接收机接收发射信号,观察收听效果。改变音频信号频率值,使之从低到高变化时,接收到的信号声音从粗向尖细变化,并可听出音质的好坏。

6. 实验报告要求

(1)给出调频电路级元器件的设计与计算过程、计算结果,画出整机实验电路及交流等效电路。

(2)写出调试步骤及调试结果(包括分机与整机)。

(3)对实验结果进行分析讨论。

(4)记录调试过程中遇到的问题,写出解决方法。

(5)写出心得体会。

(6)回答思考题中提出的问题。

7. 思考题

(1)测量发射机的工作频率应在哪一级进行?为了使发射机的工作频率稳定,应采取什么措施?

(2)发射功率不够大时,应采取什么措施?

(3)音频信号不能过大或过小,为什么?

5.5　简易调频接收机的设计

1. 实验目的

(1)了解调频接收机的工作原理及电路组成。

(2)掌握调频接收机的设计方法。

(3)掌握调频接收机的测试方法。

2. 简易调频接收机的技术指标、设计内容与要求

1)技术指标

(1)频率范围:87～108 MHz。

(2)灵敏度:优于 10 μV。

(3)选择性:优于 40 dB。

(4)信噪比:优于 50 dB。

(5)频率响应:80～15000 Hz,±1 dB。

(6)失真度:80～15000 Hz,≤2%。

(7)输出功率:不低于 0.5 W。

(8)直流电源:9 V,1 A。

2)设计内容与要求

设计一个高频调频接收机。建议采用大规模集成电路,如 CXA1019、CXA1191 或 CXA1619,其他大规模集成块均可。

(1)主要器件:CXA1019 或 CXA1191、CXA1619,扬声器(1 W,8 Ω)。

(2)设计好线路,列出元器件清单。

(3)拟定好测试方案,列出所需的仪器清单。

3. 调频接收机的工作原理

调频接收机的工作原理框图如图 5.5.1 所示。接收信号从天线输入,天线可用拉杆天线,总长度为 1.5 m,调试时可用直径为 1 mm 的 1.5 m 长的铜线代替。带通滤波器可以自制,也可用成品,其频率范围为 87～108 MHz,带外抑制为 20 dB。高频放大一般采用共基极电路,其输入阻抗低,便于与天线匹配。本振为 *LC* 正弦波振荡电路,调谐电容可与高频放大器调谐电容联调,可采用双联可变电容器,亦可采用变容二极管。本振频率 f_L = 97.7～118.7 MHz。本振信号与接收信号经过谐振频率为混频,差出 10.7 MHz 的中频信号,经过谐振频率为 10.7 MHz 的陶瓷滤波器,然后进入中频放大器。陶瓷滤波器主要满足选择性的要求,且插入损失较大。中频放大器应具有足够大的放大倍数,以对信号进行限幅。被放大的中频信号经解调电路,还原成音频信号,经过 50 μs 的去加重网络,再经过低频放大器和功率放大器,从而推动扬声器发声。调频接收机的参考原理图如图 5.5.2 所示。

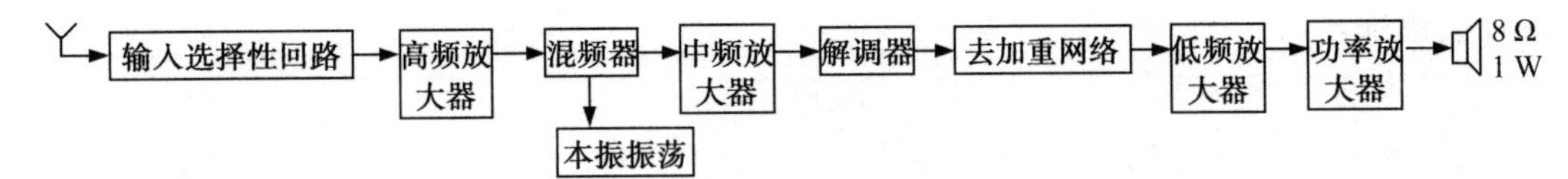

图 5.5.1　调频广播接收机的原理框图

4. 实验内容

(1)根据设计线路图,将全部元器件安装好,注意不要虚焊。

(2)调试电路,掌握高频电路三点跟踪的调试方法。

(3)测试总机的技术指标。

5. 实验报告要求

(1)写出设计与计算过程,并画出电路图。

(2)整理实验数据,画出陶瓷滤波器的幅频特性曲线。

(3)对实验结果进行分析讨论。

(4)写出心得体会及对本实验的建议。

6. 思考题

(1)高频放大器为什么一般采用共基极放大电路?

(2)调频接收机的灵敏度与哪些因素有关?

(3)选择性指标主要由哪级决定?

(4)某厂生产的一批调频接收机,采用有机薄膜作介质的双联可变电容器,发现跑台。试分析原因并给出解决方案。

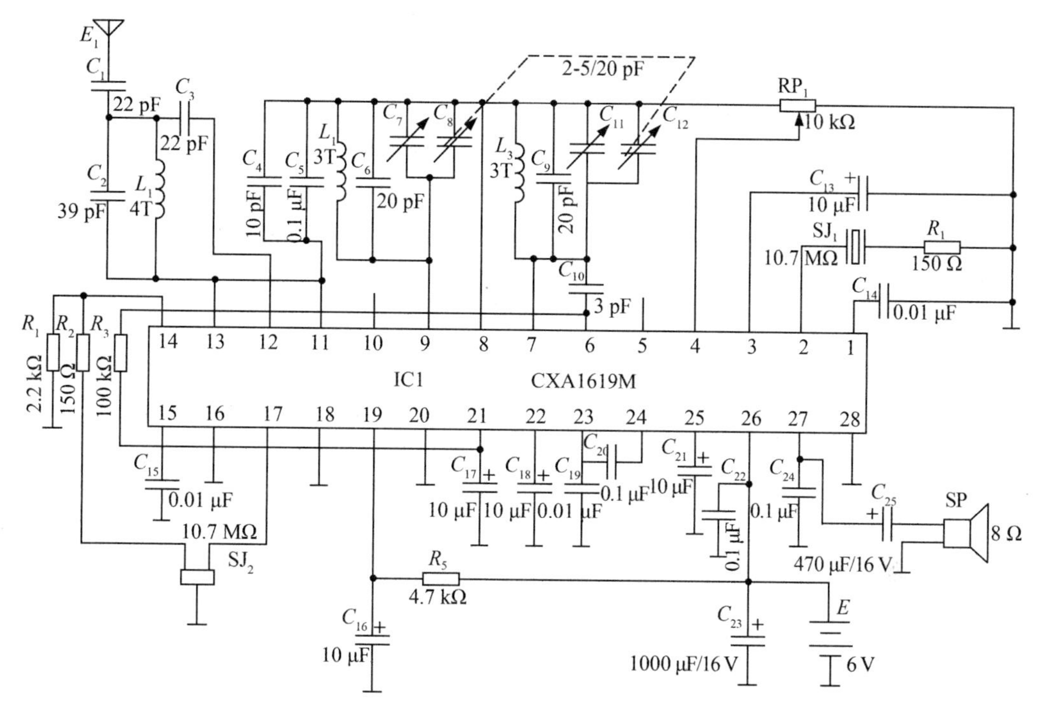

图 5.5.2　0.5 W 调频接收机的原理图

5.6　小功率调幅发射机的设计

1. 实验目的

(1)利用所学的电子线路知识进行综合性设计,以巩固所学理论知识。

(2)对晶体管小功率调幅发射机建立起总体概念。

(3)学会对发射机整机进行调整、测试。

(4)通过设计电路、整机装配和调试提高独立分析问题和解决问题的能力。

2. 小功率调幅发射机的技术指标、设计内容及要求

1)技术指标

(1)发射机工作频率:$f_c = 4$ MHz。

(2)发射功率:$P_o \geq 200$ mW。

(3)发射效率:$\eta \geq 50\%$。

(4)调幅指数:$M_a \geq 30\%$。

(5)残波辐射:低于 40 dB。

2）设计内容及要求

（1）设计一个小功率调幅发射机，要求设计好线路，列出元器件清单。

（2）拟定好测试方案，列出所需的仪器清单。

3. 调幅发射机的工作原理

一台小型的晶体管调幅发射机，通常由以下几部分组成：主振级、调制级、推动级及功率放大级等。由功率放大级输出的高频已调信号经天线以电磁波的形式向空间发射，发射机的基本组成框图如图 5.6.1(a)(b)所示。

主振级是发射机的核心部件，主要用来产生一个频率稳定、幅度较大、波形失真小的高频正弦波信号作为载波信号。该级电路通常采用 *LC* 正弦波振荡器。

图 5.6.1(a)中调制级的主要任务是产生调制信号，可以由乘法器实现，也可以由二极管电路实现，为低电平调制。图 5.6.1(b)中的调制放大级为高电平调制，由功率放大级完成。

音频放大器和音频功率放大器共同组成音频处理器，主要提供音频调制信号。其作用是把音频调制信号放大到足够强后送到调制级或调制放大级去完成调幅功能。

推动级通常在振荡器后面，除了起隔离缓冲作用外，还要放大并推动高频信号，以使功率放大器末级正常工作。因此，该级还需要有一定的功率输出。它的电路一般用谐振放大器加一级射极跟随器组成。

功率放大器末级是发射机的重要组成部分，它的作用是以较高的效率输出最大的功率来满足发射机输出功率的要求，同时该级输出波形不能失真，否则谐波辐射严重，影响发射效果。

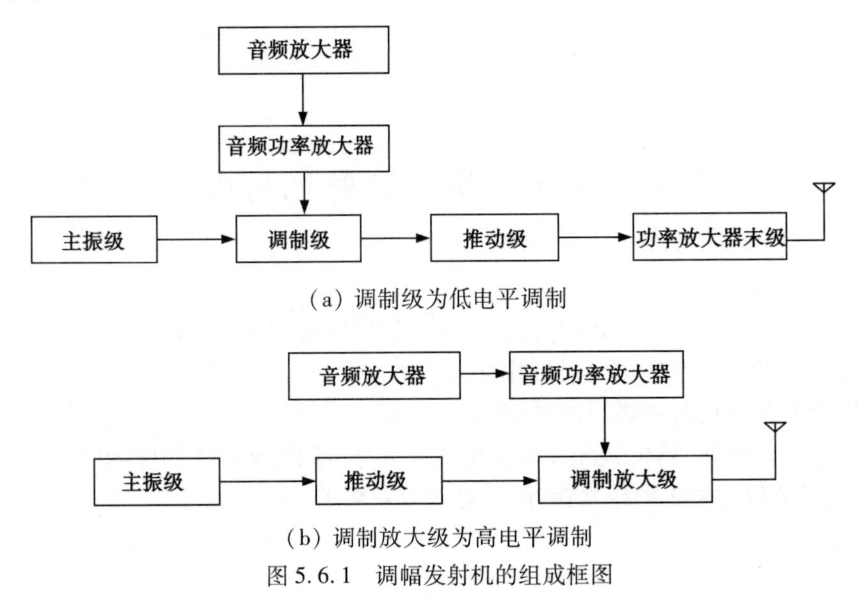

(a) 调制级为低电平调制

(b) 调制放大级为高电平调制

图 5.6.1　调幅发射机的组成框图

4. 各部分电路的主要要求

1）主振级电路

该级电路要求学生自己设计、计算、组装和调试，全部指标都要达到要求。

主要技术指标：同 5.1 节“*LC* 正弦波振荡器的设计”中的技术要求。

电路组装、调试合格后，将输出信号由发射极经耦合电容送到推动级将信号放大。

2）推动级电路

推动级采用小信号谐振放大器，详见 4.2.1 小节（该级采用已有的实验电路板）。连接本级电路时一定要先调整好该级，使其正常工作。该级应谐振在信号频率上，输出电压在 100 Ω 的负载上必须达到 0.7 V 以上，以保证推动功率放大级工作。输出不够 0.7 V 时，应从以下几个方面考虑：一是谐振回路中可调元件不合适，要重新调整；二是输出匹配不好，耦合线圈匝数比不合适，可以适当改变一下；三是工作点不是最佳、回路品质因数过低或晶体管 β 值过小等。经过反复调整，使 100 Ω 的负载上达到 0.7 V 以上的电压时，可连接功率放大级电路。

3）功率放大级电路

该实验中的功率放大器属于丙类谐振功率放大器（该级采用已有的实验电路板），它具有功率大、效率高的特点。具体电路详见 4.3 节。调功率放大级以前要先把高频信号源的信号送到功率放大器输入端，使输出信号功率最大，这表示功率放大级工作正常；信号源的频率也应调至与振荡器的频率一致。功率放大器的调谐、调整方法可参照 4.3 节的有关介绍。当推动级的输出直接连到功率放大级输入端进行联调时，基本调试方法与前面相同。关键是看功率放大器是否工作正常，输出功率是否达到要求。功率放大器工作不正常时可能会出现严重自激。功率放大器自激时，集电极电流会突然增大至上百毫安（正常工作时集电极电流在 40 mA 以下），这时功率放大管发热严重，时间一长就会被烧坏，因而必须时刻注意防止功率放大器自激。自激的原因是多方面的，例如分布参数大、布线不合理、电感线圈绕得不规则、晶体管性能不佳、信号过大、波形失真、输入电路匹配不佳、没有完全调谐等都会造成自激。为了消除或防止自激，进行电路调整时应先将电源降低到正常工作时的 1/3 或 1/2 使用，信号应调到较小的数值。调谐时，应注意选择匹配状态。为了消除自激现象，在功率放大器基极电路和集电极电路中可串接小电阻，待电路正常后慢慢地调高电源电压和信号幅度。总之，要尽一切可能消除自激。功率放大器最终调整到等效负载 75 Ω 上得到一定的电压值为止。

4）调幅信号的实现

在功率放大器调整好以后，就要进行调幅。调幅可以在功率放大级实现，此时可以采用基极调幅、发射极调幅，也可以采用集电极调幅。这里采用集电极调幅，通过音频变压器把音频调制信号加到集电极回路中去，用音频信号控制集电极直流电压值完成调幅功能，改变音频信号大小得到尽可能大的调幅指数，并测出实际的调幅指数，待调幅指数达到指标要求后，进行整机发射工作。

若采用低电平调幅，可以参见 4.5 节。

5）音频信号处理器

音频信号处理器由音频放大器和音频功率放大器共同组成，主要提供音频调制信号。可以将音频信号源的信号输入音频信号处理器。

6）整机发射与接收

在前面联调的基础上，首先测量发射机的工作频率、输出功率，在满足要求的情况下，进行实际的发射与接收联机实验,同时测试发射效果。方法是用一根 2 m 左右的多股长导线作为发射天线代替发射机假天线(负载电阻),改变调制信号的频率即音频调制频率,用接收机接收发射信号,观察收听效果。改变音频信号的频率值,使之从低到高变化时,接收到的信号声音从粗向尖细变化,并可听出音质的好坏。当声音很小且有噪声时,说明发射机功率较低,谐波分量大,发射质量不高;若接收机收到的音频声音大且音质好,说明发射质量高。

5. 实施方法

根据以上对各部分电路的要求,必须自己设计并计算调幅发射机的部分电路。有些电路可以利用已有的电路,但组装的电路需要进行调试,以达到技术指标的要求。各部分电路级联后的级间匹配、耦合方式等问题也需要考虑。通过单元电路的调试、整机联调,然后按技术指标的要求测试,在达到技术指标要求的情况下进行发射、接收,以验证发射效果。

6. 实验报告要求

(1)给出主振级元器件的设计与计算过程、计算结果,画出整机实验电路及交流等效电路。

(2)写出调试步骤及调试结果(包括分机与整机)。

(3)对实验结果进行分析讨论。

(4)记录调试过程中遇到的问题,写出解决方法。

(5)写出心得体会。

(6)回答思考题中提出的问题。

7. 思考题

(1)测量接收机的工作频率应在哪一级进行?为了使接收机的工作频率稳定,应采取什么措施?

(2)接收功率不够大时,应采取什么措施?

(3)激励信号不能过大或过小,为什么?

5.7 超外差调幅接收机的设计

1. 实验目的

(1)进一步了解调幅接收机的电路组成和工作原理。

(2)掌握混频器的设计方法。

(3)培养综合设计与实验的能力。

(4)掌握调幅接收机的统调方法。

2. 超外差调幅接收机的技术指标、设计任务及要求

1)技术指标

(1)频率范围:535～1605 kHz。

(2)负载:8 Ω,0.5 W。

(3)灵敏度:优于 0.5 mV。

(4)选择性:优于 18 dB。

(5)输出功率:不低于 80 mW。

(6)输出端信噪比:不低于 20 dB。

(7)直流电源:-6 V。

2)设计任务及要求

(1)设计好线路,列出元器件清单。

(2)拟定好测试方案,列出所需的仪器清单。

3. 设计步骤和电路的选择

1)设计步骤

(1)根据所给定的设计指标要求,确定框图组成。

(2)根据所给定的指标中输出功率的要求,求出整机总增益,然后进行增益分配,即将增益分配到各级。增益分配的原则是:

①一级中频放大器工作点应选择增益变化最大的区域。

②混频器增益一般为 10～25 dB。

③中频放大器增益一般为 15～35 dB,若采用两级中频放大器,则一级中频放大器一般稍小点,二级中频放大器稍大点。

④低频放大器一级一般取 10～40 dB。

⑤低频功率放大器一般取 15～25 dB。

(3)根据选择性指标要求在各级间进行选择性分配。选择性分配的原则是:

①二级中频放大器提供的选择性应小于一级中频放大器。

②混频器的选择性一般应小于 10 dB。

(4)进行各级单元电路的参数计算。

(5)根据计算选定的电路参数重新计算各级电路的质量指标,验证是否满足设计技术指标的要求。若满足指标要求,可以进入下一阶段的安装、调试工作;若不满足指标要求,应针对不满足要求的电路重新进行参数计算和选择,直到满足要求为止。

2)超外差调幅接收机的组成框图的选择

超外差调幅接收机的一般电路组成如图 5.7.1 所示。

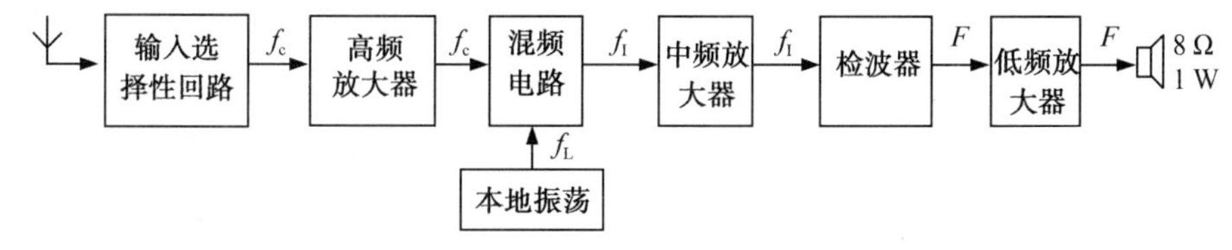

图 5.7.1　超外差调幅接收机的一般电路组成

通常根据所给定的技术指标要求、增益、选择性确定具体的电路框图。对于中波波段的接收机,若灵敏度要求较高,则不仅需要加高频放大器,而且中频放大器要求三级以上;而灵敏度要求较低时,不需要采用高频放大器,而且用两级中频放大器就可以达到灵敏度的要求。同时,当选择性要求高时,应采用二次混频,其中一次混频用于抑制镜像干扰,二次混频用于抑制零点漂移。

由设计指标的要求可知，普通接收机的灵敏度、增益和选择性的要求均不高，因此框图中不需要高频放大器，且中频放大器只采用两级单调谐回路的放大器或集中选频的集成放大器，混频器采用自激式一次变频器即可。另外，为了防止中频放大器末级失真、阻塞，在接收机的设计中加有自动增益控制(AGC)电路，这样可以把末级中频放大器的输入信号控制在一定的电平上。普通超外差调幅接收机的一般电路组成如图 5.7.2 所示。

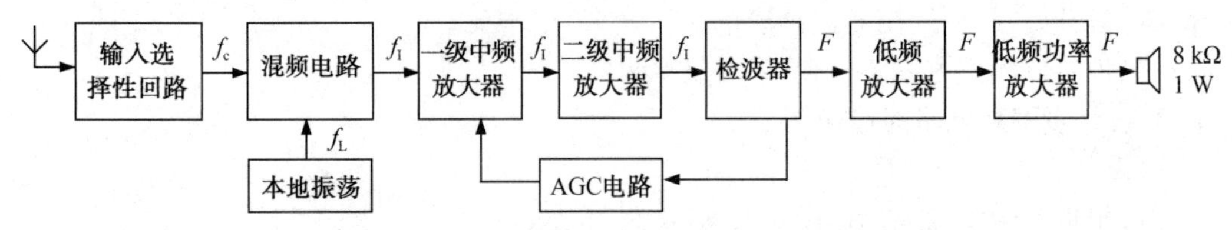

图 5.7.2　普通超外差调幅接收机的一般电路组成

3)超外差调幅接收机的简单工作原理分析

由图 5.7.2 可知，接收天线于空间电磁波中感应到各种信号，利用输入选择性回路选取有用电台的信号送入混频器，与本地振荡所产生的等幅高频信号在混频器中进行差拍，差拍出各种频率分量，然后由混频器的负载回路选出中频信号，送到中频放大器进行放大。放大了的中频信号由检波器检测出音频信号，再由低频放大器进行放大，最后送入到终端机——扬声器中，即可以听到声音。

4)接收天线

普通超外差调幅接收机中使用的接收天线通常是内置式的磁性天线。磁性天线是在一根磁棒上绕两组彼此不相连接的线圈，其作用是接收空间的电磁波。它对电磁波的吸收能力很强，磁力线通过它就好像很多棉纱线被一个铁箍束得很紧一样。因此，在线圈绕组内能够感应出比较高的高频电压。所以磁性天线兼有放大高频信号的作用。此外，磁性天线还有较强的方向性，使得收音机转向某一方向时，声音最响，且能够提高收音机的抗干扰能力，减小杂音。

从磁棒所用的材料来看，目前常用的材料有两种：一种是初磁导率为 400 的 Mn 型锰锌铁氧体，呈黑色，工作频率较低而磁导率较高，适用于中波；另一种是初磁导率为 60 的 Ni 型镍锌铁氧体，呈棕色，能工作于较高频率而磁导率较低，适用于短波。如果将 Ni 型用在中波，则接收效率比 Mn 型低；而若将 Mn 型用在短波，则因磁棒对高频的损耗很大，接收效率也很低。

磁棒的尺寸有很多种，主要是为了适应各种机壳的大小而设计的。常见的有圆形和扁形两类，分别如图 5.7.3(a)(b)所示。圆形磁棒的直径一般是 10 mm、长度有 100 mm、140 mm、170 mm 等数种。扁形磁棒有 4 mm×20 mm×60 mm、4 mm×20 mm×100 mm、4 mm×20 mm×120 mm 等。

磁棒规格系列有 MX-400-Y、MX-400-P、NX-60-Y、NX-60-P 等。各系列中有不同规格的磁棒，如图 5.7.4 所示。

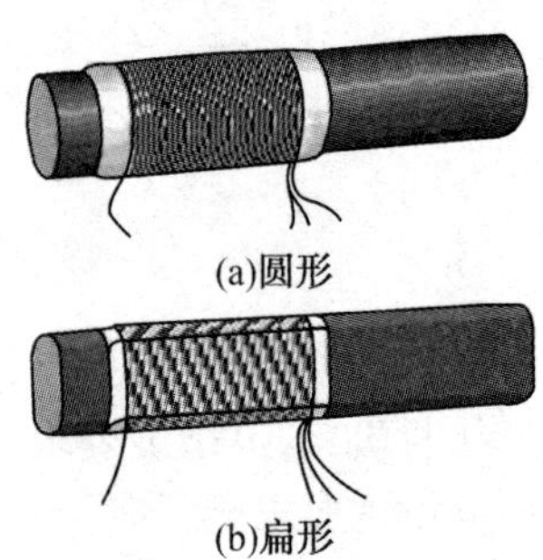

图 5.7.3　磁棒的形状

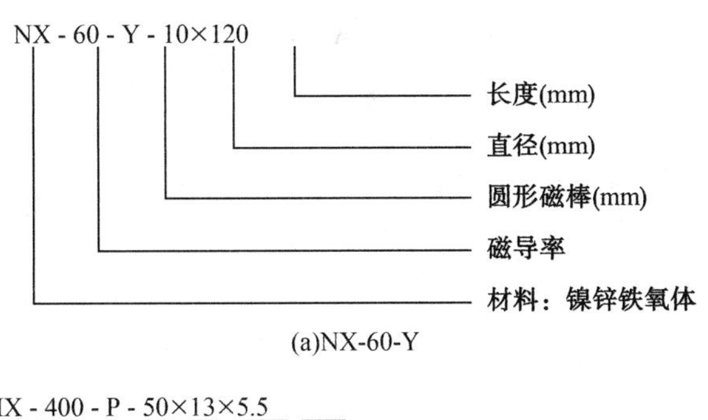

(a)NX-60-Y

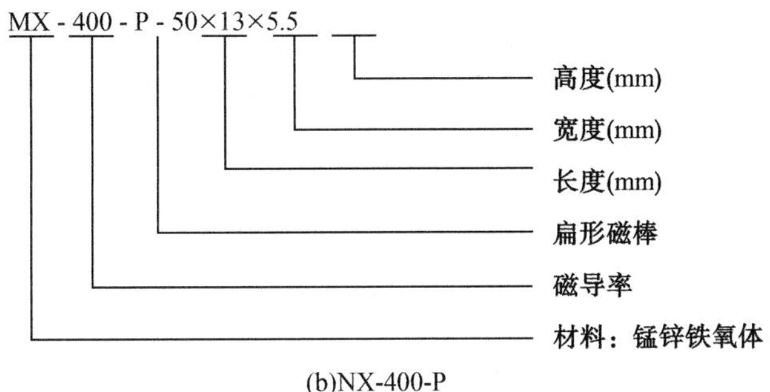

(b)NX-400-P

图 5.7.4　磁棒的规格的表示方法

磁性天线接收信号的能力与磁棒的长度 l 及截面积 S 的大小有关。磁棒越长，截面积越大，其接收能力越强，收音机的灵敏度也越高。这是因为由电台发射的电磁波的磁力线在天空中的分布是很密集的，磁棒的截面积越大，它所容纳的数目就越多，线圈上感应的电压就越大，灵敏度就越高。另外，磁棒越长，它所吸收的磁力线的强度就越大，在线圈上感应出的电压也就越高，所以收音机的灵敏度也就越高。扁形磁棒的作用与相同截面积的圆形磁棒相同，输出信号的功率是一样的。

（1）磁性天线中感应的电场强度计算：磁性天线的有效高度为

$$h_g = \frac{nS\omega_c\mu_e}{c} \quad (\mathrm{m}) \tag{5.7.1}$$

式中，n 为线圈的匝数；S 为磁棒的截面积（m^2）；ω_c 为工作角频率；c 为电磁波的传播速度（m/s）；μ_e 为与磁棒长度 l、磁棒直径 d 有关的参数，可用以下经验公式计算：

$$\mu_e = \frac{\mu_0}{1+0.84\left(\frac{d}{l}\right)^{1.7}(\mu_0-1)} \tag{5.7.2}$$

式中，μ_0 为磁棒的起始磁导率。

考虑到天线和输入回路的综合作用，引入参数折合有效高度 h'_g，可以证明

$$h'_g = Q_0 h_g \quad (\mathrm{m}) \tag{5.7.3}$$

式中，Q_0 为选频回路的空载品质因数。

可以证明，当调幅指数取 30％时，磁性天线中感应的电场强度，即接收机的实际灵敏度为

$$E=\frac{10\sqrt{4kTR_{e0}\Delta f_a N_f}}{0.3Q_0h_g}\quad(\text{V/m})\tag{5.7.4}$$

式中,$k=1.38\times10^{-23}$(J/K),是波尔兹曼常数;T 为绝对温度(室温时 $T=300$ K);$R_{e0}=Q_0\omega_c L$ 为回路的固有谐振阻抗;Δf_a 为接收机音频部分噪声通频带,通常选 $\Delta f_a=3$ kHz;N_f(倍)为噪声系数。

通常情况下,一般收音机的灵敏度为 3 mV/m,中型收音机的灵敏度为 1 mV/m,高级收音机的灵敏度为 0.1 mV/m。

由上述分析可知,加粗加长磁棒可以提高收音机的灵敏度,即增大 E。但加粗加长磁棒提高收音机灵敏度的程度是受到限制的。首先,磁棒越粗越长,其铁氧体内部的损耗就越大,品质因数就越低,从而使收音机的灵敏度和选择性变坏;其次,磁棒越粗越长,收音机的体积就越大,这是不合适的。

在磁场强度为 E 时,磁棒天线电路中取得的最大功率为

$$P_{max}=1.39f_c lSk_a E^2\mu_0 Q_0\times10^{-11}\quad(\text{W})\tag{5.7.5}$$

式中,k_a 为与 μ_0 及 $\frac{l}{d}$ 有关的常数,三者的关系如图 5.7.5 所示。在 $\mu_0=400$,$\frac{l}{d}=12$ 时,由图 5.7.5 可知,$k_a=0.125$。

由式(5.7.5)可看出,要得到最大功率 P_{max},磁棒的磁导率、线圈的空载品质因数(Q_0 值)以及磁棒的体积 lS 均要大,特别是磁棒的长度 l 越长越有利。空载品质因数(Q_0)的变化与线圈的匝数有关,在体积一定的情况下,$\frac{l}{d}$ 越大,k_a 越趋近于 1,故磁棒做成细长形是有利的。同时还可以看出,P_{max} 与 f_c 也成正比,但实际上随着 f_c 的增大,Q_0 会降低,所以要进行综合考虑。

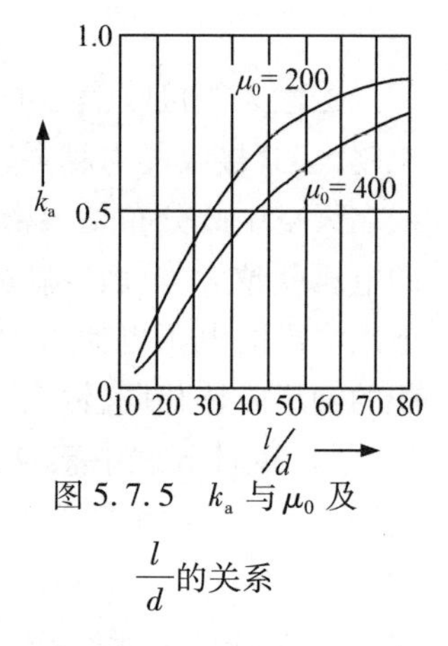

图 5.7.5 k_a 与 μ_0 及 $\frac{l}{d}$ 的关系

(2)线圈在磁棒上的位置:一般是先将线圈绕组的中心对正,位置为离磁棒一端约为磁棒全长的 1/4 处(见图 5.7.6),然后在调整收音机时再稍微向左右移动,在收音机音量最大的位置固定下来。调整时不应直接用手去调,要用绝缘良好的无感塑料小棒去调,因为人体的感应很大,影响调整。同时,线圈在磁棒上的绕向和引出头的位置对收音机的效果也有影响,这里不再赘述。

图 5.7.6 线圈在磁棒上的位置

从磁棒得到的功率 P_{max} 越大,越能提高收音机的灵敏度,而且信噪比也会越高。

收音机的灵敏度除由天线回路决定外,还可以用后面几级的放大倍数来改善。但信噪比与放大倍数无关,仅由 P_{max} 的大小决定,即

$$\frac{P_s}{P_n}=\sqrt{\frac{P_{max}}{N_f \cdot k \cdot T \cdot BW}} \tag{5.7.6}$$

式中,P_s 为信号功率;P_n 为噪声功率;N_f 为收音机的噪声系数(与混频级的噪声系数几乎相同);k 为波尔茨曼常数;T 为绝对温度;BW 为收音机的带宽。

由式(5.7.6)可以看出,要提高收音机的信噪比,除了可以减小收音机的噪声系数和带宽外,还可以增大从天线得到的功率 P_{max}。

4. 超外差调幅接收机的设计与计算

1)增益和选择性的分配

要计算接收机的增益和选择性,应先选定所用的接收天线。下面以磁棒规格为 MX-400-Y-10×120 的磁性天线为例进行计算:

(1)接收机的实际灵敏度:我们知道,接收机的灵敏度是它的重要指标,而灵敏度的高低又取决于接收机的总增益和信噪比。

接收机的实际灵敏度的定义是:在保持接收机输出端得到额定功率和一定信噪比的条件下,天线所需要的最少电动势。

假如取输入回路的双联电容的调节范围为 7～270 pF,而收音机的频率范围是 535～1605 kHz,则

$$f_{min}=535\ \text{kHz}=\frac{1}{2\pi\sqrt{L(C_{max}+C_x)}}$$

$$f_{max}=1605\ \text{kHz}=\frac{1}{2\pi\sqrt{L(C_{min}+C_x)}}$$

式中,C_x 为固定的并联电容。

由以上两式可以得到回路电感为

$$\begin{aligned}L&=\frac{f_{max}^2-f_{min}^2}{4\pi^2(C_{max}-C_{min})f_{max}^2 f_{min}^2}\\&=\frac{(1605^2-535^2)\times 10^6}{4\times 3.14^2\times(270-7)\times 10^{-12}\times 535^2\times 10^6\times 1605^2\times 10^6}\approx 299(\mu\text{H})\end{aligned}$$

取 $L=300\ \mu\text{H}$。

若选择回路的 $Q_0=100$,线圈的匝数 $n=70$,信号频率 $f_c=\frac{f_{max}+f_{min}}{2}=1\ \text{MHz}$,于是可以得到

$$\mu_e=\frac{\mu_0}{1+0.84\left(\frac{d}{l}\right)^{1.7}(\mu_0-1)}=\frac{400}{1+0.84\times\left(\frac{10}{12}\right)^{1.7}\times(400-1)}\approx 70$$

天线的有效高度为

$$h_g=\frac{nS\omega_c\mu_e}{c}=\frac{70\times3.14\times\left(\frac{0.01}{2}\right)^2\times2\times3.14\times10^6\times70}{3\times10^8}\approx0.008(\mathrm{m})$$

天线的折合有效高度为

$$h'_g=Q_0h_g=100\times0.008=0.8(\mathrm{m})$$

如果取噪声系数为第一级晶体管的噪声系数,取为 $N_f=12$ dB≈16 倍,$M_a=30\%$,于是可以得到接收机的实际灵敏度为

$$E=\frac{10\sqrt{4kTR_{e0}\Delta f_aN_f}}{0.3Q_0h_g}=\frac{10\sqrt{4kTQ_0\omega_cL\Delta f_aN_f}}{0.3h'_g}$$

$$=\frac{10\sqrt{4\times1.38\times10^{-23}\times300\times100\times6.28\times10^6\times300\times10^{-6}\times3\times10^3\times16}}{0.3\times0.8}\approx0.5(\mathrm{mV/m})$$

(2)接收机的整机总功率和信噪比:磁性天线回路得到的最大功率为

$$\begin{aligned}P_{max}&=1.39f_clSk_aE^2\mu_0Q_0\times10^{-11}\\&=1.39\times10^6\times0.12\times3.14\times\left(\frac{0.01}{2}\right)^2\times0.125\times0.5^2\times10^{-6}\times400\times100\times10^{-11}\\&\approx0.164\times10^{-12}(\mathrm{W})\end{aligned}$$

若收音机的带宽 $BW=8$ kHz,则其信噪比为

$$\frac{P_s}{P_n}=\sqrt{\frac{P_{max}}{N_f\cdot k\cdot T\cdot BW}}=\sqrt{\frac{0.164\times10^{-12}}{16\times1.38\times10^{-23}\times300\times8\times10^3}}\approx314(倍)\approx25\ (\mathrm{dB})$$

满足技术指标的要求。

因技术指标要求的最小不失真输出功率为 80 mW,现取 100 mW,所以接收机的整机功率增益为

$$A_p=\frac{P_o}{P_{max}}=\frac{100\times10^{-3}}{0.164\times10^{-12}}\approx60.98\times10^{10}(倍)\approx117.9(\mathrm{dB})$$

取功率总增益为 120 dB。

(3)各级功率增益分配:由前述知识已知,包络检波器输入的中频电压大于 0.5 V 时,才能正常工作。若取检波负载 $R_{LB}=5\ \mathrm{k\Omega}$,则串联包络检波器的输入电阻为 $R_{ib}=\frac{1}{2}R_{LB}=2.5\ \mathrm{k\Omega}$,所以检波器的输入功率为

$$P_{ib}=\frac{V_i^2}{R_{id}}=\frac{0.5^2}{2.5}=0.1(\text{mW})$$

所以高频部分(检波器以前)的功率增益为

$$A_{pb}=\frac{P_{ib}}{P_{max}}=\frac{0.1\times10^{-3}}{0.164\times10^{-12}}\approx6.1\times10^8(\text{倍})\approx87.9(\text{dB})$$

取 $A_{pb}=88$ dB,因为检波器通常衰减为 20 dB,所以低频部分的功率增益为

$$A_{pd}=A_p-A_{pb}+20=120-88+20=52(\text{dB})$$

根据增益分配的原则,混频级增益不能太小,太小会使一级中频放大器的噪声系数增加,影响整机的噪声系数。但也不能太大,因为一级中频放大器加有自动增益控制电路,集电极电流小,动态范围小,非线性失真严重,在大信号电压输入时,交调、互调失真严重。所以混频级增益取 22 dB。一级中频放大器较二级中频放大器要稍小一些,这样可以保证检波级有较大的输入功率,且有足够的直流电流输出,从而有效地进行自动增益控制,所以二级中频放大器增益取 42 dB,一级中频放大器增益取 30 dB。

对于低频放大电路,功率放大级增益取 20 dB,低频放大级增益取 32 dB。

(4)各级选择性分配:由设计指标可知,整机选择性不小于 18 dB,而输入回路提供的选择性为

$$d=\sqrt{1+\left(\frac{2\Delta fQ_e}{f_c}\right)^2} \tag{5.7.7}$$

当 $f_c=1$ MHz,$\Delta f=10$ kHz,输入回路的有载品质因数 $Q_e=50$ 时,则

$$d=\sqrt{1+\left(\frac{2\Delta fQ_e}{f_c}\right)^2}=\sqrt{1+\left(\frac{2\times10^4\times50}{1\times10^6}\right)^2}\approx1.4(\text{倍})\approx3(\text{dB})$$

对于混频级,选择性应小于 10 dB,取 5.5 dB;对于中频放大电路,二级中频放大器提供的选择性应小于一级中频放大器,取一级中频放大器增益为 5.5 dB,二级中频放大器增益为 4 dB。于是得到整机的选择性为 3+5.5+5.5+4=18(dB)。

由以上分析可得到所设计的收音机的增益、选择性分配如表 5.7.1 所示。

表 5.7.1　增益、选择性分配

	输入回路	混频级	一级中频放大器	二级中频放大器	检波级	低频放大器	低频功率放大器
增益	−6 dB	22 dB	30 dB	42 dB	−20 dB	32 dB	20 dB
选择性	3 dB	5.5 dB	5.5 dB	4 dB			

2)输入回路的设计与计算

输入回路是接收天线或其馈线的输出端和接收机第一级晶体管输入端之间的电路,

它的作用是将天线上的信号电流转变成电压并传送到接收机的第一级晶体管的输入端，同时减弱作用于第一级晶体管输入端的干扰(特别是镜像频率干扰、中频干扰、副波道干扰和交调、互调、阻塞等干扰)电压，即所谓的选频滤波作用，以便于有用信号的传输。因此输入回路多半由耦合元件和谐振回路组成。磁性天线的输入回路如图 5.7.7(a)所示，图 5.7.7(b)为其等效电路。

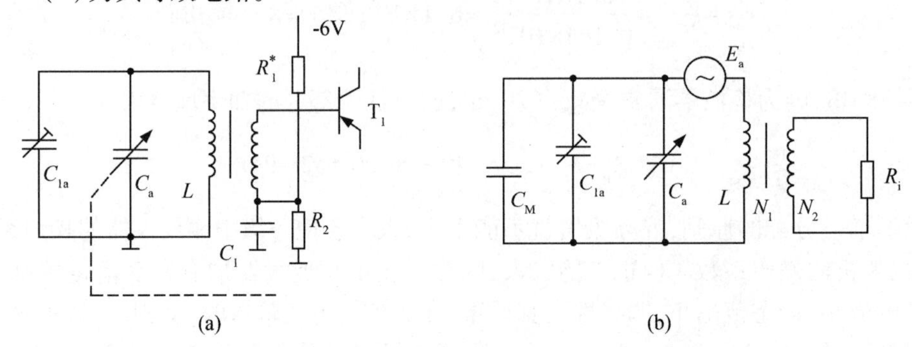

图 5.7.7　磁性天线的输入回路及其等效电路

图中，C_a 为可变电容，其最大值 $C_{amax}=270$ pF，最小值 $C_{amin}=7$ pF；C_{1a} 为输入微调电容；C_M 为接线和电感的分布电容的总和；E_a 为电感 L 中产生的感生电动势；R_i 为混频级的等效输入电阻。

(1)回路电容 C_{1a} 的计算：由前面的分析可知，回路电感 $L=300$ μH，所接收的信号频率范围是 535～1605 kHz，所以波段覆盖系数为

$$k_d=\frac{f_{max}}{f_{min}}=\frac{1605}{535}=3$$

而

$$f_{max}=\frac{1}{2\pi\sqrt{L(C_{amin}+C_{1a}+C_M)}}$$

$$f_{min}=\frac{1}{2\pi\sqrt{L(C_{amax}+C_{1a}+C_M)}}$$

可以得到

$$C_{1a}+C_M=\frac{C_{max}-k_d^2C_{min}}{k_d^2-1}$$

若取 $C_M=10$ pF，则

$$C_{1a}=\frac{C_{max}-k_d^2C_{min}}{k_d^2-1}-C_M=\frac{270-3^2\times 7}{3^2-1}-10\approx 16(\text{pF})$$

因为 C_M 是估算值，所以求得的 C_{1a} 只是一个大致的数值。通常 C_{1a} 采用半微调电容，以满足波段覆盖的要求。此处取 C_{1a} 为 5～20 pF 的微调电容。

(2)初、次级线圈匝数比(P)的计算及回路选择性、通频带的计算：由图 5.7.7(a)可知，次级绕组接到混频电路晶体管的基极，在这种情况下，若耦合不引起损耗，并且回路谐振时，并联谐振阻抗为 $Q_0\omega_c L$，因而，由与混频级的等效输入阻抗 $R_i=1/g_i$ 的最佳匹配来决定线圈匝数比。这时线圈匝数比为

$$P=\frac{N_1}{N_2}=\sqrt{2\pi f_c L Q_0 g_i} \tag{5.7.8}$$

式中，L 是天线线圈的初级电感；$Q_0=100$；g_i 由对混频级的设计与计算得到。若混频级计算所得到的 $g_i=1.36\times10^{-3}$ S，则

$$P=\frac{N_1}{N_2}=\sqrt{2\pi f_c L Q_0 g_i}=\sqrt{2\times3.14\times10^6\times300\times10^{-6}\times100\times1.36\times10^{-3}}\approx16$$

即应采用绕组(初级、次级匝数比)比为 16：1 的天线线圈。

3)本振回路的计算

在中波广播收音机中，混频电路多采用自激式，即混频与本振利用同一个晶体管完成，如图 5.7.8 所示。本振回路由 L_4、C_4、C_b、C_{1b} 组成。

由图可以看出，输入回路与本振回路采用的是统一调谐的方式，故本振回路中的调谐电容 $C_b=C_a=7\sim270$ pF。

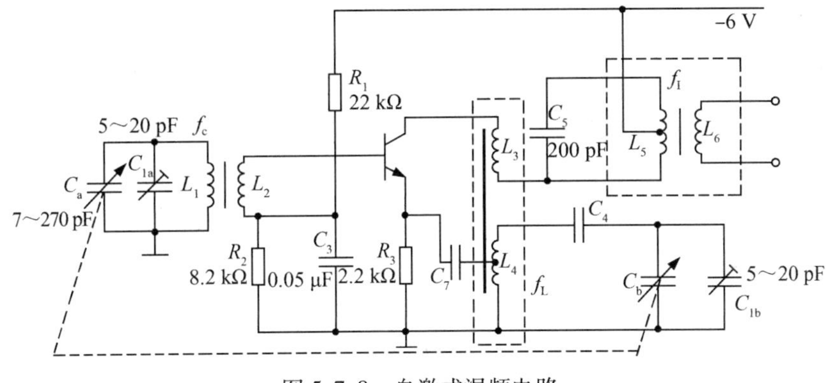

图 5.7.8　自激式混频电路

若取三点统调的频率分别为 $f_1=600$ kHz，$f_2=1000$ kHz，$f_3=1500$ kHz，则三点统调的有关计算如下：

$$C_1=\frac{25330}{f_1^2L}-C_x=\frac{25330}{0.6^2\times300}-26\approx209(\text{pF})$$

$$C_2=\frac{25330}{f_2^2L}-C_x=\frac{25330}{1^2\times300}-26\approx58(\text{pF})$$

$$C_3=\frac{25330}{f_3^2L}-C_x=\frac{25330}{1.5^2\times300}-26\approx12(\text{pF})$$

辅助量的计算如下：

$$m_1=\frac{(f_3+f_1)^2}{(f_1+f_1)^2}=\frac{(1.5+0.465)^2}{(0.6+0.465)^2}\approx 3.4$$

$$m_2=\frac{(f_2+f_1)^2}{(f_1+f_1)^2}=\frac{(1+0.465)^2}{(0.6+0.465)^2}\approx 2$$

$$l=\frac{1-m_1}{1-m_2}=\frac{1-3.4}{1-2}=2.4$$

$$n=\frac{C_3-C_1}{C_2-C_1}=\frac{12-209}{58-209}\approx 1.3$$

所以
$$C'_{1b}=\frac{C_3(l-1)-C_1(n-1)}{n-1}=\frac{12\times(2.4-1)-209\times(1.3-1)}{1.3-2.4}\approx 42(\mathrm{pF})$$

若取分布电容 $C_M=15$ pF，则本振回路中所加的微调电容为

$$C_{1b}=C'_{1b}-C_M=42-15=27(\mathrm{pF})$$

可以采用 5~30 pF 的微调电容以补偿 C_M 的估算误差。回路中所加的垫整电容为

$$C_4=\frac{C_1+C_2}{\dfrac{n-l}{(n-1)(1-m_1)}-1}=\frac{209+58}{\dfrac{1.3-2.4}{(1.3-1)(1-3.4)}-1}\approx 504(\mathrm{pF})$$

取 $C_4=510$ pF，则本振回路的电感为

$$L_4=\frac{C_2+C_{1b}+C_4}{4\pi^2(f_c+f_1)^2(C_2+C_{1b})C_4}$$
$$=\frac{(58+27+510)\times10^{-12}}{4\times3.14^2\times(1+0.465)^2\times10^{12}\times(58+27)\times10^{-12}\times510\times10^{-12}}\approx 162(\mu\mathrm{H})$$

4）设计提示

（1）各级静态工作点的选择

①混频级：$I_{EQ}=0.5$ mA，一般取 $V_E=(5\sim10)V_{BE(on)}$。

②一级中频放大级：$I_{EQ}=0.5$ mA。

③二级中频放大级：$I_{EQ}=0.8$ mA。

（2）晶体管小信号等效电路（见图 5.7.9、图 5.7.10）：图 5.7.9 中，r_{ce} 为集电极-发射极电阻，在几十千欧姆以上；$C_{b'e}$ 为发射结电容，约十皮法到几百皮法；$C_{b'c}$ 为集电结电容，约几皮法；g_m 为晶体管跨导，在几十毫西门子以下。

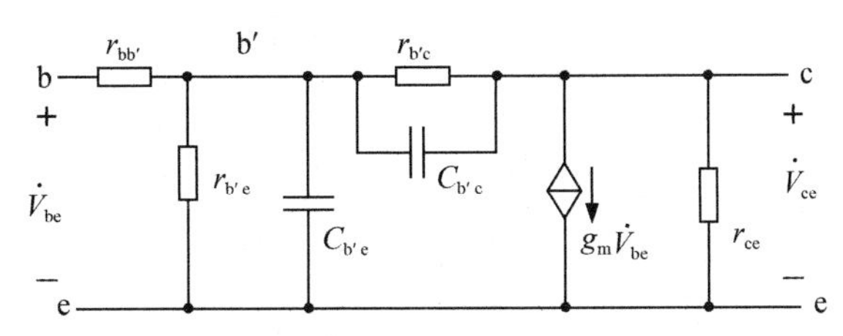

图 5.7.9　晶体管高频共发射极混合 π 型等效电路

图 5.7.10 中，y_{ie}、y_{re}、y_{fe}、y_{oe} 分别称为“输入导纳”“反向传输导纳”“正向传输导纳”和“输出导纳”。计算公式如下：

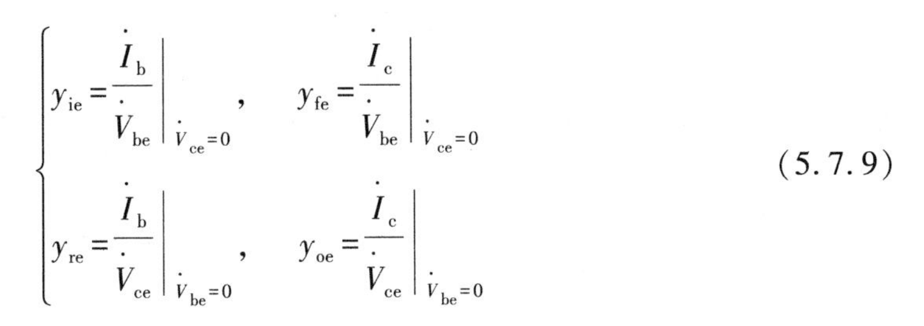

$$\begin{cases} y_{ie} = \left.\dfrac{\dot{I}_b}{\dot{V}_{be}}\right|_{\dot{V}_{ce}=0}, & y_{fe} = \left.\dfrac{\dot{I}_c}{\dot{V}_{be}}\right|_{\dot{V}_{ce}=0} \\ y_{re} = \left.\dfrac{\dot{I}_b}{\dot{V}_{ce}}\right|_{\dot{V}_{be}=0}, & y_{oe} = \left.\dfrac{\dot{I}_c}{\dot{V}_{ce}}\right|_{\dot{V}_{be}=0} \end{cases} \tag{5.7.9}$$

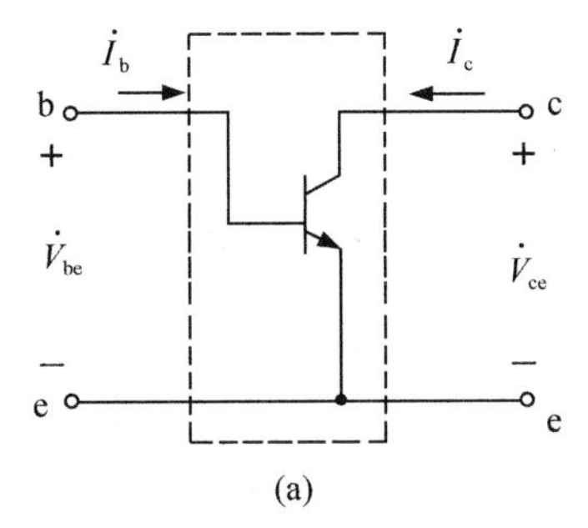

(a)

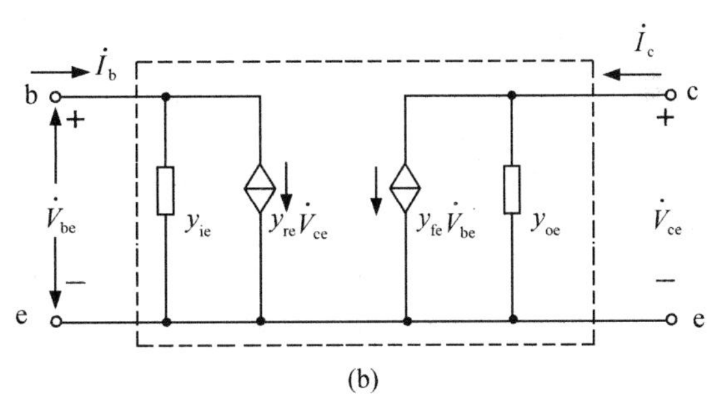

(b)

图 5.7.10　晶体管共发射极连接的及其 Y 参数等效电路

由图 5.7.9 所示的晶体管混合 π 型等效电路，考虑到 $r_{b'c}$ 为晶体管反偏集电结的结电阻，很大，且 $C_{b'c} \gg C_{b'e}$，根据图 5.7.10 中 Y 参数的定义，可以得到 Y 参数与混合 π 型参数之间的关系为

$$y_{ie} = \frac{g_{b'e} + j\omega C_{b'e}}{1 + r_{b'b}(g_{b'e} + j\omega C_{b'e})} = g_{ie} + j\omega C_{ie}$$

$$y_{oe} = g_{oe} + j\omega C_{b'c} + \frac{j\omega C_{b'e} r_{b'b} g_m}{1 + r_{b'b}(g_{b'e} + j\omega C_{b'e})} = g_{oe} + j\omega C_{oe}$$

$$y_{re} = \frac{-j\omega C_{b'c}}{1 + r_{b'b}(g_{b'e} + j\omega C_{b'e})} = |y_{re}| e^{j\varphi_{re}}$$

$$y_{fe} = \frac{g_m}{1 + r_{b'b}(g_{b'e} + j\omega C_{b'e})} = |y_{fe}| e^{j\varphi_{fe}}$$

$$\begin{cases} f_T \approx \beta_o f_\beta = g_m r_{b'e} f_\beta \\ f_T \approx \alpha_o f_\alpha \end{cases} \qquad \begin{cases} \beta_o = g_m r_{b'e} \\ f_\beta = \dfrac{1}{2\pi r_{b'e}(C_{b'e}+C_{b'c})} \end{cases}$$

采用分离元件设计时,其他电路的计算(混频电路、中频放大电路、检波器、低频放大器及低频功率放大器)请参阅"高频电子线路与低频电子线路"的相应内容。也可采用专用收音机单片集成电路实现。

5. 超外差收音机的统调与跟踪

在超外差收音机中,为了调节方便,希望高频调谐回路(输入回路、高频放大回路)与本振信号回路实现统一调谐。即通常采用的每波段中最低到最高频率的调谐,由同轴可变电容器来实现;而改变波段则采用改变固定电感的方法。

由于高频调谐回路和本振回路的波段覆盖系数(k_d)不同,如中波广播波段的最低频率f_{min}=535 kHz,而最高频率f_{max}=1605 kHz,则高频回路的波段覆盖系数为

$$k_d = \frac{f_{max}}{f_{min}} = \frac{1605}{535} = \sqrt{\frac{C_{max}}{C_{min}}} = 3$$

当中频采用465 kHz时,如用容量相同的可变电容,则本振波段将从最低频率f_{Lmin}=(465+535)kHz=1000 kHz变化到最高频率$f_{Lmax}=3f_{Lmin}$=3×1000 kHz=3000 kHz。而要求的最高频率f_{Lmax}=(465+1605)kHz=2070 kHz。这说明除最低频率f_{Lmin}处满足中频为465 kHz外,在波段的其他频率处均不满足,也就是只有一点跟踪。我们可以用图5.7.11来说明这种情况。

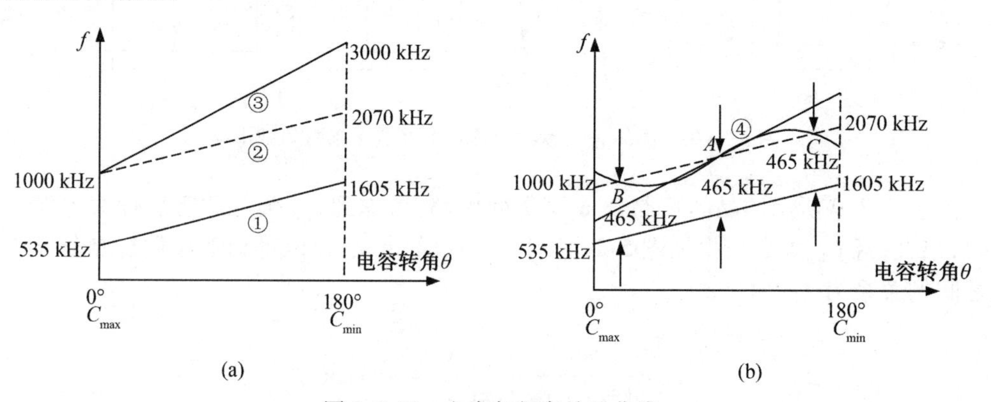

图5.7.11　电容与频率关系曲线

图5.7.11(a)中,实线①满足波段覆盖系数k_d=3时,所采用的电容变化与波段频率的关系。θ=0°时电容最大(C_{max}),调谐于最低频率f_{min}(535 kHz);θ=180°时电容最小(C_{min}),调谐于最高频率f_{max}(1605 kHz)。

虚线②表示要求的电容与本振频率f_L的关系。显然虚线②平行于实线①,且间隔均为465 kHz。

实线③表示采用容量相同的可变电容时,电容变化所得到的本振频率f_L的变化(由

1000 kHz 变化到 3000 kHz）。

为使统调要求能基本满足，而又不使电路太复杂，目前都是在本振回路上采取措施，这种方法称为“三点统调”，或称“三点跟踪”。

这种方法是在中间频率 A 处（信号频率为 1000 kHz，本振频率为 1465 kHz）满足差频 465 kHz 的要求，过 A 点作实线③的平行线。可知，此时在最低和最高频率处差频（中频）分别低于和高于 465 kHz。再设法将低端的本振频率提高，使得低端有一点（B 点）的差频为 465 kHz。同样，将高端的本振频率降低，使得高端有一点（C 点）的差频为 465 kHz。这时实线④变成 S 形，本振频率与波段频率的差频在三点上完全符合要求，如图 5.7.11(b) 所示。这就是三点统调。

为了满足三点统调，在本振回路上必须附加电容，如图 5.7.12 所示。

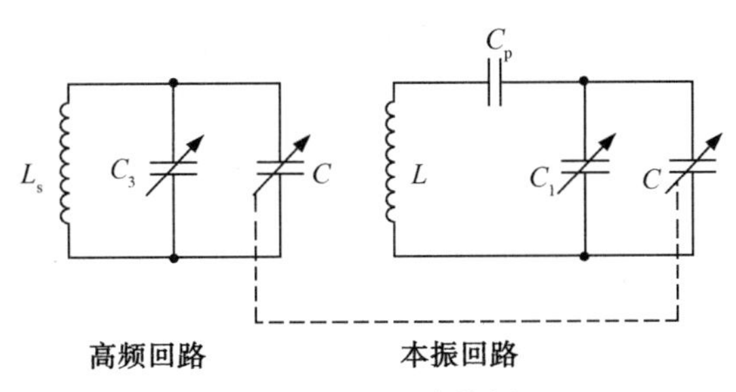

图 5.7.12　三点统调

通常，本振回路上附加串联电容 C_p（C_p 称为“垫整电容”），其容量较大，与 C_{max} 的容量相近；还附加并联电容 C_t（C_t 称为“垫补电容”），其容量较小，与 C_{min} 的容量相近。

这样，在本振波段中间一点要求的本振频率，可以由可变电容中间位置的值（考虑 C_p 和 C_t 的作用）和电感 L 确定。

在本振频率最高端，$C=C_{min}$，由于 C_t 与 C_{min} 相近，总的电容增大，所以使高频本振频率 f_L 降低；在本振频率最低端，$C=C_{min}$，C_t 的并联作用可以忽略。串联 C_p 后，因为总的电容减小了，所以低端本振频率 f_L 提高了。这样就达到了三点统调的目的。

6. 实验报告要求

（1）给出混频级元件的设计与计算过程、计算结果，画出收音机整机电路。

（2）利用前期实验单元组成调幅接收机，并进行调试。

（3）写出调试步骤及调试结果（包括分机与整机）。

（4）写出调试过程中遇到的问题及解决办法。

（5）写出心得体会。

（6）回答思考题中提出的问题。

7. 思考题

（1）调幅接收机的灵敏度与哪些因素有关？

（2）选择性主要由哪一级决定？

参考文献

[1]从宏寿,程卫群,李绍铭. Multisim 8 仿真与应用实例开发[M]. 北京:清华大学出版社,2007.

[2]熊伟,侯传教,梁青. Multisim 7 电路设计及仿真应用[M]. 北京:清华大学出版社,2005.

[3]谢家奎. 电子线路:非线性部分[M]. 4 版. 北京:高等教育出版社,2000.

[4]杨霓清. 高频电子线路[M]. 2 版. 北京:机械工业出版社,2016.

[5]钱恭斌,张基宏. Electronics Workbench:实用通信与电子线路的计算机仿真[M]. 北京:电子工业出版社,2001.

[6]李东生. EDA 仿真与虚拟仪器技术[M]. 北京:高等教育出版社,2004.

[7]何小艇. 电子系统设计[M]. 杭州:浙江大学出版社,2003.

[8]张肃文. 高频电子线路[M]. 4 版. 北京:高等教育出版社,2004.

[9]董在望. 通信电路原理[M]. 2 版. 北京:高等教育出版社,2002.

[10]《实用电子电路手册(模拟电路分册)》编写组. 实用电子电路手册:模拟电路分册[M]. 北京:高等教育出版社,1991.

[11]高吉祥. 电子技术基础实验与课程设计[M]. 北京:电子工业出版社,2006.

[12]王传新. 电子技术基础实验[M]. 北京:高等教育出版社,2006.

[13] W. Alan Davis,Krishna K. Agarwal. 射频电路设计[M]. 李福乐,等译. 北京:机械工业出版社,2005.

[14]蔡明生. 电子设计[M]. 北京:高等教育出版社,2004.

[15]高吉祥. 全国大学生电子设计竞赛培训系列教程:高频电子线路设计[M]. 北京:高等教育出版社,2007.

[16]毕满清. 电子技术实验与课程设计[M]. 北京:机械工业出版社,2003.

[17]于洪珍. 通信电子电路[M]. 北京:电子工业出版社,2002.

[18]池原典利等. 晶体管电路设计[M].《晶体管电路设计》翻译组译. 北京:国防工业出版社,1978.

[19]常华,袁刚,常敏嘉. 仿真软件教程:Multisim 和 MATLAB[M]. 北京:清华大学出版社,2006.